国家自然科学基金

（62102447）资助

THEORIES AND METHODS
FOR THE SECURITY OF
BIG DATA COMPUTING

鲜明 荣宏 吴魏 王会梅 刘建 ◆ 著

大数据
计算安全

理 论 与 方 法

国防科技大学出版社

·长沙·

图书在版编目(CIP)数据

大数据计算安全理论与方法/鲜明等著.—长沙:国防科技大学出版社,2022.1

ISBN 978 - 7 - 5673 - 0588 - 5

Ⅰ.①大… Ⅱ.①鲜… Ⅲ.①云计算—网络安全 Ⅳ.①TP393.08

中国版本图书馆 CIP 数据核字(2021)第 268656 号

大数据计算安全理论与方法

DASHUJU JISUAN ANQUAN LILUN YU FANGFA

鲜明 荣宏 吴魏 王会梅 刘建 著

国防科技大学出版社出版发行

电话:(0731)87000353 邮政编码:410073

责任编辑:魏云江 责任校对:成子阳

新华书店总店北京发行所经销

国防科技大学印刷厂印装

*

开本:710×1000 1/16 印张:25.5 字数:472 千字

2022 年 1 月第 1 版第 1 次印刷 印数:1 - 3000 册

ISBN 978 - 7 - 5673 - 0588 - 5

定价:108.00 元

序言一

中国科学院院士　王怀民

数据安全问题由来已久。计算网络领域与通信领域的数据安全是一脉相承的,从历史延续性视角来看,数据安全问题经历了四个阶段。第一个阶段是 20 世纪 60 年代的通信数据安全,这个阶段的通信双方都是实名互信的,数据安全问题主要表现在存在链路监听、篡改和丢失等通信不安全问题;第二个阶段是 20 世纪 70 年代至 80 年代分时多任务主机系统在商业领域应用中企业级计算的共享数据安全,这个阶段主要处理安全边界内实名可信用户如何共享一台计算机,并且防止由于共享带来的数据使用混乱问题;第三个阶段是 20 世纪 90 年代至 2005 年互联网时代的分布式企业计算,随着应用场景的变化,这个阶段的数据安全问题主要处理在资源拥有者边界之外、实名陌生用户之间的数据安全问题;第四个阶段是 2006 年以后从云计算到云际计算,特别是云原生模式进一步催生基础设施脱离数据生产者和拥有者的阶段,这个阶段数据安全问题的前提发生了根本性变化,从过去以"我相信自己的系统和管理员"为前提转变成"需要我相信第三方的系统和管理员"为前提。应用场景的变化意味着数据安全前提的变化,例如,从云计算到云际计算,一方面缓解了被单个云服务商锁定的数据安全问题,另一方面安全的前提又升格了,即由原本只需要处理与单个第三方的关系升级为需要处理与多个第三方的关系。安全前提的变化不断催生新技术,但引入新技术解决部分原有问题的同时通常会带来新问题,这使得访问控制、身份认证、数据加密、数字签名、区块链、多方安全计算等技术不断迭代涌现。

当前,人类社会已经进入了数字化发展的"快车道",以云计算、大数据、5G、物联网、人工智能为代表的新技术集群融合发展,推动了新型技术范式的转变,并与各行各业广泛渗透和融通,产生改变生产生活方式、产业变革升级的强大新动能,将加快实现产业数字化和数字产业化,并进一步推动各行各业运用数字新技术赋能,最终实现由万物互联到万物智能的数字经济新业态。

从互联网、移动通信、物联网,到云计算、大数据、区块链、人工智能,各界对数据安全包括隐私保护的重视都提高到了前所未有的高度。数据安全必须提供保护数据的流程和技术,以有效阻止有意、无意或恶意地未经授权对数据进行访问、查看、修改或删除的情况发生。云原生特别是云际计算带来的分布式系统跨多个云服务提供商的部署、开放式的网络环境、复杂的数据应用和众多的用户访问,给数据安全带来了新的挑战,海量、多源、异构、动态性等大数据特征导致数据安全边界变得模糊,传统的基于边界的安全保护措施不再适用,多平台的身份认证、授权访问、密钥服务及安全审计要求越来越高,同时系统中存在大量的个人信息,一旦泄露后果十分严重,这都对数据安全及数据隐私保护都提出了更多更高的要求。Gartner 将隐私计算作为一种重要战略科技趋势进行跟踪,预测到 2025 年,全球将有一半的大型企业机构在不受信任的环境和多方数据分析中使用隐私计算处理数据。

当前,数据已经作为一种新型生产要素,与土地、劳动力、资本、技术等传统要素并列。2021 年 3 月,《中华人民共和国国民经济和社会发展第十四个五年规划和 2035 年远景目标纲要》发布,其中提出加快建设数字经济、数字社会、数字政府,建设数字中国,打造数字经济新优势,明确数据作为核心生产要素的重要性。数据成为生产要素并促进数字经济高质量发展,前提是要充分发挥数据这一新型要素对其他要素效率的倍增作用,培育发展数据要素市场,使大数据成为推动经济高质量发展的新动能。大数据产业是以数据生产、采集、存储、加工、分析、服务为主的相关经济活动,具有自身的技术和生态体系。大数据技术展现出的优势日益显著,通过不断探索更高效的新技术对数据进行处理,就可以实现更精准的决策等;然而,大数据技术也带来更多安全问题,大数据使用面临的诸多困难尚未全面解决。

随着云计算、物联网与大数据等技术的不断发展,信息系统服务中针对用户数据的收集整理、分析预测手段不断成熟。例如各种定向服务基于位置跟踪、行为偏好记录,为人们日常生活提供诸多便利的同时,也越来越多地引发了隐私问题的关注。一方面,数据作为企业重要资产被深度开发利用;另一方面,数据构成公民个人生活的方方面面,各项在线服务过程中产生的海量数据不可避免地面临隐私泄露问题。根据安全情报供应商 Risk Based Security 的数据显示,2012 年至 2020 年数据泄露事件数量与涉及的数据量均在整体上呈现逐年递增趋势。国内数据泄露形势非常严峻,如上亿级大规模重大泄露事件频频发生,其中涉及大量身份证号码、电话号码等个人基本信息以及人脸图像等生物识别敏感信息;数据泄露事件覆盖银行、快递企业、高校、互联网公司等各类机构主体;等等。数据泄露事件屡禁不止,使公众的个人信息保护意识、敏感程度与认知水平全面提高。

对大数据进行分析挖掘时,如何对用户数据保持高度透明性,并在各项业务中以用户可信赖的方式执行,成为新的挑战。服务器暴露、安全性配置、监管等各环节都将导致对数据安全保护不力。隐私计算尽管不能完全解决数据泄露问题,但基于密码学算法、去中心化、作用于数据交换过程等特点为隐私保护提供了新的解决方案。隐私计算目前处于起步阶段,可以预见,随着国家对隐私数据监管的加强,用户对数据价值重视程度的提高,隐私计算将在 2020 年至 2030 年实现爆炸式增长,有望发展成为数据共享基础设施的重要环节。

数据安全技术发展的历程告诉我们,新的大数据应用场景可能带来新的数据安全问题,并催生新的数据安全技术。没有一劳永逸的数据安全技术,也没有绝对的数据安全。数据安全技术只有与特定应用场景及其社会运行规范协调运转，才能以更大概率、更合理成本保护数据安全。

本书作者长期从事云计算和大数据安全领域的相关研究工作，在隐私计算方面成果丰硕。本书凝聚了作者在大数据计算安全方面多年的研究心得，富有原创性和启发性，非常值得推荐。

2022 年 1 月

序言二

中国科学院院士　朱鲁华

　　当前,大数据作为新一轮科技革命中最为活跃的技术创新要素,正在全面重构全球生产、流通、分配、消费等领域,对全球竞争、国家治理、经济发展、产业转型、社会生活等方面产生深刻影响。

　　大数据技术的战略意义不在于掌握庞大的数据信息,而在于对这些含有意义的数据进行专业化处理。换言之,如果把大数据比作一种产业,那么这种产业实现价值的关键,在于提高对数据的"加工能力",通过"加工"实现数据的"增值"。大数据技术的创新应用,使我们具备了对海量数据的处理和分析能力,数据驱动的时代已经来临,意味着数据滥用、丢失、污染、内部窃取等将直接影响业务安全,大数据安全将变得前所未有的重要。

　　大数据为用户带来巨大的信息价值,云计算为大数据发展提供了强大的支撑,"云"正快速推动着数据挖掘的发展。云计算带来的弹性、可扩展存储与计算服务,为用户提升了大数据分析、计算和交付的效率,降低了用户自建计算集群的成本。借助云计算可实现数据分析与挖掘,提高安全保护水平。数据在云上,利用移动设备可以随时随地进行云上数据共享和计算,极大减轻了用户本地的存储负担。云端存储的虚拟化技术,使得数据大量丢失和被篡改的难度提升,因此云技术是经典网络信息安全的一次飞跃。随着云计算和群智感知等新型网络环境的不断发展,这些新型架构已经成为承载各类应用的关键基础设施,并为大数据、物联网以及人工智能等新兴领域的发展提供基础架构支撑。毋庸置疑，这些新型网络架构已经成为全球各国推进制造强国和网络强国战略的重要驱动力量。

另一方面，随着大数据逐步成为国家基础战略资源和社会生产重要因素，新型网络环境下基于数据分析的应用已遍布医疗、图像和公共安全等各个领域。习近平总书记指出："信息资源日益成为重要生产要素和社会财富，信息掌握的多寡成为国家软实力和竞争力的重要标志。"推进新型网络环境下数据资源开放共享，加快对海量、动态和多元化数据的高速处理，已经成为全球各国推进制造强国和网络强国战略的重要手段。然而，随着互联网技术的不断演进与发展，新型网络环境尤其是云计算和群智感知环境下数据安全与隐私威胁日趋多样化、复杂化和规模化，这对传统的信息安全保护技术带来了巨大冲击。大数据技术的发展赋予了大数据安全区别于传统数据安全的特殊性，在智能时代新形势下，数据安全、隐私安全乃至大数据计算安全等均面临新威胁与新风险，大数据安全保障工作面临新的严峻挑战。

大数据计算安全在实际应用中面临着很多威胁，主要集中在全面的数据安全和实时合规性、数据的加密和密文处理、数据的访问控制机制、数据挖掘外包方案的高效和可验证性、大数据计算的算法复杂性等方面。因此，如何解决大数据计算所面临的各种安全威胁，提供基于人工智能的灵活高效实用的大数据计算安全保障机制，是当前亟须解决的问题。本书深入探讨并回答了这些问题，同时注重理论与应用的结合，内容丰富，论述科学，其成果对于推动人工智能的应用和大数据计算安全具有重要的参考价值。

本书全面而详细地反映了作者在大数据计算安全方面的研究工作和成果，提供了大数据在云计算等应用中的计算安全理论和实践案例，视角新颖，富有启发性，是一本不可多得的参考书，可作为相关科研技术人员的重要参考文献。

2022 年 1 月

引　言

2020 年突如其来的新冠肺炎疫情肆虐了全球,在抗疫过程中,健康码、行程码等大数据平台凸显了重要的支撑作用。每个人都有数据,每个人日常生活出行都离不开数据。无所不在的数据化,继机械化、电气化、信息化、网络化之后,使我们正迅速进入第五个技术发展阶段,即以虚实互动为特征的平行化智能时代。这是一个云计算普及、物联网边界持续扩展、移动互联网应用繁荣和元宇宙开启的时代。随着以智慧城市、智能家居等为代表的相关场景与移动通信深度融合,预计千亿量级的设备将接入 5G 网络。到 2030 年,移动网络连接的设备总量就会超过 1 000 亿台,所产生的移动数据流量将超过百倍增长,达到 5 016EB/月,到 2030 年还将实现 6G 全面商用,实现真正意义上的全球无缝覆盖。我们从社会媒体、社会计算飞速跨入了以智能手机和社会事务为主体的"大数据"时代。用小数据时代的理念和技术,很难与大数据时代的思维和技能相对抗,因为新兴的智能产业改变了整个社会及其经济的结构与生态,在理念上我们正进入了一个新时代、新体系,我们必须发展新理论、新方法。

通常大数据从产生到应用分为五个步骤:数据生成、数据采集、数据存储、数据分析和数据应用。要把真实世界的数据用于知识的生成或改进,就必须建立不间断的数据、知识、实践之间的周期性学习,这需要覆盖三个阶段:从实践到数据(Performance to Data,P2D)、从数据到知识(Data to Knowledge,D2K)以及从知识回到实践(Knowledge to Performance,K2P)。通过确立 P2D、D2K 及 K2P 的良性循环学习过程,我们就能做到实时采集数据、推动知识的生成、知识的转化应用和持续改进,最终实现三大任务:"数据说话"、"预测未来"和"创造未来"。

众所周知,我们处在大数据的生态圈内,数据优势成为新的争夺制高点。大数据技术作为一种新型技术力量和思维概念,将全面推动各领域创新发展。大数据为决策者提供了全新的决策信息、决策视角、决策支持与决策方式,是赢得制胜的新技术与思维的筹码。麦肯锡公司全球研究所在《大数据:下一个创新、竞争和生产力的前沿》研究报告中提出,大数据时代到来后,世界各国对大数据技术高度关注。

在大数据时代,信息安全面临新常态,在数据收集、传输、存储、管理、分析、发布、使用、销毁的大数据生命周期全过程,大数据面临众多的安全威胁,包括大数据的可信性、隐私泄露安全威胁、大数据存储安全威胁、大数据网络安全威胁、大数据基础设施安全威胁等。传统的数据安全机制不能满足大数据的安全需求,大数据安全在安全架构、数据隐私、数据管理和完整性、主动性的安全防护面临着诸多技术挑战。

习近平同志强调:"没有网络安全就没有国家安全,没有信息化就没有现代化。建设网络强国,要有自己的技术,有过硬的技术。"网络安全日益成为国家安全的重要组成部分,网络安全在国家安全中占有举足轻重的战略地位。习近平同志代表第十八届中央委员会向党的十九大作报告时指出:"加快建设制造强国,加快发展先进制造业,推动互联网、大数据、人工智能和实体经济深度融合,在中高端消费、创新引领、绿色低碳、共享经济、现代供应链、人力资本服务等领域培育新增长点、形成新动能。"国家拥有的数据规模及运用能力已逐步成为综合国力的重要组成部分,对数据的占有权和控制权将成为陆权、海权、空权之外的国家核心权力。大数据正在重塑世界新格局,被誉为"21世纪的钻石矿",更是国家基础性战略资源,正逐步对国家治理能力、经济运行机制、社会生活方式产生深刻影响,国家竞争焦点也已经从资本、土地、人口、资源的争夺扩展到对大数据的竞争。

针对大数据计算安全理论研究、技术运用和实现的需求,本书以大数据计算安全理论与方法为目标,深入剖析了大数据计算安全所面临的多种威胁和挑战,构建了合理的系统模型和安全模型,设计了安全高效且无须用户在线的计算安全解决方案,重点针对k近邻分类计算安全技术、深度神经网络分类计算安全技术、k均值聚类计算安全技术和频繁项集查询计算安全技术展开研究,有效保护了大数据计算过程中数据和结果的安全性,提高了大数据计算安全的实用性。本书在系统分析大数据计算安全需求的基础上,试图对现有安全方案在安全性和运算效率方面存在的不足进行有效的改进,深入探讨并回答了大数据计算安全的理论与实际运用中遇到的重要问题。本书成果对促进大数据计算安全理论与方法的发展具有重要的理论和实际应用价值。

本书组织结构如下:

第一章为绪论,介绍了大数据技术、机器学习技术和云计算技术的研究现状及其面临的主要挑战。

第二章介绍了相关基础理论和方法。

第三章研究了云计算系统构建块基础计算安全技术,提出了两套构建块基础计算安全方案,这些构建块协议云服务器能够在密文上执行加法、乘法、幂等运算,从而为更复杂的内积计算、多项式计算、数据挖掘外包提供支撑。

第四章研究了采用随机变换加密的计算安全技术,提出了一种基于高效加密算法的 k 近邻分类计算安全方案,对数据拥有者的数据库和密钥、查询用户的数据隐私以及密文分类时的数据访问模式进行了有效的保护。

第五章研究了采用混合公钥加密的计算安全技术,通过使用两种语义安全的公钥加密算法,设计了一种安全性更高的 k 近邻分类计算安全方案,在保证密文分类效率的情况下更好地保护了数据隐私。

第六章研究了多云协作计算安全技术和完整性验证方法,提出了一种协作 k 近邻计算安全方案,通过多个云服务商的交互协作,返回基于联合数据集的查询请求结果,同时保护用户的隐私安全;提出了一种 k 近邻计算安全的结果完整性验证方案,通过构造少量的伪造数据做证据并利用内积的代数学性质检查错误,用户能够高效地验证云端返回结果的完整性。

第七章研究了全同态加密计算安全技术,设计了一种基于全同态加密的 k 均值聚类计算安全方案,并通过使用密文打包技术显著降低了方案的计算和通信开销。

第八章研究了基于 Spark 框架下的计算安全技术,提出了一种基于 Spark 处理框架的聚类计算安全技术。该技术可在多密钥加密的数据上执行聚类计算,并与 Spark 框架结合实现高可扩展的并行分布式计算。

第九章研究了可容错的计算安全技术,提出了一种可容错的频繁模式计算安全技术,能以较高的概率检测出混合云环境下云服务器的错误,并利用系统的冗余性恢复正确结果。

第十章研究了混合同态加密计算安全技术,提出了一种基于混合同态加密算法的频繁项集查询计算安全方案。该方案实现了对事务数据库和挖掘结果安全的有效保护,能够抵抗频率分析攻击,同时通过使用密文打包技术保证了计算过程的高效性。

第十一章研究了深度神经网络预测的计算安全方法,通过使用全同态加密算法对用户的待分类数据进行加密处理,从而较好地保护了数据隐私。此外,针对密文数据分类,我们在较小规模的网络模型中使用了参数自适应学习的多项式激活函数,从而实现了较高的分类准确率和运算效率。

第十二章总结全书,并展望了下一步的研究前景。

本书可以作为高等院校信息安全、网络空间安全、计算机科学、通信与信息系统、计算机工程技术、应用数学、军事信息学等专业的教材或教学参考书,也可作为相关领域科技工作者或爱好者的参考书。由于作者理论水平和实践经验有限,书中难免存在问题,敬请各位读者斧正,我们将不胜感激。本书引用了大量的参考资料,特向原文作者表示崇高的敬意和真心的感谢。感谢罗笑冰老师与博士生郝嘉禄、汤凤仪,及硕士生刘帅、陈磊、陈光宇、谭业进、李子源、郭望舒、何佳伟、徐权、孔聪旺在编写过程中付出的辛勤劳动。本书得到了黎湘、朱鲁华、张运焇、罗晓广、钟太良、刘青宝、刘杰、张军、许路、周继军、史佩昌等师友的帮助,多蒙指教,受益无穷,感激关怀和帮助。本书得到国家自然科学基金"面向访问控制的数据挖掘外包分类技术研究"(61801489)和"云计算环境下关联规则挖掘安全外包关键技术研究"(62102447)的资助。

人生真正的快乐,在于能对一个事业有所贡献,并认识到这是一个伟大的事业。祝所有对本书感兴趣的朋友们阅读快乐!

作　者

2021 年 11 月

目 录

第一章 绪 论

1.1 大数据技术

2013 年 7 月 17 日,习近平同志指出:"浩瀚的数据海洋就如同工业社会的石油资源,蕴含着巨大生产力和商机,谁掌握了大数据技术,谁就掌握了发展的资源和主动权。"大数据已成为信息主权的一种表现形式,将是继边防、海防、空防之后大国博弈的另一个空间,大数据正在改变人类生活和对世界的深层理解。

第二次工业革命的爆发,导致以文字为载体的数据量约每 10 年翻一番;从工业化时代进入信息化时代,数据量每 3 年翻一番。当前,新一轮信息技术革命与人类社会活动交汇融合,半结构化、非结构化数据大量涌现,数据的产生已不受时间和空间的限制,从而引发了数据爆炸式增长。目前数据类型繁多且复杂,已经超越了传统数据管理系统和处理模式的能力范围,人类正在开启大数据时代新航程。据国际数据公司(IDC)发布的 2017 年大数据白皮书预测,2025 年全球大数据规模将增长至 163ZB,相当于 2016 年的 10 倍,大数据继续表现出更为强劲的增长态势。中国拥有的数据量在国际上举足轻重,2019 年中国数据中心数量大约有 7.4 万个,占全球数据中心总量的 23% 左右,数据中心机架规模达到 227 万架,在用 IDC 数据中心数量 2 213 个。根据赛迪顾问数据显示,到 2030 年数据原生产业规模量将占整体经济总量的 15% ,中国数据总量将超过 4YB,占全球数据量的 30% 。

从大数据搜索热度数据可清晰看出近年来全球对大数据的关注程度。国际上对大数据的关注度在 2012 年之前处于较低水平,2012—2015 年对大数据的关注度飞速增长,2016 年至今保持很高的关注度。国际上,从联合国到各国政府竞相重视大数据发展;在我国,大数据被列为国家战略后发展迅猛。全球大数据的发展方兴未艾,大数据已经开始显著地影响全球的生产、流通、分配和消费方式,它正在改变人类的生产方式、生活方式、经济运行机制和国家治理模式,它是知识驱动下经济时代的战略制高点,是国家和人类的新型战略资源。

相较于传统数据,大数据的结构和形式呈现多样化。从结构上来说,数据分为结构化、半结构化以及非结构化等;从数据形式上来说,主要包括文字、数值、图片、视频、表情、音频等。数据也不再由单一平台产生,如社交网络平台、微博系统、移动 app、可穿戴式设备、医疗系统等平台都已成为数据之源。

随着大数据技术的不断发展,许多国家都认识到大数据对国家发展的重要性。以美国为首的多个国家先后发布了大数据的国家发展战略,联合国也发布了"全球脉搏"项目的重要成果——名为《大数据促发展:挑战与机遇》的大数据政务白皮书。美国政府投入了巨资到大数据的研究领域,将其作为重要的战略发展方向,并将大数据技术发展提升到国家安全和未来的发展战略的高度。

我国科技界与信息技术密切相关的产业领域对大数据技术与应用的关注程度正在逐渐增强,并引起了政府相关部门的重视。2013 年 3 月,国家自然科学基金委员会在上海召开了题为"大数据技术与应用中的挑战性科学问题"的双清论坛,并将"大数据技术与应用中的挑战性科学问题"列入 2014 年的项目指南中,拟以重点项目群的方式支持和推动相关领域的基础研究。自 2016 年开始,国家信息中心就利用大数据技术反映"一带一路"的建设进展和成效。除此之外,大数据技术已经在很多领域有了具体应用案例。2018 年 9 月 19 日,国家信息中心在天津举办的 2018 年夏季达沃斯论坛上发布了《"一带一路"大数据报告(2018)》。该报告的发布,能够为国内外各界了解、参与"一带一路"建设提供更为丰富的信息。2018 年 9 月 20 日,国家发展改革委国际合作中心(以下简称"国际合作中心")举办第三期"国合党建讲堂",邀请国家信息中心大数据发展部主任于施洋作题为"以大数据思维助力创新发展改革工作"的专题讲座。

目前,大数据行业主要分为三类产业:数据服务产业、基础支撑产业、融合应用产业。数据服务产业是以大数据为核心资源,以大数据应用为主业开展商业经营的产业,包括数据交易、数据采集、数据应用服务、基于大数据的信息服务、数据增值服务等。基础支撑产业是指提供直接应用于大数据处理相关的软硬件、解决方案及其他工具的产业,例如提供大数据存储管理、大数据预处理软硬件、大数据计算、大数据可视化产品等。融合应用产业是指在业务应用中产生大数据,并与行业资源相结合开展商业经营的产业,例如政务大数据、金融大数据、交通大数据、工业大数据等。

由此可见,大数据的发展已经得到了世界范围内的广泛关注,其发展势不可挡。如何将巨大的原始数据进行有效的分析和利用,使之转变成可以被利用的知识和价值,解决日常生活和工作中的难题,成为国内外共同关注的重要课题,同时也是大数据最重要的研发意义所在。

1.1.1 大数据的基本概念

现在的社会是一个信息化、数字化的社会,互联网、物联网和云计算技术的迅猛发展,使得数据充斥着整个世界;与此同时,数据也成为一种新的自然资源,亟待人们对其加以合理、高效、充分的利用,使之能够给人们的生活工作带来更大的效益和价值。在这种背景下,数据的数量不仅以指数形式递增,而且数据的结构越来越趋于复杂化,这就赋予了大数据不同于以往普通数据更加深层的内涵。

1.1.1.1 大数据的产生

在科学研究(天文学、生物学、高能物理等)、计算机仿真、互联网应用、电子商务等领域,数据量呈现快速增长的趋势。美国互联网数据中心指出,互联网上的数据每年将增长 50% 以上,每两年便将翻一番,而目前世界上 90% 以上的数据是最近几年才产生的。数据并非单纯指人们在互联网上发布的信息,全世界的工业设备、汽车、电表上有着无数的数码传感器,在随时测量和传递有关位置、运动、震动、温度、湿度乃至空气中化学物质变化的过程中也产生了海量的数据信息。

（1）科学研究产生大数据。现在的科研工作比以往任何时候都依赖大量的数据信息交流处理,尤其是各大科研实验室之间研究信息的远程传输。比如,类似希格斯玻粒子的发现就需要每年 36 个国家的 150 多个计算中心之间进行约 26PB 的数据交流。

（2）物联网的应用产生大数据。物联网(Internet of Things,IoT)是新一代信息技术的重要组成部分,解决了物与物、人与物、人与人之间的互联。本质而言,人与机器、机器与机器的交互,大都是为了实现人与人之间的信息交互而产生的。在这种信息交互的过程中,催生了从信息传送到信息感知再到面向分析处理的应用。人们接受日常生活中的各种信息,将这些信息传送到数据中心,利用数据中心的智能分析决策得出信息处理结果,再通过互联网等信息通信网络将这些数据信息传递到四面八方,而在互联网终端的设备利用传感网等设施接受信息并进行有用的信息提取,得到自己想要的数据结果。目前,物联网在智能工业、智能农业、智能交通、智能电网、节能建筑、安全监控等行业都有应用。巨大连接的网络使得网络上流通的数据大幅度增长,从而催生了大数据。

（3）海量网络信息的产生催生大数据。移动互联时代,数以百亿计的机器、企业、个人随时随地都会获取和产生新的数据。据 IDC 发布的《数据时代 2025》

报告显示,全球每年产生的数据将从 2018 年的 33ZB 增长到 175ZB,相当于每天产生 491EB 的数据。据 IDC 预测,2025 年,全世界每个联网的人每天平均有 4 909 次数据互动,是 2015 年的 8 倍多,相当于每 18 秒产生 1 次数据互动。2018 年,全球每天发送和接收的商业和消费者电子邮件的总数超过 2 811 亿封,2019 年每天的电子邮件数量达到 2 936 亿封,而到 2022 年年底,将达到 3 332 亿封。无处不在的物联网设备正在将世界变成一个"数字地球",到 2025 年,全球物联网连接设备的总安装量预计将达到 754.4 亿,约是 2015 年的 5 倍。据 Smart Insight 估计,目前全球每天有 50 亿次搜索,其中 35 亿次搜索来自 Google,占全球搜索量的 70%,相当于每秒处理 4 万多次搜索;据 Facebook 统计,Facebook 每天产生 4PB 的数据,包含 100 亿条消息,以及 3.5 亿张照片和 1 亿小时的视频浏览;在 Instagram 上,用户每天要分享 9 500 万张照片和视频;Twitter 用户每天要发送 5 亿条信息。

随着社交网络的成熟、传统互联网到移动互联网的转变、移动宽带的迅速提升,除个人电脑、智能手机、平板电脑等常见的客户终端之外,更多更先进的传感设备、智能设备,比如智能汽车、智能电视、工业设备和手持设备等都将接入网络,由此产生的数据量及其增长速度比以往任何时期都要多,互联网上的数据流量正在迅猛增长。

1.1.1.2　大数据概念的提出

1989 年,Gartner Group 的 Howard Dresner 首次提出"商业智能"(Business Intelligence)这一术语。商业智能通常被理解为企业中现有的数据转化为知识、帮助企业做出明智的业务经营决策的工具,主要目标是将企业所掌握的信息转换成竞争优势,提高企业决策能力、决策效率、决策准确性。为了将数据转化为知识,需要利用数据仓库、联机分析处理(OLAP)工具和数据挖掘(Data Mining)等技术。随着互联网络的发展,企业收集到的数据越来越多、数据结构越来越复杂,一般的数据挖掘技术已经不能满足大型企业的需要,这就使得企业在收集数据之余,也开始有意识地寻求新的方法来解决大量数据无法存储和处理分析的问题。由此,IT 界诞生了一个新的名词——大数据。

对于"大数据"的概念目前来说并没有一个明确的定义。多个企业、机构和数据科学家对于大数据的理解阐述,虽然描述不一,但都存在一个普遍共识,即"大数据"的关键是在种类繁多、数量庞大的数据中,快速获取信息。维基百科将大数据定义为:"大数据"是指一些使用目前现有数据库管理工具或传统数据处理应用很难处理的大型而复杂的数据集,其挑战包括采集、管理、存储、搜索、共享、分析和可视化。IDC 将大数据定义为:为更经济地从高频率的、大容量的、不同结构和类型的数据中获取价值而设计的新一代架构和技术。信息专家涂子沛在著作《大数据》中认为:"大数据"之"大",并不仅仅指"容量大",更大的意义在于通过对海量数据的交换、整合和分析,发现新的知识,创造新的价值,带来"大知识"、"大科技"、"大利润"和"大发展"。

从"数据"到"大数据",不仅仅是数量上的差别,更是数据质量的提升。传统意义上的数据处理方式包括数据挖掘、数据仓库、联机分析处理等,而在大数据时代,数据已经不仅仅是需要分析处理的内容,更重要的是人们需要借助专用的思想和手段从大量看似杂乱、繁复的数据中,收集、整理和分析数据足迹,以支撑社会生活的预测、规划和商业领域的决策等。著名数据库专家、图灵奖的获得者 Jim Gray 博士总结出,在人类的科学研究史上,先后经历了实验、理论和计算三种范式,而在数据量不断增加和数据结构愈加复杂的今天,这三种范式已经不足以在新的研究领域得到更好的运用,所以 Jim Gray 博士提出了科学的"第四种范式",即"数据探索"这一新型的数据研究方式,用以指导和更新领域的科学研究。

1.1.1.3 大数据的特征

在日新月异的 IT 业界,各个企业对大数据都有自己不同的解读。但大家都普遍认为,大数据有着"4V"特征,即 Volume、Variety、Velocity 和 Value。

Volume 是指巨大的数据量与数据完整性。十几年前,由于存储方式、科技手段和分析成本等的限制,当时许多数据都无法得到记录和保存。即使是可以保存的信号,也大多采用模拟信号保存,当其转变为数字信号的时候,由于信号的采样和转换,都不可避免地存在数据的遗漏与丢失。然而现在,大数据的出现,使得信号能以最原始的状态保存下来,数据量的大小已不是最重要的,数据的完整性才是最重要的。

Variety 意味着要在海量、种类繁多的数据间发现其内在关联。在互联网时代,各种设备连成一个整体,个人在这个整体中既是信息的收集者也是信息的传播者,加速了数据量的爆炸式增长和信息多样性。这就必然促使我们要在各种各样的数据中发现数据信息之间的相互关联,把看似无用的信息转变为有效的信息,从而做出正确的判断。

Velocity 可以理解为更快地满足实时性需求。目前,对于数据智能化和实时性的要求越来越高,比如开车时会用智能导航仪查询最短路线,吃饭时会了解其他用户对这家餐厅的评价,见到可口的食物会拍照发微博等,这些人与人、人与机器之间的信息交流互动,都不可避免地带来数据交换。而数据交换的关键是降低延迟,以近乎实时的方式呈献给用户。

"4V"特征里最关键的一点,就是 Value,是指大数据的价值密度低。在大数据时代,数据的价值就像沙子淘金,数据量越大,里面真正有价值的东西就越少。现在的任务就是将这些 ZB 级、PB 级的数据,利用云计算、智能化开源实现平台等技术,提取出有价值的信息,将信息转化为知识,并发现规律,最终用知识促成正确的决策和行动。

1.1.1.4 大数据的应用领域

发展大数据产业将推动世界经济的发展方式由粗放型到集约型的转变,这对于提升企业综合竞争力和政府的管制能力具有深远的影响。将大量的原始数据汇集在一起,通过智能分析、数据挖掘等技术分析数据中潜在的规律,以预测以后事物的发展趋势,有助于人们做出正确的决策,从而提高各个领域的运行效率,取得更大的收益。

商业是大数据应用最广泛的领域。沃尔玛通过对消费者购物行为等这种非结构化数据进行分析,了解顾客购物习惯,从销售数据分析适合搭配在一起卖的商品,创造了"啤酒与尿布"的经典商业案例。淘宝服务于卖家的大数据平台——"淘宝数据魔方"有一个"无量神针——倾听用户的痛"屏幕,监听着几百万淘宝买家的心跳,收集分析买家的购物行为,找出问题的先兆,避免"恶拍"(买家拍下产品但拒收)发生,还针对买家设置大数据平台,为买家量身打造完善网购体验的产品。

大数据在金融业也发挥相当重要的作用。华尔街德温特资本市场公司分析全球 3.4 亿微博账户的留言,判断民众情绪,发现人们高兴的时候会买股票,而焦虑的时候会抛售股票,依此决定公司股票的买入或卖出,该公司 2012 年第一季度获得了 7% 的收益率。Equifax 公司是美国三大征信所之一,其存储的财务数据覆盖了所有美国成年人,包括全球 5 亿个消费者和 8 100 万家企业。在它的数据库中与财务有关的记录包括贷款申请、租赁、房地产、购买零售商品、纳税申报、费用缴付、报纸与杂志订阅等,看似杂乱无章的共 26PB 数据,经过交叉分享和索引处理,能够得出消费者的个人信用评分,从而推断消费者支付意向与支付能力,发现潜在的欺诈。

随着大数据在医疗与生命科学研究过程中的广泛应用和不断扩展,产生的数据之大、种类之多令人难以置信。比如医院中做 B 超、PACS 影像、病理分析等业务产生了大量非结构化数据;2000 年时一幅 CT 存储量才 10MB,现在的 CT

则含有 320MB,甚至 600MB 的数据量,而一个基因组序列文件大小约为 750MB,一个标准病理图的数据量则接近 5GB。如果将这些数据量乘以人口数量和平均寿命,仅一个社区医院就可以累积达数 TB 甚至 PB 级的结构化和非结构化数据。

另外,为了实现医院之间对病患信息的共享,2010 年我国公布的"十二五"规划中指出,要重点建设国家级、省级和地市级三级卫生信息平台,建设电子档案和电子病历两个基础数据库等。随着国家逐渐加大对电子病历的投入,各级医院也将加大在数据中心、医疗信息仓库等领域的投入,医疗信息存储将越来越受重视,医疗信息中心的关注点也将由传统"计算"领域转移到"存储"领域上来。

中国制造业的相关企业随着 ERP、PLM 等信息化系统的部署完成,管理方式由粗放式管理逐步转为精细化管理,新产品的研发速度和设计效率有了大幅提升,企业在实现对业务数据进行有效管理的同时,积累了大量的数据信息,产生了利用现代信息技术收集、管理和展示分析结构化和非结构化的数据和信息的诉求。企业需要信息化技术帮助决策者在储存的海量信息中挖掘出需要的信息,并且对这些信息进行分析,通过分析工具加快报表进程从而推动决策、规避风险,并且获取重要的信息。因此,越来越多的企业在原有的各种控制系统(DCS、FCS、CIPS 等)和各种生产经营管理系统(MIS、CRM、ERP 等)的基础上,管理重心从以前的以流程建设为主,转换为以流程建设和全生命周期数据架构建设并行的模式,在关注流程的质量和效率的同时,又关注全流程上数据的质量和效率,建立以产品为核心的覆盖产品全生命周期的数据结构,用企业级 PLM系统来支撑这些数据结构,有效地提高了企业满足市场需求的响应速度,更加经济地从多样化的数据源中获得更大价值。

1.1.2　大数据处理流程

从大数据的特征和产生领域来看,大数据的来源相当广泛,由此产生的数据类型和应用处理方法千差万别。但是总的来说,大数据的基本处理流程大都是一致的。中国人民大学网络与移动数据管理实验室开发了一个学术空间"Scholar Space",从计算机领域收集的相关文献可以总结出大数据处理的一般流程。在此基础上,可将大数据的处理流程基本划分为数据采集、数据处理与集成、数据分析和数据解释四个阶段。整个大数据处理流程如图 1.1 所示,即:经数据源获取的数据,因为其数据结构不同(包括结构、半结构和非结构数据),用特殊方法进行数据处理和集成,将其转变为统一标准的数据格式,便于以后处

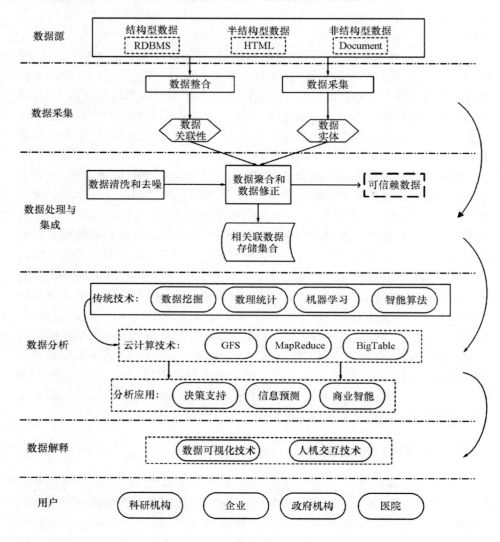

理;然后用合适的数据分析方法对这些数据进行处理分析,并将分析的结果利用可视化等技术展现给用户。这就是整个大数据处理的流程。

图 1.1　大数据处理基本流程

1. 1. 2. 1 数据采集

大数据的"大",原本就意味着数量多、种类复杂,因此,通过各种方法获取数据信息便显得格外重要。数据采集是大数据处理流程中最基础的一步,目前常用的数据采集手段有传感器收取、射频识别(RFID)、数据检索分类工具(如百度和谷歌等搜索引擎),以及条形码技术等。而且,移动设备的出现,如智能手机和平板电脑的迅速普及,使得大量移动软件被开发应用,社交网络逐渐庞大,这也加速了信息的流动速度和采集精度。

1. 1. 2. 2 数据处理与集成

数据的处理与集成主要是对已经采集到的数据进行适当的处理、清洗去噪以及进一步的集成存储。

根据前文所述,大数据具有多样性。这就决定了经过各种渠道获取的数据种类和结构都非常复杂,给之后的数据分析处理带来了极大的困难。通过数据处理与集成这一步骤,首先将这些结构复杂的数据转换为单一的或是便于处理的结构,为以后的数据分析打下良好的基础。由于这些数据里并不是所有的信息都是必需的,而是会掺杂很多噪音和干扰项,因此,还需对这些数据进行去噪和清洗,以保证数据的质量以及可靠性。常用的方法是在数据处理的过程中设计一些数据过滤器,通过聚类或关联分析的规则方法将无用或错误的离群数据挑出来过滤掉,防止其对最终数据结果产生不利影响。然后将这些整理好的数据进行集成和存储,这是很重要的一步。因为若是单纯随意地放置,会对以后的数据取用造成影响,很容易导致数据访问性的问题。现在一般的解决方法是针对特定种类的数据建立专门的数据库,将这些不同种类的数据信息分门别类地放置,从而有效地减少数据查询和访问的时间,提高数据提取速度。

1. 1. 2. 3 数据分析

数据分析是整个大数据处理流程里最核心的部分,因为在数据分析的过程中会发现数据的价值所在。经过数据的处理与集成后,所得的便是数据分析的原始数据,在此基础上,再根据所需数据的应用需求对数据进行进一步的处理和分析。传统的数据处理分析方法有数据挖掘、机器学习、智能算法、统计分析等,而这些方法已经不能满足大数据时代数据分析的需求。在数据分析技术方面,Google 公司处于领先地位。Google 作为互联网大数据应用非常广泛的公司,于2006 年率先提出了"云计算"的概念,其内部各种数据的应用都是依托 Google

自己内部研发的一系列云计算技术,例如分布式文件系统 GFS(Google File System)、分布式数据库 BigTable、批处理技术 MapReduce,以及开源实现平台 Hadoop 等。这些技术平台为大数据处理、分析提供了有力的支撑。

1.1.2.4   数据解释

对于广大的数据信息用户来讲,最关心的并非是数据的分析处理过程,而是对大数据分析结果的解释与展示,因此,在一个完善的数据分析流程中,数据结果的解释步骤至关重要。若数据分析的结果不能得到恰当的显示,则会对数据用户产生困扰,甚至会误导用户。传统的数据显示方式是用文本形式下载输出或用户个人电脑显示处理结果。但随着数据量的加大,数据分析结果往往也越复杂,用传统的数据显示方法已经不足以满足数据分析结果输出的需求,因此,为了提升数据解释、展示能力,现在大部分企业都引入了"数据可视化技术"作为解释大数据最有力的方式。通过可视化结果分析,可以形象地向用户展示数据分析结果,便于用户对结果的理解和接受。常见的可视化技术有基于集合的可视化技术、基于图标的技术、基于图像的技术、面向像素的技术和分布式技术等。

1.1.3   大数据关键技术

在大数据处理流程中,最核心的部分就是对于数据信息的分析处理,所以其中所运用到的处理技术也就至关重要。提起大数据的处理技术,就不得不提起云计算,这是大数据处理的基础,也是大数据分析的支撑技术。分布式文件系统为整个大数据提供了底层的数据贮存支撑架构;为了方便数据管理,在分布式文件系统的基础上建立分布式数据库,提高数据访问速度;在一个开源的数据实现平台上,利用各种大数据分析技术可以对不同种类、不同需求的数据进行分析整理,从而得出有价值的信息,最终利用各种可视化技术形象地显示给数据用户,满足用户的各种需求。

1.1.3.1   云计算和 MapReduce

1. 云计算

所谓云计算,是一种大规模的分布式模型,通过网络将抽象的、可伸缩的、便于管理的数据能源、服务、存储方式等传递给终端用户。根据维基百科的说法,狭义的云计算指 IT 基础设施的交付和使用模式,指通过网络以按照需求量的方式和易扩展的方式获得所需资源;广义的云计算指服务的交付和使用模式,指通过网络以按照需求量和易扩展的方式获得所需服务。目前,云计算可以认为包含三个层次的内容:基础设施即服务(IaaS)、平台即服务(PaaS)和软件即服务(SaaS)。国内的"阿里云"与云谷公司的 XenSystem,以及在国外已经非常成熟的 Intel 和 IBM 都是云计算的忠实开发者和使用者。

　　云计算是大数据分析处理技术的核心原理,也是大数据分析应用的基础平台。Google 内部的各种大数据处理技术和应用平台都是基于云计算,最典型的就是以分布式文件系统 GFS、批处理技术 MapReduce、分布式数据库 BigTable 为代表的大数据处理技术,以及在此基础上产生的开源数据处理平台 Hadoop。

　　2. MapReduce

　　MapReduce 技术是 Google 公司于 2004 年提出的,作为一种典型的数据批处理技术被广泛应用于数据挖掘、数据分析、机器学习等领域,并且,MapReduce 因其并行式的数据处理方式,已经成为大数据处理的关键技术。MapReduce 系统主要由 Map 和 Reduce 两个部分组成。MapReduce 的核心思想在于"分而治之",也就是说,首先将数据源分为若干部分,每个部分对应一个初始的键值(Key/Value)对,并分别给不同的 Map 任务区处理,这时的 Map 对初始的 Key/Value 对进行处理,产生一系列中间结果 Key/Value 对,MapReduce 的中间过程 Shuffle 将所有具有相同 Key 值的 Value 值组成一个集合传递给 Reduce 环节;Reduce 接收这些中间结果,并将相同的 Value 值合并,形成最终的较小 Value 值的集合。MapReduce 系统的提出,简化了数据的计算过程,避免了数据传输过程中大量的通信开销,使得 MapReduce 可以运用到多种实际问题的解决方案里,公布之后获得了极大的关注,在各个领域均有广泛的应用。

1.1.3.2　分布式文件系统

　　在 Google 之前,没有哪一个公司曾需要处理数量如此多、种类如此繁杂的数据,因此,Google 公司结合自己的实际应用情况,自行开发了一种分布式文件系统 GFS。这个分布式文件系统是基于分布式集群的大型分布式处理系统,作为上层应用的支撑,为 MapReduce 计算框架提供低层数据存储和数据可靠性的保障。

　　GFS 与传统的分布式文件系统有共同之处,比如性能、可伸缩性、可用性等。然而,根据应用负载和技术环境的影响,GFS 与传统的分布式文件系统的不同之处使其在大数据时代得到了更加广泛的应用。GFS 采用廉价的组成硬件,并将系统某部分出错作为常见情况加以处理,因此具有良好的容错功能。从传统的数据标准来看,GFS 能够处理的文件很大,大小通常都是 100MB 以上,数吉字节也很常见,而且大文件在 GFS 中可以被有效地管理。另外,GFS 主要采取主从结构(Master-Slave),通过数据分块、追加更新等方式实现海量数据的高速存储。

随着数据量的逐渐加大、数据结构的愈加复杂,最初的 GFS 架构已经无法满足对数据分析处理的需求,Google 公司在原先的基础上对 GFS 进行了重新设计,升级为 Colosuss,单点故障和海量小文件存储的问题在这个新的系统里得到了很好的解决。除了 Google 的 GFS 和 Colosuss,HDFS、FastDFS 和 CloudStore 等都是类似于 GFS 的开源实现。由于 GFS 及其类似的文件处理系统主要用于处理大文件,对图片存储、文档传输等海量小文件的应用场合则处理效率很低,因此,Facebook 开发了专门针对海量小文件处理的文件系统 Haystack,通过多个逻辑文件共享同一个物理文件,增加缓存层、部分元数据加载到内存等方式有效地解决了海量小文件存储的问题;此外,淘宝也推出了类似的文件系统 TFS(Taobao File System),针对淘宝海量的非结构化数据,提供海量小文件存储,满足了淘宝对小文件存储的需求,被广泛地应用在淘宝各项业务中。

1.1.3.3 分布式并行数据库

由上述数据处理过程可看出,从数据源处获得的原始数据存储在分布式文件系统中,但是用户的习惯是从数据库中存取文件。传统的关系型分布式数据库已经不能适应大数据时代的数据存储要求,主要原因如下:

1. 数据规模变大

大数据时代的特征之一,就是巨大的数据量,因此必须采用分布式存储方式。传统的数据库一般采用的是纵向扩展(scale-up)的方法,这种方法对性能的增加速度远远低于所需处理数据的增长速度,因此不具有良好的扩展性。大数据时代需要的是具备良好横向拓展(scale-out)性能的分布式并行数据库。

2. 数据种类增多

大数据时代的特征之二,就是数据种类的多样化。也就是说,大数据时代的数据类型已经不再局限于结构化的数据,各种半结构化、非结构化的数据纷纷涌现。如何高效地处理这些具有复杂数据类型、价值密度低的海量数据,是现在必须面对的重大挑战之一。

3. 设计理念的差异

传统的关系型数据库讲求的是"one size for all",即用一种数据库适用所有类型的数据。但在大数据时代,由于数据类型的增多、数据应用领域的扩大,对数据处理技术的要求以及处理时间方面均存在较大差异,用一种数据存储方式适用所有的数据处理场合明显是不可能的,因此,很多公司已经开始尝试"one size for one"的设计理念,并产生了一系列技术成果,取得了显著成效。

　　为了解决上述问题,Google 公司无疑又走在了时代的前列,它提出了BigTable 的数据库系统解决方案,为用户提供了简单的数据模型。这主要是运用一个多维数据表,表中通过行、列关键字和时间戳来查询定位,用户可以自己动态控制数据的分布和格式。BigTable 的基本架构如图 1.2 所示。BigTable 中的数据均以子表形式保存于子表服务器上,主服务器创建子表,最终将数据以GFS 形式存储于 GFS 文件系统中;同时,客户端直接和子表服务器通信,Chubby服务器用来对子表服务器进行状态监控;主服务器可以查看 Chubby 服务器以观测子表状态检查是否存在异常,若有异常则会终止故障的子服务器并将其任务转移至其余服务器。

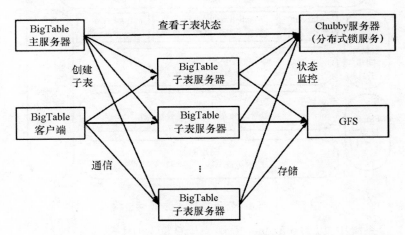

图 1.2　BigTable 基本架构图

　　除 BigTable 之外,很多互联网公司也纷纷研发可适用于大数据存储的数据库系统,比较知名的有 Yahoo 的 PNUTS 和 Amazon 的 Dynamo。这些数据库的成功应用促进了对非关系型数据库的开发与运用的热潮,这些非关系型数据库方案现在被统称为 NoSQL(Not Only SQL)。就目前来说,对于 NoSQL 没有一个确切的定义,一般普遍认为 NoSQL 数据库应该具有以下特征:模式自由、支持简易备份、简单的应用程序接口、一致性、支持海量数据。

1.1.3.4 开源实现平台 Hadoop

大数据时代对于数据分析、管理都提出了不同程度的新要求,许多传统的数据分析技术和数据库技术已经不能满足现代数据应用的需求。为了给大数据处理分析提供一个性能更高、可靠性更好的平台,Doug Cutting 模仿 GFS,为 MapReduce 开发了一个云计算开源平台 Hadoop,用 Java 编写,可移植性强。现在,Hadoop 已经发展为一个包括分布式文件系统(Hadoop Distributed File System,HDFS)、分布式数据库(HBase、Cassandra)以及数据分析处理 MapReduce 等功能模块在内的完整生态系统,成为目前最流行的大数据处理平台。Intel 公司根据 Hadoop 的系统构造,给出了一种 Hadoop 的实现结构,如图 1.3 所示。

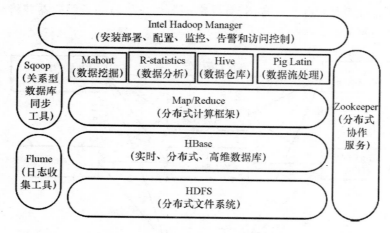

图 1.3 Intel 公司的 Hadoop 组件结构

在这个系统中,以 MapReduce 算法为计算框架,HDFS 是一种类似于 GFS 的分布式文件系统,可以为大规模的服务器集群提供高速度的文件读写访问。HBase 是一种与 BigTable 类似的分布式并行数据库系统,可以提供海量数据的存储和读写,而且兼容各种结构化或非结构化的数据。Mahout 是 Apache Software Foundation(ASF)旗下的一个开源项目,对海量数据进行挖掘的一种方式,提供数据挖掘、机器学习等领域中经典算法的实现。Hive 是一种基于 Hadoop 的大数据分布式数据仓库引擎,它使用 SQL 语言对海量数据信息进行统计分析、查询等操作,并且将数据存储在相应的分布式数据库或分布式文件系统中。为了对大规模数据进行分析,就要用到相关的数据分析处理语言 PigLatin,它借鉴了 SQL 和 MapReduce 两者的优点,既可以像 SQL 语言那样灵活可变,又有过程式语言数据流的特点。Zookeeper 是分布式系统的可靠协调系统,可以提供包括配置维护、名字服务、分布式同步、组服务等在内的相关功能,封装好复杂易出错的关键服务,将简单易用的接口和性能高效、功能稳定的系统提供给用户。Sqoop 是一个用来将 Hadoop 和关系型数据库中的数据双向转移的工具,可以将一个关系型数据库(MySQL,Oracle,Postgres 等)中的数据导入 Hadoop 的 HDFS 中,也可以将 HDFS 的数据导入关系型数据库中,还可以在传输过程中实现数据转换等功能。Flume 是一种分布式日志采集系统,特点是高可靠性、高可用性,它的作用是从不同的数据源系统中采集、集成、运送大量的日志数据到一个集中式数据存储器中。

1.1.3.5 大数据可视化

可视化技术作为解释大数据最有效的手段之一,最初是被科学与计算领域运用,它对分析结果的形象化处理和显示,在很多领域得到了迅速而广泛的应用。数据可视化(Data Visualization)技术是指运用计算机图形学和图像处理技术,将数据转换为图形或图像在屏幕上显示出来,并进行交互处理的理论、方法和技术。由于图形化的方式比文字更容易被用户理解和接受,数据可视化就借助人脑的视觉思维能力,将抽象的数据表现为可见的图形或图像,帮助人们发现数据中隐藏的内在规律。可视分析起源于 2005 年,它是一门通过交互可视界面来分析、推理和决策的科学,通过将可视化和数据处理分析方法相结合,提高可视化质量的同时也为用户提供更完整的大规模数据解决方案。如今,针对可视分析的研究和应用逐步发展,已经覆盖科学数据、社交网络数据、电力等多个行业。面对海量数据的涌现,如何将其恰当、清楚地展现给用户是大数据时代的一个重要挑战。学术科研界以及工业界都在不停致力于大数据可视化的研究,已经有了很多成功的应用案例。

1. 互联网宇宙

为了探究互联网这个庞大的宇宙,俄罗斯工程师 Ruslan Enikeev 根据 2011 年底的数据,将 196 个国家的 35 万个网站数据整合起来,并根据这些网站相互之间的链接关系将这些"星球"联系起来,命名为"The Internet Map",如图 1.4 所示。一个"星球"代表一个网站,每一个"星球"的大小根据其网站流量来决定,而"星球之间"的距离远近则根据链接出现的频率、强度和用户跳转时创建的链接等因素决定。

图 1.4　互联网宇宙

2. 标签云

标签云(Tag Cloud)的本质就是一种"标签",用不同的标签标示不同的对象。标签的排序一般按照字典的顺序排列,并根据其热门程度确定字体的颜色和大小,出现频率越高的词语字体就越大,反之越小,这就方便用户按照字典或是该标签的热门程度来寻找信息。

3. 历史流图

历史流图(History Flow)可用于可视化文档的编辑,这样的一个流程,意味着这是一个面向广大用户的开放型文档,用户可以在其中自由地编辑和查阅,随时根据自己的理解进行增加和删除操作。在历史流图中,用一个坐标轴表示对一篇文档做出任何修改的行为:横坐标表示时间,纵坐标表示修改的人员;随着时间的推移,横坐标越来越长,文档内容也随之不断变化,修改的人员也随之增加,可以很容易看出每个人对这篇文档的贡献。最显著的应用案例就是"维基百科"的注释文档,其历史流图的效果很明显。

关于大数据可视化的研究依然在继续,比如大众点评网上,可以轻松地根据地理信息找到附近的餐厅、KTV、商店等,用户可以根据自己的体验对这些店铺进行评价,这些反馈信息就在网络上留下了痕迹,为后来的用户提供了参考。这种常见的社交网络或生活消费类应用与数字网络地图的叠加,就是多维叠加式数据可视化应用。另外,支付宝的电子对账单通过用户一段时间(一般是 1 个月)的支付宝使用信息,自动生成专门针对此用户的本月消费产品数据图表,可以帮助用户分析其自身的消费情况。这是一种即时的关联规则下可视化技术的应用,通过对那些彼此间存在关联性的数据进行分析处理,挖掘出数据间联系并预测发展趋势,随后即时生成可视化方案反馈给用户,为客户下个月的消费管理提供参考意见。

1.1.4　大数据管理系统

近年来,大数据的重要性凸显,世界上的许多国家都把大数据提升到国家战略的高度。实施国家大数据战略,离不开对大数据技术的研究。回顾信息技术的发展历史,数据管理技术是信息应用技术的基础。与其他计算机学科相比,数据管理是整个领域为数不多的既有基础理论研究、又有系统软件研制、还有产业支撑的学科。专门从事数据管理系统软件和应用软件研制的甲骨文公司于2013 年超越 IBM,成为继微软公司之后全球第二大软件公司。如今,历史似乎又在重演,大数据管理在大数据技术中表现得越来越重要。

大数据管理系统正在经历以软件为中心到以数据为中心的计算平台的变迁。计算机的研制最初是为了满足军事和科学计算的需要,应用软件的开发和系统软件的研制均以硬件为中心开展,且依赖于特定的计算机硬件环境。自微软公司 1980 年推出 MSDOS(Microsoft Disk Operating System)磁盘操作系统以来,MSDOS 作为当时 IBM 的个人计算机(PC)和兼容机的基本软件,成为个人计算机中最普遍的操作系统。随后,微软推出的首个带有图形界面的个人电脑操作系统 Windows 1.0,逐渐成为 PC 的预装软件。微软操作系统成功推动了底层要素的标准化,即底层硬件的可替代性。具体来说,操作系统统一将硬件标准化为设备,使用同样的接口,这样操作系统就可以运行在不同的硬件平台,使得底层硬件的可替代性得以增强。与此同时,微软操作系统也成为新的中心,即应用软件的开发和系统软件的研制此后均以操作系统软件为中心展开。

随着信息技术的发展,特别是以互联网为代表的大数据应用每天产生巨大的数据量,大数据管理系统也发生了以软件为中心到以数据为中心的计算平台的迁移。例如,谷歌、百度等搜索引擎公司存储的网页数据越来越多,逐渐成为网络数据的集中存放仓库,并以这些数据为中心开展各项服务。据统计,2013年,谷歌大约存储了 10EB 的磁盘数据。如何存储和管理如此巨量的数据,是目前研究的热点。不仅限于搜索引擎公司,其他信息技术公司也都面临同样的大数据管理需求。例如:阿里巴巴集团旗下的蚂蚁金服存储着巨量的交易数据,同时以此为基础提供征信服务;腾讯公司的社交数据中心存有大量的用户会话、朋友圈等信息,并基于这些信息开发新型应用。总之,处理这些数据不可避免地需要一个新平台,大数据时代要求我们在以数据为中心的平台上去开发新型数据管理系统和相应的应用系统。

大数据管理系统正在经历的另一个趋势是基础设施化,基础设施是指人们生活中不可或缺的设施服务,如水、电等公共服务,飞机、公路等交通设施,等等。基础设施必须具备三个基本特征:第一,基础性,即社会运行不可缺少的东西;第二,规模性,即只有达到了与社会经济状况相适应的规模才能提供有效的服务;第三,可靠性,即不能经常出错,要能提供持续稳定的服务。我们正在步入数字经济和数字社会时代,软件作为一种使能技术,在数字社会中具有不可替代的作用,软件基础设施化的趋势也越来越明显,并具有其独特的表现:第一,基础性,即计算作为数字社会中最重要、最基础的服务,需要通过软件来提供,计算能力通过软件的定义,可以呈现为丰富多彩的服务形态;第二,规模性,即整个社会的计算能力,或通过软件重定义的服务能力,必须互联互通作为一个整体才能成为社会的基础设施;第三,可靠性,即基础设施化的软件必须能够提供稳定的、持续的、高效的在线服务。大数据管理系统正在经历软件的基础设施化进程。软件服务的种类很多,其中最重要的服务就是数据服务。云计算不仅是计算资源的汇聚,更是数据资源的汇聚。这些数据资源之间通过数据库软件实现互联、互通,并向公众提供数据的存储与组织,以及查询、分析、维护、安全性等管理服务。这样的数据库软件我们称其为大数据管理系统。大数据时代要求我们根据软件的基础设施化去开发大数据管理系统和相应的应用系统。

1.1.4.1 数据库管理系统的发展历史

数据库管理系统的功能是伴随着对数据的组织和管理以及应用的需求而不断发展起来的。第一代系统的功能主要集中在数据的组织与存储,数据的组织以层次和网状模型为代表,多种链表结构作为存储方式。这个时期的数据库系统可以看作一种数据组织与存取的工具。第二代系统主要围绕 OLTP 应用展开,在关系模型和存储技术的基础上,重点发展了事务处理子系统、查询优化子系统、数据访问控制子系统。第三代系统主要围绕 OLAP 应用展开,重点在于提出高效支持 OLAP 复杂查询的新型数据组织技术,包括 CUBE 和列存储等技术,以及 OLAP 分析前端工具。第四代系统主要围绕大数据应用展开,主要有分布式可扩展、异地多备份高可用架构、多数据模型支持以及多应用负载类型支持等特性。

1. 第一代层次、网状数据库系统

数据库管理系统的发展可以上溯到 20 世纪 60 年代出现的层次数据库技术。当时,计算机已经开始在商业上获得应用,文件作为数据存储的主要设施,

已经无法满足对商业应用(如银行业务)中数据项之间的复杂关系进行管理的需求,主要表现在以下几个方面:第一,文件系统是面向单一应用的,也就是说,根据每一个应用的需要,有针对性地设计文件的数据结构,因此,不同的应用要使用同一个文件结构会显得效率低下;第二,文件之间的数据是独立的,如果两个文件的数据存在内在的逻辑关系,要维护这种关系就非常困难甚至是不可能的;第三,文件的组织方式单一,难以满足不同的访问模式对数据高效率访问的需求。

因此,这个时期的信息系统对数据管理的核心需求是提供一种面向系统整体的数据组织与访问功能,简单来说就是存储和访问这两件事情。受制于当时的计算机技术水平,第一代的数据库管理系统是层次型的,之后又进一步扩展为网状型数据库。这里所谓的层次型或者网状型指的是系统中的数据组织方式是按照树或者(受限)图来组织的。树由于其每一个节点最多只有一个父节点,因此可以采用更加有效的手段(如按照树遍历的顺序)来存储数据。网状模型则通过引入"基本层次联系"的概念,将图分解为一组基本层次联系的集合。而基本层次联系实际上就是一个命名的层次联系。因此,这两类数据库本质上还是一样的,都可以用"树"结构来表达和存储数据。尽管这个时期数据管理的功能集中在数据存储组织和数据访问等,但这是第一次将数据管理的功能从具体的应用逻辑中分离并独立出来,在数据管理系统的发展历史上是一件里程碑的事情。

对于层次/网状数据库,数据访问的最常见的模式就是根据某一个父节点的值检索子节点的全部或者部分值。例如,查询信息学院计算机系教师张某的情况,数据的访问就需要按从学院到系再到教师这样的路径进行。为了数据访问的高效率,最有效的数据存储方式就是按照树遍历(如中序遍历)方式访问树节点,并将这些节点的数据邻近存储,兄弟节点之间则用指针进行链接。因此,这个时期的数据库看起来就是"玩"各种数据结构,指针、链表被大量使用。

分层结构最大的好处就是底层系统稳定,即将变化尽可能地限制在单层内部,这会使得系统的稳定性大大增加,减少了系统的维护代价。这是非常重要的一个特征。举例来说,数据库应用由于有了三级模式结构,当外模式结构发生变化时,例如数据项的增减,可以通过重新定义外模式和模式之间的对应关系,而保持下层模式以及内模式不变,从而使数据库的数据存储组织也不需要变化。反过来,当管理员想重新调整数据的存储组织方式时(提高效率),可以通过重新定义模式到内模式的映射,而保持模式不变,从而外模式也无须变化。自然,基于外模式写的应用程序也无须改变。这就是所谓的程序对于数据的透明性,或者说数据对于程序的独立性。总的来说,第一代系统的主要贡献就是首次将数据的存储与访问功能从应用程序中分离出来。

2. 第二代关系数据库系统

20 世纪 70 年代是关系数据库形成并实现产品化的年代,主要的代表人物是 IBM 的埃德加·F. 科德(Edgar F. Codd)。1970 年,科德发表题为《大型共享数据库的关系模型》的论文,文中首次提出了数据库的关系模型这一概念。由于关系模型简单明了、具有坚实的数学理论基础,操作语言是描述性的,不用像层次/网状模型那样需要描述存取路径(即先访问哪个数据再访问哪个数据)的细节,给提高信息系统开发的生产率提供了极大的空间,所以一经提出就受到了学术界和产业界的高度重视和广泛响应。尽管一开始产业界还充斥了对关系数据库系统性能的怀疑,但是经过科德所开发的 SystemR 系统的验证,关系数据库系统的性能被证明是可以有保障的。这一结论极大地推动了关系数据库技术的发展,关系数据库产品化的活动进入一个高潮。IBM 公司在 SystemR 系统的基础上推出了 DB2 产品,其他最著名的要数 ORACLE 公司的同名数据库产品。可以说,20 世纪 80 年代以来,关系数据库迅速取代层次和网状数据库而占领市场。数据库的研究工作也是围绕关系数据库展开的,1975 年召开了第一届超大规模数据库大会(VLDB),在会议录的前言中就曾提到,当今产业界已经出现了一张关系表中有 100 万条记录的"大表",如何才能确保对这样大表的访问效率? 由于科德杰出的贡献,1981 年的图灵奖很自然地授予了这位"关系数据库之父"。他领奖时的演讲题目是"关系数据库提高生产率的实际基础",说到了关系数据库成功的关键,即这项技术提高了生产率! 这正是数据库技术成功背后的"看不见的手"。为什么能做到这一点呢?

第一,描述性的关系数据语言功不可没。SQL 语言的基本结构由三个子句构成,分别用于指定关系表、行和列。FROM 子句指定表;WHERE 子句指定对行的选择条件,也就是哪些行符合查询要求,是对行的约束;SELECT 子句指定需要呈现的列,可以看作是对列的限制。从本质上来讲,一个查询就是从一张表中选择出需要的行和列。关系数据库采用了 SQL 语言,是提高信息系统开发效率的重要因素之一。

第二,关系数据库系统有完善的确保数据正确的功能,能够避免各种错误可能带来的数据库损害。例如,程序运行错误、停电、存储介质损害等可能的故障发生以后,如何使得数据不受到破坏,这是任何一个应用系统都需要考虑的问题。如果需要为每一个应用系统自己去完成这些代码,可想而知,应用的开发效率不可能高。如果数据库系统能以一定的方式确保数据库中的数据不会被各种故障所损害,那么开发应用的时候就可以不用关心这个问题。事实上,在数据库管理系统的代码中,真正用于处理 SQL 语句的部分并不多,大部分的代码都用于处理各种异常。

第三,有各种应用开发工具。一个数据库应用从设计到实施有复杂的过程,需要了解信息需求和功能需求,需要进行数据库模式设计,需要编写 SQL 语句,等等。如果有各种开发工具,甚至是数据库模式的自动生成工具,以及 SQL 语句的自动生成工具,那么应用开发的效率自然就能成倍地提高。

在关系数据库的关键技术中,最为核心的有查询优化技术和事务管理两个方面,这是关系数据库走向实用必须首先要解决的难题。由于关系数据库语言是基于集合的描述性语言,典型代表就是 SQL,因此其查询的结果也是一个集合。如何将一个 SQL 语句转换为可以执行的程序(有点类似程序自动生成器),而且要在所有可能的执行计划(程序)中选择出一个效率足够好的加以执行,这就是查询优化器的作用。

由于关系数据库主要用于支撑各种业务系统,因此需要管理业务状态的变化,将这类应用称为 OLTP,即联机事务处理。“事务”又称为交易,体现的是现实世界的业务逻辑。典型的例子就是银行的转账业务。如果某客户希望将账号 A 的钱转到账号 B 上去,那么必须保证账号 A 和 B 的存款数之和在转账前后是一样的,既不能多出来,也不能少。这是数据库系统必须保障的,否则数据库就无法使用。对于单机系统,这种业务逻辑的维护还比较容易,但当数据库系统是多用户系统时,这件事情就变得非常复杂,需要认真对待和解决。这些问题如果不能圆满解决,无论哪个公司的数据库产品都无法进入实用,最终不能被用户所接受。事务管理(TM)是数据库的重要部件,它提供对并发事务的调度控制和故障恢复,确保数据库系统的正确运行。詹姆斯·N. 格雷(James N. Gray)在解决这些重大技术问题上发挥了十分关键的作用,为数据管理系统(DBMS)成熟并顺利进入市场做出了重要贡献。其成就汇聚成一部厚厚的专著 *Transaction Processing Concepts and Techniques*,他也众望所归地获得了 1998 年度的图灵奖。

在关系数据库时代,对于数据库系统做出重要贡献的还有一位学者——迈克尔·斯通布雷克(Michael Stonebraker)。他在加州大学伯克利分校计算机科学系任教达 29 年,在此期间,领导开发了关系数据库系统 Ingres、对象 - 关系数据库系统 Postgres、联邦数据库系统 Mariposa,同时还创立了多家数据库公司,包括 Ingres、Illustra、Cohera、StreamBase Systems 和 Vertica 等,将大量研究成果和原型系统实现商业化。他在“one size does not fit all”的思想指导下,开发了一系列的“专用”关系数据库产品,例如流数据管理系统、内存数据库管理系统、列存储关系数据库系统、科学数据库管理系统等。因"对现代数据库系统底层的概念与实践所做出的基础性贡献",他在 2015 年获得了图灵奖。

3. 第三代数据仓库系统

这个阶段也可以看成是关系数据库的一个自然延伸。随着数据库技术的普及应用,越来越多的数据被存储在数据库中,除了支持业务处理以外,如何让这些数据发挥更大的作用,则是一个亟待解决的问题。由于对这些数据而言,主要是分析,因此这类应用也称为 OLAP 应用,即联机分析处理应用。例如,对于电话详单数据,因为是通话记录,因此一旦发生就成为历史的记录,很少发生事后修改的情况。但是,许多业务员会对电话详单数据感兴趣。例如,按照时间轴去分析不同时间区间通话的数量变化情况,也可以按照区域去分析通话数量的情况,等等。尽管关系数据库也能实现上述要求,但是如何让这样的复杂分析高效地执行?需要有特殊的数据组织模式。星型模型是最常用的数据仓库的数据组织模型,特别适合于联机分析类应用。所谓星型模型,也称为多维模型,就是选定一些属性作为分析的维度,另一些属性作为分析的对象。维属性通常根据值的包含关系会形成一个层次,例如时间属性可以根据年、月、周、日形成一个层次,地区属性也可以形成街道 - 区 - 市这样的层次。为了实现快速分析,可以预先计算出不同粒度的统计结果。例如,如果预先计算了按照周和区为单位某连锁超市的销售额,就可以快速、方便地分析展示各区按照周的顺序的销售额的变化情况。这种采用预先计算的方法可以获得快速联机分析的性能。数据仓库可以用关系数据库实现,分别用事实表和维表来存储统计结果和维度结构;也可以用特别的数据模型(CUBE)来实现,列存储的技术也在这个过程中被提出和应用。同时,支持 OLAP 的前端分析工具也很重要,使得普通用户可以方便地使用数据仓库。

4. 第四代大数据管理系统

关系数据库成熟并得以广泛应用后,数据库研究和开发一度走入迷茫期。数据库界一直无法打破关系数据库的魔咒,被关系模型和系统的"完美"所陶醉,无法自我突破。提出的一些新概念,例如面向对象数据库系统,很快就被关系数据库所取代,未能形成气候。整个 20 世纪 90 年代都是在这样的气氛中度过的。斯通布雷克也不能免俗,也难以逃脱关系数据库的束缚。MapReduce 出现之后,他曾经激烈地批判过 MapReduce,认为对数据库技术是巨大的倒退(从某些方面来讲,也确实是这样的)。所以,大数据处理平台 MapReduce 并不是数据库学者首先提出来的,而是做系统的人提出来的,据说最早的论文是投到数据库顶级会议上,但被无情地拒绝了。这也是数据库学术界需要认真反思的地方。

由于信息技术的高度发展,信息系统所积累的数据越来越多,数据类型也越来越丰富,而且产生的速度非常快。传统的数据库技术"存不下"、无法建模、无法及时入库等问题凸显出来,难以满足应用的需要。在这样的背景下,Google公司发展了 GFS、MapReduce 和 Bigtable。Google 的这三件"武器"后来在 Apache 基金会下面有一个对应的实现,这就是 Hadoop 生态系统。它包括实现了一个分布式文件系统 HDFS(Hadoop Distributed File System)、一个计算框架 MapReduce 和一个数据库 HBase。HDFS 有高容错性的特点,并且可部署在低廉的服务器上,适合那些有着超大数据规模的应用。MapReduce 为海量的数据提供了一个可容错的、高可扩展的、分布式的计算框架,HBase 是一个基于键值对组织模型(逻辑上可以看成是宽表)的分布式数据库,数据按行列混合模式存储在 HDFS 上。MapReduce 可以直接访问 HDFS 上的数据进行数据分析,也可以通过 HBase 间接访问 HDFS 上的数据,以提高分析性能。很自然地,在 HDFS 上如何表达和管理数据? NoSQL 数据库便应运而生。一开始确实是"NoSQL"的含义,因为对大容量的非结构化数据的处理需求,都不是 SQL 所擅长的。NoSQL 的重点在于如何表达和存储非结构化数据,其提出了 Key-Value 结构,可以描述很复杂的非结构化数据,例如 XML 文档、图结构等。后来人们发现无论从应用程序的继承角度还是提高生产率的角度,SQL 都是不可或缺的工具,因此,在上层提供 SQL 引擎,成为大数据管理系统的共识。

从上述数据库管理系统发展的简史中,可以感受到以下几点:第一,数据库管理系统的功能是伴随着应用的发展而不断丰富起来的,因此任何时候,应用的需要才是技术发展的动力;第二,将数据管理的一些功能逐步从业务逻辑中分离出来,形成独立的软件系统,这是提高应用生产效率的有效手段和途径;第三,系统分层是一个好主意,上层可以屏蔽下层的一些实现细节,为更上层提供更简洁的服务;第四,语言或说接口是定义一个系统的最有效的方法。

1.1.4.2 大数据管理系统的现状

自 20 世纪 70 年代起,关系数据库由于具备严格的关系理论辅助数据建模、数据独立性高,查询优化技术实现突破,逐渐成为数据管理中的主流技术。时至今日,关系数据库仍然是数据管理,特别是涉及人、财、物等需要精细管理应用的主流技术。关系数据库信守的原则是"one size fits all",认为所有有关数据管理的任务都应该交由关系数据库来解决。进入大数据时代,大数据的许多应用,特别是互联网的应用,比如社交网络、知识图谱、搜索引擎、阿里的"双十一"等数据管理问题,使用传统的关系数据库已经无法满足应用处理的要求,人们开始尝试研制适合自己应用场景的大数据系统。谷歌的 GFS、MapReduce 计算框架和 BigTable 的提出,以及以 Hadoop 为核心的开源生态系统的形成,让人们意识到"one size does not fit all",即无法使用单一的数据管理系统来解决所有大数据应用的问题。在经历相当长一段时间的探索之后,人们对数据库系统的各个模块,包括存储系统、数据组织模型、查询处理引擎、查询接口等,依托谷歌管理和分析大数据的设计思路进行了解耦,并从模型、可靠性、可伸缩性、性能等方面对各个模块进行了重新设计。可以发现,现阶段主流的大数据管理系统具有了明显的分层结构,自底向上分别为大数据存储系统、NoSQL 系统、大数据计算系统、大数据查询处理引擎。各类系统独立发展,并根据大数据应用的实际需要,通过采用松耦合的方式进行组装,构建为完整的大数据管理系统,支撑各类大数据查询、分析与类人智能应用,这实际上就是"one size fits a bunch"的设计理念。正如周傲英教授指出的,"如果说在数据库时期,解决数据管理问题需要'削足适履'来使用数据库系统,那么到了大数据时代,人们开始根据每个不同的应用度身定制自己的系统,也就是'量足制鞋'"。

1. 存储系统

在大数据存储方面,以 HDFS 等为代表的开源系统目前已成为大数据存储领域的标准之一。由于 HDFS 面向的是大文件(GB 级别及以上)的存储管理,因此在设计上,HDFS 的存取单元数据块比一般单机文件系统的数据存取单元要大得多。较低版本的 HDFS 的数据块默认为 128MB,2.0 版本后的数据块大小为 256MB。HDFS 可以运行在数万个基于普通 X86 架构的商用机集群上,适合一次性写入、多次读取的应用场景。为了应对节点故障,HDFS 引入多个数据备份和容错机制,保证存储系统的高可用性。一些大数据应用,例如淘宝、Facebook、微信等,需要管理海量的小文件(如图片、用户上传文件等),这类应用如果使用 HDFS 的大数据存储系统进行数据管理会产生大量的块内空间浪费,同时产生大量文件到存储节点映射等元数据,负责管理元数据的 Namenode 会成为文件系统存取的性能瓶颈。淘宝的 TFS 就是为了管理海量小文件应运而生的分布式文件系统。其他常见的分布式文件系统还包括 Ceph、AmazonS3、FastDFS、GridFS,这些系统可作为 HDFS 的重要补充。

HDFS 是基于磁盘的分布式文件系统,数据的访问需要频繁的 I/O 调用,这会对系统性能造成影响。大数据系统强调存储和计算分离,不同的计算系统可以使用同一份存储在底层 HDFS 中的数据,同一计算系统也可使用不同的分布式文件系统。通过引入分布式缓冲区管理系统,可以屏蔽底层的分布式文件系统,将来自不同文件系统的热点数据尽可能地维护在缓冲区中,减少上层计算访问数据带来的 I/O 开销。典型的分布式缓冲区管理系统包括 Alluxio、Redis、Memcache。例如,Alluxio 是开源的分布式内存文件系统,提供了与基于磁盘文件系统相同的访问接口,并屏蔽了底层不同的文件系统。通过引入分层存储特性,在高速内存与低速磁盘之间部署高性能 SSD 存储设备,构建磁盘、SSD、内存三级数据存储架构,并结合数据的新鲜度和访问热度,优化数据块在内存、SSD、磁盘上的存储策略,使得频繁使用的数据优先缓存在高性能存储介质中,从而减少磁盘访问带来的开销。

2. 面向不同数据模型的 NoSQL 系统

数据模型是数据管理系统的核心大数据应用,可以是结构化的关系数据、图数据,也可以是半结构化的 XML 或 JSON 数据,还可以是非结构化的多媒体、网页等数据。遵循"one size does not fit all"的理念,NoSQL 数据库基于键值对、文档、图等不同数据模型,为管理不同类型的数据提供了有效的数据存储服务。从历史发展的角度看,Google BigTable 是较早提出的键值对模型,该模型使得对多列历史数据的有序存取较为高效。数据进行层次范围划分后分布到多台分片服务器上,进行严格一致的数据更新。Amazon Dynamo 采用另一种不同的键值对存储方法,将键映射到某个特定的值,采用最终一致性方法进行数据更新。另一些流行的 NoSQL 系统部分借鉴了这几个系统的特征,如 HBase 的设计与 BigTable 非常类似,Voldemort 则复制了 Dynamo 的很多特征,Cassandra 则在数据模型方面借鉴了 BigTable,而在数据划分和一致性方面借鉴了 Dynamo。由于键值对模型概念简单且具有较高的存取效率和可扩展性,还有很多其他的系统,如 Redis、RAM Cloud 等,均以键值对为基础进行模型的设计和实现。文档是另一种数据类型,文档数据库主要用于存储、检索和管理面向文档的信息。在 NoSQL 框架内,文档可以看作是键值存储的一个子类。不同之处在于数据处理的方式在键值存储中,数据对数据库本身是不透明的,而面向文档的系统则依赖于文档中的内部结构。文档数据库与传统的关系数据库也有很大不同。关系数据库将数据存储在表中,单个对象可能分布在多个表中,而文档数据库则将给定对象的所有信息存储在数据库的单个对象中,并且每个数据库对象内部结构可以各不相同。该方式简化了外部对象到数据库对象的映射,一定程度上方便了 Web 应用的开发和部署。图数据管理技术起源于 20 世纪 70 年代。在这一阶段,关系数据库由于具备严格的关系理论辅助数据建模,操作接口简单,数据独立性高,查询优化技术实现突破,逐渐成为数据管理中的主流技术;相反地,图数据管理技术在数据建模、查询表达等方面复杂度高,这一阶段的图数据管理技术发展缓慢。进入 21 世纪,随着语义网技术的发展、社交网络等真实大图数据的迅猛增长,以及应用需求的驱动,图数据管理的相关研究工作重新成为热点。值得探讨的是,与成熟的关系数据管理技术相比,图数据管理仍然缺乏统一的数据模型和查询语言。目前主流的图数据库包括 Neo4J、OrientDB 和微软的 Azure CosmosDB 等,图模型的常用数据结构为标签图(如语义网中 RDF、部分知识图谱)和属性图,图的基本操作包括图匹配、图导航、图与关系的复合操作等,常用的查询语言为 SPARQL、Cypher 等,这些语言的语法都与关系结构化查询语言 SQL 相近。

3. 计算系统

大数据计算系统可以采用不同的计算模型,包括批计算、流计算、迭代计算、交互式计算等。每一类计算系统可以抽象出基本访问接口,例如:批计算系统 MapReduce 提供了 Map 和 Reduce 接口,流计算系统 Storm 提供了 Spout 和 Bolt 接口以分别接收和处理数据,迭代计算系统 Graph 提供了面向图中顶点计算的 compute 接口,交互式计算系统 Presto 提供了 SQL 的访问接口。开发者只需实现相应的接口函数,就可以调用平台的分布式、可扩展、容错的计算能力,完成复杂的分析、查询任务。批计算面向批量、静态数据集上的计算,特别适合海量数据的计算,其对查询的响应延时没有过高的要求。典型的批处理系统包括 Hadoop、Spark 等。流计算系统面向的是实时流入的数据,并对每个单独数据项流入系统时做出实时的处理,流计算对查询响应的实时性要求高。典型的流计算系统有 Spark Streaming、Storm、Flink、Yahoo 的 S4、阿里的 JStorm 和 Blink、Facebook 的 Puma、IBM 的 Stream Base。迭代计算面向的是需要多轮计算的应用场景,其中,上一轮计算的输出可作为下一轮计算的输入,直至满足一定条件时系统终止计算。典型的应用包括具有明显迭代特征的数据挖掘算法,例如 k-means、K-medoids、Semi-clustering 等;迭代的图计算,例如 PageRank、最短路径等。迭代计算的系统包括 GraphX、Giraph、GraphLab、Haloop 等。交互式计算类似于传统关系数据库,为了达到实时的交互式响应,很多交互式系统会把数据完全维护在内存中,如 Presto。典型的交互式计算系统包括 Impala、Presto、Drill 等。

4. 查询处理引擎

大数据的查询处理引擎基于大数据计算系统,通过计算系统提供的通用接口,借助分布式查询优化技术,实现数据的高性能查询与分析。大数据的查询处理引擎为用户和开发者提供类 SQL(有些甚至可以兼容 SQL)的查询语言,通过语法解析器,把查询语句转换成对计算层的作业调度,最后由计算层把结果返回给用户。根据调用计算系统的不同,这些引擎可分为:基于 MapReduce 的查询分析引擎,基于内存式批计算系统的查询分析引擎,基于 MPP 的查询分析引擎。早期的大数据查询分析引擎基于 MapReduce,又称为 SQL-on-Hadoop。Hive 是基于 Hadoop 的一个数据仓库工具,提供类 SQL 的查询语言 HiveQL,把用户提交的 HiveQL 语句转化为 MapReduce 作业,并提交到 Hadoop 集群中运行。MapReduce 作业串行执行,Hadoop 监控作业执行过程,所有作业完成后返回结果给用户。其中,分布式查询优化体现在从 HiveQL 转化为 MapReduce 的作业以及 MapRedue 的多作业调度。Hive 适合面向大数据集的批处理作业,例如搜索引擎的日志分析。因为 Hive 是基于高延时的 MapReduce 批计算模型,所以不适合那些需要低延迟的应用。SparkSQL 是基于内存的批计算系统 Spark 的查询引擎,其原理与 Hive 类似。Presto 是基于 MPP 的查询分析引擎,具有较低的响应延时,可用作交互式查询引擎。与 Hive 把 HiveQL 转化成多个 MapRedue 作业不同,Presto 使用了一个定制的操作符和查询执行引擎来支持 SQL。除改进的调度算法之外,所有的数据处理都是在内存中进行的,操作之间采用流水线处理方式,避免了不必要的磁盘读写和额外的延迟。

进入大数据时代,大数据从业者已不像数据库时代那样追求使用关系数据库管理系统解决所有数据管理的问题,而是探索从数据存储、数据组织、通用计算、查询处理等维度对数据管理系统进行解耦,解耦后的系统各模块彼此相对独立而又各自发展。根据大数据应用的实际需要,各模块可通过采用松耦合的方式进行组装,构建完整的大数据管理系统。

1.1.4.3 大数据管理系统未来发展展望

1. 多数据模型并存

大数据应用的鲜明特征之一就是数据的多样性,既有结构化的关系数据、图数据、轨迹数据,也有非结构化的文本数据、图片数据,甚至是视频数据等。淘宝的“双十一”就是这类典型的大数据应用。大数据管理系统的一个基本要求就是能够支持结构化、半结构化、非结构化等多种数据类型的组织、存储和管理,形成以量质相融合的知识管理为中心,并以此提供面向知识服务的快速应用开发接口。纵观现有的大数据系统,特别是以 NoSQL 数据库为主的大数据系统,走的仍然是一条一种数据模型解决一类数据的传统道路。虽然也符合“one size fits a bunch”的设计理念,但应用的要求仍然希望这里的“bunch”尽可能地接近“all”。具体来说,图数据库支撑的是类似于社交网络、知识图谱、语义网等强关联数据的管理;关系数据库支撑的是人、财、物等需要精细数据管理的应用;键值对数据库适合非结构化或宽表这类无须定义数据模式或模式高度变化的数据管理。在新型大数据应用背景下,把多种类型的数据用同一个大数据管理系统组织、存储和管理起来,并提供统一的访问接口,是大数据管理系统的一条必经之路。多数据模型并存下的数据管理会存在很多的技术挑战,具体包括:第一,数据如何建模? 关系数据库具有严格的关系数据理论,并从降低数据冗余度和数据异常两个维度辅助数据建模;而在新的数据模型下,甚至是多数据模型下,如何进行数据建模是一个值得探索的课题。第二,数据的访问提供统一的用户接口,多模型之间的数据如何交互和协同以及提供与存储层和计算层的统一交互接口。第三,多数据模型混合的数据处理优化,如何进行统一的资源管理优化任务调度等问题。

2. 多计算模式互相融合

未来的大数据管理系统具有多计算模式并存的特点。目前,Hadoop、Spark及 Flink 等主流大数据系统具有不同的计算模式,系统通常会偏重于批任务模式或流任务模式中的一种,这些系统提供的用户接口也不统一。然而,在实际应用中,经常存在同时需要批任务、流任务处理的需求,例如淘宝的"双十一"就是批流融合的典型应用。因此,未来的大数据管理系统需要对批、流计算模式进行统一设计,实现统一的能够进行批流融合的计算引擎。同时,需要设计能够屏蔽底层不同计算模式差异的用户接口,方便使用。机器学习是大数据管理中另一类重要的计算模式。目前,学术界、工业界广泛使用 TensorFlow、SparkMLlib、Caffe 等系统处理相应机器学习任务。TensorFlow 能够以数据流图作为表示形式,在参数服务器开发、执行机器学习任务;SparkMLlib 基于 MapReduce 模型接口完成对大量数据的训练。这些系统仅关注机器学习中的算法训练,而实际应用中存在多种计算模式混合的情况,且参数模型可达百亿维度,现有系统均无法解决。因此,能够兼容高维机器学习计算模式,也是未来大数据管理系统的重要内容。大数据管理系统也应兼容交互式计算模式,满足日益增长的对交互式大数据分析应用的需求。目前,Hive 等主流分析工具主要由专业人员使用,普通分析人员较难掌握,在易用性方面有较大的提升空间。同时,这些交互式系统在与操作人员交互的过程中还存在操作延迟长等问题,更高效的智能交互计算模式也是未来大数据管理系统需要考虑的方向之一。总之,大数据存在对批计算、流计算、机器学习、交互式计算等多种计算模式的需求。数据存储量大,无法对任一计算模式均保留一份数据,未来的大数据系统需要在存储数据的基础上支持多种计算模式。目前主流的大数据系统均基于开源软件,各层开源软件可相互兼容。未来的大数据管理系统需要兼容这些主流的大数据系统,同时,将存储、通用计算、专用计算分层,明确各层的接口,并在各层设计、实现兼容多种计算模式,降低系统耦合性。

3. 可伸缩调整

在软件基础设施化的大数据时代特征背景下,未来的大数据管理系统应以云计算为平台,具有更好的分布可扩展、可伸缩调整特点,能够实现跨域的无缝融合。未来的大数据管理系统通过高速网络将不同的硬件资源连接成一个计算系统整体,互相配合,为终端用户服务。云平台上可以运行多类应用,不同的应用需要不同的服务资源,因此系统配有多种存储与数据组织模块,可满足不同上层任务负载和计算模式的需求。系统面向多类终端用户,用户可以根据需求选择、配置合适的存储架构和数据组织方式,针对特定应用,选择、组装对应的功能模块,并可根据任务负载的强弱实时调整系统的规模和负载的分配策略。同时,针对不同用户的需求,对应用进行深入理解,提取特征进行模型构建,实现弹性可伸缩调整是未来大数据管理系统的核心技术之一。目前的大数据管理系统通常使用分布式文件系统(如 HDFS 和 Ceph)或者直通式键值系统管理数据的存储,并在此基础上对键值、文档、图等进行组织,构成 NoSQL 系统,为用户提供服务。NoSQL 系统提供了更灵活的数据模型,但相对于传统 SQL 技术不具有强一致性,且通常只用于执行简单的分析任务。而未来的大数据管理系统应具有NewSQL 特性,可实现传统 SQL 和 NoSQL 间的平衡,具体包括:①具有传统关系数据模型和传统数据库的事务 ACID 一致性,用户可以使用 SQL 语句对系统进行操作;②具有 NoSQL 可扩展等灵活特性,能够利用高速网络和内存计算,实现对海量数据的存储管理和分析等功能,系统可伸缩调整。

4. 新硬件驱动

大数据管理系统由硬件和软件两方面构成,软件技术可受益于硬件技术发展,同时也受硬件技术体系结构特征和局限性的约束。对不同硬件设计合适的数据结构和算法,可提升硬件效率。目前,硬件体系结构正在经历巨大变革,在向专用硬件的方向发展。同时,各类新型存储、高速互联设备的出现也在改变以往大数据管理系统中的设计与底层支持。近些年,以 GPU 为代表的加速器件得到了迅猛发展,也有越来越多的大数据系统使用 GPU、XeonPhi、FPGA 等新硬件加速大数据管理任务。相对于传统管理系统,新硬件驱动的大数据管理系统可提供更快的负载处理速度和更好的实时可视化及处理效果。虽然新硬件驱动为大数据管理系统提供了新思路,但也带来了一系列需要解决的挑战:第一,新硬件中不同种类的加速设备具有完全不同的体系结构特征,它们适合处理的任务特征不同,因此在未来的大数据管理系统中,需要尽可能地使各加速设备处理合适的负载;第二,数据传输由于各设备可能独立接入系统,处理负载时需从主存复制数据到设备,因此,在进行任务分配时,应充分考虑数据传输时间;第三,传统系统中适合 X86 架构处理器的数据结构和算法可能不适用于 GPU、FPGA 等新硬件,需要考虑新硬件的执行特点,有针对性地设计新的数据结构和算法。在存储和数据传输方面,新硬件也可发挥新的作用。以非易失存储器为代表的新介质可进一步加速数据处理过程,如在故障恢复时减少恢复时间等。在大数据管理系统的存储层级,有可能会有多种存储类型,如何设计合适的数据存储也是新硬件驱动下系统设计的重要考虑因素。在分布式系统中,网络传输可能是性能瓶颈,更快速的数据传输速度和新的网络技术,如 RDMA、Infiniband 等,可以缓解以往分布式系统中的数据传输瓶颈,如何利用这些新技术也是未来大数据管理系统设计的重要内容。

5. 自适应调优

大数据管理系统通常采用分布式文件系统和直通式键值存储等开源存储系统,并在这些开源系统的基础上构建以键值对、文档等为主要数据组织的 NoSQL 系统。虽然目前的系统能够为大数据提供存储服务,且能够进行系统扩展,但系统功能相对单一,面向复杂的计算模型和负载任务通常显得自适应能力不足,缺少必要的可伸缩调整。开发新型的能够自适应多种计算模型和任务的可伸缩调优技术,是未来大数据管理系统的发展方向。未来大数据管理系统的存储需要支持具有不同访问特征的计算模型和任务,如何针对不同模型自适应地调整内部模块、选择合适的存储,以及如何对于不同任务按需分配不同的存储资源进行自适应的弹性调优(例如,通过分析系统日志来优化软件系统配置的方法),是未来大数据管理系统在数据存储方面需要重点考虑的内容。未来的大数据管理系统应能够基于不同的存储介质和存储架构有效地对数据进行组织,并根据上层计算模型的访问模式自适应地选择合适的模块,同时能够做到根据不同任务需求分配资源。具体包括:①支持多种类型存储,如具有高并发、低延迟的直通式键值存储和分布式存储等;②支持主流数据模型,能够对数据进行高效组织,如对关系模型和图模型的数据提供统一访问接口,同时采用合适的数据划分策略,通过预估减少系统在存储层和计算层间的数据传输量;③支持多种计算模式和混合任务的自适应调优,通过对不同存储类型和数据类型进行组织,对混合计算模型和任务构建性能模型,自动选择合适的存储模块并进行调优;④支持大数据存储的可伸缩调整和容错,能够根据数据和任务类型提升不同类型存储的效率,并能面向不同任务准确地分配合适的资源。

1.1.5　大数据在5G中的应用

作为移动通信领域最先进、最新的技术,5G将把世界数字经济推向一个新的阶段。作为新一代信息和通信基础设施的核心,5G具有比4G更高的速度、更大的容量和更低的延迟,满足了大数据产业对海量数据传输、存储和处理的需求。5G将对大数据产业产生深远影响,推动大数据产业链迅速发展。5G将使得大数据产业发生以下变化:

(1)数据量将急剧增长。5G通过提升连接速率和降低时延,使得单位时间内产生的数据量急剧增长,单位面积内的联网设备成倍增加,海量原始数据将被收集。5G的落地将全面激发物联网领域的发展,当前物联网正是大数据的主要数据来源,在5G技术的推动下,物联网采集的数据量增长会较为显著,物与物之间的连接数据将迅速增长。

(2)数据类型将更加丰富。4G时代,数据多产生于人与人之间的互联;5G时代,物联网将得到较大程度的发展,人与物、物与物之间的连接将急剧增多,数据采集渠道将更加丰富,如联网汽车、可穿戴设备、机器人等。数据类型将更加多样化。从连接的内容看,5G催生的车联网、智能制造、智慧能源、无线医疗、无线家庭娱乐、无人机等新型应用将创造新的丰富的数据维度,AR、VR、视频等非结构化数据的比例也将进一步提升。

(3)5G将推动大数据技术不断发展。一方面,数据量的膨胀与数据采集渠道的丰富,会对大数据存储技术与采集技术等提出更高要求。另一方面,随着数据量逐渐增多、数据类型越来越多样化、大数据应用场景越来越丰富等,海量、低时延、非结构化的数据特点,将对未来大数据行业的算力、实时引擎、数据处理引擎提出更高的要求,也将全面促进大数据分析与挖掘技术、可视化技术等的发展。

1.1.5.1　移动大数据的来源

移动大数据包括用户产生的数据和运营商产生的数据,其中用户产生的数据包括自媒体数据和富媒体数据,运营商产生的数据包括日志数据和基础网络数据。在运营商的网络上有很多环节可以进行数据采集,在终端可以采集路测(DT)/最小化路测(MDT)、测试报告(MR)、传输分组大小、使用习惯、终端类型等数据;在基站端可以获得用户的位置信息、用户通话记录(CDR)、链路状态信息(CSI)、接收信号强度(RSSI)等数据;通过后台的运维系统可以采集测量、信令、话务统计等数据;通过互联网可以采集新闻、资讯、地图、视频、聊天、应用等数据。也就是说,在运营商的网络中不但可以获得业务类型、上下行流量、访问网站等业务数据,还能掌握整个信道的状况。

如图1.5所示,5G网络应是以用户为中心、上下文感知与先应式的网络,且5G无线网可实现通信、缓存与计算能力的汇聚,因此在网络运营管理设计时,需要利用大数据技术进行优化,在网络体系架构设计时要适应大数据的传送,以实现5G网络的运营智能化和网络智能化。

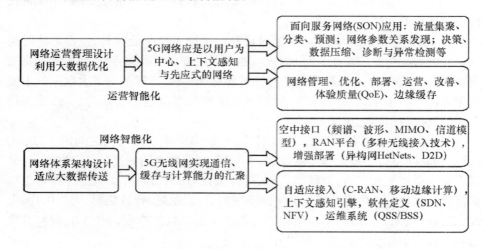

图1.5 大数据分析在5G网络优化中的应用

5G网络是数据终端到数据中心的主要通道,从互联网、物联网终端或移动用户处采集的数据,通过具有边缘缓存和计算能力的基站和无线接入网进行数据预处理与存储,最后通过核心网络将数据传输给数据中心和云计算中心进行数据分析。5G网络除了传输数据终端的数据之外,智能终端的多功能业务还将触发终端与回传网络和核心网络内数百个服务器、路由器、交换机的各种交互。例如,一个用户的HTTP请求可能只有1KB,而内部数据流可能会增加930倍。因此,5G网络不仅要承载移动用户数据,还要承载来自不同后台、数据库、缓存服务器和网关以及回传链路的数据。

1.1.5.2 5G系统中大数据分析能力的设置

5G系统的数据分析应该在核心网大数据平台和基站端进行。在核心网大数据平台应进行数据清洗、解析、格式化、统计分析、可视化等数据分析,按照内容预测算法执行计算并推断策略内容,然后主动地将决策指令存储在具有缓存能力的基站中,从而将决策行为从云传递到边缘(即基站)。而基站端负责收集上下文信息(如用户观看时长和位置信息),对用户空间 – 时间行为进行分析与预测,对数据进行汇总、压缩与加密,同时从核心网大数据平台获得决策指令。具有缓存能力的基站可以使大众内容靠近用户,改进用户体验并减轻回传网的负载。缓存能力可以部署在无线接入网或核心网,或者两处均部署,缓存能力的分配也需要靠积累运行数据做出优化决策。

1.1.5.3 大数据支撑 5G 网络优化的方向

1. 大数据支撑大规模天线与分布式天线

5G 使用了大规模天线(MIMO),天线数高达 128 个,甚至是 256 个。高阶 MIMO 为每条信道提供一条赋形的天线发射波束,实现空分复用,但各波束间存在干扰,降低了 MIMO 的效率,需要收集密集波束间的干扰数据,并基于系统的计算能力进行复杂的优化。此外,网络终端在基站中心接收的功率比较大,在基站边缘接收的信号比较差。此问题可以利用分布式天线解决,但是分布式天线互相之间也有干扰,如果能够收集到所有天线的信道数据和干扰数据,通过大数据分析技术对所有无线访问接入点(AP)进行联合信号处理,就可以指导各天线和微基站实现对干扰的抵消,容量较 LTE 系统可提高约 2 个量级。此外,如果可以收集到 MIMO 数据和网络数据,并利用大数据技术进行分析决策,就可以提高定位精度。随着三维仿真、三维射线追踪技术的发展,通过室内天线和 WLAN 技术的结合,还能精确定位用户在室外或室内,甚至用户所在的具体楼层。

2. 大数据支撑 5G 无线接入网资源管理

2G、3G 时代的无线接入网是多层次的网络,在这种网络结构下,潮汐效应经常导致基站忙闲不均。因此,4G 系统将网络进行了扁平化设计,将基站分解为基带处理单元(BBU)和射频拉远模块(RRU),多个基站的 BBU 可集中为基带池,实现集约化资源利用。5G 网络将 BBU 功能进一步分解为集中单元(CU)与分布单元(DU),CU 可管理多个 DU,实现干扰管理与业务聚合,DU 实现多天线处理与前传压缩,灵活应对传输与业务需求变化,优化实时性能,降低硬件成本。这样的设计也可以更靠近用户,有利于集中化的管理。然而,一个 CU 管理多少个 DU,需要基于大量用户空间 – 时间行为的大数据来优化设计,特别是如何从能效的角度实现忙闲时不同的资源调配。

3. 大数据分析支撑异构接入组网

由于 5G 网络的频段很高、带宽很大,若采用高功率的宏基站,则布设与运营成本高,但采用大量微基站,则干扰严重,且难以进行站点选址优化。以上问题可以通过以下几种方式解决。

(1)宏微蜂窝混合组网。宏蜂窝负责广覆盖,支持高优先级业务;微蜂窝实现热点覆盖,面向低优先级高速业务。

(2)控制面与数据面分离组网。大量微基站需要集中化管理,以防止干扰,将控制面信令数据与数据面用户数据分离,控制面信令数据接入宏蜂窝。这样,终端在微基站之间切换就不影响宏基站信令了,而且通过小区分簇化集中控制,可以解决小区间的干扰协调和负载均衡的问题。

(3)上下行解耦异构组网。终端的 MIMO 数远少于基站,上行覆盖低于下行;在蜂窝边缘,可采用"5G 下行 +4G 上行"的异构方式运行。

通过分析可以看出,传统移动网络的控制面、用户面、上下行数据链路都在同一个蜂窝小区内。而 5G 网络的控制面、用户面可以接入不同的基站,上下行可以接入不同的蜂窝,甚至分别在 4G 和 5G 系统,每个终端可能同时接入不止一个基站。因此,具体选择接入哪个基站和哪个系统,应该根据用户的分布数据和网络负载来决定,此时就要用到大数据的分析和决策方法。

4. 大数据支撑 5G 云网

5G 网络是一个云化的网络,包括接入云、转发云、控制云。接入云是指在微蜂窝超密集覆盖的场景下,一簇微基站组成虚拟小区,实现微基站之间的资源协同管理和干扰协调;转发云是指各业务流共享高速存储转发与防火墙及视频转码等各类业务使能单元;控制云包括网络资源管理、网络能力开放、控制逻辑等模块。此外,在 5G 的场景下还可以有移动云计算、移动边缘计算、微云和飞云等多种云,它们可以被部署在无线网的不同位置,其配置需要借助网络和用户大数据分析来寻优。

5. 大数据优化 5G 移动边缘计算

为适应视频、虚拟现实/增强现实与车联网等业务的时延要求,减轻核心网带宽的压力,需将这些业务的存储和内容分发下沉到 MEC 处理。5G 网络不仅可在边缘感知和分析数据,而且可在亚秒或毫秒内触发响应措施,所有的数据无缝地从云平台转到大量的端点或从大量的端点转到云平台。那么哪些业务需要放到云计算中心处理,哪些业务需要下沉到 MEC 处理,这需要基于网络收集到的业务流数据进行分析。

6. 大数据支撑 5G 终端与云端的智能

现在智能终端的能力非常强,但是在终端上的人工智能处理能力还是有限的。比如,手机智能可完成 2D 人脸识别,但识别效果容易受光线、角度和表情及化妆等的影响,而且识别的是照片还是真人也不好区分,现在的 3D 人脸识别就需要利用网络云端的智能来处理,从而提供安全的识别能力。云计算可强化无线网,有效支持诸如增强现实等计算强度的应用,将用户端繁重的计算任务卸载到云端。然而,无论是终端还是云端的智能,都需要基于大数据的分析。如 AI 需要训练与推断,训练包括前向计算和后向更新(通过大数据调整模型参数),推断主要是前向计算,将训练得到的模型用于应用。通常云端负责训练和推断,终端只负责推断。因此,仅靠终端的计算与软件能力的发展还不够,很多智能应用也需要云端的支持,如云端训练和云端推理、云端训练和终端推理。

7. 大数据支撑软件定义网络与网络功能虚拟化

软件定义网络(SDN)全局优化路由的能力来自对全网流量流向、跨层网络资源大数据及业务流 QoS 需求大数据的掌控与分析,需要很强的计算能力支撑,以实现网络路由的快速收敛和稳定。网络功能虚拟化(NFV)功能的选择也基于网络大数据的分析。

8. 大数据支撑 5G 网络切片

5G 很重要的功能是网络切片。5G 需要支持不同的业务需求,如超宽带业务、低时延业务、大连接业务。若带宽不一样,那么对网络的性能要求也不一样,切片是网络转发资源的分割,不同切片间的业务相互隔离,切片的实现涉及转发面与控制面功能,每个切片上可以运行不同的 L2/L3 网络协议。为不同业务需求的用户组织不同的切片,需要利用深度分组检测(DPI)数据建立预测模型,精准预测热点数据请求。网络资源在切片间分配的联合优化,也需要利用网络资源大数据进行学习和分析。

9. 基于大数据实现 5G 跨层联合优化

5G 网络中,IP 层的选路适用于细颗粒的业务流,但时延大;MAC 层的交换适用于大颗粒的业务流,但时延也较大;灵活以太网中继的业务流颗粒较大,但优点是时延低。对于每一种业务流来说,选择在哪一层做交换或路由是一个跨层联合优化问题,可以借助网络大数据进行优化。

10. 借助网络大数据优化 5G 源选路

切片分组网(SPN)基于切片以太网和分段选路(SR)技术,用于中传和回传。传统的 IP 网络按无连接方式工作,对具有相同源地址和相同目的地址的同属一次通信的各 IP 分组进行独立处理,不考虑它们前后的关联,同属一次通信的各 IP 分组在沿途各节点均独立选路,甚至会走不同的路由,这是在互联网之初的网络可靠性不高的情况下,以时延和效率为代价换取灵活性和生存性。现在的网络性能已有很大的改进,如果按照每次通信中首个分组的特征来配置数据平面的设备(即配置流表),那么该次通信的后续数据分组被抽象为同一流,同一次通信的后续各 IP 分组无须再选路。由于在源节点已设置了有序的指令集,标识了沿途经过的节点或链路,这些节点无须感知业务状态,只须维护拓扑信息,简单地按配置流表执行转发功能,这就相当于面向连接分组的通信,显著提升了网络效率。因此,分段选路又称源选路,它无需 LDP/RSVP-TE 等信令协议,适合接受 SDN 的控制。源选路指令集的设计需要借助网络大数据来优化。

11. 大数据支持 5G 核心网基于服务的体系

在基于服务的网络体系(SBA)方面,网络功能在 4G 是网元的组合,在 5G 是通过 API 交互的业务功能的组合,业务被定义为自包含、可再用和独立管理。业务的解耦便于快速部署和维护网络;轻型的接口便于引入新特性;模块化为网络切片提供灵活性;使用 HTTP 的 API 代替 Diameter 作为公共控制协议,更容易调用网络服务。

然而,针对每一次会晤所调用的服务是否最优、网络资源分配是否公平合理、同时进行的多个会晤所用的服务有无冲突、以 API 方式新增加的服务类型与功能是否与网络能力兼容这些问题,不能仅依靠运维人员的经验,还需要利用网络大数据来支撑。

12. 大数据对视频业务传输体验的保障

视频是 5G 的主要应用场景,也是运营商的用户平均收入(Average Revenue Per User, ARPU)的重要支撑。但视频的传输质量受到以下因素的影响:回传路径太长,时延超标;无线空口信道干扰或系统负载忙,使每一移动终端可获得的带宽受限,导致视频信号传输控制协议(TCP)端到端时延过长,吞吐率下降;将 OTT 视频仅作为一般互联网业务对待,没有服务质量(QoS)保障;对于视频会议业务,可能因上行分组数据汇聚协议丢失而停止视频接收。因此,需要考虑基于业务流的大数据,对无线接入网(RAN)和 App 进行相互感知,例如网络协助基于 HTTP 的动态自适应流(Dynamic Adaptive Streaming over HTTP, DASH)、视频感知调度等,实现对基于 Web 的视频流的深度跨层优化和本地内容缓存。目前,3GPP 已经开始研究改进上下文感知引擎,允许空口和核心网将流数据的指示传到 5G 的控制面,实现对单个用户或整个网络的流管理。

5G 时代的到来正在加快无线大数据的增长。大数据在社会与产业各领域都将有广泛的应用,并产生重要影响。大数据对 5G 网络的发展(如网络体系架构的设计、运维的提效和服务体验的提升等)将起到强化和优化的作用。大数据在 5G 网络的应用有很广阔的空间,也面临不少挑战,需要解决数据挖掘计算复杂度、时效性、能效、安全性等问题,同时也给 5G 网络标准化和实现提出了很多创新课题。

1.2　机器学习技术

机器学习(Machine Learning)是研究计算机如何模仿人类的学习行为,获取新的知识或经验,并重新组织已有的知识结构,提高自身的表现。机器学习可以通过计算机在海量数据中学习数据的规律和模式,从中挖掘出潜在信息,广泛用于解决分类、回归、聚类等问题。机器学习一般包括监督、半监督、无监督学习问题。在监督学习问题中,数据输入对象会预先分配标签,通过数据训练出模型,然后利用模型进行预测。当输出变量为连续时,被称为回归问题;当输出变量为离散时,则称为分类问题。无监督学习问题中,数据没有标签。其重点在于分析数据的隐藏结构,发现是否存在可区分的组或集群。半监督学习也是机器学习的一个重要分支。与标记数据相比,未标记数据较容易获得。半监督学习通过监督学习与无监督学习的结合,利用少量的标记数据和大量的未标记数据进行训练和分类。

1.2.1　分类技术

在机器学习中,分类通常被理解为监督学习,但无监督学习和半监督学习也可以获得很好的分类器。无监督分类是一种用来获取训练分类器标签或推导分类模型参数的方法。半监督分类中的分类器构建既使用了标记样本,又使用了未标记样本,逐渐成为研究热点。本书主要讨论监督分类问题中的算法。从监督学习的观点来看,分类是利用有标记的信息发现分类规则、构造分类模型,从而输出未含标记信息的数据属性特征的一种监督学习方法,其最终的目标是使分类准确度达到最好。分类的实现过程主要有两个步骤:一是"学习步",即归纳、分析训练集,找到合适的分类器,建立分类模型,得到分类规则;二是"分类步",即用已知的测试集来检测分类规则的准确率,若准确度可以接受,则使用训练好的模型对未知类标号的待测集进行预测。

1.2.1.1 单一的分类算法

1. ANN 分类

ANN 是一种模拟生物神经网络进行信息处理的数学模型,简称为神经网络。ANN 是经典的机器学习算法。McCulloch 和 Pitts 最早提出 MP 模型,证明了单个神经元能执行逻辑功能。ANN 分类根据给定的训练样本,调整人工神经网络参数,使网络输出接近于已知样本类标记。用于分类的 ANN 算法有 BP 神经网络、RBF 径向基神经网络、FNN 模糊神经网络、ANFIS 自适应神经网络等,其中 BP 神经网络由于其良好的非线性逼近能力和分类能力得到了最广泛的应用。

2. 朴素贝叶斯分类

Maron 和 Kuhns 以贝叶斯理论为基础,提出了依据概率原则进行分类的 NB 算法。对于待分类样本,根据已知的先验概率,利用贝叶斯公式求出样本属于某一类的后验概率,然后选择后验概率最大的类作为该样本所属的类。NB 改进算法主要有 TAN 算法、BAN 算法、半朴素贝叶斯算法、贝叶斯信念网络等。

3. k 近邻分类

Cover 和 Hart 提出了基于距离度量的 kNN 分类算法。kNN 算法将整个数据集作为训练集,确定待分类样本与每个训练样本之间的距离,然后找出与待分类样本距离最近的 k 个样本作为待分类样本的 k 个近邻。待分类样本类别是占比最大的类别。kNN 算法采用曼哈顿、闵可夫斯基以及欧氏距离,其中欧氏距离最常用。针对 kNN 算法的缺点,近邻规则浓缩法、产生或修改原型法、多重分类器结合法等 kNN 改进算法被提出。

4. 决策树分类

Breiman 等提出了早期的决策树(DT)分类算法——CART 算法,其使用树结构算法将数据分成离散类。Quinlan 引入信息增益提出了 ID3 算法和 C4.5 算法。目前已发展到 C5.0 算法,其运行效率得到进一步完善。DT 的改进算法还有 EC4.5、SLIQ 算法、SPRINT 算法、PUBLIC 算法等。决策树是一种倒置的树形结构,由决策节点、分支和叶子节点组成。DT 分类算法一般有两个步骤:一是利用训练集从 DT 最顶层的根节点开始,自顶向下依次判断,形成一棵决策树(即建立分类模型);二是利用建好的 DT 对分类样本集进行分类。

5. 支持向量机分类

Cortes 和 Vapnik 在 1995 年正式提出了支持向量机(SVM)。SVM 是基于统计学的 VC 维理论与结构风险最小原理的有监督二分类器。当数据线性可分时,SVM 通过在原始特征空间中构建一个最优分割超平面,并将其作为决策面,最大化正负样本之间的边缘距离,采用训练集构建分类器对样本数据进行分类。当数据线性不可分时,SVM 使用核函数将样本数据映射到一个高维空间,然后寻找一个最优分类超平面隔离不同类别样本数据,从而进行分类。近年来,发展出多种 SVM 改进算法,如 GSVM、FSVM、TWSVMs、RSVM 等。

ANN 分类作为机器学习的重要方法被广泛应用于模式识别、故障诊断、图像处理、人脸识别和入侵检测等领域。近年来,深度神经网络由于其优异的算法性能逐渐成为学术界的研究热点,已经广泛应用于图像分析、语音识别、目标检测、语义分割、人脸识别、自动驾驶等领域。NB 分类算法经常被用于文本分类,也被用于故障诊断、入侵检测、垃圾邮件分类等。kNN 及其改进分类算法被大量应用于文本分类和故障诊断等领域,如判别粮食作物隐蔽性虫害等。DT 分类主要应用于遥感影像分类、遥感图像处理以及客户关系管理中的客户分类等领域,如地表沙漠化信息提取、机械故障诊断、人体行为的分类识别等。SVM 则主要用于二分类领域,在故障诊断、文本分类、模式识别、入侵检测、人脸识别等领域有广泛的应用,也扩展到了财务预警、医学以及机器人等领域。

1.2.1.2 集成分类算法

尽管单一分类方法取得了飞速发展,但实际中仍会遇到这些方法不能有效解决的问题。Hansen 和 Salamon 提出了新的机器学习方法——集成学习(Ensemble Learning)。随着数据结构复杂、数据量大、数据质量参差不齐等问题愈加突出,集成学习成为大数据分析的强有力工具。集成学习算法是通过某种方式或规则将若干个基分类器的预测结果进行综合,从而有效克服过学习、提升分类效果。集成算法按照基分类器是否存在依赖关系分为两类:基分类器之间没有依赖关系的 Bagging 系列算法和有依赖关系的 Boosting 系列算法。Bagging 系列算法中用于分类的主要有 Bagging 算法和随机森林(Random Forest,RF)算法。对于复杂数据,集成分类算法通常优于单一分类方法,但预测速度明显下降,随着基分类器数目增加,所需存储空间也急剧增加。因此,选择性集成被提出,利用少量基本学习机进行集成以提高性能。

1. Bagging 系列算法

Breiman 最早提出 Bagging 方法。其原理是,首先对原始训练集使用自助法抽样(Bootstrap Sampling)的方式得到多个采样集,然后用这些采样集分别对多个基分类器进行训练,最后通过基分类器的组合策略得到最终的集成分类器。

在分类问题中,Bagging 通常使用投票法,按照少数服从多数或票要过半的原则来投票确定最终类别。

RF 算法是关注决策树的集成学习,由 Breiman 于 2001 年提出。RF 算法将 CART 算法构建的没有剪枝的分类决策树作为基分类器,将 Bagging 和随机特征选择结合起来,增加决策树模型的多样性。其原理是,首先从原始样本集中使用 Bootstrap 方法抽取训练集,然后在每个训练集上训练一个决策树模型,最后所有基分类器投出最多票数的类别或类别之一为最终类别。

2. Boosting 系列算法

Schapire 和 Freund 最早提出了两种 Boosting 算法。利用重赋权法迭代训练基分类器,然后采用序列式线性加权方式对基分类器进行组合。由于 Boosting 算法都要求事先知道弱分类算法分类正确率的下限,但实际中难以确定,因此 Freund 等基于 Boosting 思想进一步提出了 AdaBoost 算法。其原理是,先给训练数据中每个样本赋予权重,并把样本权重初始化为相等值,训练得到第一个基分类器;通过计算错误率确定第一基分类器权重后,重新调整每个样本权重,增大被错分样本的权重,从而使被错分样本在下一次学习中能够尽可能正确分类。重复上述步骤,直至获得足够好的分类器。

改进的 AdaBoost 算法有实 AdaBoost 算法、LogitBoost 算法、BrownBoost 算法等。近年来,AdaBoost. M1、AdaBoost. M2 和 AdaBoost. MH 算法由于可用于解决多分类问题而受到了极大关注。此外,Friedman 提出了 Gradient Boosting 算法,提出在前次建模的损失函数梯度下降方向进行建模,从而不断改进模型。AdaBoost 算法和 Gradient Boosting 算法分别与决策树结合形成了提升树和梯度提升决策树(Gradient Boosting Decision Tree,GBDT)。GBDT 由于具有较强的泛化能力,适于多种分类问题,被越来越多地关注。

3. Bagging 系列算法和 Boosting 系列算法的区别

Boosting 与 Bagging 都是提高弱分类算法准确度的方法,但存在着一定区别。Bagging、RF、AdaBoost 三种主要集成分类算法的优缺点也各不相同。其中,RF 和 Bagging 作为 Bagging 系列算法的不同在于:一是 RF 的基分类器都是 CART 决策树;二是 RF 在 Bagging 随机采样的基础上,又加上了特征随机采样。Bagging 算法主要被用于人脸识别和个人信用评估等领域,也被广泛应用于不平衡数据分类问题,如针对不平衡数据分类问题的基于 Bagging 组合学习方法。RF 作为一种优秀的非线性机器学习建模工具,广泛用于模式识别、图像分类、故障诊断等领域。AdaBoost 算法主要用于人脸检测、人脸识别、车辆检测、行人检测、目标检测、人眼检测、肤色分割等二分类或多分类问题。目前,决策树和神经网络是使用最广泛的 AdaBoost 基分类器。

1.2.1.3 分类算法面临的挑战及展望

尽管机器学习分类算法可以处理很多复杂的分类问题,但随着数据变得更加复杂多样,机器学习分类算法在学习目标和分类效率方面遇到了新的挑战:

(1)高维小样本。不同应用领域的数据都呈现出高维度的特点。数据中的冗余、无关信息的增多,使得机器学习分类算法的性能降低,计算复杂度增加。机器学习分类算法一般需要利用大样本才能进行有效学习,大数据并不意味着训练样本数量充足。当样本量较小且特征中含有大量无关特征或噪声特征时,可能导致分类精度不高,出现过拟合。

(2)高维不平衡。机器学习分类算法一般假定用于训练的数据集是平衡的,即各类所含的样本数大致相等,但现实中数据往往是不平衡的。现有研究通常将不平衡问题和高维问题分开处理,但是实践中经常存在具有不平衡和高维双重特性的数据。

(3)高维多分类。除了常见的二分类问题,实际应用中存在着大量的多分类问题,尤其是高维数据的多分类问题,这给现有的机器学习分类算法带来了挑战。

(4)特征工程。目前的机器学习分类算法应用中的数据实例是由大量的特征来表示的。良好的分类模型依赖于相关度大的特征集合,剔除不相关和多余特征,不仅能提高模型精确度,而且能减少运行时间。因此,特征选择的研究对机器学习分类算法的发展越来越重要。

(5)属性值缺失。属性值缺失容易降低分类模型的预测准确率,是分类过程中一类常见的数据质量问题。正确解决分类过程中出现的属性值缺失是一个具有挑战性的问题。

机器学习是人工智能的重要组成部分,分类是其最重要的任务之一。通过讨论不同机器学习分类算法的特点及应用,可以发现没有一种算法可以解决所有问题。此外,数据降维、特征选择将对分类算法的发展产生更大的影响。因此,在实际应用中,必须结合实际情况比较和选择适当的分类算法和数据预处理方法,以便更加有效地实现分类目标。在传统分类算法改进和发展的同时,集成学习将得到更广泛的应用和发展。

1.2.2　聚类技术

聚类分析是伴随统计学、计算机学与人工智能等领域科学的发展而逐步发展起来的,因此,这些领域若有较大的研究进展,必然促进聚类分析算法的快速发展。比如,机器学习领域的人工神经网络与支持向量机的发展促生了基于神经网络的聚类方法与核聚类方法。基于人工神经网络的深度学习(如 AlphaGo围棋系统)也必将推动聚类分析方法的进一步发展。到目前为止,聚类研究及其应用领域已经非常广泛,因此,以下主要以聚类分析算法为主要分析对象,兼论聚类分析的全过程。

1.2.2.1　聚类分析过程

聚类分析是一个较为严密的数据分析过程,聚类分析的全过程如图1.6所示。从聚类对象数据源开始到得到聚类结果的知识存档为止,其中主要包括四个部分的研究内容,即特征选择或变换、聚类算法选择或设计、聚类结果评价与聚类结果物理解析等。

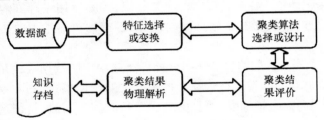

图1.6　聚类分析过程

一般情况下,样本数据是杂乱无章的(特别是大数据时代),聚类分析首先需要进行数据集的特征选择或变换。实际上,特征选择与特征变换是降维技术的两大分类。特征选择指的是从数据样本集的所有特征(或称属性)中选择更有利于达到某种目标的若干属性,即原始属性集的一个子集,同时也达到了降低维度的目的;而特征变换则是指通过某种变换将原始输入空间的属性映射到一个新的特征空间,然后在特征空间中根据规则选择某些较为重要的变换后的特征。由于特征选择并不改变其原有属性,所以结果只是一个原始属性的优化特征子集,保留了原属性的物理意义,方便用户理解;而特征变换的结果失去了原始特征的物理意义,但能够提取其隐含的特征信息,移除原特征集属性之间的相关性与冗余性。特征选择或变换在聚类分析过程中占据极其重要的地位,结果的优劣将直接影响最后的聚类效果,应该引起足够的重视。有时,特征选择或变换后得到的有效模式(或称子集)的作用甚至超过聚类算法本身的效用。

依据特征选择或变换后的数据集特性,选择或设计聚类算法,是聚类分析的第二部分研究内容。如果样本集数据都是数值型数据,在选择或者设计聚类算法时需要注意量纲不同的问题。一般情况下,样本集数据不一定都是数值型数据,因此,聚类算法需要有处理非数值型数据的能力。各个样本点之间的相似性度量是聚类算法中的首要问题。相似性度量与经常提到的样本间"距离"有着相同的意义,但是,它们的取值却正好相反,即相似性度量值越大,"距离"越近。同样,相似性度量也是聚类分析全过程中的关键问题之一,将在后文进行详细的介绍与分析。

聚类簇只能依靠聚类结束准则函数得到,需要特别指出的是,这种准则函数一般由人为设定的终止条件实现,而这些终止条件并没有统一的标准。由此可见,聚类分析是一个主观的归类过程,所以在聚类簇生成以后,必须对聚类结果进行综合评价。聚类分析的本来目标是得到特定数据集中隐含的数据结构。更何况,对于同样一个数据集,不同的聚类算法一般会得到不同的聚类簇。然而,对聚类结果作了评价之后,仍然不能改变聚类分析是"通过数据探索而生成假说"的实质,因此,最后需要对聚类结果作物理上的解析。

在对聚类结果评价后一段较长的时间内,需要对一种或者几种聚类结果假说,总结出实际的物理意义。聚类簇的物理解析应该与具有实际工作经验的专家作深入的探讨与分析。最后才可以将探讨的结果加入知识库,作为进一步研究的依据。可见,聚类物理解析并不属于学术研究的范畴,而是一个长期的验证过程。

1.2.2.2 小数据聚类算法

1. 划分聚类

划分聚类算法针对一个包含 n 个样本的数据集,先创建一个初始划分;然后采用一种迭代的重定位技术,通过样本在类别间移动来改进聚类簇;最后通过一个聚类准则结束移动并判定结果的好坏。这种不同聚类簇的数量非常惊人。可见,基于划分的算法不能在整个空间中寻找最优解,必须使用其他方式,其代表算法是 k-means、混合密度聚类、图聚类、模糊聚类等。

2. 层次聚类

层次聚类具有一个分层的树形结构。按照构建树形结构的方式不同,可以将聚类分为自底向上和自顶向下两种构建方式,分别称为聚合型层次聚类(Agglomerative Hierarchical Clustering)与分裂型层次聚类(Divisive Hierarchical Clustering)。两种聚类算法都是在聚类过程中构建具有一定亲属关系的系统树图,聚类的大体过程如图1.7所示。聚合型层次聚类,也称自底向上的方法,首先将每一个样本都称为一个聚类簇,然后计算簇间的相似度,分层合并,直到最后只有一个簇为止或满足一定的终止条件。而分裂型层次聚类的迭代过程则正好相反。分裂型层次聚类,也称自顶向下的方法,首先将所有的样本都看作是一个聚类簇,然后在每一步中,上层聚类簇被分裂为下层更小的聚类簇,直到每个簇只包含一个样本,或者满足终止条件为止。由于分裂型算法具有较高的时间复杂度,与聚合型算法相比,分裂型算法并不常见。

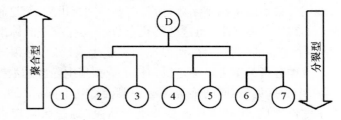

图1.7 层次聚类构建示意图

3. 核聚类

伴随着支持向量机的强势推出,20世纪90年代以来,基于核函数的方法在机器学习和模式识别领域变得越来越重要。核聚类方法是将样本点从输入空间通过核函数映射到高维空间。这种非线性映射,将不能线性可分的数据集在高维特征空间中变得线性可分,从而在高维空间中利用线性方法完成聚类,这样极大地提高了非线性聚类的性能和可伸缩性;但是这种核聚类方法计算复杂度很高,需要使用Mecer理论进行核变换。核函数的基本作用是通过两个低维空间的向量,计算出经过变换后在高维空间中的向量内积值。支持向量机模型的优化参数有:惩罚因子、核函数的宽度和不敏感参数。一般常常优化前两种参数。支持向量聚类算法是一种典型的无监督学习方法,首先将输入映射到高维空间,然后巧妙地结合高维空间的点在输入空间的位置特性,进行聚类划分。常用的核函数有线性核函数、多项式核函数、高斯核函数与Sigmoid核函数。其中,高斯核函数的用途较为广泛。核技巧利用核映射巧妙地解决了非线性问题,应用非常广泛;但是,为了解决二次规划问题或者计算核矩阵,需要大量的计算时间。为此,在处理面向大数据集的核聚类时,也可使用并行计算与云计算等方面的技术。

4. 序列数据聚类

序列数据是指在一定的测度范围内,对某些属性多次测量所得到的数据。最常用的序列数据是时间序列数据,相应的聚类算法称为时间序列聚类算法。当时间序列数据有先验知识时,可以采用聚类算法直接实现序列划分;当时间序列数据没有先验知识时,可以采用聚类算法按数据之间的距离度量划分聚类簇。根据时间序列聚类的执行过程可以将算法大致分成以下三类:基于原始数据的时间序列聚类算法、基于特征的时间序列聚类算法和基于模型的时间序列聚类算法。

5. 智能搜索聚类

智能搜索聚类(Intelligent Search Clustering),是指运用智能方法搜索解空间的启发式聚类算法。基于划分的聚类方法本身是一个 NP 难的问题,而且搜索空间大小随着样本点的增加以指数级的方式增长,以智能搜索解空间为研究路径,研究者提出了复杂的智能方法聚类算法。如为了弥补 k-means 聚类算法容易陷入局部最优解的问题,可以结合进化算法,模拟出多个种群,并可以根据环境的不同,动态改变其交叉变异概率,增强种群的多样性。这样既解决了容易陷入局部最优的问题,又保留了进化算法全局最优的收敛性。

1.2.2.3 大数据聚类算法

IBM 和国际数据公司分别提出了大数据的"4V"特点,但综合来看大数据具有"5V"特性,即数据量庞大(Volume)、多样性或称异构数据(Variety)、实时性(Velocity)、真实性(Veracity)与大价值(Value)。大数据聚类的核心思想是处理计算复杂度和计算成本,与可扩展性和速度之间的关系问题,因此,大数据聚类算法关注的焦点是:以最小化地降低聚类质量为代价,提高算法的可扩展性与执行速度。可将大数据聚类分为分布式聚类(Distributed Clustering)、并行聚类(Parallel Clustering)和高维聚类(High-dimensional Clustering)等三个类别。其中分布式聚类与并行聚类算法,需要在计算机集群中执行,因此,这两种算法合称为多机聚类(Multi-machine Clustering)。

多机聚类将数据划分到多台机器分开执行聚类的过程,若划分与处理过程是人为干预下执行的聚类,称为并行聚类;若划分与处理过程是由分布式框架自动执行的聚类,称为分布式聚类。因此,分布式聚类的执行框架对用户来说,既隐藏了负载均衡、出错控制与计算资源的分配等网络问题,又自动执行数据划分、信息交换等数据处理问题,体现了"计算向数据靠拢"的执行理念;而并行聚类则在处理网络与处理数据两个方面都需要人工干预,需要消耗大量的时间与精力,执行聚类的难度很大,体现的是"数据向计算靠拢"的执行理念。多机聚类算法的核心问题在于,在多台机器之间尽可能少地交换信息的情况下,获得较好的聚类效果。在多机聚类过程中,影响聚类效果的因素主要体现在聚类标准和数据划分两个方面:其一,不同的机器可能使用不同的基本聚类算法;其二,即使所有机器强制使用同一种基本聚类算法,由于数据划分的不同,聚类效果可能也会大相径庭。首先,划分数据到不同的机器,然后执行分组聚类;其次,综合并分析分组聚类的结果;再次,依据分析的结果,自动改进聚类过程;最后,重新进行分组聚类。依次循环执行,直到符合判定准则或者满足终止条件。可见,多机聚类算法是波浪式、循环、不断前进地构造聚类簇的过程。

1. 分布式聚类

由分布式框架自动执行的聚类方式,称为分布式聚类。对于分布式聚类算法的评价,一般可以从三个方面入手:一是执行速度,即数据量不变的情况下,随着机器数量的增加,执行时间的变化率;二是可伸缩性,即执行时间不变的情况下,随着机器数量的增加,能够处理数据量的容忍度;三是数据吞吐量,即机器数据不变的情况下,随着执行时间的增加,能够处理的数据规模。目前,从分布式聚类的研究文献来看,主要是使用 MapReduce 框架执行聚类。MapReduce 框架的工作流程如图 1.8 所示。对于编程人员来说,只需要编写 Map 函数与 Reduce 函数,该框架会自动执行比较复杂的信息交换(Shuffle)过程。

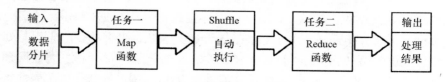

图 1.8　MapReduce 的工作流程

PK-Means(Parallel K-Means based on MapReduce)算法是较简单也是经典的 K-Means 算法在 MapReduce 大数据平台上的应用。PK-Means 聚类算法在执行时间与可伸缩性两个方面都有线性的提高[1]。MR-DBSCAN(DBSCAN based on MapReduce)算法在可伸缩性与数据吞吐量两个方面的性能也有了长足的进步[2]。另外,为了提高大数据集的执行效率,基于 GPU 的 MapReduce 聚类[3]与基于 SPARK 框架的聚类方法[4],在较新文献中也已经崭露头角。

2. 并行聚类

相对于分布式聚类来说,并行聚类算法的实现较为困难,但是,并行聚类最大的优势是执行过程尽在编程人员的掌握之中。DBDC(Density Based Distributed Clustering)算法是 DBSCAN 算法在大数据聚类中的典型应用,但是在聚类效果相同的前提下,执行效率比 DBSCAN 提高了 30 倍。图划分方法是一种常用的聚类技术。类似地,ParMETIS(Parallel METIS)算法是 METIS 算法的大数据并行执行版本[5],是一种面向大数据的层次型并行聚类技术。该并行聚类算法也能在不损失聚类效果的情况下,极大地提高执行效率。近几年,聚类研究领域出现了基于 GPU(Graphic Processing Unit)的并行聚类算法。例如,G-DBSCAN(Graphic DBSCAN)算法与 G-OPTICS(Graphic OPTICS)算法。G-DBSCAN 聚类算法,首先以距离为标准,构建样本集图,然后在图上执行聚类,结果比基于 CPU 的方法聚类速度提高了 112 倍。基于 GPU 的 G-OPTICS 算法显示了更好的聚类效果,比基于 CPU 的方法聚类速度提高了 200 倍。可见,基于 GPU 的聚类技术将是未来较为热门的一种大数据聚类方法。

3. 高维聚类

样本点维度极高的聚类算法,称为高维聚类算法。当聚类高维数据时,传统的方法是先降低维度,或称为维度约简(Dimension Reduction),简称降维。降维算法种类很多,不在这里作过多介绍。需要注意的是,该方法会不可避免地带来数据信息损失,可能也会降低聚类的有效性;并且,降维算法不适合处理甚高维的情况。直接对甚高维数据集进行传统聚类,几乎很难找到聚类簇,因此可以将数据集划分为若干个子空间,这样,原高维空间就是子空间的并集。为此,处理高维数据集的方法可以命名为子空间聚类(Subspace Clustering)算法[6]。该种聚类算法可以分为硬子空间聚类(Hard Subspace Clustering)和软子空间聚类(Soft Subspace Clustering)。硬子空间聚类算法又分为自底向上和自顶向下两种,如 CLIQUE(Clustering In QUEst[7])等算法为自底向上的类型,FINDIT[8]等算法为自顶向下的类型。针对硬子空间聚类算法的研究相对比较成熟,Sim 等[9]已经作了相关的详细阐述。软子空间算法主要是研究特征加权聚类,Deng 等[10]已经作了深入的阐述。

对于高维聚类,还有一种聚类算法引人注目。那就是双聚类(Biclustering)算法。随着对基因数据的深入分析,出现了众多的基因表达数据的情况,产生了双聚类算法。这些数据大多以矩阵形式表示和存储,并且维度极高(有时可能达到几千万维)。基因芯片数据中隐藏了大量有用的局部模式,为寻找这些信息,2000 年 Cheng 等[11]提出了双聚类的概念:双聚类的目的是在基因表达数据矩阵中寻找满足条件的子矩阵,使子矩阵中基因集在对应的条件集上一致表达。目前主要的几类双聚类模型为矩阵等值模型、矩阵加法模型、矩阵乘法模型和信息共演变模型。值得注意的是,类似的子空间聚类方法的发展速度很快,也是目前极高维聚类的一个研究热点。

1.2.2.4　聚类结果评价

聚类算法是一种无监督的主观的分类方法。聚类结果的客观分析、聚类簇数目的合理性、聚类结构的物理意义等内容,都属于聚类评价的范畴。聚类结果的评价在很多文献中已经从有效性函数方面作了大量的研究,以下主要是从聚类分析的三大类准则的角度作简要分析,这些准则分别是外部准则(External Criteria)、内部准则(Internal Criteria)与相对准则(Relative Criteria)。

外部准则是一种利用聚类结构先验知识的聚类结果评价方法。例如,在聚类评估时可以借助专家的指导(或者采用人工的标准方法)来开展聚类结果分析。最后,通过假设检验的方法比较算法结果与人工的经验结果的一致性,从而确定聚类算法的有效性。

内部准则也是一种假设检验方法,但并不是利用先验知识,而是利用样本集的内部特性来评估聚类结果的有效性。例如,内部准则通过样本集的相似矩阵、CPCC(CoPhenetic Correlation Coefficient)指标等来评估聚类结果。

相对准则是通过不同算法(或者相同算法选择不同输入参数)的聚类结果对比来综合评估结果的一种准则,与外部准则和内部准则有很大的不同之处。实际上,相对准则依据聚类分析四大功能之一的"实际数据集上的其他技术归类假说的测试方式"而产生。该准则并不使用假设检验方法,故其计算量相对较小。

外部准则较客观,相对准则较不客观,而内部准则居于两者之间。可见,在聚类结果的评价过程中,能使用外部准则最好,其次是内部准则,最后才选择相对准则。这里需要特别说明的是:由于确定聚类簇的数量比较困难,而且聚类数量评估是结果评估的中心问题,相对准则主要用于聚类簇数目的评估;相对准则也有很多有效性指标、停止规则、可视化方法、启发式方法等来评估聚类簇的数目。聚类结果的评价是聚类分析中的一个重要步骤,也是最困难、最无所适从的一步。聚类分析全过程中的最后一步是聚类结果的物理解析。该步骤是在结果评价后的长期实践中逐步探索形成知识的过程,这里不再详细叙述。

1.2.3 频繁项集挖掘技术

频繁模式是指在特定数据集中出现的不低于用户指定的最小支持度阈值的项集、序列及子结构。举例来说,在超市收银台收集的顾客购物数据中,啤酒与尿布、面包与牛奶这样的多个项经常以很高的频率同时出现,这些项的集合就被称为频繁项集。序列是指带有时间或空间位置信息的数据集,比如顾客的购物历史、Web 访问者的浏览活动、特定物种的 DNA 序列等。在序列数据集中,如果序列 s 的支持度不低于用户指定的阈值,则称 s 是一个频繁序列。子图模式(子结构模式)是远比项集和序列更复杂的实体,有图、子树和格结构等不同的结构形式,具体例子包括化学化合物、3D 蛋白质结构、网络拓扑和树结构的 XML 文档等。某个子结构如果在一个图形数据库中频繁出现,就被称为频繁子图(子结构)。作为数据挖掘的核心工作之一,频繁项集挖掘被广泛应用于关联规则挖掘、序列模式挖掘、文本分类、Web 日志分析和协同过滤算法中。因此,频繁项集挖掘已经成为数据挖掘研究中的一个重要主题。

频繁模式挖掘最早是由 Agrawal 等于 1994 年在挖掘关联规则的 Apriori 算法中提出来的,该算法对顾客的购物篮数据进行分析,进而挖掘关联规则。它通过分析顾客在购物篮中放置的不同物品之间的联系来分析顾客的购买习惯。当频繁项集的长度较短、数据集规模较小时,Apriori 算法的性能较好。但对于挖掘具有长频繁项集的数据集,Apriori 算法的性能较差。自关联项集挖掘及其相关的高效挖掘算法被提出以来,关于其扩展和应用,学者们已经进行了大量的研究并取得了显著的成果,主要包括处理各种各样的数据类型的高效可伸缩性算法、各种扩展的挖掘任务,以及各种新的应用程序。

1.2.3.1 频繁项集挖掘策略

频繁项集的生成过程实际上是对项目集的子集进行搜索并判断其是否满足最小支持度的过程。在逻辑上,可以将频繁项集的生成过程组织成一棵树或者候选项集的格结构,搜索频繁项集的过程就是以一定的方法遍历树和项集格,并采用适当剪枝策略的过程。目前常用的搜索方法有:宽度优先法、深度优先法及混合搜索策略。剪枝的目的是根据频繁项集的性质缩小搜索空间,剪枝策略则根据解空间的类型来选择。

宽度优先算法采用宽度优先的顺序遍历搜索树,其典型代表是 Apriori 算法及其改进算法。它首先发现所有频繁 1 - 项集,接下来是频繁 2 - 项集,如此下去,直到没有新的频繁项集产生为止。宽度优先算法采用的剪枝策略是当某一

候选 k – 项集不频繁时,其所有超集都是不频繁的。宽度优先算法特别适用于挖掘具有短频繁项集的稀疏数据集。

深度优先算法采用深度优先的顺序遍历搜索树,其典型代表是 FP-growth 算法和 Eclat 算法。它首先沿某一分支向下搜索,若发现频繁项集则向下层节点扩展,直至到达一个非频繁节点,采用超集剪枝的策略停止该分支的搜索,并回溯至上一个未扩展节点继续进行深度优先搜索。通常,深度优先搜索方法用于发现极大频繁项集。相比于宽度优先算法,深度优先算法能更快地检测到候选项集格结构中的频繁项集边界。深度优先算法特别适用于挖掘长频繁项集的数据集。

混合搜索策略综合使用宽度优先法和深度优先法进行搜索,其典型代表是 Tree Projection 算法等,特别适用于挖掘既有长频繁项集又有短频繁项集的数据集。

1.2.3.2　频繁项集挖掘算法

1. Apriori 算法

Agrawal 和 Srikant 于 1994 年提出的 Apriori 算法[12]是第一个关联规则挖掘算法。Apriori 算法是基于先验原理的宽度优先搜索、直接计数算法,事务数据库采用水平表示法。它开创性地使用了基于支持度的剪枝技术,系统地控制候选项集呈指数增长。

Apriori 算法首先初始扫描数据集,确定每个项的支持度,从而得到所有频繁 1 – 项集的集合 F1;然后使用频繁 1 – 项集生成候选 2 – 项集,并扫描数据库以对所有的候选 2 – 项集进行支持度计数,从而得到频繁 2 – 项集的集合 F2。重复以上过程,直到没有新的频繁 k – 项集生成为止。

利用 Apriori 算法产生频繁项集有两个重要特点:第一,它是逐层(level-wise)搜索算法,即从频繁 1 – 项集到最长的频繁项集,每次遍历项集格中的一层;第二,它使用"产生—测试"(generate-and-test)策略来发现频繁项集,每次迭代之后,新的频繁项集都由上一次迭代发现的频繁项集产生。Apriori 算法的缺点是会产生大量的候选集,并需要反复扫描数据库进行候选项集的支持度计数,在挖掘具有长频繁项集的数据集时效率低下。对 Apriori 算法的改进主要集中在控制候选集的规模或减少数据库扫描次数方面。

2. FP-growth 算法

FP-growth 算法[13]是 Han 等于 2000 年提出的一种基于深度优先和直接计

数的算法,数据集采用水平方式表示。不同于 Apriori 算法的"产生—测试"范型,FP-growth 算法使用紧凑型数据结构 FP 树组织数据,并直接从 FP 树中提取频繁项集,而不产生候选项集。

FP-growth 算法以一种自底向上的方式探索树,由 FP 树产生频繁项集。它将挖掘过程分三步:首先,扫描整个数据库,找出频繁 1 - 项集,并把数据库中的非频繁项去掉,剩下的频繁项按其支持度降序排列;其次,将数据库中的频繁项集压缩表示到一棵 FP 树中;最后,调用 FP-growth 方法在 FP 树上挖掘出所有频繁项目集。FP-growth 算法采用分治策略将一个问题分解为较小的子问题,从而发现以某个特定后缀结尾的所有频繁项集。

因为 FP-growth 方法不需产生候选集,只需扫描两遍数据库,算法的效率比 Apriori 算法高一个数量级;但因为采用递归方法不断产生条件模式库和条件 FP 树,增加了内存的开销。FP-growth 算法的运算性能依赖于数据集的压缩因子,如果生成的条件 FP 树非常茂盛,则算法的性能显著下降。同时,FP-growth 算法的可扩展性较差。

3. Eclat 算法

Zaki 提出 Eclat 算法[14]来探索垂直数据格式。Eclat 算法基于深度优先的搜索策略,采用交集操作计算支持度;对候选 k - 项集进行支持度计算时,不需再次扫描数据库,仅在一次扫描数据库后得到每个 1 - 项集的 Tidset(支持度),而候选 k - 项集的支持度就是在对 $(k-1)$ - 项集进行交集操作后得到的该 k - 项集 Tidset 中元素的个数;在概念格理论的基础上,利用基于前缀的等价关系将搜索空间(概念格)划分为较小的子空间(子概念格),各子概念格采用自底向上的搜索方法独立产生频繁项集。Eclat 算法的最大优点是简化了项集支持度的计算,同时减少了数据库的扫描次数;其缺点是要为每个项目集建立 Tidset,如果项集很多,将无法装入内存,另外,当 Eclat 算法用于稠密型大规模数据集时,Tidset 基数很大,反复计算 Tidset 的交集降低了算法的效率。

对大型事务数据集进行频繁项集挖掘的一个主要挑战是,满足最小支持度阈值的频繁项集往往数量较大,尤其是最小支持度阈值设置得比较低时。这是因为当一个项集是频繁项集时,其包含的子项集都是频繁的,而大的频繁项集往往包含指数规模的子频繁项集。为解决这一问题,学者们提出了闭频繁项集和极大频繁项集挖掘算法。闭频繁项集与极大频繁项集提供了完全频繁项集的紧凑表示,同时闭频繁项集还提供了项集的支持度信息。

1.2.4 深度学习技术

大数据时代,如何对纷繁复杂的数据进行有效分析,让其价值得以体现和合理的利用,是当前迫切需要思考和解决的问题。近期兴起的深度学习方法正是开启这扇大门的一把钥匙。深度学习是新兴的机器学习研究领域,旨在研究如何从数据中自动地提取多层特征表示,其核心思想是通过数据驱动的方式,采用一系列的非线性变换,从原始数据中提取由低层到高层、由具体到抽象、由一般到特定的语义特征。深度学习不仅改变着传统的机器学习方法,也影响着对人类感知的理解,迄今已在语音识别、图像理解、自然语言处理、视频推荐等应用领域引发了突破性的变革。

1.2.4.1 深度学习相关应用领域

1. 图像识别

物体检测和图像分类是图像识别的两个核心问题,前者主要定位图像中特定物体出现的区域并判定其类别,后者则对图像整体的语义内容进行类别判定。Yang 等[15]2009 年提出的算法是传统图像识别算法中的代表,该算法采用稀疏编码来表征图像,通过大规模数据来训练支持向量机(SVM)进行图像分类,在 2010 年和 2011 年的 ImageNet 图像分类竞赛中取得了最好成绩。图像识别是深度学习最早尝试的应用领域,早在 1989 年,LeCun 等人发表了关于卷积神经网络的相关工作,在手写数字识别任务上取得了当时世界上最好的结果,并广泛应用于各大银行支票的手写数字识别任务中。百度在 2012 年将深度学习技术成功应用于自然图像 OCR 识别和人脸识别等问题上,并推出相应的移动搜索产品和桌面应用。从 2012 年的 ImageNet 竞赛开始,深度学习在图像识别领域发挥出巨大威力,在通用图像分类、图像检测、光学字符识别(Optical Character Recognition,OCR)、人脸识别等领域,最好的系统都是基于深度学习的。2012 年是深度学习技术第一次被应用到 ImageNet 竞赛中,相对于 2011 年传统最好的识别错误率降低了 41.1%,且 2015 年基于深度学习技术的图像识别错误率已经超过了人类,2016 年最新的 ImageNet 识别错误率已经达到 2.991%。

2. 语音识别

长久以来,人与机器交谈一直是人机交互领域内的一个梦想,而语音识别是其基本技术。语音识别(Automatic Speech Recognition,ASR)是指能够让计算机自动地识别语音中所携带信息的技术。语音是人类实现信息交互最直接、最便捷、最自然的方式之一,自人工智能(Artificial Intelligence, AI) 的概念出现以来,让计算机甚至机器人像自然人一样实现语音交互一直是 AI 领域研究者的梦想。

最近几年,深度学习(Deep Learning, DL) 理论在语音识别和图像识别领域取得了令人振奋的性能提升,迅速成为当下学术界和产业界的研究热点,为处在瓶颈期的语音等模式识别领域提供了一个强有力的工具。在语音识别领域,深度神经网络(Deep Neural Network, DNN) 模型给处在瓶颈阶段的传统 GMM-HMM 模型带来了巨大的革新,使得语音识别的准确率又上了一个新的台阶。目前国内外知名互联网企业(谷歌、科大讯飞及百度等)的语音识别算法采用的都是 DNN 方法。2012 年 11 月,微软在中国天津的一次活动上公开演示了一个全自动的同声传译系统,讲演者用英文演讲,后台的计算机一气呵成自动完成语音识别、英中机器翻译和中文语音合成,效果非常流畅,其后台支撑的关键技术就是深度学习。近期,百度将深度卷积神经网络(Convolutional Neural Network, CNN) 应用于语音识别研究,使用了 VGGNet 以及包含 residual 连接的深度卷积神经网络等结构,并将长短期记忆网络(Long Short-Term Memory, LSTM) 和 CTC 的端到端语音识别技术相结合,使得识别错误率相对下降了 10% 以上。2016 年 9 月,微软的研究者在产业标准 Switchboard 语音识别任务上,取得了 6.3% 的产业中最低词错率。国内科大讯飞提出的前馈型序列记忆网络(Feed-forward Sequential Memory Network, FSMN) 语音识别系统,使用大量的卷积层直接对整句语音信号进行建模,更好地表达了语音的长时相关性,其效果比学术界和工业界最好的双向 RNN(Recurrent Neural Network) 语音识别系统识别率提升了 15% 以上。由此可见,深度学习技术对语言识别率的提高有着不可忽略的贡献。

3. 自然语言处理

自然语言处理(Natural Language Processing, NLP) 也是深度学习的一个重要应用领域,经过几十年的发展,基于统计的模型已成为 NLP 的主流,同时人工神经网络在 NLP 领域也受到了理论界的足够重视。加拿大蒙特利尔大学教授 Bengio 等[16] 在 2003 年提出用 embedding 的方法将词映射到一个矢量表示空间,然后用非线性神经网络来表示 N-gram 模型。世界上最早的深度学习用于 NLP 的研究工作诞生于 NEC 美国实验室,其研究员 Collobert 等[17] 从 2008 年开始将 embedding 和多层一维卷积的结构,用于词性标注、分块、命名实体识别、语义角色标注等四个典型 NLP 问题。值得注意的是,他们将同一个模型用于不同的任务,都取得了与现有技术水平相当的准确率。Mikolov 等[18] 通过对 Bengio 等提出的神经网络语言模型的进一步研究发现,通过添加隐藏层的多次递归,可以提高语言模型的性能。语音识别任务中,在提高后续词预测准确率及总体识别错误率方面都超越了当时最好的基准系统,Schwenk 等[19]将类似的模型用在统计机器翻译任务中,采用 BLEU(Bilingual Evaluation Understudy)评分机制评判,提高了近两个百分点。此外,基于深度学习模型的特征学习还在语义消歧、情感分析等自然语言处理任务中均超越了当时最优系统,取得了优异表现。

1.2.4.2 深度学习常用模型

1. 自动编码机

自动编/解码网络可看作传统多层感知器的变种,其基本思路是将输入信号经过多层神经网络后重构原始的输入,通过非监督学习的方式挖掘输入信号的潜在结构,将中间层的响应作为潜在的特征表示。自动编/解码机由将输入信号映射到低维空间的编码机和用隐含特征重构初始输入的解码机构成。自动编码机可以通过级联和逐层训练的方式组成深层的结构,其中只需要将前一层中隐含层的输出作为当前层的输入。深度模型通过逐层优化的方式训练后,还可以通过让整个网络重构输入信号的原则进行精调。在自动编码机的框架下,很多研究者通过引入正则约束的方式开发了很多变种模型。一些研究者将稀疏表示的思想引入,提出了稀疏自动编/解码机,其中通过 l_1 惩罚或者鼓励输出信号的平均值与一个平均值很小的高斯分布近似来实现。为了增强自动编码机的泛化性,Vincent 等[20]提出了降噪自动编码机,他们在训练之前给训练样本加入人工制造的噪声干扰,使得网络可以从有噪声的信号中重构原始的干净输入。与之非常相似的是 Rifai 等[21]提出的收缩自动编码机,其通过引入一个收缩惩罚项来增强模型的泛化性能,同时降低过拟合的影响。很多研究者已经将深度自动编码机成功地应用于图像特征表示中,文献[22]利用深度自动编码机得到紧致的图像高层描述并基于此进行图像检索。

2. 受限玻尔兹曼机

玻尔兹曼机(Boltzmann Machine,BM)是一种随机的递归神经网络,是能通过学习数据固有内在表示、解决复杂学习问题最早的人工神经网络之一。受限玻尔兹曼机(Restricted Boltzmann machine,RBM)是玻尔兹曼机的扩展,由于去掉了玻尔兹曼机同层之间的连接,所以大大提高了学习效率。

如果用传统的基于 Gibbs 采样的方法求解,则迭代次数较多、效率很低。为了克服这一问题,Hinton[23]提出了一种称为对比分歧(Contrastive Divergence,CD)的快速算法。文献[24]提出了一种基于随机梯度下降法的更高效的优化算法。与稀疏编码等模型相比,RBM 模型具有一个非常好的优点,即它的推断很快,只需要一个简单的前向编码操作。一些研究者在 RBM 基础上提出了很多扩展模型。一些拓展模型修改了 RBM 的结构和概率分布模型,使得它能模拟更加复杂的概率分布,如 mean-covariance RBM、spike-slab RBM 和门限 RBM,这些模型中通常都定义了一个更加复杂的能量函数,学习和推断的效率因此会有所下降。此外,文献[25]提出在 RBM 的生成式学习算法中融入判别式学习,使得它能更好地应用于分类等判别式任务。

3. 深度神经网络

神经网络技术起源于 20 世纪 50—60 年代,当时叫作感知机,是最早被设计并实现的人工神经网络,是一种二分类的线性分类模型,主要用于线性分类且分类能力十分有限。输入的特征向量通过隐含层变换达到输出层,在输出层得到分类结果。早期感知机的推动者是 Rosenblatt,但是单层感知机遇到一个严重的问题,即它对稍复杂一些的函数都无能为力(如最为典型的异或操作)。随着数学理论的发展,这个缺点直到 20 世纪 80 年代才被多层感知机(MultiLayer Perceptron,MLP)克服。多层感知机可以摆脱早期离散传输函数的束缚,使用 sigmoid 或 tanh 等连续函数模拟神经元对激励的响应,在训练算法上则使用 Werbos 发明的反向传播 BP 算法。增加隐含层的数量及相应的节点数,可以形成深度神经网络。深度神经网络一般指全连接的神经网络,该类神经网络模型常用于图像及语言识别等领域,在图像识别领域由于其将图像数据变成一维数据进行处理,忽略了图像的空间几何关系,所以其在图像识别领域的识别率不及卷积神经网络;而且,由于相邻层之间全连接,其要训练的参数规模巨大,也进一步限制了全连接神经网络模型结构的深度和广度。

4. 卷积神经网络

近几年,卷积神经网络在大规模图像特征表示和分类中取得了很大的成功。标志性事件是,在 2012 年的 ImageNet 大规模视觉识别挑战竞赛中,Krizhevsky 实现的深度卷积神经网络模型将图像分类的错误率降低了近 50%。2016 年 4 月,著名的围棋人机大战中以 4:1 大比分优势战胜李世石的 AlphaGo 人工智能围棋程序就采用了 CNN + 蒙特卡洛搜索树算法。卷积神经网络最早在 1998 年提出,用于手写字符图像的识别。该网络的输入为原始二维图像,经过若干卷积层和全连接层后,输出图像在各类别下的预测概率。每个卷积层包含卷积、非线性激活函数和最大值池化三种运算。采用卷积运算的好处有如下几点:第一,二维卷积模板可以更好地挖掘相邻像素之间的局部关系和图像的二维结构;第二,与一般神经网络中的全连接结构相比,卷积网络通过权重共享极大地减少了网络的参数量,使得训练大规模网络变得可行;第三,卷积操作对图像上的平移、旋转和尺度等变换具有一定的鲁棒性。得到卷积响应特征图后,通常需要经过一个非线性激活函数来得到激活响应图,如 sigmoid、tanh 和 ReLU 等函数。紧接着,在激活函数响应图上施加一个最大值池化(max pooling)或者平均值池化(average pooling)运算。在这一操作中,首先用均匀的网格将特征图划分为若干空间区域,这些区域可以有重叠部分,然后取每个图像区域的平均值或最大值作为输出。此外,在最大值池化中,通常还需要记录所输出最大值的位置。已有研究工作证明了最大值池化操作在图像特征提取中的性能优于平均值池化,因而近些年研究者基本都采用了最大值池化。池化操作主要有如下两个优点:其一,增强了网络对伸缩、平移、旋转等图像变换的鲁棒性;其二,使得高层网络可以在更大尺度下学习图像的更高层结构,同时降低了网络参数,使得大规模的网络训练变得可行。由于卷积神经网络的参数量较大,很容易发生过拟合,影响最终的测试性能。研究者为克服这一问题提出了很多改进的方法。研究人员提出了称为"dropout"的优化技术,通过在每次训练迭代中随机忽略一半的特征点来防止过拟合,取得了一定的效果;这一想法后来被扩展,在全连接层的训练中,将每一次迭代时从网络的连接权重中随机挑选的一个子集置为 0,使得每次网络更新针对不一样的网络结构,进一步提升了模型的泛化性。此外还有一些简单有效的工程技巧,如动量法、权重衰变和数据增强等。

5. 循环神经网络

在全连接的 DNN 和 CNN 中,每层神经元的信号只能向上一层传播,样本的处理在各个时刻相互独立,因此该类神经网络无法对时间序列上的变化进行建模,如样本出现的时间顺序对于自然语言处理、语音识别、手写体识别等应用非常重要。为了适应这种需求,就出现了另一种神经网络结构——循环神经网络(RNN)。

(1)长短期记忆模型(LSTM)

该模型通常比 vanillaRNN 能够更好地对长短时依赖进行表达,主要为了解决通过时间的反向传播(Back Propagation Through Time,BPTT)算法无法解决长时依赖的问题,因为 BPTT 会带来梯度消失或梯度爆炸问题。传统的 RNN 虽然被设计成可以处理整个时间序列信息,但其记忆最深的还是最后输入的一些信号,而受之前的信号影响的强度越来越低,最后可能只起到一点辅助作用,即 RNN 输出的还是最后的一些信号,这样的缺陷使得 RNN 难以处理长时依赖的问题;而 LSTM 就是专门为解决长时依赖而设计的,不需要特别复杂地调试超参数,默认就可以记住长期的信息,其不足之处是模型结构较 RNN 复杂。LSTM

单元一般包括输入门、遗忘门、输出门。"门"的结构就是一个使用 sigmoid 神经网络和一个按位做乘法的操作,sigmoid 激活函数可以使神经网络输出一个 0 - 1 的数值,该值描述了当前输入有多少信息量可以通过这个结构,类似一个门的功能。当门打开时,sigmoid 神经网络的输出为 1,全部信息都可以通过;当门关上时,sigmoid 神经网络输出为 0,任何信息都无法通过。遗忘门的作用是让循环神经网络"忘记"之前没有用的信息;输入门的作用是在循环神经网络"忘记"部分之前的状态后,还需要从当前的输入补充最新的记忆;输出门则会根据最新的状态 C_t、上一时刻的输出 h_{t-1} 和当前的输入 x_t 来决定该时刻的输出 h_t。LSTM 结构可以更加有效地决定哪些信息应该被遗忘,哪些信息应该得到保留,因此成为当前语音识别、机器翻译、文本标注等领域常用的神经网络模型。

（2）Simples RNN（SRN）

SRN 是 RNN 的一种特例,它是一个三层网络,并且在隐藏层增加了上下文单元。上下文节点与隐藏层节点一一对应,且值是确定的。在每一步中,使用标准的前向反馈进行传播,然后使用学习算法进行学习。上下文每一个节点保存其连接的隐藏层节点的上一步输出,即保存上文,并作用于当前步对应的隐藏层节点的状态,即隐藏层的输入是由输入层的输出与上一步自己的状态所决定的。因此,SRN 能够解决标准的多层感知机无法解决的对序列数据进行预测的任务。

（3）Bidirectional RNN

该模型是一个相对简单的 RNN,它由两个 RNN 上下叠加在一起组成,其输出由这两个 RNN 的隐藏层状态决定。双向 RNN 模型可以根据上下文预测一个语句中缺失的词语,即当前的输出不仅与前面的序列有关,并且还与后面的序列有关。

6. 多模型融合的神经网络

除了单个的神经网络模型,还出现了不同神经网络模型组合的神经网络,如 CNN 和 RBM、CNN 和 RNN 等,通过将各个网络模型的优势组合起来可以达到最优的效果。一些研究工作将 CNN 与 RNN 相结合用于对图像描述的自动生成,使得该组合模型能够根据图像的特征生成文字描述或者根据文字产生相应内容的图片。随着深度学习技术的发展,相信会有越来越多性能优异的神经网络模型出现在大众的视野,如生成对抗网络（Generative Adversarial Networks,GAN）及相应变种模型,为无监督学习的研究开启了一扇门窗。

1.2.4.3 基于深度学习的优化方法

随着神经网络模型层数越来越深、节点个数越来越多,需要训练的数据集越来越大,模型的复杂度也越来越高,因此在模型的实际训练中单 CPU 或单 GPU 的加速方案存在着严重的性能不足,一般需要十几天的时间才能使得模型的训练得到收敛,已远远不能满足训练大规模神经网络、开展更多实验的需求,多 CPU 或多 GPU 的加速方案从而成为首选。但是由于在图像识别或语言识别类应用中,深度神经网络模型的计算量十分巨大,且模型层与层之间存在一定的数据相关性,所以如何划分任务量以及计算资源是设计 CPU 或 GPU 集群加速框架的一个重要问题。以下主要介绍两种常用的基于 CPU 集群或 GPU 集群的大规模神经网络模型训练的常用并行方案。

1. 数据并行

当训练的模型规模比较大时,可以通过数据并行的方法来加速模型的训练,数据并行可以对训练数据做切分,采用多个模型实例对多个分块的数据同时进行训练。在训练过程中,由于数据并行需要进行训练参数的交换,通常需要一个参数服务器。多个训练过程相互独立,每个训练的结果,即模型的变化量需要提交给参数服务器,参数服务器负责更新模型参数,之后再将最新的模型参数广播至每个训练过程,以便各个训练过程可以从同一起点开始训练。在数据并行的实现中,由于是采用同样的模型、不同的数据进行训练,影响模型性能的瓶颈在于多 CPU 或多 GPU 间的参数交换。根据参数更新公式,需要将所有模型计算出的梯度提交到参数服务器并更新到相应参数上,所以数据片的划分以及与参数服务器的带宽可能会成为限制数据并行效率的瓶颈。

2. 模型并行

除了数据并行,还可以采用模型并行的方式来加速模型的训练。模型并行是指将大的模型拆分成几个分片,由若干个训练单元分别持有,各个训练单元相互协作共同完成大模型的训练。一般来说,模型并行带来的通信和同步开销多于数据并行,因此其加速比上不上数据并行。但对于单机内存无法容纳的大模型来说,模型并行也是一个很好的方法,2012 年 ImageNet 冠军模型 Axlenet 就是采用两块 GPU 卡进行模型并行训练。

1.2.4.4 深度学习常用软件工具及平台

1. 常用软件工具

当前基于深度学习的软件工具有很多,由于每种软件工具针对的侧重点不同,根据需求的不同,如图像处理、自然语言处理或金融领域等,因人而异、因项目而异采用合适的深度学习架构。下面主要介绍当下常用的深度学习软件工具。

(1)TensorFlow。它是由 Google 基于 DistBelief 进行研发的第二代人工智能系统。该平台吸取了已有平台的长处,既能让用户触碰底层数据,又具有现成的神经网络模块,可以使用户非常快速地实现建模,是一个非常优秀的跨界平台。该软件库采用数据流图模式实现数值计算,流图中的节点表示数学运算,边表示数据阵列。基于该软件库开发的平台架构灵活,代码一次开发无须修改即可在单机、可移动设备或服务器等设备上运行,同时可支持多 GPU/CPU 并行训练。

(2)以 Keras 为主的深度学习抽象化平台。其本身不具有底层运算协调能力,而是依托 TensorFlow 或 Theano 进行底层运算,Keras 提供神经网络模块抽象化和训练中的流程优化,可以让用户在快速建模的同时,具有很方便的二次开发能力,加入自己喜欢的模块。

(3)以 Caffe、Torch、MXNet、CNTK 为主的深度学习功能性平台。该类平台提供了完备的基本模块,支持快速神经网络模型的创建和训练;不足之处是用户很难接触到这些底层运算模块。

(4)Theano。它是深度学习领域最早的软件平台,专注于底层基本运算。该平台有以下几个特点:①集成 NumPy 的基于 Python 实现的科学计算包,可以与稀疏矩阵运算包 SciPy 配合使用,全面兼容 NumPy 库函数;②易于使用 GPU 进行加速,具有比 CPU 实现更大的加速比;③具有优异可靠性和速度优势;④可支持动态 C 程序生成;⑤拥有测试和自检单元,可方便检测和诊断多类型错误。

2. 工业界平台

随着深度学习技术的兴起,不仅在学术界,工业界如 Google、Facebook、百度、腾讯等科技类公司都实现了自己的软件平台,主要有以下几种:

(1)DistBelief 是由 Google 用 CPU 集群实现的数据并行和模型并行框架,该集群可使用上万 CPU core 训练多达 10 亿参数的深度网络模型,可用于语音识别和 2.1 万类目的图像分类。此外,Google 还采用了由图像处理器(GPU)实现的 COTSHPC 系统,这也是一个模型并行和数据并行的框架,由于采用了众核

GPU，该系统以 3 台 GPU 服务器在数天内完成对 10 亿参数的深度神经网络训练。

（2）Facebook 实现了多 GPU 训练深度卷积神经网络的并行框架，结合数据并行和模型并行的方式来训练卷积神经网络模型，使用 4 张 NVIDIA TITAN GPU 可在数天内训练 ImageNet1000 分类的网络。

（3）Paddle 是由国内的百度公司搭建的多机 GPU 训练平台，其将数据放置于不同的机器，通过参数服务器协调各机器的训练。Paddle 平台也可以支持数据并行和模型并行。

（4）腾讯为加速深度学习模型训练也开发了并行化平台 Mariana，其包含深度神经网络训练的多 GPU 数据并行框架、深度卷积神经网络的多 GPU 模型并行和数据并行框架，以及深度神经网络的 CPU 集群框架。该平台基于特定应用的训练场景，设计定制化的并行训练平台，用于语音识别、图像识别以及在广告推荐中的应用。

通过对以上几种工业界平台的介绍可以发现，不管是基于 CPU 集群的 DistBelief 平台，还是基于多 GPU 的 Paddle 或 Mariana 平台，针对大规模神经网络模型的训练基本上都是采用基于模型的并行方案或基于数据的并行方案，或是同时采用两种并行方案。由于神经网络模型在前向传播及反向传播计算过程存在一定的数据相关性，当前其在大规模 CPU 集群或者 GPU 集群上训练的方法并不多。

1.3 云计算技术

作为信息产业的一大创新，云计算模式一经提出便得到工业界、学术界的广泛关注。其中 Amazon 等公司的云计算平台提供可快速部署的虚拟服务器，实现了基础设施的按需分配。MapReduce 等新型并行编程框架简化了海量数据处理模型。Google 公司的 AppEngine 云计算开发平台为应用服务提供商开发和部署云计算服务提供接口。Salesforce 公司的客户关系管理（Customer Relationship Management，CRM）服务等云计算服务将桌面应用程序迁移到互联网，实现应用程序的泛在访问。同时，各国学者对云计算也展开了大量研究工作。早在 2007 年，斯坦福大学等多所美国高校便开始和 Google、IBM 合作，研究云计算关键技术。随着云计算研究的深入，众多国际会议（如 SIGCOMM、OSDI、SIGMOD、CCS 等）上研究者们陆续发表了云计算相关研究成果。此外，以 Eucalyptus 为代表的开源云计算平台的出现，加速了云计算服务的研究和普及。不仅如此，各国政府纷纷将云计算列为国家战略,投入了相当大的财力和物力用于云计算的部署。其中,美国政府利用云计算技术建立联邦政府网站,以降低政府信息化运行成本;英国政府建立国家级云计算平台(G-Cloud),超过2/3的英国企业开始使用云计算服务;在我国,北京、上海、深圳、杭州、无锡等城市开展了云计算服务创新发展试点示范工作,电信、石油石化、交通运输等行业也启动了相应的云计算发展计划,以促进产业信息化。

对云计算而言,其借鉴了传统分布式计算的思想。通常情况下,云计算采用计算机集群构成数据中心,并以服务的形式交付给用户,使得用户可以像使用水、电一样按需购买云计算资源。从这个角度看,云计算与网格计算的目标非常相似。但是云计算和网格计算等传统的分布式计算也有着较明显的区别:首先云计算是弹性的,即云计算能根据工作负载大小动态分配资源,而部署于云计算平台上的应用需要适应资源的变化,并能根据变化做出响应;其次,相对于强调异构资源共享的网格计算,云计算更强调大规模资源池的分享,通过分享提高资源复用率,并利用规模经济降低运行成本;最后,云计算需要考虑经济成本,因此硬件设备、软件平台的设计不再一味追求高性能,而要综合考虑成本、可用性、可靠性等因素。综上所述,云计算是分布式计算、互联网技术、大规模资源管理等技术的融合与发展,其研究和应用是一个系统工程,涵盖了数据中心管理、资源虚拟化、海量数据处理、计算机安全等重要问题。下面通过归纳云计算特点与体系架构,总结和分析云计算各层服务的关键技术及系统实例,针对当前云计算存在的问题,提出未来研究的方向。

1.3.1 云计算体系架构

云计算可以按需提供弹性资源,它的表现形式是一系列服务的集合。结合当前云计算的应用与研究,其体系架构可分为核心服务、服务管理、用户访问接口三层。核心服务层将硬件基础设施、软件运行环境、应用程序抽象成服务,这些服务具有可靠性强、可用性高、规模可伸缩等特点,满足多样化的应用需求。服务管理层为核心服务提供支持,进一步确保核心服务的可靠性、可用性与安全性。用户访问接口层实现端到云的访问。

1.3.1.1 核心服务层

云计算核心服务层通常可以分为三个子层:基础设施即服务层(Infrastructure as a Service,IaaS)、平台即服务层(Platform as a Service,PaaS)、软件即服务层(Software as a Service,SaaS)。IaaS 提供硬件基础设施部署服务,为用户按需提供实体或虚拟的计算、存储和网络等资源。在使用 IaaS 层服务的过程中,用户需要向 IaaS 层服务提供商提供基础设施的配置信息,运行于基础设施的程序代码以及相关的用户数据。由于数据中心是 IaaS 层的基础,因此数据中心的管理和优化问题近年来成为研究热点。另外,为了优化硬件资源的分配,IaaS 层引入了虚拟化技术。借助 Xen、KVM、VMware 等虚拟化工具,可以提供可靠性高、可定制性强、规模可扩展的 IaaS 层服务。PaaS 是云计算应用程序运行环境,提供应用程序部署与管理服务。通过 PaaS 层的软件工具和开发语言,应用程序开发者只需上传程序代码和数据即可使用服务,而不必关注底层的网络、存储、操作系统的管理问题。由于目前互联网应用平台(如 Facebook、Google、淘宝等)的数据量日趋庞大,PaaS 层应当充分考虑对海量数据的存储与处理能力,并利用有效的资源管理与调度策略提高处理效率。SaaS 是基于云计算基础平台所开发的应用程序。企业可以通过租用 SaaS 层服务解决企业信息化问题,如企业通过 GMail 建立属于该企业的电子邮件服务。该服务托管于 Google 的数据中心,企业不必考虑服务器的管理、维护问题。对于普通用户来讲,SaaS 层服务将桌面应用程序迁移到互联网,可实现应用程序的泛在访问。

1.3.1.2 服务管理层

服务管理层为核心服务层的可用性、可靠性和安全性提供保障。服务管理包括服务质量(Quality of Service,QoS)保证和安全管理等。云计算需要提供高可靠、高可用、低成本的个性化服务。然而云计算平台规模庞大且结构复杂,很难完全满足用户的 QoS 需求。为此,云计算服务提供商需要和用户进行协商,并制定服务水平协议(Service Level Agreement,SLA),使得双方对服务质量的需求达成一致。当服务提供商提供的服务未能达到 SLA 的要求时,用户将得到补偿。此外,数据的安全性一直是用户较为关心的问题。云计算数据中心采用的资源集中式管理方式使得云计算平台存在单点失效问题。保存在数据中心的关键数据会因为突发事件(如地震、断电)、病毒入侵、黑客攻击而丢失或泄露。根据云计算服务特点,研究云计算环境下的安全与隐私保护技术(如数据隔离、隐私保护、访问控制等)是保证云计算得以广泛应用的关键。除了 QoS 保证、安全管理外,服务管理层还包括计费管理、资源监控等管理内容,这些管理措施对云计算的稳定运行同样起到重要作用。

1.3.1.3　用户访问接口层

用户访问接口层实现了云计算服务的泛在访问,通常包括命令行、Web 服务、Web 门户等形式。命令行和 Web 服务的访问模式既可为终端设备提供应用程序开发接口,又便于多种服务的组合。Web 门户是访问接口的另一种模式。通过 Web 门户,云计算将用户的桌面应用迁移到互联网,从而使用户随时随地通过浏览器就可以访问数据和程序,提高工作效率。虽然用户通过访问接口使用便利的云计算服务,但是由于不同云计算服务商提供接口标准不同,用户数据不能在不同服务商之间迁移。为此,在 Intel、Sun 和 Cisco 等公司的倡导下,云计算互操作论坛(Cloud Computing Interoperability Forum,CCIF)宣告成立,并致力于开发统一的云计算接口(Unified Cloud Interface,UCI),以实现“全球环境下,不同企业之间可利用云计算服务无缝协同工作”的目标。

1.3.2　云计算关键技术

云计算的目标是以低成本的方式提供高可靠、高可用、规模可伸缩的个性化服务。为了达到这个目标,需要数据中心管理、虚拟化、海量数据处理、资源管理与调度、QoS 保证、安全与隐私保护等若干关键技术加以支持。下面详细介绍核心服务层与服务管理层涉及的关键技术和典型应用,并从 IaaS、PaaS、SaaS 三个方面依次对核心服务层进行分析。

1.3.2.1　IaaS

IaaS 层是云计算的基础。通过建立大规模数据中心,IaaS 层为上层云计算服务提供海量硬件资源。同时,在虚拟化技术的支持下,IaaS 层可以实现硬件资源的按需配置,并提供个性化的基础设施服务。基于以上两点,IaaS 层主要研究两个问题:其一,如何建设低成本、高效能的数据中心;其二,如何拓展虚拟化技术,实现弹性、可靠的基础设施服务。

1. 数据中心相关技术

互联网数据中心是一种拥有完善的设备(包括高速互联网接入带宽、高性能局域网络、安全可靠的机房环境等)、专业化的管理、完善的应用级服务的服务平台。从全球数据中心机架规模增长情况来看,2015—2019 年,全球数据中心规模总体平稳增长,机架由 637.4 万架增长至 750.3 万架,年均复合增长率达到 4.16%,说明全球数据中心建设速度整体呈增长趋势。根据 Gartner 公司的统计数据,随着疫情的不断蔓延,所有行业都承受着各自的压力,2020 年全球 IT 支出相比 2019 年下降 5.4%,其中数据中心系统支出约为 2 083 亿美元。随着超大型企业加快全球数据中心建设,以及常规企业机构恢复数据中心扩展计划并允许员工回到现场复工,数据中心系统支出将在 2021 年回升至 2 191 亿美元,占全球 IT 支出的比重将上升至 5.83%。

目前,大型的云计算数据中心由上万个计算节点构成,而且节点数量呈上升趋势。计算节点的大规模性对数据中心网络的容错能力和可扩展性带来挑战。然而,面对以上挑战,传统的树型结构网络拓扑存在以下缺陷:首先,可靠性低,若汇聚层或核心层的网络设备发生异常,网络性能会大幅下降。其次,可扩展性差,因为核心层网络设备的端口有限,难以支持大规模网络。再次,网络带宽有限,在汇聚层,汇聚交换机连接边缘层的网络带宽远大于其连接核心层的网络带宽(带宽比例为 80:1,甚至 240:1),所以对于连接在不同汇聚交换机的计算节点来说,它们的网络通信容易受到阻塞。为了弥补传统拓扑结构的缺陷,研究者提出了 VL2、PortLand、DCell、BCube 等新型的网络拓扑结构。这些拓扑在传统的树型结构中加入了类似于 mesh 的构造,使得节点之间连通性与容错能力更高,易于负载均衡。同时,这些新型的拓扑结构利用小型交换机便可构建,使得网络建设成本降低,节点更容易扩展。

2. 虚拟化技术

云计算模式最关键的突破就是资源使用方式的改变。通过虚拟化的方式,可以在几分钟之内,虚拟出一个独立的、随需配置的虚拟机供用户使用。虚拟化技术给资源使用和调度带来了极大的方便,系统可以根据应用的实际负载情况及时进行资源调度,从而保证既不会因为资源得不到充分利用造成系统资源的浪费,又不会因为资源缺乏而带来性能的下降。

虚拟化技术是指计算元件在虚拟的基础上(而不是真实的基础上)运行。它通过软件的方法重新定义划分信息技术(Information Technology,IT)资源,实现 IT 资源的动态分配、灵活调度和跨域共享,从而提高 IT 资源的利用率,使 IT 资源真正成为计算基础设施,满足各种应用的灵活多变的需求。

受益于虚拟化技术的发展,计算机整体资源的使用效率和用户工作的时间价值都得到了巨大的提升,同时也相应减少了交付服务所做的重复性工作。通过虚拟化技术,云计算把计算、存储、应用和服务都变成了可以动态配置和扩展的资源,从而实现在逻辑上以单一整体的服务形式呈现给用户。所以,虚拟化技术是云计算中最关键、最核心的技术原动力。

（1）服务器虚拟化

服务器虚拟化是指通过虚拟化技术将一台计算机虚拟为多台逻辑计算机。服务器的虚拟化是通过在硬件和操作系统之间引入虚拟化层，实现硬件与操作系统的解耦。虚拟化层的主要功能就是实现在一台物理服务器上同时运行多个操作系统实例。通过动态分区，虚拟化层使这些操作系统实例可以共享物理服务器资源，使每个虚拟机得到一套独立的模拟出的硬件设备，包含 CPU、内存、存储、主板、显卡、网卡等硬件资源。然后，再在其上安装自己的操作系统，称为客户（Guest）操作系统。最终用户的应用程序，运行在 Guest 操作系统中。

服务器虚拟化有两种常见的架构：寄居架构（Hosted Architecture）和裸金属架构（"Bare Metal"Architecture）。寄居架构将虚拟化层运行在操作系统之上，当作一个应用来运行。寄居架构依赖于主机操作系统对设备的支持和物理资源的管理；裸金属架构直接将虚拟化层运行在 X86 的硬件系统上，再在其上安装操作系统和应用。因为裸金属架构可以直接访问硬件资源，而不需要通过操作系统来实现对硬件访问，所以具有更高的效率。VMware Server 是寄居架构虚拟化产品的代表；而 Xen、XenServer、VMware ESXServer 和 KVM 都是基于裸金属架构的虚拟化产品。

（2）Docker 容器技术

通过解除操作系统与物理主机之间的紧耦合，虚拟机虚拟化技术使操作系统的部署更为轻松便捷，工作负载的移动性显著增强。通过虚拟化的方式，可以很快虚拟出一个小的、独立的、随需随用 CPU 内核供用户使用。但是，当用户仅仅需要使用一小部分资源去运行一个很简单的应用时，虚拟出一整台计算机来完成软件发布不但会浪费相当的系统资源，而且启动虚拟机运行也需要几分钟的时间。因此，需要一种比虚拟机更小的资源分配粒度来满足这类需求。

为了能够比虚拟机模式以更快、更少资源的方式发布软件，就需要对资源进行比虚拟机模式更高级别的抽象，使得服务可以通过更细的粒度对资源进行分配和控制。为此，Linux 内核添加了新的技术，这便是众所周知的控制组。通过这一技术来对服务运行时环境进行隔离，这种被隔离起来的运行时环境就被称为容器。

容器可以为应用程序提供一个隔离的运行空间，包括完整用户环境空间；一个容器内的变动不会影响其他容器的运行环境。所以，可以使用容器虚拟化技术将应用组件打包为一个标准、独立、轻量的环境，来部署分布式应用，从而满足上述需要比虚拟机更小粒度来控制资源的需求。

容器技术使用了一系列的系统级别的机制，包括利用 Linux namespaces 来进行空间隔离,通过文件系统的挂载点来决定容器可以访问文件的权限,通过 cgroups 来控制每个容器可以利用多少资源。此外,多个容器之间可以共享同一个操作系统的内核,这样当同一个系统库被多个容器使用时,内存的使用效率会得到很大的提升。

Docker 是一个可以简化和标准化不同环境中应用部署的容器平台,目前已经有很多的分布式容器管理相关的生态圈软件。近年来,随着 Docker 的出现,容器技术对云计算发展产生了巨大的影响。

Docker 是一种新兴的虚拟化方式,与传统的虚拟化方式有着本质的差别,更具有众多的优势。首先,Docker 容器的启动速度要比虚拟机方式快很多,可以在秒级实现;而虚拟机的启动时间一般会需要几分钟。其次,Docker 对系统资源的利用率也要比虚拟机高很多,一台主机上同时运行 Docker 容器的数量可以高达数千个;而一台主机上仅能够运行几十个虚拟机。容器运行时基本不消耗额外的系统资源,只需要运行其中的应用,所以使得系统的开销很小,应用的性能很高。如果用户需要运行 10 个不同的应用,采用传统虚拟机方式,一般来讲就需要启动 10 个虚拟机;而采用 Docker 容器,则只需要启动 10 个隔离的应用即可。

具体来说,Docker 在如下几个方面具有较大的优势:

1)简化部署。使用 Docker 技术,开发者可以使用一个标准的镜像来构建一套开发容器。开发完成之后,运维人员就可以直接把这个容器部署到运行环境而不需要重新安装。不论需要把服务部署到哪里,容器都可以通过一行命令就完成部署,从而在根本上简化了部署应用的工作。

2)快速可用。Docker 容器很轻快。容器技术是对操作系统的资源进行再次抽象,而并非对整个物理机资源进行虚拟化。通过这种方式,打包在容器内的服务可以在 1/20 秒的时间内快速启动,而启动一台虚拟机一般可能需要 1 分钟的时间。

3)更高效的虚拟化。Docker 容器是内核级的虚拟化,运行时不需要额外的 hypervisor 支持。因此,Docker 容器可以实现更高的性能和效率,可以非常接近裸机的性能。

4)微服务化。容器允许对计算资源进行比虚拟机更小粒度的细分。如果相对于服务运行所需要的资源来说,一个小型的虚拟机所提供的资源过于庞大,或者对于用户的系统而言,一次性地扩展出一台虚拟机所需要工作量很多,那么容器可以很好地解决这类问题。

5)更轻松的迁移和扩展。Docker 容器可以在各类平台上运行,包括物理机、虚拟机、公有云、私有云、个人电脑、服务器等。这种广泛的兼容性可以让用户很方便地把一个应用程序从一个平台直接迁移到另外一个平台，不用担心平台锁定问题。

6）更简单的管理。使用 Docker，可以通过微小的修改替代以往大量的更新工作。这些修改都可用增量的方式被分发和更新，从而实现代码更新自动化，大大提高管理的效率。

3. OpenStack 云计算管理平台

OpenStack 是一个云平台管理的项目，它不是一个软件。这个项目由几个主要的组件组合起来完成一些具体的工作。OpenStack 是一个旨在为公共及私有云的建设与管理提供软件的开源项目。它的社区拥有超过 130 家企业及 1 350 位开发者，这些机构与个人将 OpenStack 作为基础设施即服务资源的通用前端。OpenStack 项目的首要任务是简化云的部署过程并为其带来良好的可扩展性。

OpenStack 云计算平台，帮助服务商和企业内部实现类似于 AmazonEC2 和 S3 的云基础架构服务。OpenStack 包含两个主要模块：Nova 和 Swift。前者是 NASA 开发的虚拟服务器部署和业务计算模块；后者是 Rackspace 开发的分布式云存储模块，两者可以一起用，也可以分开单独用。OpenStack 除了有 Rackspace 和 NASA 的大力支持外，还有包括 Dell、Citrix、Cisco、Canonical 等重量级公司的贡献和支持，发展速度非常快，有取代另一个业界领先开源云平台 Eucalyptus 的态势。

OpenStack 覆盖了网络、虚拟化、操作系统、服务器等各个方面。它是一个正在开发中的云计算平台项目，根据成熟及重要程度的不同，被分解成核心项目、孵化项目，以及支持项目和相关项目。每个项目都有自己的委员会和项目技术主管，而且每个项目都不是一成不变的，孵化项目可以根据发展的成熟度和重要性转变为核心项目。截止到 Icehouse 版本，下面列出了 10 个核心项目（即 OpenStack 服务）。

（1）计算（Compute）：Nova。一套控制器，用于为单个用户或使用群组管理虚拟机实例的整个生命周期，根据用户需求来提供虚拟服务。负责虚拟机创建、开机、关机、挂起、暂停、调整、迁移、重启、销毁等操作，配置 CPU、内存等信息规格。自 Austin 版本集成到项目中。

（2）对象存储（Object Storage）：Swift。一套用于在大规模可扩展系统中通过内置冗余及高容错机制实现对象存储的系统，允许进行存储或者检索文件。可为 Glance 提供镜像存储，为 Cinder 提供卷备份服务。自 Austin 版本集成到项目中。

（3）镜像服务（Image Service）：Glance。一套虚拟机镜像查找及检索系统，支持多种虚拟机镜像格式（AKI、AMI、ARI、ISO、QCOW2、Raw、VDI、VHD、VMDK），有创建上传镜像、删除镜像、编辑镜像基本信息的功能。自 Bexar 版本集成到项目中。

（4）身份服务（Identity Service）：Keystone。为 OpenStack 其他服务提供身份验证、服务规则和服务令牌的功能，管理 Domains、Projects、Users、Groups、Roles。自 Essex 版本集成到项目中。

（5）网络地址管理（Network）：Neutron。提供云计算的网络虚拟化技术，为 OpenStack 其他服务提供网络连接服务。为用户提供接口，可以定义 Network、Subnet、Router，配置 DHCP、DNS、负载均衡、L3 服务，网络支持 GRE、VLAN。插件架构支持许多主流的网络厂家和技术，如 OpenvSwitch。自 Folsom 版本集成到项目中。

（6）块存储（Block Storage）：Cinder。为运行实例提供稳定的数据块存储服务，它的插件驱动架构有利于块设备的创建和管理，如创建卷、删除卷，在实例上挂载和卸载卷。自 Folsom 版本集成到项目中。

（7）UI 界面（Dashboard）：Horizon。OpenStack 中各种服务的 Web 管理门户，用于简化用户对服务的操作，例如：启动实例、分配 IP 地址、配置访问控制等。自 Essex 版本集成到项目中。

（8）测量（Metering）：Ceilometer。像一个漏斗一样，能把 OpenStack 内部发生的几乎所有的事件都收集起来，然后为计费和监控以及其他服务提供数据支撑。自 Havana 版本集成到项目中。

（9）部署编排（Orchestration）：Heat。提供了一种通过模板定义的协同部署方式，实现云基础设施软件运行环境（计算、存储和网络资源）的自动化部署。自 Havana 版本集成到项目中。

（10）数据库服务（Database Service）：Trove。为用户在 OpenStack 的环境提供可扩展和可靠的关系和非关系数据库引擎服务。自 Icehouse 版本集成到项目中。

1.3.2.2　PaaS

PaaS 层作为三层核心服务的中间层，既为上层应用提供简单、可靠的分布式编程框架，又需要基于底层的资源信息调度作业、管理数据，屏蔽底层系统的复杂性。随着数据密集型应用的普及和数据规模的日益庞大，PaaS 层需要具备存储与处理海量数据的能力。以下先介绍 PaaS 层的海量数据存储与处理技术，然后讨论基于这些技术的资源管理与调度策略。

1. 海量数据存储与处理技术

云计算环境中的海量数据存储既要考虑存储系统的 I/O 性能,又要保证文件系统的可靠性与可用性。Google 研究人员设计了 GFS。根据 Google 应用的特点,GFS 对其应用环境做了六点假设:①系统架设在容易失效的硬件平台上;②需要存储大量 GB 级甚至 TB 级的大文件;③文件读操作以大规模的流式读和小规模的随机读构成;④文件具有一次写多次读的特点;⑤系统需要有效处理并发的追加写操作;⑥高持续 I/O 带宽比低传输延迟重要。在 GFS 中,一个大文件被划分成若干固定大小(如 64MB)的数据块,并分布在计算节点的本地硬盘。为了保证数据可靠性,每一个数据块都保存了多个副本,所有文件和数据块副本的元数据由元数据管理节点管理。GFS 的优势在于:①由于文件的分块粒度大,GFS 可以存取 PB 级的超大文件;②通过文件的分布式存储,GFS 可并行读取文件,提供高 I/O 吞吐率;③鉴于上述假设④,GFS 可以简化数据块副本间的数据同步问题;④文件块副本策略保证了文件可靠性。

PaaS 平台不仅要实现海量数据的存储,而且要提供面向海量数据的分析处理功能。由于 PaaS 平台部署于大规模硬件资源上,因此海量数据的分析处理需要抽象处理过程,并要求其编程模型支持规模扩展,屏蔽底层细节并且简单有效。MapReduce 是 Google 提出的并行程序编程模型,运行于 GFS 之上。一个 MapReduce 作业由大量 Map 和 Reduce 任务组成,根据两类任务的特点,可以把数据处理过程划分成 Map 和 Reduce 两个阶段:在 Map 阶段,Map 任务读取输入文件块,并行分析处理,处理后的中间结果保存在 Map 任务执行节点;在 Reduce 阶段,Reduce 任务读取并合并多个 Map 任务的中间结果。MapReduce 可以简化大规模数据处理的难度:首先,MapReduce 中的数据同步发生在 Reduce 读取 Map 中间结果的阶段,这个过程由编程框架自动控制,从而简化数据同步问题;其次,由于 MapReduce 会监测任务执行状态,重新执行异常状态任务,因此程序员不需考虑任务失败问题;再次,Map 任务和 Reduce 任务都可以并发执行,通过增加计算节点数量便可加快处理速度;最后,在处理大规模数据时,Map/Reduce 任务的数目远多于计算节点的数目,有助于计算节点负载均衡。

2. 资源管理与调度技术

海量数据处理平台的大规模性给资源管理与调度带来挑战。研究有效的资源管理与调度技术可以提高 MapReduce、Dryad 等 PaaS 层海量数据处理平台的性能。

副本机制是 PaaS 层保证数据可靠性的基础,有效的副本策略不但可以降低数据丢失的风险,而且能优化作业完成时间。目前,Hadoop 采用了机架敏感的副本放置策略,该策略默认文件系统部署于传统网络拓扑的数据中心。以放置 3 个文件副本为例,由于同一机架的计算节点间网络带宽高,因此机架敏感的副本放置策略将 2 个文件副本置于同一机架,另一个置于不同机架。这样的策略既考虑了计算节点和机架失效的情况,也减少了因为数据一致性维护带来的网络传输开销。除此之外,文件副本放置还与应用有关,研究人员提出了一种灵活的数据放置策略,即 CoHadoop。用户可以根据应用需求自定义文件块的存放位置,使需要协同处理的数据分布在相同的节点上,从而在一定程度上减少了节点之间的数据传输开销。但是,目前 PaaS 层的副本调度大多局限于单数据中心,从容灾备份和负载均衡角度,需要考虑面向多数据中心的副本管理策略。现有工作针对三阶段数据布局策略展开研究,分别针对跨数据中心数据传输、数据依赖关系和全局负载均衡三个目标对数据布局方案进行求解和优化。虽然该研究对多数据中心间的数据管理起到优化作用,但是未深入讨论副本管理策略。因此,需在多数据中心环境下研究副本放置、副本选择及一致性维护和更新机制。

PaaS 层的海量数据处理以数据密集型作业为主,其执行性能受到 I/O 带宽的影响。但是,网络带宽是计算集群(计算集群既包括数据中心中物理计算节点集群,也包括虚拟机构建的集群)中急缺的资源:①云计算数据中心考虑成本因素,很少采用高带宽的网络设备;②IaaS 层部署的虚拟机集群共享有限的网络带宽;③海量数据的读写操作占用了大量带宽资源。因此,PaaS 层海量数据处理平台的任务调度需要考虑网络带宽因素。

为了使 PaaS 平台可以在任务发生异常时自动从异常状态恢复,需要研究任务容错机制。MapReduce 的容错机制在检测到异常任务时,会启动该任务的备份任务。备份任务和原任务同时进行,当其中一个任务顺利完成时,调度器立即结束另一个任务。Hadoop 的任务调度器实现了备份任务调度策略。但是现有的 Hadoop 调度器检测异常任务的算法存在较大缺陷:如果一个任务的进度落后于同类型任务进度的 20%,Hadoop 则把该任务当作异常任务,然而,当集群异构时,任务之间的执行进度差异较大,因而在异构集群中很容易产生大量的备份任务。为此,研究人员针对异构环境下异常任务的发现机制进行探索,并设计了 LATE 调度器。通过估算 Map 任务的完成时间,LATE 为估计完成时间最晚的任务产生备份。虽然 LATE 可以有效避免产生过多的备份任务,但是该方法假设 Map 任务处理速度是稳定的,所以在 Map 任务执行速度变化的情况下(如先快后慢),LATE 便不能达到理想的性能。

1.3.2.3 SaaS

SaaS 层面向的是云计算终端用户,提供基于互联网的软件应用服务。随着 Web 服务、HTML5、Ajax、Mashup 等技术的成熟与标准化,SaaS 应用近年来发展迅速。典型的 SaaS 应用包括 Google Apps、Salesforce CRM 等。Google Apps 包括 Google Docs、GMail 等一系列 SaaS 应用。Google 将传统的桌面应用程序(如文字处理软件、电子邮件服务等)迁移到互联网,并托管这些应用程序。用户通过 Web 浏览器便可随时随地访问 Google Apps,而不需要下载、安装或维护任何硬件或软件。Google Apps 为每个应用提供了编程接口,使各应用之间可以随意组合。Google Apps 的用户既可以是个人用户,也可以是服务提供商。比如企业可向 Google 申请域名为@ example. com 的邮件服务,满足企业内部收发电子邮件的需求。在此期间,企业只需对资源使用量付费,而不必考虑购置、维护邮件服务器、邮件管理系统的开销。Salesforce CRM 部署于 Force. com 的云计算平台,为企业提供客户关系管理服务,包括销售云、服务云、数据云等部分。通过租用 CRM 的服务,企业可以拥有完整的企业管理系统,用以管理内部员工、生产销售、客户业务等。利用 CRM 预定义的服务组件,企业可以根据自身业务的特点定制工作流程。基于数据隔离模型,CRM 可以隔离不同企业的数据,为每个企业分别提供一份应用程序的副本。CRM 可根据企业的业务量为企业弹性分配资源。除此之外,CRM 为移动智能终端开发了应用程序,支持各种类型的客户端设备访问该服务,实现泛在接入。

1.3.2.4 服务管理层

为了使云计算核心服务高效、安全地运行,需要服务管理技术加以支持。服务管理技术包括 QoS 保证机制、安全与隐私保护技术、资源监控技术、服务计费模型等。其中,QoS 保证机制和安全与隐私保护技术是保证云计算可靠性、可用性、安全性的基础。为此,以下着重介绍 QoS 保证机制和安全与隐私保护技术的研究现状。

云计算不仅要为用户提供满足应用功能需求的资源和服务,同时还需要提供优质的 QoS(如可用性、可靠性、可扩展、性能等),以保证应用顺利高效地执行。这是云计算得以广泛采纳的基础。首先,用户从自身应用的业务逻辑层面提出相应的 QoS 需求;然后,为了能够在使用相应服务的过程中始终满足用户的需求,云计算服务提供商需要对 QoS 水平进行匹配并且与用户协商制定服务水平协议;最后,根据 SLA 内容进行资源分配以达到 QoS 保证的目的。

IaaS 层可看作是一个资源池,其中包括可定制的计算、网络、存储等资源,并根据用户需求按需提供相应的服务能力。IaaS 层所关心的 QoS 参数主要可分为两类:一类是云计算服务提供者所提供的系统最小服务质量,如服务器可用性及网络性能等;另一类是服务提供者承诺的服务响应时间。为了能够在服务运行过程中有效保证其性能,IaaS 层用户需要针对 QoS 参数与云计算服务提供商签订相应的 SLA。根据应用类型不同可分为两类:确定性 SLA 和可能性 SLA。其中确定性 SLA 主要针对关键性核心服务,这类服务通常需要十分严格的性能保证(如银行核心业务等),因此需要 100% 确保其相应的 QoS 需求。对于可能性 SLA,其通常采用可用性百分比表示(如保证硬件每月 99.95% 的时间正常运行),这类服务通常并不需要十分严格的 QoS 保证,主要适用于中小型商业模式及企业级应用。在签订完 SLA 后,若服务提供商未按照 SLA 进行 QoS 保障时,则对服务提供商启动惩罚机制(如赔款),以补偿对用户造成的损失。

在云计算环境中,PaaS 层主要负责提供云计算应用程序(服务)的运行环境及资源管理。SaaS 提供以服务为形式的应用程序。与 IaaS 层的 QoS 保证机制相似,PaaS 层和 SaaS 层的 QoS 保证也需要经历三个阶段。PaaS 层和 SaaS 层 QoS 保证的难点在第三阶段(资源分配阶段)。由于在云计算环境中,应用服务提供商同底层硬件服务提供商之间可以是松耦合的,因此 PaaS 层和 SaaS 层在第三阶段需要综合考虑 IaaS 层的费用、IaaS 层承诺的 QoS、PaaS/SaaS 层服务对用户承诺的 QoS 等。为此,这里介绍 PaaS 层和 SaaS 层的资源分配策略。为了便于讨论,且把 PaaS 层和 SaaS 层统称为应用服务层。弹性服务是云计算的特性之一,为了保证服务的可用性,应用服务层需要根据业务负载动态申请或释放 IaaS 层的资源。现有工作基于排队论设计了负载预测模型,通过比较硬件设施工作负载、用户请求负载及 QoS 目标,调整虚拟机的数量。由于同类 IaaS 层服务可能由多个服务提供商提供,应用服务提供商需要根据 QoS 协定选择合适的 IaaS 层服务。为此,研究人员设计了基于信誉的 QoS 部署机制,该机制综合考虑 IaaS 层服务提供商的信誉、应用服务与用户的 SLA 以及 QoS 的部署开销,选择合适的 IaaS 层服务。除此之外,由于 AmazonEC2 的 SpotInstance 服务可以竞价方式提供廉价的虚拟机,因此针对应用服务层设计了竞价模型,使其在满足用户 QoS 需求的前提下降低硬件设施开销。

虽然通过 QoS 保证机制可以提高云计算的可靠性和可用性,但是目前实现高安全性的云计算环境仍面临诸多挑战。一方面,云平台上的应用程序(或服务)同底层硬件环境间是松耦合的,没有固定不变的安全边界,这大大增加了数据安全与隐私保护的难度。另一方面,云计算环境中的数据量十分巨大(通常都是 TB 级甚至 PB 级),传统安全机制在可扩展性及性能方面难以有效满足需求。随着云计算的安全问题日益突出,近年来研究者针对云计算的模型和应用,讨论了云计算安全隐患,研究了云计算环境下的数据安全与隐私保护技术。

1. IaaS 层的安全

虚拟化是云计算 IaaS 层普遍采用的技术。该技术不仅可以实现资源可定制,而且能有效隔离用户的资源。现有工作围绕分布式环境下基于虚拟机技术实现的"沙盒"模型,以隔离用户执行环境。然而虚拟化平台并不是完美的,仍然存在安全漏洞。基于 AmazonEC2 上的实验,研究人员发现 Xen 虚拟化平台存在被旁路攻击的危险,因而在云计算中心放置若干台虚拟机,当检测到有一台虚拟机和目标虚拟机放置在同一台主机上时,便可通过操纵自己放置的虚拟机对目标虚拟机进行旁路攻击,得到目标虚拟机的更多信息。

2. PaaS 层的安全

PaaS 层的海量数据存储和处理需要防止隐私泄露问题。研究人员提出了一种基于 MapReduce 平台的隐私保护系统 Airavat,集成强访问控制和区分隐私,为处理关键数据提供安全和隐私保护。在加密数据的文本搜索方面,传统的方法需要对关键词进行完全匹配,但是云计算数据量非常大,在用户频繁访问的情况下,精确匹配返回的结果会非常少,使得系统的可用性大幅降低。现有工作针对基于模糊关键词的搜索方法展开研究,在精确匹配失败后,还将采取与关键词近似语义的关键词集的匹配,从而达到在隐私保护的前提下为用户检索更多匹配文件的效果。

3. SaaS 层的安全

SaaS 层提供了基于互联网的应用程序服务,并会保存敏感数据(如企业商业信息)。因为云服务器由许多用户共享,且云服务器和用户不在同一个信任域里,所以需要对敏感数据建立访问控制机制。由于传统的加密控制方式需要花费很大的计算开销,而且密钥发布和细粒度的访问控制都不适合大规模的数据管理,现有工作研究了基于文件属性的访问控制策略,在不泄露数据内容的前提下,将与访问控制相关的复杂计算工作交给不可信的云服务器完成,从而达到访问控制的目的。从以上研究可以看出,云计算面临的核心安全问题是用户不再对数据和环境拥有完全的控制权。为了解决该问题,云计算的部署模式被分为公有云、私有云和混合云。公有云是以按需付费方式向公众提供的云计算服务(如 AmazonEC2、SalesforceCRM 等)。虽然公有云提供了便利的服务方式,但是由于用户数据保存在服务提供商,存在用户隐私泄露、数据安全得不到保证等问题。私有云是一个企业或组织内部构建的云计算系统。部署私有云需要企业新建私有的数据中心或改造原有数据中心。由于服务提供商和用户同属于一个信任域,所以数据隐私可以得到保护。受其数据中心规模的限制,私有云在服务弹性方面与公有云相比较差。混合云结合了公有云和私有云的特点:用户的关键数据存放在私有云,以保护数据隐私;当私有云工作负载过重时,可临时购买公有云资源,以保证服务质量。部署混合云需要公有云和私有云具有统一的接口标准,以保证服务无缝迁移。

此外,工业界对云计算的安全问题非常重视,并为云计算服务和平台开发了若干安全机制。其中,Sun 公司发布开源的云计算安全工具可为 AmazonEC2 提供安全保护;微软公司发布基于云计算平台 Azure 的安全方案,可解决虚拟化及底层硬件环境中的安全性问题。另外,Yahoo 为 Hadoop 集成了 Kerberos 验证,Kerberos 验证有助于数据隔离,使对敏感数据的访问与操作更为安全。

1.3.3　云计算的机遇与挑战

云计算的研究领域广泛,并且与实际生产应用紧密结合。纵观已有的研究成果,还可从以下两个角度对云计算做深入研究:其一,拓展云计算的外延,将云计算与相关应用领域相结合。以下以移动互联网和科学计算为例,分析新的云计算应用模式及尚需解决的问题。其二,挖掘云计算的内涵,讨论云计算模型的局限性。以下以端到云的海量数据传输和大规模程序调试诊断为例,阐释云计算面临的挑战。

1.3.3.1　云计算和移动互联网的结合

云计算和移动互联网联系紧密,移动互联网的发展丰富了云计算的外延。由于移动设备在硬件配置和接入方式上具有特殊性,所以有许多问题值得研究。首先,移动设备的资源是有限的。访问基于 Web 门户的云计算服务往往需要在浏览器端解释执行脚本程序(如 JavaScript、Ajax 等),因此会消耗移动设备的计算资源和能源。虽然为移动设备定制客户端可以减少移动设备的资源消耗,但是移动设备运行平台种类多、更新快,导致定制客户端的成本相对较高。因此,需要为云计算设计交互性强、计算量小、普适性强的访问接口。其次是网络接入问题。对于许多 SaaS 层服务来说,用户对响应时间敏感。但是,移动网络的时延比固定网络高,而且容易丢失连接,导致 SaaS 层服务可用性降低。因此,需要针对移动终端的网络特性对 SaaS 层服务进行优化。

1.3.3.2　云计算与科学计算的结合

科学计算领域希望以经济的方式求解科学问题,云计算可以为科学计算提供低成本的计算能力和存储能力。但是,在云计算平台上进行科学计算面临着效率低的问题。虽然一些服务提供商推出了面向科学计算的 IaaS 层服务,但是其性能和传统的高性能计算机相比仍有差距。研究面向科学计算的云计算平台,首先要从 IaaS 层入手。IaaS 层的 I/O 性能成为影响执行时间的重要因素:①网络时延问题,MPI 并行程序对网络时延比较敏感,传统高性能计算集群采用 InfiniBand 网络降低传输时延,但是目前虚拟机对 InfiniBand 的支持不够,不能满足低时延需求;②I/O 带宽问题,虚拟机之间需要竞争磁盘和网络 I/O 带宽,对于数据密集型科学计算应用,I/O 带宽的减少会延长执行时间。其次要在 PaaS 层研究面向科学计算的编程模型。虽然 Moretti 等提出了面向数据密集型科学计算的 All-Pairs 编程模型,但是该模型的原型系统只运行于小规模集群,并不能保证其可扩展性。最后,对于复杂的科学工作流,要研究如何根据执行状态与任务需求动态申请和释放云计算资源,优化执行成本。

1.3.3.3　端到云的海量数据传输

云计算将海量数据在数据中心进行集中存放,对数据密集型计算应用提供强有力的支持。目前许多数据密集型计算应用需要在端到云之间进行大数据量的传输,如 AMS-02 实验每年将产生约 170TB 的数据量,需要将这些数据传输到云数据中心存储和处理,并将处理后的数据分发到各地研究中心进行下一步的分析。若每年完成 170TB 的数据传输,至少需要 40Mbit/s 的网络带宽,但是这样高的带宽需求很难在当前的互联网中得到满足。另外,按照 Amazon 云存储服务的定价,若每年传输上述数据量,则需花费数万美元,其中并不包括支付给互联网服务提供商的费用。由此可见,端到云的海量数据传输将耗费大量的时间和经济开销。由于网络性价比的增长速度远远落后于云计算技术的发展速度,目前传输主要通过邮寄方式将存储数据的磁盘直接放入云数据中心,这种方法仍然需要相当的经济开销,并且运输过程容易导致磁盘损坏。为了支持更加高效快捷的端到云的海量数据传输,需要从基础设施层入手研究下一代网络体系结构,改变网络的组织方式和运行模式,提高网络吞吐量。

1.3.3.4 大规模应用的部署与调试

云计算采用虚拟化技术在物理设备和具体应用之间加入了一层抽象,这要求原有基于底层物理系统的应用必须根据虚拟化做相应的调整再部署到云计算环境中,从而降低了系统的透明性和应用对底层系统的可控性。另外,云计算利用虚拟技术能够根据应用需求的变化弹性地调整系统规模,降低运行成本。因此,对于分布式应用,开发者必须考虑如何根据负载情况动态分配和回收资源。但该过程很容易产生错误,如资源泄露、死锁等。上述情况给大规模应用在云计算环境中的部署带来了巨大挑战。为解决这一问题,需要研究适应云计算环境的调试与诊断开发工具以及新的应用开发模型。

第二章　相关基础理论和方法

大数据计算安全是大数据安全和数据挖掘隐私保护研究领域的重要研究方向。本章介绍了大数据计算安全研究领域所涉及的一些基本理论和方法,主要包括经典数据计算安全方法、同态加密算法、云端大数据计算安全方法和大数据计算完整性验证方法。

2.1　经典数据计算安全方法

2.1.1　集中式数据计算安全方法

2.1.1.1　数据随机扰动

在本节中,我们对现有的基于数据随机扰动的数据挖掘隐私保护技术进行总结和说明,其主要分为加性随机扰动和乘性随机扰动。

1. 加性随机扰动

在数据挖掘隐私保护技术中,加性随机扰动通过在原始数据中添加随机噪声以实现对真实数据值的隐藏,从而保护数据隐私[26-27]。在进行数据加扰之后,数据挖掘任务的执行者一般无法获得单个数据点的原始数值,并主要使用加扰数据集合对原始数据集合的数据分布进行推导,并利用所得到的数据分布结果进行相关的数据挖掘工作。显然,上述方法的运算原理较为简单,并且在执行时不需要任何数据集中其他数据点分布的相关信息。然而,为了保证加扰数据的安全性,数据加扰方一般需要使用较大的随机噪声值,从而降低了挖掘过程中数据的实用性。

通过使用加性随机扰动,研究人员提出了一系列针对数据分类隐私保护问题的解决方案[27-30]。针对关联规则挖掘隐私保护问题,由于事务数据点中的项目元素具有明显的离散性,现有研究工作按照一定的概率在原始事务数据点中

77

随机加入或去除项目元素,从而实现针对加扰事务数据的聚合关联规则挖掘[31-32]。因此,加性随机扰动在数据在线分析处理(On-Line Analytical Processing, OLAP)[33]和数据协同过滤(Collaborative Filtering)[34]等技术的隐私保护方案中具有广泛的应用。

2. 乘性随机扰动

在数据挖掘隐私保护技术中,乘性随机扰动通常使用多维数据投影[35]的方法对原始数据进行降维处理,并保证数据点之间的距离关系近似不变,从而在加扰之后的数据上执行挖掘工作。通过使用乘性随机扰动,Oliveira 等[35]针对数据聚类隐私保护问题提出了有效的解决方案,Chen 等[36]针对数据分类隐私保护问题进行了相关研究。此外,通过使用距离保持的傅里叶变换的方法,Mukherjee 等[37]提出了针对 k 均值(k-means)聚类和 k 近邻(k-nearest neighbor)分类的隐私保护方案。

虽然使用乘性随机扰动进行数据挖掘隐私保护具有较高的运算效率,其方案的安全性却存在一定的问题。具体而言,如果攻击者对给定数据没有相关的先验知识,则其较难获取使用乘性随机扰动后的数据隐私。然而,如果攻击者具有一定的先验知识,则其可以使用以下两种攻击方法[38]对原始数据进行求解:

(1)已知输入输出攻击:假设攻击者已知一组线性独立的原始数据点及其相应的乘性加扰数据点,则攻击者可以使用线性代数中的方法对乘性随机扰动所使用的随机变换进行反向推导,从而对其他原始数据点进行求解。

(2)已知样本攻击:假设攻击者已知一组独立的数据点样本,且其具有与原始数据相同的数据分布,则攻击者可以使用主成分分析(Principal Component Analysis, PCA)的方法对原始数据进行近似重构。

2.1.1.2 数据匿名技术

在数据挖掘隐私保护问题中,数据匿名技术通过将单个数据点进行匿名化处理以保护数据隐私。近年来,学术界对该类技术进行了广泛和深入的研究,并取得了一系列研究成果,其中具有代表性的方案有 k-anonymity 方法、l-diversity 方法和 t-closeness 方法。

1. k-anonymity 方法

在 k-anonymity 方法[39]中,研究人员通过使用泛化或抑制技术降低伪标识符中元素的表示粒度,从而实现数据匿名化的目的。在泛化技术中,伪标识符中的元素值被调整为一个数值区间,从而降低了其表示粒度。例如,某人的生日可以被泛化为其出生的年份,从而降低被识别出来的风险。在抑制技术中,伪标识符中的某些元素值被完全移除,从而实现了表示粒度的下降。显然,使用上述匿名技术可以降低从数据中进行目标识别的风险,却同时影响了数据挖掘任务的准确性。这里,为了降低识别风险,k-anonymity 方法要求数据集中的每个数据点与其他至少 k 个数据点不可区分。

　　为了对数据进行匿名处理,Samarati 提出了第一个 k-anonymity 方法[39],其通过使用准标识符的域泛化层次结构对匿名数据表进行构建。在该研究工作中,作者提出了 k-minimal 泛化的概念,其目的是为了对数据泛化的强度进行约束,从而在所要求的匿名水平下尽可能地保持数据的准确性。在此之后,Meyerson 等[40]指出对 k 匿名问题求最优解为 NP 难问题。为了更好地解决 k 匿名问题,后续工作针对 k-anonymity 方法展开了广泛和深入的研究,并提出了一系列高效的解决方案[41-48]。为了保证 k-anonymity 方案的有效性,研究人员提出了一些近似算法[49-51],其开销在最优方案开销的一定倍数范围内。此外,Yao 等[52]针对基于多视角的 k-anonymity 问题进行了研究,其结果表明,如果不同视角之间存在函数依赖关系,则可以得到针对该问题的多项式时间算法。为了对 k-anonymity 方法的安全性进行分析,Lakshmanan 等[53]在其研究工作中假设攻击者具有一些关于数据的先验知识,并对 k 匿名表示方法的有效性进行建模。

2. l-diversity 方法

　　在数据匿名化技术中,k-anonymity 方法以其定义的简明性和算法的多样性而广受研究人员的关注。然而,该方法在攻击者具有相应背景知识的情况下具有一定的脆弱性,从而无法较好地抵抗如下攻击方法:

　　(1)同质攻击:假设数据集中的 k 个数据点的某个敏感属性具有相同的数值,则即使使用 k-anonymity 方法对数据集进行匿名化处理,攻击者仍能对给定的 k 个数据点的敏感属性数值进行准确的预测。

　　(2)背景知识攻击:在该攻击方法[54]中,攻击者通过利用一个或多个准标识符与敏感属性之间的关联关系对该敏感属性的取值范围进行压缩,从而推测得到更加准确的敏感数值结果。例如在文献[55]中,作者使用心脏病的低发病率作为背景知识对病人所患疾病的敏感信息进行推测。

　　显然,虽然 k-anonymity 方法通过数据匿名化增加了数据点识别的难度,但其无法有效抵抗攻击者对数据点中敏感属性数值的推测。针对上述问题,Machanavajjhala 等[55]提出了 l-diversity 方法,从而在进行数据匿名化的同时保证数据点中敏感属性的多样性,其隐私模型的定义为:对于给定的等价类,如果其敏感属性至少具有 l 个不同的数值结果,则该等价类具有 l-diversity 性质;对于给定的数据表,如果其所包含的等价类均具有 l-diversity 性质,则该表具有 l-diversity 性质。在文献[55]中,作者提出了多种 l-diversity 定义的实例化方法和 l-diversity 数据表构建技术,并指出当数据点中同时存在多个敏感属性时,数据维数的增加给 l-diversity 问题的求解带来了较大的困难[56]。此外,Xiao 等[57]在其文章中提出了另一种构建 l-diversity 数据表的有效方法。

3. t-closeness 方法

为了更好地实现数据隐私保护,Li 等[58]在其研究工作中提出了 t-closeness 方法,从而在 l-diversity 方法的基础上增加了方案的安全性。在 l-diversity 模型中[55],作者在给定属性的数值取值时没有考虑真实的数据分布情况,而采用了相似的取值方法。然而,对于真实数据库,其数据点属性的数值一般具有较大的偏差,从而进一步增加了构建有效的 l-diversity 数据表的难度。通常,攻击者可以利用数据全局分布的背景知识对数据中的敏感属性数值进行有效的推测。此外,数据点敏感属性的数值所包含的隐私信息并不完全相同,例如,某种疾病的给定属性的数值在其为正数时较为敏感,而当其为负数时包含较少的隐私信息。针对上述问题,Li 等[58]提出了 t-closeness 方法,其要求匿名化数据中敏感属性的数值分布与数据全局分布之间的距离差异值小于等于给定阈值 t。该方法使用 EMD(Earth Mover Distance)距离作为两个数据分布之间距离的衡量标准,并在使用数值型数据的数据挖掘隐私保护问题中具有较好的有效性。

虽然现有的集中式数据挖掘隐私保护技术实现了对用户数据隐私的有效保护,但由于其仅对原始数据进行了简单的随机转换或匿名化处理,而无法保证密文数据语义安全的要求,从而具有较低的安全性。此外,这些方法在保护数据隐私的同时影响了数据挖掘结果的准确性,导致其在安全性和准确性上存在一定的折中,从而无法适用于数据挖掘安全外包对结果高准确性的要求。

2.1.2 分布式数据计算安全方法

在分布式数据挖掘隐私保护问题中,多个相互不完全信任的用户希望在不泄露自身数据隐私的前提下实现基于其聚合数据库的数据挖掘任务,从而获取更好的挖掘结果。通常,多用户拥有水平分割或垂直分割的多个数据库,而每个用户仅使用自己的数据库时无法利用聚合数据库的全部信息以得到较好的数据挖掘结果。在水平分割数据库中,每个用户拥有部分包含全维度元素的数据点;在垂直分割数据库中,每个用户拥有全部数据点的部分维度元素。针对上述两种数据库分割的场景,许多学者对分布式数据挖掘隐私保护问题进行了深入的研究。

通常,研究人员使用安全多方计算(Secure Multiparty Computation)技术进行分布式数据挖掘隐私保护方案的设计[59]。在安全多方计算技术中,多个用户在不共享其私有输入数据的情况下通过基于密码学的安全协议进行相关函数输出的计算。例如,在只有两个参与方 P_1 和 P_2 的应用场景中,假设其分别拥有数据 x 和 y,并希望在不泄露 x 和 y 的情况下计算函数 $f(x,y)$ 的结果。上述场景可以扩展为存在 k 个参与方的情况,其中各用户希望在不泄露自身数据的前提下计算包含 k 个参数的函数 $h(x_1,\cdots,x_k)$ 的输出结果。在数据挖掘隐私保护方案中,许多计算操作可以视为上述基本运算单元的多次重复或组合,例如安全求和运算和安全内积运算等。为了在不泄露数据隐私的情况下安全计算函数 $f(x,y)$ 或 $h(x_1,\cdots,x_k)$,研究人员通常使用密码学中的工具设计交互式的安全协议,而协议的复杂度与参与方之间的信任关系具有紧密的关联性。

在进行安全多方计算协议设计时,一种常用的方法是 2 取 1 不经意传输协议[60-61],其包括了两个参与方:发送者和接收者。在该类协议中,发送者的输入为一对数据元素 (x_0,x_1),而接收者的输入为一个比特值 $\sigma \in [0,1]$。在协议执行结束之后,接收者仅能得到 x_σ,而发送者则无法获取任何信息。针对上述要求,Even 等[60] 提出了一种解决方案,其中接收者负责生成两个随机公钥 K_0 和 K_1,并要求接收者只知道公钥 K_σ 所对应的解密私钥。在该方案中,接收者将所生成的公钥发送给发送者,然后由其分别使用 K_0 和 K_1 对数据元素 x_0 和 x_1 进行加密,并将密文返回给接收者。在接收密文之后,接收者只能使用公钥 K_σ 所对应的私钥解密得到明文元素 x_σ。显然,上述协议使用的是半诚信安全模型,其假设协议的参与方之间存在一定的信任关系,从而保证协议的安全性。为了在恶意安全模型下进行协议设计,Naor 等[62] 提出了一种有效的设计方法,并将 2 取 1 不经意传输协议扩展为 N 取 1 和 N 取 k 不经意传输协议。

通常,在安全多方计算方案设计时需要多次使用不经意传输协议作为其方案构建块,因此不经意传输协议的运行效率对整体方案的计算开销具有重要的影响。在文献[62]中,作者分别在半诚信和恶意安全模型下设计了高效的不经意传输协议。此外,研究人员在存在多参与方和输入数据的场景下研究了概率函数计算等问题[63-64],从而为解决更加复杂的数据挖掘隐私保护问题打下了基础。现有研究工作中,不经意传输协议在进行数据挖掘过程中的多维数据向量距离计算时同样发挥了重要的作用。其中,分布式环境下安全向量内积计算作为许多数据挖掘隐私保护方案的核心内容而被广泛研究[65-66]。在文献[66]

中,针对分布式数据挖掘隐私保护问题,其作者提出了一系列基于安全多方计算方法的安全协议,包括安全加法协议、安全并集协议和安全向量内积协议等,其适用于多种使用水平或垂直分割数据库的安全分布式数据挖掘方案。以下分别对基于水平和垂直分割数据库的分布式数据挖掘隐私保护方案进行总结和说明。

1. 基于水平分割数据库的隐私保护方案

在数据库水平分割的应用场景中,每个用户拥有部分包含全维度元素的数据点,并且希望在不泄露自身数据隐私的情况下使用聚合数据库进行数据挖掘任务。针对上述问题,Clifton 等[66] 提出了一系列针对不同计算任务的安全协议,其适用于多种分布式数据挖掘任务的应用场景。为了解决分布式环境下的数据分类隐私保护问题,Lindell 等[67] 首先提出了针对 ID3 决策树分类方法的解决方案,后续研究工作分别针对朴素贝叶斯分类[68-69]、支持向量机分类[70]、最近邻搜索[71]和 k 近邻分类[72]等问题展开了深入的研究。针对其他数据库水平分割时的数据挖掘任务,Kantarcioglu 等[73] 和 Tassa[74]分别在其工作中对关联规则挖掘隐私保护问题进行了研究,另一些研究人员则对数据聚类[75-77]、数据协同过滤[78]和数据协同统计分析[79]中的隐私保护问题进行了广泛的研究。

2. 基于垂直分割数据库的隐私保护方案

在数据库垂直分割的应用场景中,每个用户拥有全部数据点的部分维度元素,并且希望在不泄露自身数据隐私的情况下使用聚合数据库进行数据挖掘任务。针对上述问题,Ioannidis 等[65] 在其所设计的安全协议中通过计算向量内积以实现对频繁项集的计数任务。此外,该安全计数任务还可以通过使用 Clifton 等[66] 所提出的安全交集大小计算协议来执行完成。类似地,Vaidya 等[80]在事务数据库垂直分割的情况下使用安全内积协议设计了关联规则挖掘隐私保护方案。在后续的研究工作中,针对数据库垂直分割的情况,研究人员分别对决策树分类[81]、支持向量机分类[70]、朴素贝叶斯分类[69,82]和 k 均值聚类[83]等分布式数据挖掘隐私保护问题进行了广泛的研究。

虽然现有的分布式数据挖掘隐私保护技术实现了对用户数据隐私的有效保护,但由于其在协议设计时通常需要使用安全多方计算的方法,因而要求每个参与用户均持有部分明文数据并执行交互式计算过程,从而给用户带来较大的计算和通信开销,且无法适用于基于密文数据的数据挖掘安全外包的应用场景。

2.2 同态加密算法

同态加密的概念是 1978 年 Rivest 等在题为"On Databanks and Privacy Homomorphic"的论文中首次提出的,其允许用户直接对密文进行特定的代数运算,得到数据仍是加密的结果,与对明文进行同样的操作再将结果加密一样。

公钥密码体制于 1976 年由 Diffie 等[84]提出,利用不同密钥将加解密分开实施,为同态加密研究奠定了基础,随后众多优秀的同态加密方案不断涌现。1978 年,Rivest 等利用数论构造出著名的公钥密码算法 RSA,该算法安全性取决于大整数分解的困难性,具有乘法同态性,但不具备加法同态性。针对此缺陷,Rivest 等又提出一种同时满足加法同态和乘法同态的 Rivest 方案,其安全性也是取决于大整数的难分解性,实验结果表明,该方案存在严重的安全问题。后有学者提出效果更佳的 MRS 算法。第一个基于离散对数困难的公钥加密体制 ElGamal 于 1984 年提出,该体制具有乘法同态性质[85];一种满足加法同态的加密方案 GM 算法被 Goldwasse 和 Micali 提出,其安全性是基于二次剩余难题;一种改进的概率同态加密体制于 1994 年被 Benaloh[86]提出,目前该方案已应用于实际中。1998 年,Okamoto、Naccache 等分别提出基于加法同态的 OU 和 NS 体制[87-88],两种体制均能实现多次加法同态运算。第一个基于判定合数剩余类问题的加法同态加密密码体制于 1999 年被提出[89],该体制同样支持多次加法同态运算。2005 年,第一种同时支持任意多次加法同态和一次乘法同态的 BGN 体制由 Boneh 等[90]提出,该方案是距离全同态加密方案最近的一项工作。同年,国内学者在同态密码学研究上也发表了部分成果,我国学者向广利等[91]提出了实数范围上的同态加密机制,但并没有得到实际应用。国内学者在探索过程中,也将同态加密技术应用于云计算、多方计算、匿名访问、电子商务等领域,并取得了广泛的成就。2008 年,肖倩等[92]提出安全两方的排序方案并将该方案直接扩展到多方排序中;2009 年,邱梅等[93]又利用 RSA 密码体制的乘法同态特性,提出了安全多方数据排序方案;2011 年,张鹏等[94]构造了一个可证签名方案,该方案具有可验证性和匿名性等特点,消除了电子计票方案中匿名性与可验证性之间的矛盾;2012 年,李美云等[95]在加同态和乘同态的基础上,设计了一种解决云安全存储与信息管理方案,该方案能有效地实现对密文的直接检索、存储,保证了云端用户隐私的安全;2013 年,彭长根等[96]在基于大整数分解、离散对数和双线性对等数学问题基础上提出了一个基于同态加密体制的通用可传递签名方案,该方案具有支持密文运算的特性,实现了可传递签名及验证的一般模型;2014 年,杨玉龙等[97]提出了一种防止 SQL 注入攻击的同态加密方案,实现了在重要信息保密的情况下获得需求信息。

在同态加密概念提出的三十多年时间里,各种加密方案不断被提出,但这些方案大多是基于半同态加密,几种少数的全同态加密方案由于安全性问题而未能得到实际应用。在半同态加密方案逐渐成熟后,许多学者开始着手全同态加密方案的研究。

2.2.1　Paillier 加密算法

Paillier 加密算法[89]是一种常用的语义安全的公钥密码算法,其安全性基于高次剩余类的困难问题,具有加法同态和数乘同态的性质。其密钥生成和加解密算法如下所示:

(1)密钥生成算法:$KeyGen(p,q,g) \rightarrow \{pk,sk\}$

首先随机选择两个大的素数 p 和 q,并计算 $N = pq$ 和 $\lambda = lcm(p-1,q-1)$;然后随机选择一个整数 $g \in \mathbb{Z}_{N^2}^*$,其满足 $gcd(L(g^\lambda \bmod N^2),N) = 1$,其中函数 $L(x) = (x-1)/N$;则 Paillier 公钥 $pk = (N,g)$,私钥 $sk = \lambda$。

(2)加密算法:$E_{pk}(m) \rightarrow \{c\}$

首先随机选择一个整数 $r \in \mathbb{Z}_N^*$,则对于明文 $m \in \mathbb{Z}_N$,使用 Paillier 公钥 $pk = (N,g)$ 可以计算得到密文 $c = g^m \cdot r^N \bmod N^2$。

(3)解密算法:$D_{sk}(c) \rightarrow \{m\}$

对于密文 $c \in \mathbb{Z}_{N^2}^*$,使用 Paillier 私钥 $sk = \lambda$ 可以解密得到明文 m,如下所示:

$$m = \frac{L(c^\lambda \bmod N^2)}{L(g^\lambda \bmod N^2)} \bmod N \tag{2.1}$$

对于给定明文 $m_1,m_2 \in \mathbb{Z}_N$,Paillier 密码算法具有如下同态性质:

1)加法同态:$D_{sk}(E_{pk}(m_1 + m_2)) = D_{sk}(E_{pk}(m_1) * E_{pk}(m_2) \bmod N^2)$

2)数乘同态:$D_{sk}(E_{pk}(m_1 * m_2)) = D_{sk}(E_{pk}(m_1)^{m_2} \bmod N^2)$

2.2.2　ElGamal 加密算法和代理重加密协议

通常,在代理重加密(Proxy Re-Encryption,PRE)协议[98]中,代理方使用重加密密钥 $rk_{i \rightarrow j}$ 对使用公钥 pk_i 加密的密文进行重加密,并得到基于公钥 pk_j 的密文,而不改变相应的明文值。在重加密过程中,代理方无法获取关于明文的任何信息。本章使用 Liu 等[99]提出的代理重加密协议进行密文标签的重加密,其协议基于语义安全的公钥加密算法 ElGamal[85],主要包括以下几个算法:

（1）密钥生成算法：$KeyGen(\mathbb{G},p,g) \rightarrow \{pk_i,sk_i\}$

在生成 ElGamal 加密算法的密钥时，首先需要使用素数阶阶数为 p、生成元为 g 的乘法循环群 $\mathbb{G}$，并保证基于群 $\mathbb{G}$ 的离散对数问题是困难的。接下来，随机挑选 ElGamal 私钥 $sk_i \in Z_p^*$，然后计算 $h=g^{sk_i}$ 并设置 ElGamal 公钥 $pk_i=(\mathbb{G},p,g,h)$。

（2）加密算法：$Enc(pk_i,m) \rightarrow \{m_i'\}$

在使用 ElGamal 公钥 pk_i 对明文 $m \in \mathbb{G}$ 进行加密时，首先选择随机参数 $r \in Z_p^*$，然后计算密文 $m_i'=Enc(pk_i,m)=(g^r,m \cdot h^r)$。

（3）重加密密钥生成算法：$ReEncKeyGen(sk_i,sk_j) \rightarrow \{rk_{i \rightarrow j}\}$

在给定 ElGamal 密码算法的两个私钥 sk_i 和 sk_j 后，计算重加密密钥为 $rk_{i \rightarrow j}=sk_i-sk_j$。

（4）重加密算法：$ReEnc(rk_{i \rightarrow j},m_i') \rightarrow \{m_j'\}$

在重加密算法中，使用原始密文 m_i'（对应私钥 sk_i）和重加密密钥 $rk_{i \rightarrow j}$ 作为输入，计算并输出重加密密文 $m_j'=(g^r,m \cdot h^r/g^{r \cdot rk_{i \rightarrow j}})=(g^r,m \cdot g^{sk_i \cdot r}/g^{r \cdot (sk_i-sk_j)})=(g^r,m \cdot g^{sk_j \cdot r})=Enc(pk_j,m)$（对应私钥 sk_j）。

（5）解密算法：$Dec(sk_j,m_j') \rightarrow \{m\}$

在解密算法中，使用重加密密文 $m_j'=Enc(pk_j,m)=(g^r,m \cdot g^{sk_j \cdot r})$ 和 ElGamal 私钥 sk_j 作为输入，计算并输出明文 $m=m \cdot g^{sk_j \cdot r}/(g^r)^{sk_j}$。

2.2.3　双解密同态加密算法

假设每个用户都拥有自己的一套加密解密密钥，具有双解密性质的公钥加密机制（Public Key Cryptosystem with Double Decryption mechanism，PKC-DD）是一种特殊的公钥加密机制，它允许持有主密钥（master key）的权威机构解密任何用户加密的密文。在本章中，我们使用 Youn 等[100] 提出的 PKC-DD 机制作为底层的加密算法。该算法比最早提出的双解密算法[101] 更高效，这是因为 Youn 等[100] 的算法在密文空间的模更小，特别降低了模幂运算的开销。其 PKC-DD 机制的具体步骤如下：

（1）密钥生成：$KeyGen(\kappa) \rightarrow N,g,msk,pk,sk$

给定安全参数 κ，权威机构（密钥管理中心）选择两个大素数 p,q（$|p|=|q|=\kappa$），并计算 $N=p^2 q$。接着，权威机构在 Z_N^* 中选择一个随机数 g，使得 $g_p=g^{p-1} \bmod p^2$ 的阶是 p。仅该机构知道该密码系统的主密钥为 $msk=(p,q)$，公开的参数为 N 和 g。数据所有者从集合 $\{1,\cdots,2^{\kappa-1}-1\}$ 中随机选取一个值作为自

已的私钥 sk，其公钥为 $pk = g^{sk} \bmod N$。

（2）加密：$Enc(pk, m) \rightarrow C$

加密算法将明文消息 $m \in \mathbb{Z}_N$ 作为输入，输出密文 $C = (A, B)$，其中 $A = g^r \bmod N, B = pk^r \cdot m \bmod N, r$ 是 $\kappa - 1$ 比特大小的随机数。

（3）普通密钥解密：$uDec(sk, C) \rightarrow m$

普通密钥解密算法将密文 C 和普通密钥 sk 作为输入，通过运算 $m \leftarrow B/A^{sk} \bmod N$，输出解密的明文 m。

（4）主密钥解密：$mDec(msk, pk, C) \rightarrow m$

主密钥解密算法以 ms、pk、C 作为输入，通过分解 N 进行解密。首先，权威机构通过计算 $sk \leftarrow L(pk^{p-1})/L(g_p)$ 获得 C 的普通私钥，其中，函数 L 定义为 $L(x) = \dfrac{x-1}{p}$；接着，与普通解密类似，通过 $m \leftarrow B/A^{sk} \bmod N$ 运算输出最终明文 m。

定义 2.1（p-DH 问题） 假设 $\mathscr{P}(k)$ 表示长度为 κ 的素数集合，在 $\mathscr{P}(k)$ 中选择两个素数 p 和 q，计算 $N = p^2 q$，记 $\mathbb{G}_p = \{x \in \mathbb{Z}_N \mid x^{p-1} \bmod p^2$ 的阶是 $p\}$。给定集合 $\mathbb{G}_p$ 和元素 $g \in \mathbb{G}_p$，已知 $g^a \bmod N$、$g^b \bmod N$，其中 $a, b \in_R \mathbb{Z}_p^*$，求 $g^{ab} \bmod N$。

基于解 p-DH 问题的困难性，PKC-DD[100] 是 CPA 安全的。在此基础上，PKC-DD 采用一般性 IND-CCA2 的公钥密码构造方法[102] 进行变换就可达到 IND-CCA2 安全。但是，Galindo 等[103] 提出了一种针对 PKC-DD[100] 的攻击，通过产生不合法的公钥并请求主密钥解密的方法，使得攻击者能够对 N 进行因式分解。为解决这个问题，在主密钥解密时先对恢复出的密钥的合法性进行检查[103]，如果 $sk \geqslant 2^{\kappa-1}$，那么权威机构返回；否则返回解密后的消息。

2.2.4 全同态加密技术

同态加密（Homomorphic Encryption, HE）的概念最早由 Rivest 等[104] 提出，通过利用加密函数的同态性质实现在密文上的运算。假设 m_1、m_2 为明文，$Enc(\cdot)$ 为加密函数，$Dec(\cdot)$ 为解密函数，具有同态性质的加密算法满足 $Dec(Enc(m_1) \otimes Enc(m_2)) = m_1 \odot m_2$，其中，"$\otimes$" 和 "$\odot$" 分别代表了密文空间和明文空间上的运算。当 "$\odot$" 代表乘法时，该加密算法具有乘法同态性质[85, 105]；当 "$\odot$" 代表加法时，该加密算法具有加法同态性质[106-107]。全同态加密（Fully Homomorphic Encryption, FHE）是指可以在密文上执行任意多次的同态加法和同态乘法运算的加密机制。Boneh 等[108] 提出了支持一次乘法同态运算和任意次加法同态运算的方案,但由于不满足任意次的乘法运算,不是真正的 FHE 方案。直到 2009 年,Gentry[109]提出了基于理想格的全同态构造方案,这是第一个真正意义上的 FHE,其核心思想是先构造一个近似同态加密(Somewhat Homomorphic Encryption,SHE)方案,SHE 能够进行较低次数的部分同态运算,再利用 Squash 技术降低误差尺寸,实现自举(Bootstrapping)过程,最终实现全同态加密。Gentry[109]的方案在满足安全强度的前提下效率较低,远未达到实用的程度,但该方案为 FHE 后续的快速发展奠定了基础。

现有的研究方案主要是在 FHE 的构造方法和性能上进行优化,根据 FHE 构造方式的演变可大致分为三个阶段:第一阶段主要在 Gentry 的构造框架[109]上设计不同的 FHE 实现方案,都是先构造一个 SHE 方案,然后通过 Squash 技术实现 Bootstrapping 过程,最终把 SHE 转化为 FHE。最初的 FHE 方案是基于理格上 的 稀 疏 子 集 求 和 问 题(Sparse Subset Sum Problem,SSSP)设 计 和 优 化的[110-113]。文献[114]提出在整数环上构造 FHE,该方案更容易理解,其安全性依赖于整数近似最大公约数问题(Approximate Greatest Common Divisor,AGCD)。文献[115-117]针对这个方案提出了多种优化方法。第二阶段,文献[118]提出了重线性化技术实现高维密文的降维降模,通过带误差学习(Learning With Errors,LWE)、RLWE(Ring-LWE)困难问题构造 SHE,利用 Bootstrapping 实现 SHE 到 FHE 的转换,这类方案效率较第一阶段有明显提高。第三阶段的 FHE 方案在噪声处理上做了更多优化。文献[119]提出了密钥转换和模转换方法提高乘法的深度,由于不需要执行 Bootstrapping 过程,从而极大地提升了运算效率。文献[120]从噪声控制、密文打包批处理等方面做了优化和改进。

影响 FHE 方案效率的主要因素有:①密钥生成开销过大,在 Gentry 方案的实现[112]中生成密钥达到了 2.2 小时;②密钥长度必须足够长,以保证加密的安全性,文献[121]实现的 FHE 在计算 AES 时需要用非常大的内存才能运行;③Bootstrapping过程计算复杂,而且设计难度较大,导致效率低下。现有的方案主要从优化 FHE 构造方法、SIMD 技术批处理[113]、基于专门硬件的高效实现等方面对 FHE 技术进行改进。虽然 FHE 的构造方案经历了三个阶段的发展,并在性能上有了明显提高,但是现有方案的计算开销仍然很大,无法满足实际需求[122],特别是针对数据挖掘外包这样计算密集型的应用。

2.3 云端大数据计算安全方法

在本节中,我们对现有的云计算环境下数据挖掘安全外包技术进行总结,并主要对 k 近邻分类安全外包技术、深度神经网络分类安全外包技术、k 均值聚类安全外包技术和频繁项集挖掘安全外包技术的研究现状进行说明,分析现有方案在安全性、高效性和适用性等方面的优势和不足。

2.3.1 k 近邻分类计算安全技术

在现有的 k 近邻分类安全外包技术研究工作中,Wong 等[123]提出了一种非对称内积保持加密(Asymmetric Scalar-Product-Preserving Encryption, ASPE)算法,对数据库中的原始数据点进行加密处理,其使用一个可逆的随机矩阵作为数据点的加解密密钥。相比于之前研究工作中所使用的距离保持转换(Distance-Preserving Transformation, DPT)的方法[35],ASPE 算法具有更好的安全性,从而能够有效抵抗已知样本攻击(Known-Sample Attack, KSA)[38]。为了增加 ASPE 算法的安全性,其作者在原有方案的基础上使用了数据点扩维和随机非对称元素拆分的方法[123],从而保证了加密后的数据点能够抵抗攻击强度更高的已知明文攻击(Known-Plaintext Attack, KPA)[124]。ASPE 算法由于具有良好的安全性和运算效率,在多关键词搜索隐私保护方案[125-126]和数据查询隐私保护方案[127]中得到了广泛的应用。

在后续研究工作中,研究人员提出了许多安全近似 k 近邻(最近邻)查询方案[128-130]。其中,Yiu 等[128]提出了多种数据点转换方法,并对各方法在数据安全性、查询计算开销和查询结果准确性之间的折中关系进行了讨论。Yao 等[129]首先对 ASPE 算法[123]在安全性上存在的不足进行了讨论,然后分析了使用保序加密(Order-Preserving Encryption, OPE)[131, 132]设计安全最近邻查询方案的困难性,并针对低维数据提出了一种基于标准加密算法(例如 RSA 和 AES)的安全 Voronoi 图(Secure Voronoi Diagram, SVD)近似最近邻隐私保护方案。在文献[130]中,Xu 等通过结合保序加密、维度扩展、随机噪声植入和随机投影的方法,提出了一种安全高效的随机空间扰动(Random Space Perturbation, RASP)安全 k 近邻查询方案。此外,Choi 等[133]通过使用可变保序编码(Mutable Order-Preserving Encoding, MOPE)[134]以及 Voronoi 图[135]和 Delaunay 三角划分[136],提出了 VD-kNN 和 TkNN 这两种 k 近邻查询隐私保护方案。虽然以上方案[123, 128–130, 133]在一定程度上解决了 k 近邻分类安全外包问题,但其均假设查询用户完全可信并共享数据拥有者的解密私钥。在该假设下,攻击者仅需与任意一个查询用户合谋即可对密文数据库进行解密操作,从而造成了较大的安全风险。

为了在不泄露数据拥有者解密私钥的情况下完成查询数据点加密,Zhu 等[137–138]在其 k 近邻查询安全外包方案中要求查询用户与数据拥有者进行交互式协议,以实现相应操作。在上述方案中,查询用户仅能获取数据拥有者解密私钥的部分信息。为了进一步保证密钥的安全性,Zhu 等[139]在其另一个方案中使用 Paillier 加密算法[89]进行查询数据点加密,从而保证查询用户无法得到数据拥有者的解密私钥。然而,使用 Paillier 加密算法进行查询数据点加密给查询用户和数据拥有者带来了较大的计算开销,严重影响了方案的执行效率。此外,虽然上述方案[137–139]在 k 近邻分类安全外包过程中保护了数据拥有者的密钥安全,但其均要求数据拥有者在线参与查询数据点的加密过程,从而给数据拥有者带来了额外的计算和通信开销,降低了方案在真实应用场景中的适用性[140]。针对上述问题,Zhou 等[140]提出了一种安全高效的 k 近邻分类安全外包方案,其无须数据拥有者在线参与计算但却泄露了部分密钥信息。在方案安全性方面,以上 k 近邻查询安全外包方案[137–140]均无法抵抗攻击强度较高的已知明文攻击[123],并且无法防止云服务器在外包计算过程中获取数据访问模式(Data Access Patterns)。

为了提高方案的安全性,Elmehdwi 等[141]在其 k 近邻查询安全外包方案中使用 Paillier 加密算法,对数据库中的数据点和查询数据点进行加密,并使用非合谋的双云服务器执行密文 k 近邻查询任务,而无须数据拥有者和查询用户的在线参与。在该方案中,通过利用 Paillier 加密算法的同态性质,作者提出了一系列安全协议,包括安全平方欧氏距离(Secure Squared Euclidean Distance, SSED)协议、安全比特分解(Secure Bit-Decomposition, SBD)协议、安全最小值计算(Secure Minimum, SMIN)协议,并使用这些协议构建了 k 近邻查询安全外包方案 SkNN$_m$。该方案实现了密文数据库的语义安全,并对云服务器隐藏了数据访问模式,从而具有较高的安全性。然而,该方案同时具有较高的计算开销,且随着 k 近邻分类时 k 的数值增大而增加,从而限制了其在大规模密文数据库上运行时的实用性。在该方案的基础上,Samanthula 等[142]设计了安全频率计算(Secure Frequency, SF)协议和安全多数类计算(Secure Computation of Majority Class, SCMC$_k$)协议,并使用这些协议构建了 k 近邻分类计算安全方案 PPkNN(Privacy Preserving kNN)。该方案同样实现了密文数据库的语义安全,隐藏了数据访问模式,并具有较高的计算开销。为了提高方案的执行效率,Rong 等[143]在多云服务器应用场景中使用 ElGamal 加密算法[85]设计了一系列安全协议构建块,并基于此提出了一种协作 k 近邻分类安全外包方案 OCkNN(Outsourced Collaborative kNN)。类似地,虽然该方案实现了密文数据库的语义安全,并且隐藏了数据访问模式,但其仍具有较高的计算开销,从而影响了方案的实用性。

2.3.2　深度神经网络分类计算安全技术

随着深度学习技术的迅猛发展,深度神经网络在图像分类和语音识别等领域取得了很高的分类(预测)精度,从而得到了广泛的应用。通过使用大规模的数据和计算资源,大型科技公司可以有效进行深度神经网络模型训练,并将已训练的网络模型存放在其云服务器,从而为用户所上传的查询数据提供高准确率的分类服务。然而,由于这些数据可能包含一定的隐私信息,例如个人图片、位置记录和医疗记录等,直接使用这些数据进行深度神经网络分类可能会造成用户隐私的泄露,并给企业造成不良的影响。此外,科技公司通常不会向用户直接提供详细的神经网络模型信息以保护其知识产权。为了有效保护深度神经网络分类过程中的用户数据隐私,研究人员提出了一系列深度神经网络分类安全外包解决方案。

为了在保护用户数据隐私的前提下支持云环境下的高准确率分类服务,Gilad 等[144]提出了一种深度神经网络分类安全外包方案 CryptoNets,其支持云服务器使用其已训练的深度神经网络模型对用户所上传的密文数据进行分类处理。在该方案中,其作者使用全同态加密算法 YASHE(Yet Another Somewhat Homomorphic Encryption)[145]对用户数据进行加密。由于 YASHE 算法支持密文打包技术 SIMD(Single Instruction Multiple Data)[113],CryptoNets 方案允许云服务器对多组用户数据进行并行处理而不产生额外的计算开销,因而显著提高了密文计算效率,增加了方案的实用性。然而,由于 YASHE 算法仅支持有限次密文乘法运算,CryptoNets 方案在神经网络深度增加时具有一定的局限性。此外,由于 YASHE 算法无法支持密文比较或指数等运算,该方案无法使用常见的非线性激活函数(例如 ReLU 和 Sigmoid 函数),而使用平方函数作为替代,因而在一定程度上影响了分类结果的准确率。

为了提高密文分类的准确率,Chabanne 等[146]在其深度神经网络分类安全外包方案中使用了批量标准化(Batch Normalization)技术[147]。在该方案中,其作者首先使用传统的 ReLU 激活函数在明文数据集上进行神经网络训练,然后使用 ReLU 函数的二阶多项式近似作为激活函数进行密文分类。这里,由于该方案仅在分类阶段进行了激活函数的替换,因而在一定程度上影响了密文分类结果的精度。与上述方案不同,Hesamifard 等[148]提出一种深度神经网络分类安全外包方案 CryptoDL,并在该方案中直接使用多项式激活函数进行模型训练。具体而言,该方案首先对 ReLU 函数的导函数进行多项式近似,然后对该近似函数进行积分得到三阶多项式激活函数,并在密文分类时得到了较高的准确率。与 CryptoNets 方案相比,虽然上述两个方案[146, 148]在密文分类时提高了结果的准确率,但其均使用了更大规模的神经网络模型,从而显著增加了密文分类的计算开销,严重影响了方案的运算效率。此外,Bourse 等[149]提出了名为 FHE-DiNN 的神经网络分类安全外包方案。该方案在密文计算过程中使用自举电路方法,其计算开销与网络深度成正比,并在针对单个密文数据的分类时具有较高的运算效率。然而,该方案使用了符号函数作为激活函数,从而影响了神经网络的分类准确率。

在其他神经网络分类安全外包方案中,用户需要在线参与外包计算过程以实现自身数据的隐私保护。Barni 等[150]在其方案中要求用户和云服务器之间执行交互式协议,以实现安全的神经网络分类。然而,该方案在执行的过程中给用户带来了较大的计算和通信开销,并将神经网络模型的部分信息泄露给了用户。为了解决隐私泄露问题,后续研究工作[151-152]在上述方案的基础上对网络权重参数进行了保护。然而,以上方案[151-152]仍需用户执行较多的计算操作并具有较低的安全性。为了有效保护用户数据和网络模型的隐私信息,Liu 等[153]通过使用加法同态密码算法、混淆电路(Garbled Circuits, GC)[64]和秘密共享(Secret Sharing, SS)的方法,设计了一种深度神经网络分类安全外包方案 MiniONN。该方案由离线计算和在线计算两部分组成,其支持卷积神经网络中所使用的非线性激活函数和最大值池化的计算功能,并具有较高的安全性。Rouhani 等[154]提出了基于混淆电路的安全外包解决方案 DeepSecure,其同样支持使用神经网络进行分类时所需要的非线性函数。在该方案中,其作者使用了预处理的方法对输入数据和网络模型进行优化,从而显著降低了方案的计算和通信开销。此外,DeepSecure 方案支持将用户端的计算操作外包至第二个云服务器,从而增加了该方案在用户计算资源受限时的实用性。为了提高方案的效率,Riazi 等[155]结合多种安全协议构建块设计了一种安全外包方案 Chameleon。在该方案中,其作者使用 GMW(Goldreich-Micali-Wigderson)协议[156]和混淆电路计算神经网络中的非线性函数,而使用秘密共享的方法计算网络中的算术运算。此外,Chameleon 方案通过使用 Intel 安全硬件 SGX(Software Guard Extension)[157]实现两方计算模型,而在没有该条件的情况下需要三个参与方执行相应的安全外包计算。

除深度神经网络分类安全外包问题之外,一些学者对网络模型训练时的隐私保护问题进行了深入研究。Shokri 等[158]使用差分隐私(Differential Privacy,DP)[159]的方法提出了一种针对多参与方的深度神经网络联合训练隐私保护方案。在该方案中,各参与方使用本地数据训练神经网络模型,然后使用差分隐私对部分已更新的网络参数进行处理,并将处理后的参数与其他参与方进行共享。由于该方案使用差分隐私的方法进行数据隐私保护,其安全性与训练得到的神经网络模型的分类准确性之间存在一定的折中关系。Phong 等[160]指出上述方案在神经网络模型的学习过程中会泄露一定数据隐私,并在其方案中结合异步随机梯度下降方法和半同态加密算法进行模型训练,从而增强了方案的安全性。Mohassel 等[161]通过使用同态加密算法、混淆电路和秘密共享的方法,提出了一种机器学习隐私保护方案 SecureML。该方案使用两个非合谋的云服务器进行神经网络模型的训练,并保证其均无法获取训练过程中的数据隐私信息。此外,SecureML 方案还提出了一种针对神经网络分类的隐私保护方法。

2.3.3　k 均值聚类计算安全技术

在现有研究工作中,分布式聚类隐私保护方案(Privacy-Preserving Distributed Clustering,PPDC)[76, 83, 162-163]通过使用安全多方计算的方法实现了聚类过程中数据隐私的有效保护。然而,这些方案需要数据用户在线参与聚类计算过程,从而给用户带来了较大的计算和通信开销。随着云计算技术的快速发展,用户可以选择将聚类计算任务外包至云服务器,并利用其强大的存储和计算能力完成相应的聚类任务。然而,上述应用必须保护用户数据和聚类结果的隐私信息,同时应该具有较好的运算效率,以保证其安全性和高效性。

为了高效执行 k 均值聚类安全外包计算,Oliveira 等[35]使用距离保持转换的方法对数据库中的数据点进行加密处理,从而保证云服务器可以直接在密文上进行聚类运算而无须用户的在线参与。虽然上述方案具有较高的运算效率,但其具有较弱的安全性,无法有效抵抗攻击级别较低的已知样本攻击[123]。类似地,Huang 等[164]针对多数据拥有者的应用场景提出了一种云计算环境下数据挖掘协作安全外包框架,并分别使用 k 近邻分类、k 均值聚类和 SVM 分类对该框架的有效性进行了验证。为了提高外包方案的安全性,Lin[165]提出了一种针对基于核的 k 均值聚类安全外包方案,其使用了随机线性转换对数据进行加密处理,并对核矩阵进行随机扰动,从而减少了数据隐私的泄露。

与上述方案不同,Liu 等[166]提出了一种基于全同态加密算法的 k 均值聚类安全外包方案,从而保证云服务器能够在密文上进行相应的聚类计算过程。然而,由于云服务器无法直接进行密文距离的比较运算,该方案需要用户在外包聚类计算过程中保持在线,并提供相应的陷门(Trapdoor)信息以完成密文距离的比较,从而给用户带来了较大的计算和通信开销。为了降低用户端的运算开销,Almutairi 等[167]在其 k 均值聚类安全外包方案中使用了可更新距离矩阵(Updatable Distance Matrix, UDM)的方法,保证了用户在聚类过程中仅需要执行较少的计算操作,从而提高了方案的适用性。虽然上述两个方案在一定程度上解决了 k 均值聚类外包的隐私保护问题,但其均在执行过程中泄露了部分隐私信息,例如聚类簇规模和数据点与簇心之间的距离值。此外,Wang[168]在其文章中证明了上述两个方案[166-167]所使用的全同态加密算法是不安全的。

为了实现外包密文数据库的语义安全,Rao 等[169]使用 Paillier 加密算法[89]和非合谋的双云服务器模型设计了一种 k 均值聚类安全外包方案 PPODC。该方案考虑了多数据拥有者外包密文数据库的应用场景,并在基于聚合密文数据库进行 k 均值聚类计算时无须数据拥有者在线参与。相比于之前的研究方案,PPODC 方案具有较高的安全性,其有效保护了数据库和聚类结果隐私,并在外包计算过程中隐藏了数据访问模式。然而,由于 Paillier 密文运算具有较高的计算开销,且该方案在密文聚类过程中需要执行一系列复杂的交互式协议,因此 PPODC 方案具有较大的运算开销。考虑到多用户希望使用不同密钥执行数据加密的安全需求,Rong 等[170]通过使用双解密密码算法[171]设计了一系列安全协议,例如密文转换协议、密文加法协议、密文乘法协议和密文比较协议等,并基于这些协议提出了一种 k 均值聚类安全外包方案 PPCOM。相比于聚类外包方案 PPODC,该方案同样具有较高的安全性,且具有较低的计算开销,但却在执行密文聚类过程中需要更大的通信开销。因此,上述两个方案均在提高安全性的同时降低了运算效率,从而影响了其在大型数据库上的实用性。

在其他研究工作中,Yuan 等[172]基于 LWE(Learn With Error)困难问题设计了一种加密算法,并结合 MapReduce 架构[173]提出了一种适用于大规模数据库的 k 均值聚类安全外包方案。虽然该方案具有较高的运算效率,但其需要数据拥有者在线参与外包聚类计算过程,且其具有较低的安全性,仅能有效抵抗唯密文攻击和已知背景知识攻击。Jiang 等[174]针对两个数据拥有者外包密文数据库的应用场景,提出了一种 k 均值聚类协作安全外包方案,且讨论了方案在恶意安全模型下的安全性。然而,该方案也需要数据拥有者保持在线并执行一定的计算操作,从而降低了方案的适用性。

2.3.4　频繁项集挖掘计算安全技术

本节着重对现有的频繁项集和关联规则挖掘安全外包方案进行总结和说明。这里，由于关联规则挖掘中主要的任务是找到所有的频繁项集，其外包方案中所涉及的隐私保护要求基本相同，因此在本节中不对频繁项集挖掘和关联规则挖掘安全外包方案进行区分。为了保护分布式频繁项集和关联规则挖掘过程中的数据隐私，Vaidya 等[80]和 Kantarcioglu 等[73]分别针对垂直分割数据库和水平分割数据库的情况提出了相应的解决方案。然而，这些方案具有较低的运算效率，从而无法适用于使用大型数据库的应用场景。在后续的研究工作中，一些学者使用数据扰动的方法来保护外包频繁项集和关联规则挖掘时的隐私信息安全，并提出了一系列解决方案[31, 175 - 176]。然而，这类方案通常具有较低的安全性和挖掘结果准确性，且其一般仅考虑原始数据的机密性而忽略了挖掘结果中的隐私信息。

为了更好地保护数据隐私，后续研究工作使用替换加密算法对数据进行加密处理，并提出了一系列解决方案[177 - 180]。Wong 等[177]在其方案中通过映射函数对原始事务数据进行加密处理，并在密文事务数据中植入随机伪造项目以增加方案的安全性。然而，针对上述方案，Molloy 等[181]指出，可以通过计算项目之间的低相关性而对伪造项目进行移除，从而对高频项目进行有效识别。为了提高方案的安全性，Tai 等[178]在使用替换加密算法的同时引入了 k-support 匿名机制，从而保证每个项目的支持度至少与其 $k-1$ 个项目相近似。类似地，Giannotti 等[179]在其方案中提出了 k-privacy 的方法，其要求每个项集至少与其他 $k-1$ 个具有相同大小的项集无法区分，从而增强了数据隐私保护的效果。为了同时保证方案的安全性和高效性，Li 等[180]提出了一种对称同态加密算法和安全比较协议，并结合替换加密算法和加密哈希函数设计了一种关联规则挖掘安全外包方案。虽然该方案具有较高的运算效率，但其在执行过程中需要数据拥有者保持在线参与挖掘计算过程。此外，Wang 等[182]指出上述文献[180]所提出的同态加密算法是不安全的，攻击者在已知一些明密文对的情况下可以对密钥进行求解。虽然上述研究工作[177 - 180]在一定程度上保护了数据隐私，但其均无法实现密文数据的语义安全，从而无法有效抵抗选择明文攻击。

为了实现密文数据的语义安全，Lai 等[183]使用谓词加密算法[184]和双系统加密方法[185]设计了一种关联规则挖掘安全外包方案。该方案有效保护了原始数据隐私和挖掘结果隐私，并提供了一种验证挖掘结果正确性的方法，从而具有较高的安全性。然而，由于该方案针对每个项目使用了固定的密文，从而无法有效抵抗频率分析攻击。此外,该方案具有较高的计算开销,从而降低了其在大型数据库上的实用性。考虑到用户对数据隐私保护的要求不同,Yi 等[186]使用分布式 ElGamal 加密算法[187]设计了三种安全级别不同的关联规则挖掘安全外包方案。在该工作中,其作者首先使用明文相等测试(Plaintext Equality Test, PET)[188]的方法设计了第一种解决方案,然而该方案没有隐藏项集的真实支持度,从而无法有效抵抗背景知识攻击;通过在密文数据库中添加伪造事务数据,并使用 ElGamal 重加密和随机排列的方法将其与真实事务数据进行混合,其作者在第二种解决方案中实现了项集支持度的隐藏,但却无法完全隐藏原始事务数据,因此针对此问题提出了第三种安全性更高的解决方案。虽然该工作较好地分析和解决了外包关联规则挖掘中的隐私保护问题,但其需要至少两个云服务器进行协作挖掘,从而具有较高的通信开销。

通过使用全同态加密算法[189],Liu 等[190]提出了两种频繁项集挖掘安全外包方案,并使用 α-pattern 不确定性的方法来增强隐私保护的效果。然而,由于在该方案中云服务器无法直接对全同态密文进行比较操作,用户需要在外包挖掘过程中保持在线并参与计算,从而造成了额外的计算开销。此外,该方案对二进制事务矩阵中的每个元素单独进行了加密处理,从而在后续的密文计算时需要较大的计算开销。为了提高外包挖掘的效率,Imabayashi 等[191]通过使用 BGV 全同态加密算法[192]和密文打包技术 SIMD[113],设计了一种频繁项集挖掘安全外包方案。该方案通过将多组明文数据打包至一个密文中,实现了高效的并行运算,从而显著提高了方案的运行效率。然而,该方案也需要数据拥有者保持在线进行解密和比较操作,从而在一定程度上影响了方案的适用性。针对频繁项集查询安全外包问题,Qiu 等[193]使用了两种同态加密算法 Paillier[89]和 BGN[90],设计了三种安全性要求不同的外包方案。然而,与其他使用公钥加密算法的方案相类似,上述方案需要较大的计算开销从而具有较低的运算效率。考虑到多用户希望使用不同密钥的应用需求,Liu 等[194]使用具有加法同态性质和双解密机制的 BCP 加密算法[195],设计了一种频繁项集查询安全外包方案。然而,该方案假设所有查询用户均可以得到主解密私钥,从而造成了较大的密钥泄露风险,影响了方案的安全性和实用性。

2.4 大数据计算完整性验证方法

现有计算外包方案大都是基于半诚信的安全模型而设计的,即假设云服务器能够严格按照协议执行并返回正确的结果,但有可能利用交互的信息推测用户的隐私。然而,实际中有多种因素会导致服务器返回错误的计算结果,比如软硬件缺陷、遭受恶意攻击、服务器错误配置、节约资源等。因此,为确保计算结果的完整性,外包方案必须提供一种机制使得用户能够对结果进行验证。计算结果的完整性有两层含义:一是正确性,即返回结果中的所有值都是正确的;二是完备性,即所有的正确值都在返回的结果中。当前,针对计算外包结果的完整性验证的研究工作可分为两个方向:一个是较为通用的可验证计算技术,另一个是面向具体数据挖掘任务的验证技术。

2.4.1 可验证计算技术

验证服务器计算结果的完整性有多种方法,比如基于可信计算的远程证明技术[196]、冗余计算方法[197]等,这些方法需要对云服务器做出很多假设。基于可信计算的方法需要构建可信链,并完全信任服务器的可信模块;冗余计算需要假设多个服务器相互独立而且不会合谋,这些假设给解决外包计算的验证问题带来较多限制。

另一种方法是采用可验证计算技术,该技术不需要对云服务器做任何假设,能以较高的概率检测返回结果的完整性。该技术的目标是构建验证者(即云计算用户)和证明者(即云服务器)之间的验证协议。验证者将计算任务 f 和输入 x 外包给证明者,证明者在执行完 $f(x)$ 后,将 $f(x)$ 赋值给 y,并且需要通过提供证据或者回答验证者提出的问题向用户证明 $f(x)=y$;如果 $f(x) \neq y$,验证者则能够以很高的概率拒绝接受 y。可验证计算协议的设计一般需要满足:①验证者执行验证的开销应比本地执行 $f(x)$ 的开销低;②不做任何关于证明者是否遵守协议的假设,证明者可能是诚信的也可能是恶意的;③ $f(x)$ 应表示通用程序。

根据所依赖理论的不同,可验证计算的协议系统分为两类:基于复杂性理论的交互式证明系统(Interactive Proof System, IPS)和概率可验证论证系统(Probabilistically Checkable Proof System, PCPS)。早期的可验证计算协议的计算和存储开销都非常巨大,直到随着复杂性和密码学相关理论的发展,这方面的研究才取得了新的突破。Goldwasser 等[198]首次使用 IPS 来验证电路表示的计算任务并设计了 GKR 协议,实现了对深度较低的电路计算的高效验证。在 GKR 的基础上,CMT[199]、Thaler[200]、Allspice[201]等协议分别做了进一步优化和改进,降低了证明者的开销,增强了通用性。另一类验证协议是基于 PCPS 设计的,这类协议需要做一定预处理:证明者做承诺或者验证者加密查询向量等,并构造特殊结构的 PCP。Ishai 等[202]最早提出了基于承诺方案的通用计算验证方法,利用线性 PCP 降低了构造证据和验证的复杂度,但预处理阶段的承诺开销过大。

接着，文献[203-205]分别提出了 Pepper、Ginger 和 Zaatar 协议，从降低调用承诺次数、优化查询过程、减小证据向量等多个方面改进了基于承诺方案的论证系统。使用加密查询向量的论证系统的典型协议是 Pinocchio[206]，通过将查询加密保护了用户的隐私，支持零知识和公开验证证明，并减少了交互的轮数，但该协议不支持间接内存引用和远程输入。在 Pinocchio 的基础上，Pantry 协议[207]引入了存储的概念，利用 Merkle 哈希树来支持内存的随机存取，能够用来对 MapReduce 任务、远程数据库查询做验证。

　　基于交互式证明系统的验证技术与基于概率可验证论证系统的验证技术都有各自的优缺点，表 2.1 给出了它们之间在性能和功能方面的对比。交互式证明系统对于规范化的电路有着较小的预处理和验证开销，但需要多轮次的信息交换才能完成验证；概率可验证论证系统支持的计算类型更通用，但构造 PCP 和验证开销都很大。目前的可验证计算协议仍处于理论研究阶段，其计算性能离实际应用还有很大差距，但在特定的场景中，现有部分的协议是有应用价值的。在接下来的工作中，可验证计算技术需要在降低验证者和证明者的开销、建立更合理的计算模型、增加隐私保护的安全属性等方面开展研究，这对于解决数据挖掘外包结果的验证问题有十分重要的意义。

表 2.1　基于 IPS 与基于 PCPS 的验证协议对比

性能/功能	基于 IPS 的验证协议	基于 PCPS 的验证协议
计算能力	无限制	多项式时间
计算类型	并行、规范化、深度小	较通用
初始开销	较小	较大
证明者开销	较小	较大
交互次数	>1	≤2
公开可验证性	×	√
零知识性	×	√

2.4.2　安全数据挖掘的验证技术

　　虽然利用可验证计算技术能够检验云服务器返回结果的完整性，但由于现有的可验证计算协议主要面向通用的计算类型，其构造方法过于复杂，生成证据和验证证据的开销巨大，很难满足数据挖掘外包任务对计算性能的要求，因而该技术仍需要在理论上进一步突破。为了能高效地验证数据挖掘外包结果的完整性,现有的解决方案主要采用了植入伪造样本的方法,利用伪造样本在数据结构或者统计上的特征可以一定概率检验结果是否正确,在实际应用中需要根据具体的数据挖掘算法设计相应的验证方案。

关联规则挖掘外包结果的完整性验证包括两个方面:一是所有返回的频繁项集都是真实频繁的,并且返回的支持度计数是正确的;二是所有的频繁项集都包含在返回的结果中。Wong 等[208]设计了一种外包审计框架,提出了数据库转换和结果验证的方法,其基本思想是通过植入人造项集(Artificial Itemset Planning,AIP),以可控的概率验证结果的正确性和完整性。AIP 的构造方法如下:已知项集,AIP 生成一个数量较少的人造数据集 $\hat{T}$,使得 FI 中的项集是频繁的,并记录下各项集的支持度,数据所有者将 $\hat{T}$ 和原始数据集 T 融合成 T',云服务提供商(Cloud Service Provider,CSP)对 T' 进行挖掘。显然,如果返回的结果 R 是正确的,R 应当包含 FI;否则,R 极有可能是错误的或者不完整的,从而能够以一定概率验证结果的完整性。该验证方案有效的前提是 CSP 没有关于外包数据集的背景知识,无法区分真实的和伪造的项集,因而容易受到基于背景知识的推理攻击。为了抵抗这种攻击,Dong 等[209]提出了基于真实事务项构造人造的频繁或非频繁项集的方法,并利用伪造的项集设计了结果完整性验证方案,方案所需的伪造频繁或非频繁项集的个数与数据集大小无关,因此适用于大规模数据挖掘外包的验证。为提高检测的准确率,文献[210]又提出了一种基于密码学证据的确定性验证方法,该方法需要用户事先构造 Merkle 哈希树作为验证的数据结构[211],通过交集验证协议检测返回的项集是否是真实项集以及支持度是否大于给定阈值,但这个方案的开销非常大,CSP 生成验证证据的开销与挖掘频繁项集的搜索空间相当。

在 k-means 聚类外包结果的验证方面,Liu 等[212]提出确定性的和概率性的完整性检验方案。确定性的方案需要检查每个数据对象是否分配到了离它最近的质心点,通过使用"Voroni 图"减少要核对的计算量;概率性的验证方案则类似于 AIP 机制[208],数据所有者需要构造独立于原始数据的"人造簇",通过在数据集中随机植入"人造簇"的伪造样本,它们的标签将作为验证结果的依据,数据所有者能以较高的概率发现结果是否存在错误。概率性方案的验证开销要远小于确定性的,构造出"人造簇"的计算开销是 $O(m+n)$,其中 n 和 m 分别表示原始数据集和人造数据集的样本个数。然而,该方法无法适用于数据更新的情况,当某些样本更新或者加入新的数据后,数据所有者必须重新计算"人造簇"。

Liu 等[213]采用类似的方法提出了离群点检测外包的验证方案 AUDIO,通过构造并向原始数据植入"人造离群点"和"人造非离群点",能有效检验结果中的错误。Vaidya 等[214]针对协同过滤(Collaborative Filtering,CF)算法外包提出了两种完整性验证方法:一种是基于分割原始数据的验证方法,用户随机选择一些数据块进行校验以减少开销,然而该方法只能得到中间结果,用户需要综合才能得到最终结果;另一种是基于辅助数据的验证方法,即原始数据中植入已知结果的伪造样本,用户只需对这部分数据进行校验。文献[214]还提出了基于博弈论的 CF 外包激励策略,使得 CSP 不能以"欺骗"的方式执行计算而获取更多的利益。

通过以上论述可知,大部分数据挖掘外包的验证方案采用植入构造数据的方式,由于构造数据的计算结果已知,用户能够利用这些已知的结果判断服务器返回结果的正确性。然而,这类方案也存在如下缺陷:

(1)安全性较弱。这是因为伪造的数据与原始数据之间的相关性较弱,攻击者如果具有一定背景知识,那么就可能识别出伪造样本,从而使验证方案失效。

(2)构造伪造数据复杂度高。由于伪造样本的植入会改变原始数据集的统计分布特性,对于数据分布较敏感的挖掘算法的精度影响较大,如 k-means 聚类,为降低对原始数据的影响,用户需要执行大量的计算才能构造出合适的样本。

(3)普适性不强。该方案只适用于确定性的数据挖掘任务,如关联规则、聚类等,无法验证分类外包的完整性。这是因为分类的查询是未知的,数据所有者不能提前构造对应的样本。此外,这种验证方案也不支持数据集动态更新的情况。

第三章 云构建块基础计算安全技术

近年移动互联网和物联网等产业的快速发展和大规模普及,导致数据规模和数据类型的快速增长,给存储和计算资源匮乏的用户(如中小企业、非营利机构等)的数据处理带来了严峻挑战,一种可行的解决方案是将他们的计算任务和相应的数据外包给云服务提供商(CSP)。出于对隐私或敏感信息泄露方面的担忧,数据拥有者通常在计算外包前用自己的密钥加密数据。然而,由于现有的隐私保护方案只限于单密钥场景,并且可能会泄露最终计算结果,云端服务在多密钥加密的密文上执行复杂计算是相当困难的。本章基于代理重加密机制提出了两套构建块(Building Blocks)基础计算安全方案,通过这些构建块协议,云服务器能够在密文上执行加法、乘法、幂等运算,从而为更复杂的内积计算、多项式计算、数据挖掘外包提供支撑。通过形式化分析,证明了所提出的方法在半诚信模型下是语义安全的,并且能够抵抗窃听攻击。实验结果表明,所提出的解决方案相比于现有方案在性能上有较大提升,对数据拥有者造成的开销较小。

3.1 引言

当前,企业、政府等组织团体所产生的数据规模和种类正在以飞快的速度膨胀,这种变化使得资源受限的数据拥有者不能够在本地存储或处理这些数据。另一方面,云计算技术给用户提供了弹性可扩展的计算和存储能力,有助于帮助用户节约成本、聚焦核心竞争力、提高生产效率。随着云计算技术的日趋成熟,数据拥有者将其收集的数据和计算任务外包给云计算服务提供商就成为一种自然的选择。然而,将数据存储在不可信的云端增加了敏感信息泄露、数据损坏或丢失的风险,这些安全问题成为用户使用云服务的阻碍[215]。为了保护数据隐私,用户通常把数据加密后再上传到云服务器,因此,如何在加密数据之上执行特定的计算任务成为当前研究的热点。

在执行计算外包时,云存储的数据可能来自多个数据拥有者,在联合的数据集上进行计算能够充分利用大数据的价值,这种协作分析可创造出新的服务和知识,而这在单一来源的数据集上是无法实现的[216]。例如,整合大量疾病患者的医疗记录作为病例样本,在此基础上做分析能够提高对疾病的认知和诊断的准确率。为了防止云或其他用户非授权获取其敏感数据,不同的数据拥有者自然地会使用不同的密钥加密他们的数据。但这却使得计算外包更加困难,因为大部分的解决方案(比如,同态加密技术)都只能在相同密钥加密的数据下进行操作[217]。安全多方计算(SMC)[218-219]同样允许多个用户协作进行计算而不泄露各自的输入,但是这种机制依赖于用户之间的交互而不是第三方。而且,SMC将最终的计算结果公布给每个参与者,这与计算外包的安全要求相违背。Peter等[220]利用带有双门限解密的公钥加密机制BCP[101]构造了一套支持加法和乘法的外包协议,我们且将该方案称之为PTK(Peter-Tews-Katzenbeisser),其基本原理是通过云端特权密钥重新加密不同密钥下的数据,将密文的加密密钥转换为统一密钥,然后云服务器利用盲化技术和同态加法性质完成加法和乘法计算。PTK方案的缺陷是:由于BCP产生的特权密钥能够解密任何普通密钥加密的数据,特权密钥泄露将威胁整个系统的安全;该方案重加密过程需要完成解密和加密两个操作,明显降低了外包计算效率。Liu等[221-222]提出将BCP特权密钥分解到多个服务器上,通过两轮运算实现最终解密,分布式系统降低了特权密钥泄露带来的风险,但同时增大了运算开销。Wang等[223]采用代理重加密(Proxy Re-Encryption,PRE)技术解决多密钥加密数据计算的问题,实现了两种加法和乘法安全外包的解决方案 Vitamin$^+$ 和 Vitamin*,但是该方案在双服务器模型下会泄露部分输入信息,非语义安全的解决方案。综上所述,对于多密钥加密的计算外包而言,现有的解决方案在实际应用中还不够安全和高效,支持运算的种类也较少。

为了解决上述问题,本章提出了两套针对隐私保护的构建块外包方案(Outsourced Privacy-preserving Building Blocks,OPBB),分别命名为 OPBB$^+$ 和 OPBB*。这两种机制都是基于PRE技术设计的,允许用户查询加密的外包函数的计算结果,同时保证其查询输入、输出,以及联合数据集的隐私。具体来说,本章的主要贡献有以下三个方面:

(1)本章所提出的构建块能够允许用户外包基本的算数运算,包括加法、乘法、求幂等。在执行协议的过程中,所有的输入数据和函数运算参数都是用不同用户的公钥进行加密的,而且云端输出的中间过程和最终运算结果同样以加密形式返回用户。在 OPBB$^+$ 和 OPBB* 基础之上,用户能够将大部分的函数安全地外包给云服务器,比如内积、多元高次多项式等。除此之外,这些构建块能够应用到隐私保护的数据挖掘算法中,在后续的 kNN 分类、k-means 聚类外包中都利用了本章的构造方法。

（2）在同态加法和同态乘法的 PRE 机制基础上分别设计了方案 OPBB$^+$ 和 OPBB*。在 OPBB$^+$ 方案中，提出了密钥分发协议、统一密钥密文转换协议、安全乘法协议和安全幂运算协议。其中的安全乘法以两个来自不同参与者加密的数据作为输入，输出加密的乘法结果；安全幂运算以加密的指数和基底作为输入，输出加密形式的指数结果。类似地，OPBB* 方案由安全加法协议和安全幂运算协议组成。其中的安全加法协议利用加密算法的乘法同态性质求输入密文的加法。这两种方案使得云服务器能在密文上执行相应的运算，同时不泄露与用户相关的任何隐私。

（3）理论分析证明了所提出的构建块在半诚信模型下是安全的，并且能够抵抗窃听攻击。协议的算法复杂度比类似的工作相对较小，并且给用户造成的开销很小。实验结果表明，本章所提出的关于 OPBB 解决方案有着较高的工作效率和较低的通信开销，并随数据规模增加而线性增长。

3.2　安全基础计算问题描述

本节着重对系统模型、安全威胁模型进行形式化描述，并提出解决方案的设计目标。

3.2.1　系统模型

在我们的系统模型中，假设有 n 个数据拥有者（Data Owner，DO）：$DO_1, \cdots,$ DO_n，他们分别持有的数据集记为：$D_1, \cdots, D_n$，各自产生的公钥私钥对记为：$\{pk_1, sk_1\}, \cdots, \{pk_n, sk_n\}$。如图 3.1 所示，对于 $i \in [1, n]$，数据拥有者 DO_i 用他自己的公钥 pk_i 加密其数据集 D_i，将加密后的数据集 $Enc_{pk_i}(D_i)$ 上传至云服务器。另一个云服务的用户是查询请求者（Query User，QU），其可以是数据拥有者之一，也可以是其他的授权用户，QU 向云服务提供商发出计算某个函数 f 的请求，f 的输入包括联合数据集 $D_1, \cdots, D_n$，以及查询请求参数 q。QU 的密钥对为 $\{pk_\sigma, sk_\sigma\}$，加密后的请求是 $Enc_{pk_\sigma}(q)$，同样地，云服务把最终的计算结果 a 返回给 QU 时也是加密的，记为 $Enc_{pk_\sigma}(a)$。本章采用了当前流行的双服务器模型[224-225]，云端由两台服务器组成，即 C_1 和 C_2。其中，C_1 提供了大规模数据存储资源，它与数据拥有者 DO_i 和云用户 QU 进行直接地交互，处理他们的存储和计算请求；C_2 持有密钥对 $\{pk_u, sk_u\}$ 作为 CSP 的统一密钥，并协助 C_1 完成特定的计算任务。另外,我们假设这两个云服务器都拥有庞大的计算能力。

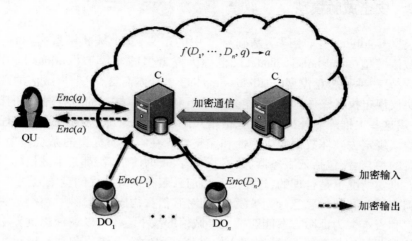

图 3.1　构建块基础计算外包系统模型

云环境下外包计算的过程简述如下:首先,云服务器和云用户(数据拥有者和查询者)在公开协商的系统安全参数下产生各自的公钥和私钥。接着,C_1 通过与 C_2 和 DO_i($1 \le i \le n$)交互产生重加密密钥。为了在 $Enc_{pk_i}(D_1)$,…,$Enc_{pk_i}(D_n)$ 和 $Enc_{pk_\sigma}(q)$ 上计算函数 f,C_1 利用重加密技术把来自不同用户的加密数据集转换为统一加密密钥 pk_u 下的密文,然后在一系列安全计算协议的基础上执行运算。最终,QU 能够从云端获得用他自己密钥加密的计算结果。

这里函数 f 应代表了大多数的算数运算,比如,求解多元多项式,具体形式如下:

$$f(x_1, \cdots, x_n) = \sum_{i=1}^{n} c_i x_i^{d_i} \tag{3.1}$$

其中,系数为 $\{c_i \in \mathbb{Z} \mid i \in [1, n]\}$,输入为 $\{x_i \in \mathbb{Z} \mid i \in [1, n]\}$,各元的指数为 $\{d_i \in \mathbb{Z} \mid i \in [1, n]\}$。这些数据可能由不同的用户提供,并且在外包之前用各自密钥加密。值得注意的是,这种安全性要求比文献[226 - 227]的要求更高,因为在他们的工作中系数和次数是公开的。根据公式(3.1),本章所提出的隐私保护构建块协议需要解决加法、乘法和指数在密文上的运算。

3.2.2　安全威胁模型

根据 Goldreich 在《密码学基础》[228]中的定义,安全威胁模型有两种:一种是半诚信模型(semi-honest model),也称为好奇但诚实模型(curious-but-honest model),另一种是恶意模型(malicious model)。具体而言,一个半诚信的敌手会按照协议规定执行操作,但是可能会记录下和其他参与方的所有通信和计算结果,并用这些去推测额外的信息,包括用户隐私;而一个恶意的敌手能够任意地违背协议规定去破坏数据的机密性和完整性。在本章所提出的系统模型下,假设所有的参与者,包括云服务器、数据所有者、查询请求者,都是半诚信的。这一假设在真实情况下是合理的,这是因为当前云服务供应商之间竞争激烈,一旦某公司损害用户利益的恶意行为被发现,则对其信誉构成严重影响,将会流失大量的用户和资本。为证明方案能够抵抗半诚信的敌手 $\mathscr{A}$,可以在理想世界中构建一个仿真器并给予模拟 $\mathscr{A}$ 的视图。如果仿真器的输入输出和真实世界的输入输出对于 $\mathscr{A}$ 是计算不可区分的,那么该协议在半诚信模型下就是安全的。

此外,假设该系统模型中的敌手具备窃听能力,能够截获并分析通信过程中的流量。合谋攻击不在本章的考虑范围内,即 C_1 和 C_2 之间、云服务提供商和用户之间、数据拥有者之间不存在合谋。

3.2.3　设计目标

在上述模型下,本章提出的解决方案需要满足以下要求:

(1)正确性:如果云服务器和所有用户都能按照设计的协议执行,那么 CSP 返回的最终结果在解密后应当和明文计算的目标函数的结果是一致的。

(2)机密性:在计算外包的过程中,关于数据拥有者和查询请求者的任何输入、输出和中间计算结果的内容都不能泄露给云服务器。对于某个云服务使用者来说,他的私有数据不能被其他用户获取。

(3)高效率:云服务器应当承担大部分的计算量,而且处理请求的效率要高;同时在用户端的计算和通信负载要尽可能最小化。

3.3　预备知识

本章提出的构建块外包的隐私保护协议利用了代理重加密技术作为基本的加密机制,下面分别对其原理进行简要介绍。

代理重加密机制 PRE 是由 Blaze 等[98]首先提出的一种非常实用的加密机制。在 PRE 系统中，一个持有重加密密钥 $rk_{i\to j}$ 的代理能够将在公钥 pk_i 下加密的密文转换为公钥 pk_j 加密的密文。这个过程中既没有改变原始的明文，也没有解密操作，因而，代理方不能获取关于明文数据的相关信息。

PRE 机制可分为两类，即双向 PRE 和单向 PRE。如果使用重加密密钥 $rk_{i\leftrightarrow j}$ 允许代理把 pk_i 下加密的密文转换为 pk_j 加密的密文并且反之亦然，那么这个机制就是双向的；如果重加密密钥 $rk_{i\to j}$ 仅允许代理将 pk_i 下加密的密文转换为 pk_j 的密文，那么这个机制就是单向的。本章采用了基于 ElGamal 加密[85]的双向 PRE 作为底层的密码系统，具体包括以下六个算法：

（1）$Setup(\kappa)\to\{\mathscr{SP}\}$：初始化算法将安全参数 κ 作为输入，输出的是全局参数 $\mathscr{SP}=\{\mathbb{G},p,g\}$。记 $\mathbb{G}$ 是阶为素数 p 的乘法循环群，g 是群 $\mathbb{G}$ 的生成元，κ 是 $\mathbb{G}$ 的大小。

（2）$KeyGen(\mathscr{SP})\to\{pk_i,sk_i\}$：密钥产生算法以 $\mathbb{G},p,g$ 作为输入，生成一个密钥对，即私钥为 $sk_i=a\in_R\mathbb{G}$，公钥为 $pk_i=g^a\in\mathbb{G}$。这里 $a\in_R\mathbb{G}$ 表示 a 是循环群 $\mathbb{G}$ 中的随机值。

（3）$ReKeyGen(sk_i,sk_j)\to\{rk_{i\leftrightarrow j}\}$：重加密密钥产生算法以两个私钥 sk_i 和 sk_j 作为输入，它的输出是一个重加密密钥 $rk_{i\leftrightarrow j}\leftarrow sk_j/sk_i$。这里要求 $i\neq j$，因为没有必要对同一个密钥做重加密。

（4）$Enc(pk_i,m)\to\{CT_i\}$：加密算法以公钥 pk_i 和消息 $m\in\mathscr{M}$ 作为输入，它的输出是一个密文对，即 $CT_i=(A,B)$。其中，$A\leftarrow m\cdot g^r$，$B\leftarrow pk_i^r$，$\mathscr{M}$ 表示明文空间，在本章中即为 $\mathbb{G}$，$r\in_R\mathbb{G}$。

（5）$ReEnc(rk_{i\leftrightarrow j},CT_i)\to\{CT_j\}$：重加密算法以重加密密钥 $rk_{i\leftrightarrow j}$ 和最初的密文 CT_i 作为输入，输出转换后的密文 $CT_j=(A',B')$。其中，$A'\leftarrow A$，$B'\leftarrow B^{rk_{i\leftrightarrow j}}$。

（6）$Dec(sk_i,CT_i)\to\{m\}$：解密算法以私钥 sk_i 和在 pk_i 下的密文 CT_i 为输入，它的输出是明文消息 $m\leftarrow A\cdot(B^{sk_i^{-1}})^{-1}$。

此外，ElGamal 加密对于密文运算有乘法同态性质，具体如下：

$$Enc_{pk}(m_1)\times Enc_{pk}(m_2)=Enc_{pk}(m_1\cdot m_2) \tag{3.2}$$

在式（3.2）基础上，可进一步推出：

$$Enc_{pk}(m_1)^\alpha=Enc_{pk}(m_1^\alpha) \tag{3.3}$$

其中，$m_1,m_2\in\mathscr{M}$，$\alpha\in\mathbb{Z}$，"$\cdot$"表示明文环境的乘法操作，"$\times$"表示密文环境下的乘法操作。

3.4 支持多密钥的构建块计算安全方法

3.4.1 基于同态加法 PRE 的构建块计算安全方法

本节介绍第一种基于同态加法的构建块外包隐私保护方案 OPBB$^+$,通过将 PRE 加密算法变形,使其能够进行同态加法运算。我们提出了一套协议,解决了在部分同态情况下基本算数运算的外包计算问题。OPBB$^+$ 包括了密钥分发(Key Distribution,KD)协议、统一密钥密文转换(Unified-key Ciphertext Transformation,UCT)协议、安全乘法运算(Secure Multiplication,SM$^+$)协议,以及安全幂运算(Secure Exponentiation,SE$^+$)协议。

3.4.1.1 密钥分发(KD)协议

首先,云端的密钥管理机构(即 C$_2$ 服务器)将密码系统的公共参数做初始化,通过运行 $Setup(\cdot)$ 算法产生系统参数 $\mathscr{SP}=\{\mathbb{G},p,g\}$。然后,将 $\mathscr{SP}$ 分发给所有的参与方,包括云服务器和用户。每个参与者运行 $KeyGen(\cdot)$ 算法产生各自的密钥对,具体包括:DO$_i$ 的密钥对 $\{pk_i,sk_i\}$($1\leq i\leq n$),QU 的密钥对 $\{pk_\sigma,sk_\sigma\}$,以及 C$_2$ 的密钥对 $\{pk_u,sk_u\}$。

接下来,数据拥有者和云服务器以协作的方式产生重加密密钥。第一步,C$_1$ 从 $\mathbb{G}$ 中选取一个随机数 r_i(在本章中,我们使用符号 $r\in_R\mathbb{G}$ 表示产生的随机数),并把 r_i 发送给 DO$_i$;第二步,DO$_i$ 计算 $\tau_i\leftarrow r_i\cdot sk_i^{-1}$,并把 τ_i 发送给 C$_2$;第三步,C$_2$ 用自己的私钥 sk_u 乘以 τ_i 得到 $\upsilon\leftarrow sk_u\cdot\tau_i$;最后,C$_1$ 通过计算 $rk_{i\to u}\leftarrow\upsilon\cdot r_i^{-1}$ 获得重加密密钥。所有的通信过程是在安全通信协议下进行的,比如 SSL/TLS,这样 C$_1$ 就无法截获 DO$_i$ 发送的 τ_i,C$_2$ 无法截获 r_i。由于 τ_i 被 r_i 随机盲化,所以 C$_2$ 不知道 sk_i 具体值;同理,C$_1$ 不知道 sk_u 的值,因为它所得到的值被 sk_i 随机化。算法 3.1 展示了 KD 协议详细的执行过程。

算法 3.1　$KD(\kappa) \rightarrow \{pk_u, sk_u, pk_i, sk_i, rk_{i \leftrightarrow u} \mid 1 \leq i \leq n\}$

输入: C_1 持有安全参数 κ;

输出: DO_i 获得密钥对 $\{pk_i, sk_i\}$, C_1 获得重加密密钥 $rk_{i \leftrightarrow u}$, C_2 获得密钥对 $\{pk_u, sk_u\}$;

1: C_1:

　(a) 初始化参数 $\mathscr{SP} \leftarrow Setup(\kappa)$;

　(b) 对于 $1 \leq i \leq n$, 为 DO_i 产生随机数 $r_i \in_R \mathbb{G}$;

　(c) 广播 $\mathscr{SP}$ 给所有参与者, 将 r_i 发送给对应的 DO_i;

2: DO_i, **for** $i = 1$ to n:

　(a) 产生密钥对 $\{pk_i, sk_i\} \leftarrow KeyGen(\mathscr{SP})$;

　(b) 计算 $\tau_i \leftarrow r_i \cdot sk_i^{-1}$, 并将结果发送给 C_2;

3: C_2:

　(a) 产生密钥对 $\{pk_u, sk_u\} \leftarrow KeyGen(\mathscr{SP})$;

　(b) **for** $i = 1$ to n:

　　　计算 $v_i \leftarrow sk_u \cdot \tau_i$, 并将结果发送给 C_1;

4: C_1:

　(a) **for** $i = 1$ to n:

　　　计算 $rk_{i \leftrightarrow u} \leftarrow v_i \cdot r_i^{-1}$, 作为重加密密钥;

3.4.1.2　统一密钥密文转换(UCT)协议

　　C_1 持有重加密密钥 $rk_{i \leftrightarrow u}$, $DO_i (1 \leq i \leq n)$ 持有 $D_i = \{v_{i,1}, \cdots, v_{i,l}\}$, $v_{i,j} \in \mathbb{G}$, DO_i 将加密的数据集 $Enc_{pk_i}(D_i)$ 上传至 C_1。UCT 的输出是以 pk_u 加密的数据集, 记为 D_i'。C_1 通过计算 $v_{i,j}' = Enc_{pk_u}(v_{i,j}) \leftarrow ReEnc(rk_{iu}, Enc_{pk_i}(v_{i,j}))$ 获得统一密钥后的数据集, 即 $D_i' = \{v_{i,1}', \cdots, v_{i,l}'\}$, l 是数据集 D_i 的长度。

3.4.1.3　安全乘法运算(SM⁺)协议

　　OPBB⁺ 基于 ElGamal 加密机制的变形版本而设计。3.3 节所展示的 PRE 密文的形式为 $CT = (m \cdot g^r, g^{ar})$, 变换后的密文形式为 $CT = (g^m \cdot g^r, g^{ar})$。这个版本具有同态加法的性质, 如下面公式所示:

$$Enc_{pk}(m_1) \times Enc_{pk}(m_2) = Enc_{pk}(m_1 + m_2) \tag{3.4}$$

进一步可推出:

$$Enc_{pk}(m_1)^{\alpha} = Enc_{pk}(m_1 \cdot \alpha) \tag{3.5}$$

式(3.4)表明 C_1 能够直接对统一密钥后的两个密文进行加法运算,而且不需要 C_2 参与,显然该加密算法仍然是语义安全的。但是通过3.3节所示的解密方法,最终只能获得 g^m。如果要获得 m,则必须计算离散对数,目前在传统计算机上还没有提出解离散对数的高效方法。但是,如果明文消息较小,则可通过建立一个大的 Hash 查询表,或者使用 Pollard 的袋鼠算法[229]解决这个问题。因此,该方法只适用于明文较小的场景。

假设 C_1 持有两个输入 $Enc_{pk_u}(a)$、$Enc_{pk_u}(b)$ $(a,b \in \mathscr{M})$,C_2 持有密钥对 $\{pk_u, sk_u\}$,该协议的目标是计算 a 和 b 相乘后的加密的值,即 $Enc_{pk_u}(a \cdot b)$。在此协议执行过程中,不能有任何关于输入、输出和中间值的隐私泄露。这个协议不能由 C_1 单独完成,需要 C_1 和 C_2 之间的协作。由于解密操作涉及解离散对数问题,因此在设计时需要尽可能地将解密操作降到最低次数,以降低计算和通信开销。SM$^+$ 协议的详细内容如算法3.2所示。

算法3.2　SM$^+$ $(Enc_{pk_u}(a), Enc_{pk_u}(b)) \to Enc_{pk_u}(a \cdot b)$

输入:C_1 持有两个密文 $Enc_{pk_u}(a)$,$Enc_{pk_u}(b)$,C_2 持有密钥对 $\{pk_u, sk_u\}$;

输出:C_1 获得密文 $Enc_{pk_u}(a \cdot b)$;

1:C_1:

　(a)产生随机数 $r_1, r_2 \in_R \mathbb{G}$,且 $|r_1|, |r_2| < \max_1$;

　(b)计算 $X_1 \leftarrow Enc_{pk_u}(a)^{r_1}$;

　(c)计算 $X_2 \leftarrow Enc_{pk_u}(b)^{r_2}$,并把 X_1, X_2 发送给 C_2;

2:C_2:

　(a)解密 $h \leftarrow Dec(sk_u, X_2)$;

　(b)计算 $Y \leftarrow X_1^h$,并把 Y 发送给 C_1;

3:C_1:

　(a)输出 $Enc_{pk_u}(a \cdot b) \leftarrow Y^{(r_1 r_2)^{-1}}$;

下面对 SM$^+$ 协议做进一步的解释和证明:

步骤1:根据式(3.5),可以得到 $X_1 = Enc_{pk_u}(a)^{r_1} = Enc_{pk_u}(a \cdot r_1)$,$X_2 = Enc_{pk_u}(b)^{r_2} = Enc_{pk_u}(b \cdot r_2)$。

步骤2:C_2 通过运算 $h = Dec(sk_u, X_2)$ 解密 X_2,接着计算 $Y = X_1^h$,可以得出 $h = r_2 \cdot b$,$Y = Enc_{pk_u}(r_1 \cdot r_2 \cdot a \cdot b)$。

步骤3:接收到 Y 后,C_1 通过计算 $Y^{(r_1 r_2)^{-1}}$ 来获得最终输出。

定理 3.1(SM⁺ 协议正确性)　如果协议的所有参与方都按照 SM⁺ 协议规定的步骤执行,那么协议输出的最终结果在解密后为对应输入明文的乘积,即 SM⁺ 协议是正确的。

证明: 根据步骤 1、2 所得的中间结果 Y,通过步骤 3 的运算,可得如下等式:

$$Y^{(r_1 r_2)^{-1}} = Enc_{pk_u}(r_1 \cdot r_2 \cdot a \cdot b)^{r_1^{-1} \cdot r_2^{-1}}$$
$$= Enc_{pk_u}(r_1 \cdot r_2 \cdot r_1^{-1} \cdot r_2^{-1} \cdot a \cdot b)$$
$$= Enc_{pk_u}(a \cdot b) \tag{3.6}$$

根据式(3.6),最终输出为 $a \cdot b$ 的密文。所以,SM⁺ 协议的正确性得证。

需要注意的是,由于解密对明文大小的限制,我们要求 $|a|$、$|b| < \max_2$,$|r_1|$、$|r_2| < \max_1$,并且 $2 \cdot (\max_1 + \max_2) < \Psi$。其中,$\Psi$ 表示能够解密的最大比特位。如果随机数的选取超出指定范围,则可能导致整数溢出,从而影响结果的正确性。

3.4.1.4　安全幂运算(SE⁺)协议

假设 C_1 持有两个输入,即 $Enc_{pk_u}(a)$、$Enc_{pk_u}(b)$($a, b \in \mathscr{M}$),C_2 持有密钥对 $\{pk_u, sk_u\}$,该协议的目标是计算以 a 为底、b 为指数的幂在加密后的值,即 $Enc_{pk_u}(a^b)$,并且在此协议执行过程中,不能有任何关于输入、输出和中间过程的隐私泄露。但是,仅靠双服务器模型是无法设计出一个完全不泄露任何隐私的协议的。因此,随机选择 DO_i 来部分参与协议的执行。SE⁺ 协议的具体过程如算法 3.3 所示。

算法 3.3　$SE^+(Enc_{pk_u}(a), Enc_{pk_u}(b)) \rightarrow Enc_{pk_u}(a^b)$

输入:C_1 两个密文 $Enc_{pk_u}(a)$,$Enc_{pk_u}(b)$ 和 pk_u,C_2 持有密钥对 $\{pk_u, sk_u\}$,DO_i 持有密钥对 $\{pk_i, sk_i\}$ 和 pk_u;

输出:C_1 获得密文 $Enc_{pk_u}(a^b)$;

1:C_1:

(a)产生随机数 $r_1, r_2, r_3, r_4 \in_R \mathbb{G}$,且 $|r_1|$、$|r_3| < \max_1$,$|r_2|$、$|r_4| < \max_2$;

(b)计算 $X_1 \leftarrow Enc_{pk_u}(a)^{r_1}$,$X_2 \leftarrow Enc_{pk_u}(b) \times Enc_{pk_u}(r_2)$;

(c)计算 $X_3 \leftarrow Enc_{pk_u}(a)^{r_3}$,$X_4 \leftarrow Enc_{pk_u}(b)^{-1} \times Enc_{pk_u}(r_4)$;

(d)计算 $R_1 \leftarrow Enc_{pk_i}(r_1)$,$R_2 \leftarrow Enc_{pk_i}(r_2)$;

(e)重加密 $H_1 \leftarrow ReEnc(rk_{u \rightarrow i}, X_3)$,$H_2 \leftarrow ReEnc(rk_{u \rightarrow i}, X_4)$;

（f）将 X_1, X_2 发送给 C_2，将 H_1, H_2, R_1, R_2 发送给 DO_i；

2：C_2：

（a）从 C_1 接收到 X_1, X_2；

（b）解密 $x_1 \leftarrow Dec(sk_u, X_1)$，$x_2 \leftarrow Dec(sk_u, X_2)$；

（c）计算 $K_1 \leftarrow Enc_{pk_u}(x_1^{x_2})$，并把 K_1 发送给 C_1；

3：DO_i：

（a）从 C_1 接收到 H_1, H_2；

（b）解密 $h_1 \leftarrow Dec(sk_i, H_1)$，$h_2 \leftarrow Dec(sk_i, H_2)$；

（c）解密 $r_1 \leftarrow Dec(sk_i, R_1)$，$r_2 \leftarrow Dec(sk_i, R_2)$；

（d）计算 $K_2 \leftarrow Enc_{pk_u}(h_1^{-r_2})$，$K_3 \leftarrow Enc_{pk_u}(r_1^{h_2})$；

（e）发送 K_2, K_3 给 C_1；

4：C_1：

（a）从 C_2 接收到 K_1，从 DO_i 接收到 K_2, K_3；

（b）计算 $S_1 \leftarrow Enc_{pk_u}(r_1^{-r_2})$；

（c）计算 $S_2 \leftarrow Enc_{pk_u}(r_1^{-r_4})$；

（d）计算 $S_3 \leftarrow Enc_{pk_u}(r_3^{r_2})$；

（e）输出 $Enc_{pk_u}(a^b) \leftarrow SM^+(K_1, K_2, K_3, S_1, S_2, S_3)$；

下面对 SE^+ 协议的具体步骤做解释和证明：

步骤1：根据同态加法的性质，如式（3.4）、式（3.5），容易得出 $X_1 = Enc_{pk_u}(r_1 \cdot a)$，$X_2 = Enc_{pk_u}(b + r_2)$，$X_3 = Enc_{pk_u}(r_3 \cdot a)$，$X_4 = Enc_{pk_u}(r_4 - b)$。

步骤2：C_2 利用其私钥 sk_u 解密 X_1, X_2，接着计算 $y = x_1^{x_2}$，将 y 用 pk_u 加密后发给 C_1。

步骤3：与步骤2同步进行，DO_i 利用私钥 sk_i 解密获得 h_1, h_2, r_1, r_2，根据步骤1的推导，可以得出 $k_1 = h_1^{-r_2} = (r_3 \cdot a)^{-r_2}$，$k_2 = r_1^{h_2} = r_1^{r_4 - b}$。

步骤4：C_1 计算 $r_1^{-r_2}, r_1^{-r_4}, r_3^{r_2}$ 并分别加密后得到 S_1, S_2, S_3，接收到 K_1, K_2, K_3 后，应用 SE^+ 协议做安全乘法运算来获得最终输出。

定理 3.2（SE^+ 协议正确性） 如果协议的所有参与方都按照 SE^+ 协议规定的步骤执行，那么协议输出的最终结果在解密后为对应输入明文的幂，其中第一个输入为底，第二个输入为指数，即 SE^+ 协议是正确的。

证明：根据步骤1、2、3、4所得的中间结果$\{K_1, K_2, K_3, S_1, S_2, S_3\}$，通过最终的安全乘法运算，可得如下等式：

$$
\begin{aligned}
\mathrm{SM}^+(K_1, K_2, K_3, S_1, S_2, S_3) &= Enc_{pk_u}(Y_1^{Y_2} \cdot h_1^{-r_2} \cdot r_1^{h_2} \cdot r_1^{-r_2} \cdot r_1^{-r_4} \cdot r_3^{r_2}) \\
&= Enc_{pk_u}((r_1 \cdot a)^{r_2+b} \cdot (r_3 \cdot a)^{-r_2} \cdot r_1^{r_4-b} \cdot r_1^{-r_2-r_4} \cdot \\
&\qquad r_3^{r_2}) \\
&= Enc_{pk_u}(r_1^{r_2+b+r_4-b-r_2-r_4} \cdot a^{r_2+b-r_2} \cdot r_3^{-r_2+r_2}) \\
&= Enc_{pk_u}(a^b) \qquad\qquad\qquad\qquad\qquad\qquad\qquad (3.7)
\end{aligned}
$$

根据式(3.7)，最终输出为a^b的密文。所以，SE^+协议的正确性得证。

3.4.2　基于同态乘法 PRE 的构建块计算安全方法

本节介绍第二种基于同态乘法的构建块外包隐私保护方案OPBB^*。这里采用了如3.3节所示的 ElGamal 加密算法，因此服务器C_1能够执行同态乘法运算。OPBB^*包括了密钥分发协议、统一密钥密文转换协议、安全加法运算（Secure Addition, SA^*）协议、安全幂运算（Secure Exponentiation, SE^*）协议。由于密钥分发协议和统一密文转换协议与3.4.1节所展示的是一致的，本节将不再赘述。

3.4.2.1　安全加法运算(SA^*)协议

假设C_1持有两个输入$Enc_{pk_u}(a)$、$Enc_{pk_u}(b)$（$a, b \in \mathscr{M}$），C_2持有密钥对$\{pk_u, sk_u\}$，该协议的目标是计算a和b相加后的加密的值，即$Enc_{pk_u}(a+b)$。在此协议执行过程中，不能有任何关于输入、输出和中间值的隐私泄露。由于底层加密算法不是加法同态的，我们采用在SM^+中使用的随机盲化技术来防止隐私泄露。一个比较直观的方法是：C_1产生一个随机数r，通过同态乘法得到$Enc_{pk_u}(r \cdot a)$和$Enc_{pk_u}(r \cdot b)$，将这两个值发送给C_2去解密；C_2接着计算$Enc_{pk_u}(r \cdot a + r \cdot b)$并发给$C_1$；最终，$C_1$用$r^{-1}$来去除随机数$r$得到最后输出。但是，该方法在文献[223]中被证明是不安全的，这是因为C_2能通过运算$ra/rb \to a/b$来去掉盲化的随机数，比值a/b则会使得敌手$\mathscr{A}$能利用该协议区分输入的密文，从而不是语义安全的。Wang 等[223]的解决方案是需要引入三台互不合谋的服务器防止泄露a/b，但是，通过增加服务器的成本对于预算受限的用户来说是不可接受的。在本节中，仍然考虑在两台不合谋云服务器的外包场景，并确保在执行过程中没有任何的隐私泄露。

在阐述协议前，先介绍一种专门针对 ElGamal 加密的盲化技术，记为

$Blind(CT,r)$。假设 $CT=(c_1,c_2)$ 是密文，r 是随机数，其中，$c_1=m\cdot g^{r_0}$，$c_2=pk^{r_0}$，$m\in\mathscr{M}$，$r_0,r\in_R\mathbb{G}$。通过 $Blind(CT,r)$ 得到新的密文 CT'，其中，$CT'=(r\cdot c_1,c_2)$ $=((m\cdot r)\cdot g^{r_0},c_2)$。显然，明文 m 被随机化为 $m\cdot r$。该操作比 $CT\times Enc_{pk}(r)$ 少一次群 $\mathbb{G}$ 上的乘法运算。SA* 协议的详细设计如算法 3.4 所示。

算法 3.4 SA* $(Enc_{pk_u}(a),Enc_{pk_u}(b))\to Enc_{pk_u}(a+b)$

输入：C_1 两个密文 $Enc_{pk_u}(a)$，$Enc_{pk_u}(b)$，C_2 持有密钥对 $\{pk_u,sk_u\}$；

输出：C_1 获得密文 $Enc_{pk_u}(a+b)$；

1：C_1：

　　(a)产生 4 个随机数 $r_1,r_2\in_R\mathbb{Z}$，$r_3,r_4\in_R\mathbb{G}$，s. t. ，$r_1+r_2\equiv2\bmod N$，其中 N 用来产生乘法循环群 $\mathbb{G}$；

　　(b)计算 $L_1\leftarrow Enc_{pk_u}(a)\times Enc_{pk_u}(b)$；

　　(c)计算 $L_2\leftarrow Blind(Enc_{pk_u}(a)^2,r_3)$；

　　(d)计算 $L_3\leftarrow Blind(L_1,r_1\cdot r_3)$；

　　(e)计算 $L_4\leftarrow Blind(Enc_{pk_u}(b)^2,r_4)$；

　　(f)计算 $L_5\leftarrow Blind(L_1,r_2\cdot r_4)$；

　　(g)将 L_2,L_3,L_4,L_5 发送给 C_2；

2：C_2：

　　(a)解密 $l_i\leftarrow Dec(sk_u,L_i)$，对于 $i=2,\cdots,5$；

　　(b)计算 $s_1\leftarrow l_2+l_3$，$s_2\leftarrow l_4+l_5$；

　　(c)加密 $S_1\leftarrow Enc_{pk_u}(s_1)$，$S_2\leftarrow Enc_{pk_u}(s_2)$；

　　(d)将 S_1,S_2 发送给 C_1；

3：C_1：

　　(a)产生随机数 $r_5\in_R\mathbb{G}$；

　　(b)计算 $\alpha_1\leftarrow Blind(S_1,r_3^{-1}\cdot r_5)$；

　　(c)计算 $\alpha_2\leftarrow Blind(S_2,r_4^{-1}\cdot r_5)$；

　　(d)将 α_1,α_2 发送给 C_2；

4：C_2：

　　(a)解密 $\alpha_i'\leftarrow Dec(sk_u,\alpha_i)$，对于 $i=1,2$；

　　(b)计算 $\lambda\leftarrow\alpha_1'+\alpha_2'$；

　　(c)加密 $\lambda'\leftarrow Enc_{pk_u}(\lambda)$，并发送给 C_1；

$5:C_1:$

（a）计算 $\beta \leftarrow Blind(\lambda', r_5^{-1})$；

（b）输出 $Enc_{pk_u}(a+b) \leftarrow \beta^{\omega}$，其中 $\omega \equiv 2^{-1} \bmod p$；

下面对 SA^* 协议的具体步骤做解释和证明：

步骤 1：根据 ElGamal 同态运算的式（3.2），容易得出 $L_1 = Enc_{pk_u}(a \cdot b)$，根据式（3.3）和 $Blind()$，可得到 $L_2 = Enc_{pk_u}(r_3 \cdot a^2)$，$L_3 = Enc_{pk_u}(r_1 \cdot r_3 \cdot a \cdot b)$，$L_4 = Enc_{pk_u}(r_4 \cdot b^2)$，$L_5 = Enc_{pk_u}(r_2 \cdot r_4 \cdot a \cdot b)$。$X_3 = Enc_{pk_u}(r_3 \cdot a)$，$X_4 = Enc_{pk_u}(r_4 - b)$。

步骤 2：C_2 利用其私钥 sk_u 解密 $L_2, \cdots, L_5$，接着进行两个加法运算，容易推出 $s_1 = r_3 \cdot a^2 + r_1 \cdot r_3 \cdot a \cdot b$，以及 $s_2 = r_4 \cdot b^2 + r_2 \cdot r_4 \cdot a \cdot b$。

步骤 3：C_1 去掉 r_3，r_4 的影响并增加新的盲化随机数 r_5，可以得出 $\alpha_1 = Enc_{pk_u}(r_5 \cdot (a^2 + r_1 \cdot a \cdot b))$，$\alpha_2 = Enc_{pk_u}(r_5 \cdot (b^2 + r_2 \cdot a \cdot b))$。

步骤 4：C_2 利用其私钥 sk_u 解密 α_1，α_2，并做加法 $\alpha_1' + \alpha_2'$，可以得出 $\lambda = r_5 \cdot (a^2 + r_1 \cdot a \cdot b + b^2 + r_2 \cdot a \cdot b)$。

步骤 5：在接收到 λ' 后，C_1 通过密文盲化操作去掉随机数 r_5，并做幂运算 β^{ω}，结果即为期望的输出。

定理 3.3（SA^* 协议正确性） 如果协议的所有参与方都按照 SA^* 协议规定的步骤执行，那么协议输出的最终结果在解密后为对应输入明文的幂，其中第一个输入为底，第二个输入为指数，即 SA^* 协议是正确的。

证明：根据步骤 1、2、3、4、5 计算出的中间结果 $\{L_1, \cdots, L_5, S_1, S_2, \alpha_1, \alpha_2, \lambda', \beta\}$，最终求幂运算 β^{ω}，其中 $\omega \equiv 2^{-1} \bmod p$，可得如下等式：

$$
\begin{aligned}
\beta^{\omega} &= Blind(\lambda, r_5^{-1})^{2^{-1}} \\
&= Enc_{pk_u}(r_5 \cdot (a^2 + r_1 \cdot a \cdot b + b^2 + r_2 \cdot a \cdot b) \cdot r_5^{-1}) \\
&= Enc_{pk_u}(a^2 + b^2 + (r_1 + r_2) \cdot a \cdot b)^{2^{-1}} \\
&= Enc_{pk_u}((a+b)^2)^{2^{-1}} \\
&= Enc_{pk_u}(a+b)
\end{aligned}
\tag{3.8}
$$

根据式（3.8），最终输出为 $a+b$ 的密文。所以，SA^* 协议的正确性得证。

3.4.2.2　安全幂运算(SE*)协议

假设 C_1 持有两个输入 $Enc_{pk_u}(a)$、$Enc_{pk_u}(b)$($a,b \in \mathcal{M}$),C_2 持有密钥对 $\{pk_u,sk_u\}$,该协议的目标是计算以 a 为底、b 为指数的幂在加密后的值,即 $Enc_{pk_u}(a^b)$。在此协议执行过程中,不能有任何关于输入、输出和中间值的隐私泄露。由于 ElGamal 机制具有乘法同态的特性,在密文进行幂运算后,相当于对明文也做了同样指数的幂运算,这就能够用随机数盲化指数,而不像 SE+ 需要有 DO_i 的参与。SE* 协议如算法 3.5 所示。

算法 3.5　$SE^*(Enc_{pk_u}(a), Enc_{pk_u}(b)) \rightarrow Enc_{pk_u}(a+b)$

输入:C_1 两个密文 $Enc_{pk_u}(a)$,$Enc_{pk_u}(b)$,C_2 持有密钥对 $\{pk_u,sk_u\}$;

输出:C_1 获得密文 $Enc_{pk_u}(a+b)$;

1:C_1:

　(a)产生随机数 $r_1 \in_R \mathbb{G}$, $r_2,r_3 \in_R \mathbb{Z}_p^*$;

　(b)计算 $X_1 \leftarrow Blind(Enc_{pk_u}(a),r_1)^{r_3}$;

　(c)计算 $X_2 \leftarrow Blind(Enc_{pk_u}(b),r_2)$;

　(d)加密 $X_3 \leftarrow Enc_{pk_u}(r_1)$;

　(e)将 X_1,X_2,X_3 发送给 C_2;

2:C_2:

　(a)解密 $x_i \leftarrow Dec(sk_u,X_i)$,对于 $i=1,2,3$;

　(b)计算 $y_1 \leftarrow x_1^{x_2}, y_2 \leftarrow x_3^{x_2}$;

　(c)加密 $Z_1 \leftarrow Enc_{pk_u}(y_1), Z_2 \leftarrow Enc_{pk_u}(y_2)$,并发送给 C_1;

3:C_1:

　(a)计算 $H_1 \leftarrow Z_1^{(r_2^{-1} \cdot r_3^{-1})}$, $H_2 \leftarrow Z_2^{-r_2^{-1}}$;

　(b)输出 $Enc_{pk_u}(a^b) \leftarrow H_1 \times H_2$;

下面对 SE* 协议的具体步骤做解释和证明。

步骤 1:根据式(3.3)和盲化操作 $Blind()$,可以验证 $X_1 = Enc_{pk_u}((r_1 \cdot a)^{r_3})$,$X_2 = Enc_{pk_u}(r_2 \cdot b)$。

步骤 2:C_2 利用其私钥 sk_u 解密 X_1,X_2,X_3,接着执行两个幂运算 $x_1^{x_2}, x_3^{x_2}$,容易得出 $y_1 = (r_1 \cdot a)^{r_3 \cdot r_2 \cdot b}$,以及 $y_2 = r_1^{r_2 \cdot b}$。C_2 将 y_1,y_2 用 pk_u 分别加密为 Z_1、Z_2

后发送给 C_1。

步骤 3：C_1 做两个密文的幂运算 $Z_1^{(r_2^{-1} \cdot r_3^{-1})}$ 和 $Z_2^{-r_2^{-1}}$，可以验证 $H_1 = Enc_{pk_u}(((r_1 \cdot a)^{r_3 \cdot r_2 \cdot b \cdot r_2^{-1} \cdot r_3^{-1}}), H_2 = Enc_{pk_u}(r_1^{r_2 \cdot b \cdot (-r_2^{-1})})$，最终以 $H_1 \times H_2$ 作为该协议的输出。

定理 3.4（SE* 协议正确性）　如果协议的所有参与方都按照 SE* 协议规定的步骤执行，那么协议输出的最终结果在解密后为对应输入明文的幂，其中第一个输入为底，第二个输入为指数，即 SE* 协议是正确的。

证明： 根据步骤 1、2、3 所计算的中间结果 $\{X_1, X_2, Z_1, Z_2, H_1, H_2\}$，最终计算 $H_1 \times H_2$，可推出如下等式：

$$
\begin{aligned}
H_1 \times H_2 &= Enc_{pk_u}((x_1)^{x_2 \cdot r_2^{-1} \cdot r_1^{-1}}) \times Enc_{pk_u}(x_3^{-r_2^{-1} \cdot x_2}) \\
&= Enc_{pk_u}((r_1 \cdot a)^{r_3 \cdot r_2 \cdot b \cdot r_2^{-1} \cdot r_3^{-1}} \cdot r_1^{-r_2^{-1} \cdot r_2 \cdot b}) \\
&= Enc_{pk_u}((r_1 \cdot a)^b \cdot r_1^{-b}) \\
&= Enc_{pk_u}(a^b)
\end{aligned}
\tag{3.9}
$$

根据式（3.9），最终输出为 a^b 的密文。所以，SE* 协议的正确性得证。

3.5　安全性分析

本节着重分析 3.4.1 节和 3.4.2 节提出的构建块外包机制的安全性。首先，我们给出协议安全的形式化定义；然后，通过形式化分析，证明在半诚信模型下所提出的方法能够有效保护数据拥有者、查询请求者和计算结果的隐私。

3.5.1　安全性定义

证明一个安全方案的安全性通常有两种方法：基于博弈游戏的方法和基于视角模拟（View Simulation）的方法。这两种方法在分析协议的安全性时是等效的[230]。在本章和后续的章节中，主要采用了基于视角模拟的形式化证明方法。文献[228]定义了 Real vs. Ideal（真实和理想）安全模型，该模型在多方安全计算[231]和可搜索加密中经常被用来定义安全性。

假设存在一个半诚信的敌手 $\mathscr{A}$ 俘获了协议中的某个参与者，$\mathscr{A}$ 通过与其他诚实的参与者交互完成一个协议 π，其在真实世界中的视角就是实际执行 π 的输入、输出和中间结果。在理想世界中，模拟者 Sim 执行理想的过程 f，挑战者将输入 x 发送给 Sim。如果输入 x 为 $\perp$，那么 Sim 就返回 $\perp$；否则，计算 $f(x)$ 并

把结果返回给 $\mathscr{A}$,并输出 $\mathscr{A}$ 在理想世界的视角。

定义 3.1(Real vs. Ideal 安全模型) 记敌手 $\mathscr{A}$ 在真实世界的视角为 $\mathrm{REAL}_{\pi,\mathscr{A}}(\lambda,\bar{x})$,其在理想世界中的视角为 $\mathrm{IDEAL}_{f,\mathrm{Sim}}(\lambda,\bar{x})$,其中, λ 表示安全参数, $\bar{x}$ 表示协议 π 的一般输入。如果存在一个模拟者 Sim 通过某些运算 f 能够模拟半诚信敌手 $\mathscr{A}$ 在理想世界中的视角,使得 $\mathscr{A}$ 在多项式时间内无法区分其在真实世界中的观察和在理想世界中的视角,即满足如下公式:

$$\{\mathrm{REAL}_{\pi,\mathscr{A}}(\lambda,\bar{x})\} \stackrel{c}{\approx} \{\mathrm{IDEAL}_{f,\mathrm{Sim}}(\lambda,\bar{x})\} \tag{3.10}$$

则协议 π 在半诚信模型下是安全的。这里, $\stackrel{c}{\approx}$ 表示计算上不可区分。

3.5.2 构建块计算安全方法的安全性

3.5.2.1 OPPB$^+$ 方案的安全性分析

根据本章的系统模型,有多个参与者协作完成构建块外包协议。为了更直观地分析安全性,只考虑两个数据拥有者 DO_i 和 $\mathrm{DO}_j(i,j\in[1,n],i\neq j)$ 、云服务器 C_1 和服务器 C_2 ,对应四种类型不合谋且半诚信的敌手 $\mathscr{A}_{\mathrm{DO}_i}$, $\mathscr{A}_{\mathrm{DO}_j}$, $\mathscr{A}_{\mathrm{C}_1}$, $\mathscr{A}_{\mathrm{C}_2}$,他们分别俘获 DO_i , DO_j , C_1 , C_2 。为证明 OPBB$^+$ 方案的安全性,则需要证明对于 $\forall \mathscr{A} \in \{\mathscr{A}_{\mathrm{DO}_i},\mathscr{A}_{\mathrm{DO}_j},\mathscr{A}_{\mathrm{C}_1},\mathscr{A}_{\mathrm{C}_2}\}$,都能构造对应的 Sim $\in\{\mathrm{Sim}_{\mathrm{DO}_i},\mathrm{Sim}_{\mathrm{DO}_j},\mathrm{Sim}_{\mathrm{C}_1},\mathrm{Sim}_{\mathrm{C}_2}\}$,并使得式(3.10)成立。

定理 3.5(KD 协议安全性) 在半诚信且非合谋敌手 $\{\mathscr{A}_{\mathrm{DO}_i},\mathscr{A}_{\mathrm{DO}_j},\mathscr{A}_{\mathrm{C}_1},\mathscr{A}_{\mathrm{C}_2}\}$ 存在的情况下,3.4.1.1 节所描述的 KD 协议能够安全地分发密钥,当且仅当所有的盲化因子和私钥是随机产生的。

证明: 需要构造理想世界的模拟者 $\mathrm{Sim}_{\mathrm{DO}_i}$, $\mathrm{Sim}_{\mathrm{DO}_j}$, $\mathrm{Sim}_{\mathrm{C}_1}$, $\mathrm{Sim}_{\mathrm{C}_2}$,具体如下。

$\mathrm{Sim}_{\mathrm{DO}_i}$ 通过如下计算模拟 $\mathscr{A}_{\mathrm{DO}_i}$ 的视角:产生随机数 $r'_i, sk'_i \xleftarrow{R} \mathbb{G}$,计算 $pk'_i \leftarrow g^{sk'_i}$ 、 $\tau'_i \leftarrow r'_i \cdot sk'^{-1}_i$,返回 $r'_i, sk'_i, pk'_i, \tau'_i$ 给 $\mathscr{A}_{\mathrm{DO}_i}$ 。显然,由于 r'_i, sk_i, sk'_i 是随机产生的, $\mathscr{A}_{\mathrm{DO}_i}$ 无法区分真实世界和理想世界。$\mathrm{Sim}_{\mathrm{DO}_j}$ 和 $\mathrm{Sim}_{\mathrm{DO}_i}$ 的工作原理类似。

$\mathrm{Sim}_{\mathrm{C}_1}$ 通过如下计算模拟 $\mathscr{A}_{\mathrm{C}_1}$ 的视角:产生随机数集合 $\{r'_i \in_R \mathbb{G} \mid i=1,\cdots,n\}$ 和 $\{rk'_{i\leftrightarrow u} \in_R \mathbb{G} \mid i=1,\cdots,n\}$,将这两个集合返回给 $\mathscr{A}_{\mathrm{C}_1}$ 。在真实世界中 $\mathscr{A}_{\mathrm{C}_1}$ 的输入是 κ ,输出有 $r_i, rk_{i\leftrightarrow u}(1\leqslant i\leqslant n)$ 。由于 DO_i 和 C_2 的私钥是随机产生的,而且 $\mathscr{A}_{\mathrm{C}_1}$ 没有先验知识, $rk_{i\leftrightarrow u}$ 相当于随机数,所以区分现实世界和理想世界是计算上困难的。

$\mathrm{Sim}_{\mathrm{C}_2}$ 通过如下计算模拟 $\mathscr{A}_{\mathrm{C}_2}$ 的视角:产生随机数 $\tau'_i, sk'_u \xleftarrow{R} \mathbb{G}$,计算 $pk'_u \leftarrow$

$g^{sk'_u}$、$\upsilon_i\leftarrow\tau'_i\cdot sk'_u$,返回$\{\tau'_i,sk'_u,pk'_u,\upsilon'_i\}$给$\mathscr{A}_{C_2}$。由于$\{\tau'_i,sk'_u,sk_u\}$是随机产生的,$\mathscr{A}_{C_2}$无法区分真实世界和理想世界。

根据式(3.10)可得,KD协议在半诚信模型下是安全的。

定理3.6(UCT协议安全性) 在半诚信且非合谋敌手$\{\mathscr{A}_{DO_i},\mathscr{A}_{DO_j},\mathscr{A}_{C_1}\}$存在的情况下,3.4.1.2节所描述的UCT协议能安全地进行密钥转换,当且仅当加密机制是语义安全的。

证明:下面展示如何构造理想世界的模拟者$Sim_{DO_i},Sim_{DO_j},Sim_{C_1}$:

Sim_{DO_i}通过如下计算模拟$\mathscr{A}_{DO_i}$的视角:一方面,接收$x\in D_i$作为输入,计算$X\leftarrow Enc_{pk_i}(x)$返回给$\mathscr{A}_{DO_i}$;另一方面,由于$\mathscr{A}_{DO_i}$具备窃听能力并能够截获$DO_j$的输出,$Sim_{DO_i}$产生随机密文$X'\xleftarrow{R}(\mathbb{G},\mathbb{G})$并将其返回给$\mathscr{A}_{DO_i}$。在真实世界中,$\mathscr{A}_{DO_i}$的视角包括了$x,Enc_{pk_i}(D_i),Enc_{pk_j}(D_j)$。由于ElGamal是语义安全的加密机制并且$\mathscr{A}_{DO_i}$不知道私钥$sk_j$,因此$\mathscr{A}_{DO_i}$无法区分现实世界和理想世界。$Sim_{DO_j}$和$Sim_{DO_i}$的工作原理类似。

Sim_{C_1}通过如下计算模拟$\mathscr{A}_{C_1}$的视角:产生随机密文$(A_1,A_2)\xleftarrow{R}(\mathbb{G},\mathbb{G})$,计算$A'_1\leftarrow A_1^{rk_{i\rightarrow u}}$,将$(A_1,A_2)$和$(A'_1,A_2)$分别作为输入、输出密文返回给$\mathscr{A}_{C_1}$。在真实世界中,$\mathscr{A}_{C_1}$的视角包括输入$Enc_{pk_i}(x)$和输出$Enc_{pk_u}(x)(x\in D)$。由于解离散对数是困难的,$\mathscr{A}_{C_1}$无法区分加密的密文,因此区分真实世界和理想世界是困难的。

由于该协议的执行过程没有C_2的参与,因而不需要考虑来自$\mathscr{A}_{C_2}$的攻击。

综上所述,UCT协议在半诚信模型下是安全的。

定理3.7(SM$^+$协议安全性) 在半诚信且非合谋敌手$\{\mathscr{A}_{C_1},\mathscr{A}_{C_2}\}$存在的情况下,3.4.1.3节所描述的SM$^+$协议能安全地在密文上计算乘法,当且仅当加密机制是语义安全的,且盲化因子是随机选择的。

证明:下面展示如何构造理想世界的模拟者Sim_{C_1},Sim_{C_2}:

Sim_{C_1}通过如下计算模拟$\mathscr{A}_{C_1}$的视角:产生随机密文$A,B,Y'\xleftarrow{R}(\mathbb{G},\mathbb{G})$、随机数$r'_1,r'_2\xleftarrow{R}\mathbb{G}$,计算$X'_1\leftarrow A^{r_1},X'_2\leftarrow B^{r_2}$和$\bar{Y}\leftarrow Y'^{(r_1r_2)^{-1}}$,将$\{A,B\}$作为$\mathscr{A}_{C_1}$的输入,$\bar{Y}$为输出,$\{X'_1,X'_2,Y'\}$为中间计算值。在真实世界中,$\mathscr{A}_{C_1}$的视角包括输入$\{Enc_{pk_u}(a),Enc_{pk_u}(b)\}$和输出$Enc_{pk_u}(ab)$,以及中间的计算结果$\{X_1,X_2,Y\}$。由于底层的加密机制是语义安全的,因此,$\mathscr{A}_{C_1}$区分真实世界和理想世界是困难的。

Sim_{C_2} 通过如下计算模拟 $\mathscr{A}_{C_2}$ 的视角:产生随机数 $h_1, h_2 \xleftarrow{R} \mathbb{G}$,用 pk_u 加密得 $X'_1 \leftarrow Enc_{pk_u}(h_1)$ 和 $X'_2 \leftarrow Enc_{pk_u}(h_2)$,计算 $Y' \leftarrow X'^{h_1}_1$,返回 $\{X'_1, X'_2\}$ 为 $\mathscr{A}_{C_2}$ 观察的输入,Y' 为输出,h_1 为中间结果。在真实世界中,$\mathscr{A}_{C_2}$ 的视角包括输入 X_2,输出 Y,中间结果 h。由于 r_2 是随机数,$h = r_2 b$ 也是个随机数,所以,$\mathscr{A}_{C_2}$ 无法区分现实世界和理想世界。

综上所述,SM^+ 协议在半诚信模型下是安全的。

定理 3.8(SE⁺ 协议安全性) 在半诚信且非合谋敌手 $\{\mathscr{A}_{DO_i}, \mathscr{A}_{C_1}, \mathscr{A}_{C_2}\}$ 存在的情况下,3.4.1.4 节所描述的 SE^+ 协议能安全地在密文上进行幂运算,当且仅当加密机制是语义安全的,且盲化因子是随机选择的。

证明: 下面展示如何构造理想世界的模拟者 $Sim_{DO_i}, Sim_{C_1}, Sim_{C_2}$:

Sim_{DO_i} 通过如下计算模拟 $\mathscr{A}_{DO_i}$ 的视角:产生随机数 $r'_1, r'_2, h'_1, h'_2 \xleftarrow{R} \mathbb{G}$,通过 pk_i 加密得到 R'_1, R'_2, H'_1, H'_2,计算 $l_1 \leftarrow h'^{-r_2}_1$ 和 $l_2 \leftarrow r'^{h_2}_1$,产生随机密文 $K'_2, K'_3 \xleftarrow{R} (\mathbb{G}, \mathbb{G})$,返回 $\{R'_1, R'_2, H'_1, H'_2\}$ 作为 $\mathscr{A}_{DO_i}$ 的输入,$\{h'_1, h'_2, r'_1, r'_2, l_1, l_2\}$ 作为对应的中间结果,$\{K'_2, K'_3\}$ 作为其输出。在真实世界中,$\mathscr{A}_{DO_i}$ 的视角包括输入 $\{H_1, H_2, R_1, R_2\}$,中间计算结果包括 $\{h_1, h_2, r_1, r_2, h^{-r_2}_1, r^{h_2}_1\}$,输出 $\{K_2, K_3\}$。由于 h_1, h_2 分别被随机数 r_3, r_4 盲化,并且 $\mathscr{A}_{DO_i}$ 没有私钥 sk_u,因此 $\mathscr{A}_{DO_i}$ 无法对真实世界和理想世界的观察做区分。

Sim_{C_1} 通过如下计算模拟 $\mathscr{A}_{C_1}$ 的视角:产生随机密文 $A, B, R_2, R_4 \xleftarrow{R} (\mathbb{G}, \mathbb{G})$,产生随机数 $r'_1, r'_2, r'_3, r'_4 \xleftarrow{R} \mathbb{G}$,计算 $X'_1 \leftarrow A^{r_1}, X'_2 \leftarrow B \times R'_2, X'_3 \leftarrow A^{r_3}, X'_4 \leftarrow B^{-1} \times R_4$,对 X'_3, X'_4 用 $rk_{u \leftrightarrow i}$ 做重加密操作,得到 H'_1, H'_2,产生随机密文 $S'_1, S'_2, S'_3, R_f \xleftarrow{R} (\mathbb{G}, \mathbb{G})$ (R_f 表示 SE^+ 协议输出)。将 $\{A, B\}$ 作为 $\mathscr{A}_{C_1}$ 视角的输入,R_f 为输出,中间结果为 $\{X'_1, X'_2, H'_1, H'_2, R'_1, R'_2\}$。在真实世界中,$\mathscr{A}_{C_1}$ 的输入为 $\{Enc_{pk_u}(a), Enc_{pk_u}(b)\}$,输出为 $Enc_{pk_u}(a^b)$,中间结果为 $\{X_1, X_2, H_1, H_2, R_1, R_2\}$。由于 ElGamal 加密和 SM^+ 是语义安全的,且 $\mathscr{A}_{C_1}$ 没有解密密钥 sk_u,因此区分两种世界视角是计算困难的。

Sim_{C_2} 通过如下计算模拟 $\mathscr{A}_{C_2}$ 的视角:产生随机数 $x'_1, x'_2 \xleftarrow{R} \mathbb{G}$,用 pk_u 加密得到 $Enc_{pk_u}(x'_1), Enc_{pk_u}(x'_2)$,计算 $K'_1 \leftarrow Enc_{pk_u}(x'^{x'_2}_1)$,返回 $\{X'_1, X'_2\}$ 作为理想世界的输入,$\{K'_1\}$ 为输出,$\{x'_1, x'_2, x'^{x'_2}_1\}$ 为中间结果。在真实世界中,$\mathscr{A}_{C_2}$ 的输入是 $\{Enc_{pk_u}(r_1 a), Enc_{pk_u}(r_2 b)\}$,输出是 $Enc_{pk_u}(x^{x_2})$,中间计算结果是 $\{x_1, x_2, x^{x_2}\}$。由于 x_1, x_2 被随机数 r_1, r_2 盲化,所以 $\mathscr{A}_{C_2}$ 无法区分其观察的真实世界和理想

世界。

综上所述，SE^+协议在半诚信模型下是安全的。

3.5.2.2　$OPPB^*$方案的安全性分析

在$OPBB^*$方案中，由于 KD 和 UCT 协议与$OPBB^+$是一致的，其安全性在这里不再赘述，这里主要分析SA^*和SE^*协议的安全性。

定理 3.9（SA^*协议安全性）　在半诚信且非合谋敌手$\{\mathscr{A}_{C_1}, \mathscr{A}_{C_2}\}$存在的情况下，3.4.2.1 节所描述的$SA^*$协议能安全地在密文上进行加法运算，当且仅当加密机制是语义安全的，且盲化因子是随机选择的。

证明：该协议执行只涉及两台云服务器，下面展示如何构造理想世界的模拟者Sim_{C_1}, Sim_{C_2}。

Sim_{C_1}通过如下计算模拟$\mathscr{A}_{C_1}$的视角：产生随机密文$A, B, \bar{S}_1, \bar{S}_2, \bar{\lambda} \xleftarrow{R} (\mathbb{G}, \mathbb{G})$，产生随机数$r_i' \xleftarrow{R} \mathbb{G}$（$i = 1, \cdots, 5$），按照算法 3.4 中$C_1$的步骤产生$L_1', \cdots, L_5'$，$\alpha_1', \alpha_2', \beta'$，接着计算$\hat{\beta} \leftarrow \beta'^{\omega}$，将$\{A, B\}$作为$\mathscr{A}_{C_1}$理想的输入，$\hat{\beta}$为输出，$\{L_1', \cdots, L_5', \alpha_1', \alpha_2', \beta'\}$为中间结果。在真实世界中，$\mathscr{A}_{C_i}$视角的输入为$\{Enc_{pk_u}(a), Enc_{pk_u}(b)\}$，输出为$Enc_{pk_u}(a+b)$，其他值为中间结果。由于底层加密机制是语义安全的，$\mathscr{A}_{C_1}$视角的都是密文和随机数运算结果，所以其无法区分真实世界和理想世界。

Sim_{C_2}通过如下计算模拟$\mathscr{A}_{C_2}$的视角：产生随机数$l_i', \bar{\alpha}_1, \bar{\alpha}_2 \xleftarrow{R} \mathbb{G}$（$i = 2, \cdots, 5$），用$pk_u$分别加密这些随机数，得到$Enc_{pk_u}(l_i'), Enc_{pk_u}(\bar{\alpha}_j)$（对于$i = 2, \cdots, 5, j = 1, 2$）作为$\mathscr{A}_{C_2}$理想世界的输入，计算$s_1' \leftarrow l_2' + l_3' \backslash s_2' \leftarrow l_4' + l_5' \backslash \bar{\lambda} \leftarrow \bar{\alpha}_1 + \bar{\alpha}_2$作为$\mathscr{A}_{C_2}$的中间结果，返回$Enc_{pk_u}(\bar{\lambda})$作为$\mathscr{A}_{C_2}$的输出。在真实世界中，$\mathscr{A}_{C_2}$的输入为$\{L_2, \cdots, L_5, \alpha_1, \alpha_2\}$，输出为$\{S_1, S_2, \lambda'\}$，中间计算结果为$\{l_2, \cdots, l_5, s_1, s_2, \alpha_1', \alpha_2', \lambda\}$。其中，$l_2 = r_3 a^2, l_3 = r_1 r_3 ab, l_4 = r_4 b^2, l_5 = r_2 r_4 ab$。由于数据$a, b$被随机数盲化，而$r_1 + r_2 = 2 \bmod N$，则$\mathscr{A}_{C_2}$不能直接得出$r_1, r_2$的关系，从而不能建立足够的等式来解$a/b$或$b/a$（有 5 个未知数、4 个等式）。因此，$\mathscr{A}_{C_2}$区分真实世界和理想世界在计算上是困难的。

综上所述，SA^*协议在半诚信模型下是安全的。

定理 3.10（SE^*协议安全性）　在半诚信且非合谋敌手$\{\mathscr{A}_{C_1}, \mathscr{A}_{C_2}\}$存在的情况下，3.4.2.2 节所描述的$SE^*$协议能安全地在密文上进行幂运算，当且仅当加密机制是语义安全的，且盲化因子是随机选择的。

证明：该协议执行只涉及两台云服务器，下面展示如何构造理想世界的模拟

者 Sim_{C_1}，Sim_{C_2}。

Sim_{C_1} 通过如下计算模拟 $\mathscr{A}_{C_1}$ 的视角：产生随机密文 $A,B,Z'_1,Z'_2,X'_3 \xleftarrow{R} (\mathbb{G},$ $\mathbb{G})$，产生随机数 $r'_1 \leftarrow \mathbb{G}$ 和 $r'_2,r'_3 \leftarrow \mathbb{Z}_p^*$，计算 $X'_1 \leftarrow Blind(A,r'_1)^{r3}$、$X'_2 \leftarrow Blind(B,r'_2)$、$H'_1 \leftarrow Z'_1{}^{r'_2{}^{-1}r'_3{}^{-1}}$、$H'_2 \leftarrow Z'_2{}^{-r'_2{}^{-1}}$、$R_f \leftarrow H'_1 \times H'_2$，返回 $\{A,B\}$ 作为 $\mathscr{A}_{C_1}$ 的输入，R_f 作为输出，$\{X'_1,X'_2,X'_3,H'_1,H'_2\}$ 为中间计算结果，r'_1,r'_2,r'_3 为随机数。在真实世界中，$\mathscr{A}_{C_1}$ 的输入为 $\{Enc_{pk_u}(a),Enc_{pk_u}(b)\}$，输出为 $Enc_{pk_u}(a^b)$，对应的 $\{X_1,X_2,X_3,H_1,H_2\}$ 为中间结果。由于 ElGamal 加密机制是语义安全的，因此 $\mathscr{A}_{C_1}$ 无法从密文中区分出真实世界和理想世界。

Sim_{C_2} 通过如下计算模拟 $\mathscr{A}_{C_2}$ 的视角：产生随机数 $x'_1,x'_2,x'_3 \xleftarrow{R} \mathbb{G}$，计算 $y'_1 \leftarrow x'_1{}^{x'_2}$ 和 $y'_2 \leftarrow x'_3{}^{x'_2}$，用 pk_u 加密得 $X'_i = Enc_{pk_u}(x'_i)(i=1,2,3)$、$Z'_i = Enc_{pk_u}(y'_i)(i=1,2)$，返回 $\{X'_1,X'_2,X'_3\}$ 作为 $\mathscr{A}_{C_2}$ 理想视角的输入，$\{Z'_1,Z'_2\}$ 作为输出，$\{x'_1,x'_2,x'_3,y'_1,y'_2\}$ 为中间结果。在真实世界中，$\mathscr{A}_{C_2}$ 的输入是 $\{X_1,X_2,X_3\}$，输出是 $\{Z_1,Z_2\}$，中间结果是 $\{x_1,x_2,x_3,y_1,y_2\}$。虽然 $\mathscr{A}_{C_2}$ 能用私钥解密数据，但这些数据都被随机数盲化，所以 $\mathscr{A}_{C_2}$ 不能区分真实世界和理想世界。

综上所述，SE^* 协议在半诚信模型下是安全的。

3.6 性能分析

本节从理论和仿真实验两个方面分析所提出的解决方案的性能，主要对比的方案是文献[223]提出的 Vitamin$^+$ 和 Vitamin*，以及文献[220]的 PTK 方案。他们都支持在多密钥加密下的外包计算，分别利用了 ElGamal 加密机制和 BCP[101] 加密机制，实现了多密钥加密数据的密文转换、密文加法和密文乘法外包协议。这些方案的系统模型和我们的类似，都是基于半诚信且不合谋的双服务模型设计的。

3.6.1 理论分析

记 Exp、Mul、Dlog 分别表示模指数运算、模乘法运算、解离散对数操作。对于数据拥有者和查询请求者，他们的开销包括加密各自的数据集和请求、解密最终的计算结果，以及部分参与外包计算。值得注意的是，这种类型的开销是仅一次性开销，而外包计算开销会随着目标函数的复杂度增加而增加，并随着查询用户数量增加而增加，显然数据集加密造成的开销则被摊薄，占总开销的比例则越来越小。

3.6.1.1 OPPB$^+$方案开销

OPPB$^+$采用了变形版的 ElGamal 加密算法,与原来算法的主要区别是明文消息 m 成了 g 的指数,因而具备了同态加法的性质。做一次加密操作的开销为 $3\mathrm{Exp} + 1\mathrm{Mul}$,做一次解密操作的开销为 $1\mathrm{Exp} + 1\mathrm{Mul} + 1\mathrm{Dlog}$。表 3.1 列出了基于同态加法加密机制的方案计算开销对比情况。前两个方案都是基于代理重加密的,所以能够直接对密文重加密,其开销为 $1\mathrm{Mul}$,PTK 方案需要解密后再加密,其开销较大,为 $10\mathrm{Exp} + 18\mathrm{Mul}$。由于这里的方案都满足密文的同态加法,因此,加法计算外包的开销都是 $2\mathrm{Mul}$。对于乘法运算外包,我们提出的 SM$^+$ 造成的开销是 $9\mathrm{Exp} + 2\mathrm{Mul} + 1\mathrm{Dlog}$,比 Vitamin$^{+[223]}$ 的开销($11\mathrm{Exp} + 5\mathrm{Mul} + 2\mathrm{Dlog}$)要小,但这两种方法需要解离散对数,对明文的大小有要求。PTK[220] 由于不需要解离散对数,对明文大小没有限制,但较高的指数运算次数也造成了很大计算开销。对于幂外包运算,我们提出的 SE$^+$ 的开销为 $95\mathrm{Exp} + 27\mathrm{Mul} + 11\mathrm{Dlog}$,而其他两个方案均未实现该算法。

表 3.1 基于同态加法的构建块外包计算开销对比

方案	OPBB$^+$	Vitamin$^+$	PTK
重加密计算	$1\mathrm{Mul}$	$1\mathrm{Mul}$	$10\mathrm{Exp} + 18\mathrm{Mul}$
加法计算外包	$2\mathrm{Mul}$	$2\mathrm{Mul}$	$2\mathrm{Mul}$
乘法计算外包	$9\mathrm{Exp} + 2\mathrm{Mul} + 1\mathrm{Dlog}$	$11\mathrm{Exp} + 5\mathrm{Mul} + 2\mathrm{Dlog}$	$20\mathrm{Exp} + 32\mathrm{Mul}$
幂计算外包	$95\mathrm{Exp} + 27\mathrm{Mul} + 11\mathrm{Dlog}$	—	—

由于上述三种方案都具备密文的同态加法性质,因此,他们的安全加法运算的通信开销是 0。OPPB$^+$ 和 Vitamin$^+$ 的安全乘法需要 1 轮通信并传递 3 个密文,他们的通信开销都是 $6\,|\mathbb{G}|$,PTK 的通信开销是 $6\,|N^2|$,其中,$|\mathbb{G}|$、$|N^2|$ 表示比特大小。OPPB$^+$ 的安全幂运算(SE$^+$)的通信开销为 $18\,|\mathbb{G}|$。

3.6.1.2 OPPB*方案开销

OPPB* 和 Vitamin$^{*[223]}$ 都采用了基于 ElGamal 的 PRE 算法,做一次加密操作的开销是 $2\mathrm{Exp} + 1\mathrm{Mul}$,做一次解密操作的开销是 $1\mathrm{Exp} + 1\mathrm{Mul}$。表 3.2 列出了基于同态乘法的解决方案和本章提出的方案的计算开销对比情况。由于该加密具备乘法同态性质,他们做重加密的开销都是 $1\mathrm{Mul}$。对于加法外包,Vitamin*

实现了两种方法:第一种方法基于两台服务器设计,但是其安全性较弱,泄露了用户输入数据的比值信息,不是语义安全的解决方案;第二种方法较为安全,基于三台服务器构建协议,在表 3.2 对比的是该方法,SA^* 需要云服务器执行 $15Exp + 20Mul$ 操作,而 $Vitamin^*$ 需要 $24Exp + 32Mul$,更多次数的指数运算显著地增加了计算开销。对于幂计算外包,我们提出的 SE^* 的开销是 $16Exp + 13Mul$,$Vitamin^*$ 没有实现幂运算的外包。

表 3.2 基于同态乘法的构建块外包计算开销对比

方案	OPBB*	Vitamin*
重加密计算	1Mul	1Mul
加法计算外包	15Exp + 20Mul	24Exp + 32Mul
乘法计算外包	2Mul	2Mul
幂计算外包	16Exp + 13Mul	—

由于乘法计算的外包可以由 C_1 单独完成,则其通信开销为 0。加法计算外包则需要两台服务器的协作,$OPPB^*$ 和 $Vitamin^*$ 方案的通信开销都为 $18|\mathbb{G}|$。SE^* 的通信开销为 $10|\mathbb{G}|$,相比于 SE^+ 代价更低,因为 SE^+ 所基于的加密机制只具有同态加法性质,无法将指数做随机盲化。为防止造成隐私信息泄露给云服务器,只有通过增加一个第三方(比如 DO_i),才能安全地执行外包计算。

3.6.2 实验分析

为了评估所提出方案的计算开销和通信开销,我们进行了一系列实验测试。所有的协议都是用 C++ 编程实现,代数运算使用了 Crypto++ 5.6.3 库[232]提供的接口。由于 $OPPB^+$ 的算法需要解离散对数,我们通过构建哈希表,并采用折半查找法进行快速查找,实现了短消息的快速解密。为了达到相同的安全要求(80 – 比特安全级别)[233],ElGamal 加密的密钥大小 $|\mathbb{G}| = 1\ 024$;对于 BCP 加密[101],选择 $|N| = 1\ 024$。实验服务器的配置是 Intel Xeon E5 – 2620@2.10 GHz CPU,运行 8GB 内存,带宽为 1 Gbit/s,操作系统为 CentOS 6.5。假设 DO_i 的数据集是 m 维的向量 $\boldsymbol{X}_i$,QU 的查询请求为 m 维的向量 $\boldsymbol{Y}$,其中 $m \geqslant 1$,$\boldsymbol{X}_i,\boldsymbol{Y} \in_R [1, 2^{32}]$,$i = 1,\cdots,n$。$DO_i$ 和 QU 用各自的密钥加密数据集,并上传至 CSP。

3.6.2.1 加密性能测试

首先评估加密数据集所花费的开销,实验结果如图3.2所示。观察可得出,用户加密数据产生的开销与数据集的大小成正比,PTK方案所花的时间显著大于其他四种方案。这种差距主要是由于BCP加密算法运算的模是N^2,是ElGamal机制的模大小的两倍,计算效率因此受到较大影响。我们所提出的方案和文献[223]的Vitamin方案使用了同一种加密方式,因而他们的时间开销近似。当$m=1\,000$时,OPBB$^+$和OPBB*只需花费每个数据拥有者平均1.77s加密向量,这个相比于云端的开销要小很多。

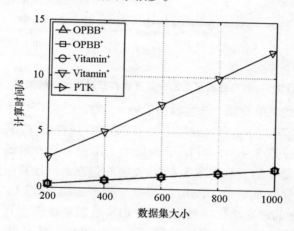

图3.2 数据拥有者加密数据集的计算开销和数据集大小的关系

当用户把加密的数据集上传至云端后,服务器需要调用UCT协议将不同用户密钥加密的密文转换为统一密钥加密的密文。图3.3展示了现有外包方案做重加密计算的性能和数据集大小的变化关系,可以看出,这些方案的重加密时间都是随着数据集大小的增加而增加,而PTK方案时间增长的速度明显快于其他四种方案。这是因为PTK必须通过两台服务器协作才能完成重加密,其中包括了盲化、解密、加密、去盲化的操作,而基于PRE的方案只需要进行一次幂运算就完成了转换,该方法显然提高了重加密效率。

3.6.2.2 加法外包性能测试

接下来评估加法运算外包时各方案在云端的计算和通信开销。这里的计算开销指的是服务器为完成全部计算任务所花费的时间,而通信开销指的是两台

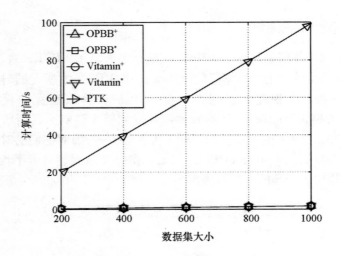

图 3.3　服务器重加密的计算开销和数据集大小的关系

服务器之间交互的网络流量。该实验假设 $m=1$,QU 请求 CSP 计算 X_i+Y,其中 $1\leqslant i\leqslant n$。OPBB$^+$ 在执行过程中调用了 UCT 和 SA$^+$ 两种协议,其他方案则调用类似功能的协议。图 3.4(a)和(b)分别展示了加法运算外包的计算开销和通信开销与用户数量 n 的关系。图 3.4(a)表明外包方案的计算时间随数据集规模的增加而增长,Vitamin$^+$ 和 OPBB$^+$ 都是基于同态加法,只需 C$_1$ 执行两次模乘法运算;PTK 方案的时间增长率最大,虽然 PTK 的加密机制也具有加法同态性质,但是其重加密阶段的开销较大;Vitamin* 和 OPBB* 都是基于同态乘法的ElGamal 机制构造,但显然 OPBB* 的开销更低,当 $n=500$ 时,其外包时间为Vitamin* 的 50%。在图 3.4(b)中,Vitamin$^+$ 和 OPBB$^+$ 的通信开销一直为 0,PTK、Vitamin* 和 OPBB* 的开销随着用户数量的增加而线性增长,但后两者的增长幅度较大。

3.6.2.3　乘法外包性能测试

为了测试方案在执行乘法外包时的性能,假设 $m=1$,QU 请求 CSP 计算 $X_i\times Y$,其中 $1\leqslant i\leqslant n$。OPBB$^+$ 在执行过程中调用了 UCT 和 SM$^+$ 两种协议,其他方案则调用类似功能的协议,实验结果如图 3.5(a)和(b)所示。图 3.5(a)表明,外包方案的计算时间随着用户数量 n 的增长而增长,PTK 方案是其他方案计算开销的 24.45 倍,而 Vitamin$^+$ 是 OPBB$^+$ 的 1.58 倍,这种差距主要是因为 PTK 重加密开销较大,以及 Vitamin$^+$ 需要多执行一次解密运算;由于 Vitamin* 和

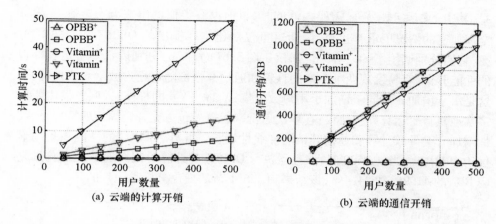

(a) 云端的计算开销　　　　(b) 云端的通信开销

图 3.4　加法运算外包性能与用户数量的关系

OPBB*都是基于同态乘法构造,只需要一台服务器即可完成运算,所以这两种方案的计算开销最低。

图 3.5(b)说明了通信开销与用户数量的关系,除了 Vitamin* 和 OPBB* 之外,其他方案的通信开销都随用户数量 n 的增加而增加;当 $n = 500$ 时,OPBB+ 的开销是 PTK 的 34.97% ,是 Vitamin+ 的 116.53% ;Vitamin* 和 OPBB* 方案不需要服务器之间交互协作,因此,它们的通信开销为 0。

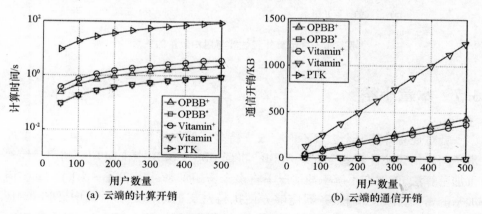

(a) 云端的计算开销　　　　(b) 云端的通信开销

图 3.5　乘法运算外包性能与用户数量的关系

3.6.2.4　幂运算外包性能测试

最后测试评估针对幂运算外包方案的性能。假设 $m = 1$,QU 请求 CSP 计算

X_i^Y,其中 $1 \leqslant i \leqslant n$。另外,需要强调的是,目前没有类似的解决方案能在 X_i 和 Y 全部加密的情况下求幂运算,因而这里仅对比本章提出的 OPBB$^+$ 和 OPBB* 方案,它们分别调用了 SE$^+$ 和 SE* 协议。图 3.6(a)和(b)分别展示了幂运算外包的性能开销,容易发现两种方案的计算和通信开销都随着用户数量 n 线性增长。这是由于增加 n 等同于增加了用户数据集 $\{X_1, \cdots, X_n\}$ 的规模,云服务器需要更多次地执行幂运算外包协议;在单次运行幂运算外包方案开销固定的情况下,线性增加 n 会导致计算和通信开销同样线性增长。此外,OPBB* 的性能表现明显优于 OPBB$^+$。当 $n = 500$ 时,服务器执行 OPBB* 的计算时间和通信流量分别是 OPBB$^+$ 的 41.9% 和 24.4%,该结果和 3.6.1 节的理论分析是一致的。

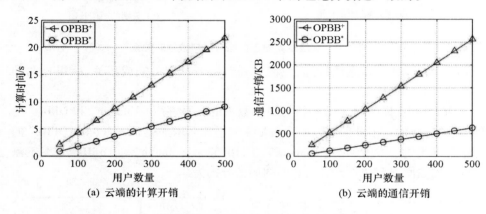

(a) 云端的计算开销　　　　　　(b) 云端的通信开销

图 3.6　幂运算外包性能与用户数量的关系

3.7　本章小结

　　针对现有计算安全方案不能有效支持多密钥加密数据计算的问题,本章提出了两种构建块计算安全方案 OPBB$^+$ 和 OPBB*。OPBB$^+$ 和 OPBB* 利用了代理重加密算法,能够在不解密的情况下将多个密钥加密的密文统一为同一个密钥加密的密文,使得云端服务器能够方便执行密文的同态运算。其中,OPBB* 是基于具有同态乘法性质的 ElGamal 加密机制设计的,而 OPBB$^+$ 是基于变体的 ElGamal 加密机制设计的,该方法具有同态加法性质。本章主要技术贡献体现在三个方面:一是在功能上,支持对加密数据的加法、乘法、幂运算三种基本构建块操作,为后续更复杂的数据挖掘外包协议设计奠定基础;二是在安全性上,允许用户使用自己的密钥加密数据,减少了使用共享密钥或者特权密钥泄露带来的风险,理论上证明了所提出的方案在半诚信模型下是语义安全的;三是在效率上,不论在用户端还是云端的开销比类似的解决方案有明显降低。

　　$OPBB^+$ 和 $OPBB^*$ 的相关协议由于执行中需要大量的模幂运算,因此影响了整个机制的计算效率,无法满足实时性要求较高的应用需求。此外,$OPBB^+$ 采用的加密算法需要解离散对数,而这是公认的数学难题且还没有有效的解决方法,否则底层的加密机制也不是安全的,只有将明文限定在较小的范围,才能实现快速解密。因此,未来的研究工作是进一步提升方案的运行效率,同时拓展支持外包计算的类型。另外,在设计云计算环境下的各种计算外包的协议时,必须要充分考虑实际的业务需求,综合安全性和效率等因素,选择合适的构建块机制作为底层隐私保护技术。

第四章 采用随机变换加密的计算安全技术

当前,为了节约自身的运行维护成本,越来越多的个人和企业用户选择将其数据和相关数据挖掘工作外包给云服务器来完成。然而,使用云环境下的数据挖掘外包存在泄露用户数据隐私的风险。为了保护数据隐私,用户通常选择在外包之前将其数据进行加密处理,但这种方式却给密文数据查询和挖掘带来了很大的困难。传统的加密算法由于无法直接支持密文运算,或者具有较大的计算开销,因此不能较好地适用于大规模数据挖掘外包的应用场景。在本章中,为了支持基于云端密文数据库的安全分类计算,提出了一种基于高效加密算法的 k 近邻分类计算安全方案。方案对数据拥有者的数据库和密钥、查询用户的数据隐私以及密文分类时的数据访问模式进行了有效的保护。通过理论和实验分析,验证了本章方案具有较高的运算效率,从而适用于大规模数据分类外包的应用场景。

4.1 引言

近年来,随着云计算技术的快速发展和成熟,为了使用其大规模的计算能力和灵活的可扩展性,许多用户选择将数据挖掘工作外包给云服务器,从而降低自身的运营维护成本。为了保护数据隐私,用户通常选择对外包数据进行加密处理,从而在一定程度上增加了外包数据挖掘的执行难度。

在数据挖掘领域,k 近邻(k-Nearest Neighbor, kNN)分类作为一种基本的数据库查询方法和许多数据挖掘方案的子模块,在多关键词排名搜索[234]、网络入侵检测[235]和推荐系统[236]等应用场景被广泛使用。考虑到其重要的应用价值,为了支持密文数据库上的外包 k 近邻分类,研究人员提出了一系列云环境下的计算安全方案[123,128-130,141-142],其中主要涉及以下三个参与方:数据拥有者(DO)、查询用户(QU)和云服务器(CS)。通常情况下,k 近邻分类计算安全方案需要有效保护以下隐私信息:数据拥有者的数据库、数据拥有者的密钥、查询用户的数据隐私,以及密文分类时的数据访问模式(Data Access Patterns)[141]。然而,现有 k 近邻分类计算安全方案均无法同时满足这四个隐私保护的要求。

具体而言,Wong 等[123]提出了一种非对称内积保持加密(ASPE)算法,对 k 近邻分类外包时的数据库和查询隐私进行有效保护。另一些计算安全方案[128-130]则对密文 k 近邻分类结果进行了近似求解,从而降低了分类的准确率。然而,上述这些方案均假设所有查询用户 QU 完全可行,并将数据拥有者 DO 的密钥与之共享,从而增加了密钥泄露的风险。为了解决数据拥有者密钥保护的问题,Zhu 等[137-139]提出了一系列 k 近邻分类计算安全方案,并要求数据拥有者在线进行查询数据加密,从而降低了方案的适用性。此外,以上所有方案均无法较好地隐藏密文分类时数据访问模式,从而增加了隐私泄露的潜在风险。通过使用 Paillier 加密算法和非合谋的双云服务器,Elmehdwi 等[141]和 Samanthula 等[142]提出了两个 k 近邻分类计算安全方案,实现了针对云服务器的数据访问模式隐藏。然而,这两个方案均需要执行复杂的交互式的密文计算协议,从而具有较大的计算开销,降低了方案的运行效率。

本章中,为了更好地解决云环境下密文 k 近邻分类问题,提出了一种基于高效加密算法的 k 近邻分类计算安全方案。该方案在密文分类的过程中同时满足以下四个安全性要求:①数据库安全,即方案中数据拥有者 DO 的明文数据库仅为自己所知,而不会泄露给云服务器 CS;②DO 的密钥安全,即方案中数据拥有者 DO 的数据库加解密密钥仅为自己所知,而不会泄露给其他参与方;③查询隐私安全,即方案中查询用户 QU 的明文查询数据点和明文 k 近邻分类标签仅为自己所知,而不会泄露给云服务器 CS;④隐藏数据访问模式,即 k 近邻分类标签所对应的密文数据库中的数据点不会泄露给云服务器 CS。此外,本章方案具有很好的适用性,数据拥有者 DO 在数据库外包之后无须保持在线参与密文分类计算过程,查询用户 QU 则具有很低的计算开销,密文 k 近邻分类过程由云服务器独立高效执行。本章方案的主要创新点在于:

(1)设计了数据库密钥生成协议、数据库加密协议、查询数据点加密密钥生成协议、查询数据点加密协议、分类标签重加密密钥生成协议、密文 k 近邻分类协议和分类标签解密协议,并基于这些协议构建了 k 近邻分类计算安全方案。

(2)在半诚信安全模型下,进行了详细的安全性分析,证明了该方案能够有效保护数据拥有者的数据库安全(能够抵抗已知明文攻击)、解密私钥安全,以及查询用户的查询数据点和查询结果隐私,同时能够隐藏数据访问模式。

(3)在真实和仿真数据库上进行了详细的实验性能分析,实验结果表明,该方案在大型加密数据库上进行 k 近邻分类时具有较高的运算效率。

4.2　大规模 k 近邻分类问题描述

本节对本章方案的系统模型、安全模型和设计目标进行描述和说明。

4.2.1　系统模型

本章方案的系统模型如图 4.1 所示,其支持在云端密文数据库上的 k 近邻分类。这里,在 k 近邻分类计算安全方案中,假设有以下三个参与方:数据拥有者 DO、多个查询用户 QUs 和云服务器 CS。如图所示,使用了两个云服务器 C_1 和 C_2 来协同执行密文 k 近邻分类,且假设二者在外包计算过程中不能合谋[141]。

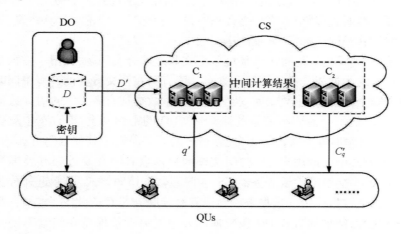

图 4.1　k 近邻分类计算安全方案的系统模型

图中,数据拥有者 DO 的私有数据库 $D = \{t_1, t_2, \cdots, t_n\}$,包含 n 个数据元组 $t_i = (p_i, c_i)$,其中 $p_i = (p_{i1}, p_{i2}, \cdots, p_{id})$ 为一个 d 维数据点,c_i 则为该数据点所对应的数值分类标签。为了保护数据隐私,数据拥有者 DO 生成私有密钥并对数据库进行加密处理,然后将密文数据库 $D' = \{t'_1, t'_2, \cdots, t'_n\}$ 上传至云服务器 C_1。这里,密文数据元组 $t'_i = (p'_i, v'_i)$,其中 p'_i 为 p_i 所对应的密文数据点,而 v'_i 为 c_i 所对应的密文标签。为了降低自身的运行维护成本,数据拥有者 DO 同时将 k 近邻分类任务外包至云服务器 CS。图中,假设每个查询用户 QU 拥有一个私有的

d 维查询数据点 q，并希望基于数据库 D 进行 k 近邻分类。为了支持密文分类运算同时保护查询数据隐私，数据拥有者 DO 为每个查询用户 QU 生成唯一的查询数据点加密密钥，然后由查询用户 QU 对查询点 q 进行加密并发送密文查询点 q' 至云服务器 C_1。接下来，云服务器 C_1 和 C_2 共同执行密文 k 近邻分类，并将密文分类标签 C_q' 返回给相应查询用户 QU 进行解密操作。

4.2.2　安全模型

在本章方案中，数据拥有者 DO 和查询用户 QU 不完全信任云服务器 CS 会保护他们的数据隐私，因此他们将自己私有的数据库和查询数据点进行加密后上传。这里，假设云服务器 C_1 和 C_2 都是半诚信的，即它们将严格按照所设计的协议进行外包数据分类，但会在分类过程中尝试推测得到一些隐私信息。此外，假设云服务器 C_1 和 C_2 在执行外包数据分类的过程中不能合谋[141]，且这两个云服务器不能与数据拥有者 DO 和查询用户 QU 合谋以获取额外的信息。基于上述假设，本章方案满足以下四个安全性要求：

（1）数据库安全：数据拥有者 DO 的明文数据库仅为自己所知，而不会在外包分类过程中泄露给云服务器 CS。为了更好地定义数据库安全，根据攻击者所具有的攻击信息 H，可给出以下三个攻击级别逐步增强的攻击方法[123]：

1）唯密文攻击：攻击者仅能得到密文数据库 D'，即攻击信息 $H = [D']$，这种攻击被定义为唯密文攻击（Ciphertext Only Attack，COA）[124]。

2）已知样本攻击：除密文数据库 D' 之外，攻击者还知道数据库 D 中的一些明文数据元组 T，即攻击信息 $H = [D', T]$，这种攻击被定义为已知样本攻击（KSA）。

3）已知明文攻击：除密文数据库 D' 和一些明文数据元组 T 之外，攻击者还知道这些明文数据元组 T 所对应的密文数据元组 T'，即攻击信息 $H = [D', T, T']$，这种攻击被定义为已知明文攻击（KPA）。

（2）DO 密钥安全：数据拥有者 DO 的数据库加解密密钥仅为自己所知，而不会泄露给查询用户 QU 或云服务器 CS。

（3）查询隐私安全：查询用户 QU 的明文查询数据点和明文 k 近邻分类标签仅为自己所知，而不会泄露给云服务器 CS。这里，针对给定的查询用户 QU，假设攻击者具有以下攻击信息和目标：①攻击者拥有足够多的明密文查询数据对，并希望使用这些攻击信息推导出相应的查询点加解密密钥；②攻击者拥有足够多的明密文分类标签，并希望使用这些攻击信息推导出相应的分类标签解密密钥。

（4）隐藏数据访问模式：密文 k 近邻分类过程中的数据访问模式，即 k 近邻分类标签所对应的密文数据库中的数据点不会泄露给云服务器 CS，从而防止潜在的隐私泄露风险。

4.2.3　设计目标

本章所提出的基于高效加密算法的 k 近邻分类计算安全方案满足以下三个设计目标：

（1）正确性：如果数据拥有者、查询用户和云服务器按照设计的协议进行数据加密、密文 k 近邻分类和分类标签解密等操作，那么查询用户最终得到的解密后的分类标签与明文情况下 k 近邻分类的结果相同。

（2）机密性：外包 k 近邻分类方案在半诚信安全模型下是安全的，即云服务器无法得到数据库中的明文数据元组、明文查询数据点、明文分类标签以及密文分类过程中的数据访问模式，数据拥有者的密钥不会泄露给查询用户或者云服务器。

（3）高效性：外包 k 近邻分类方案中，在上传密文数据库和密文查询数据点之后，数据拥有者和查询用户无须保持在线，外包分类过程由云服务器执行，方案具有较低的计算开销，适用于使用较大规模的数据库的应用场景。

4.3　使用随机变换加密的计算安全方法

本节着重对基于高效加密算法的 k 近邻分类计算安全方案进行说明。该方案较好地保护了外包分类过程中的数据隐私，具有较高的计算效率。我们首先给出方案的整体架构，然后详细阐述方案的协议设计，最后对方案的正确性进行证明分析。

4.3.1　方案整体架构

下面对本章方案的整体架构进行说明，方案的执行过程如图 4.2 所示，其一共包含七种安全协议，分别由数据拥有者 DO、查询用户 QU 和云服务器 CS 执行。其中，数据拥有者 DO 执行数据库密钥生成、数据库加密和查询数据点加密密钥生成（查询密钥生成）协议；查询用户 QU 执行查询数据点加密和分类标签解密协议；云服务器 CS 执行密文 k 近邻分类协议；而分类标签重加密密钥生成协议则由 CS、DO 和 QU 共同执行。这里，根据协议执行次数的不同，将上述协议分为三种不同的类型:仅执行一次、QU 执行一次和在线执行,并在图中使用不同的标识进行区分。对于仅执行一次的协议,执行方在完成之后即可保持离线状态,而无须重复执行该协议,其包括了数据库密钥生成和数据库加密协议。对于 QU 执行一次的协议,执行方在每个 QU 申请查询数据点分类时为其执行一次,并在之后的查询点分类过程中无须重复执行,其包括了查询数据点加密密钥生成和分类标签重加密密钥生成协议。对于在线执行的协议,执行方需要在每次 k 近邻外包分类过程中在线执行,其包括了查询数据点加密、密文 k 近邻分类和分类标签解密协议。

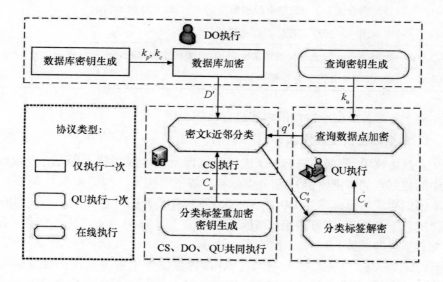

图 4.2 方案执行过程

4.3.2 方案协议设计

本小节将对本章方案所使用的安全协议进行详细阐述。为了更清楚地对协议内容进行描述,表 4.1 给出了本章方案中所使用的符号及其定义。

表 4.1　方案符号定义

符号	定义
D	明文数据库 $D = \{t_1, t_2, \cdots, t_n\}$，$t_i = (p_i, c_i)$ 为明文数据元组
$\boldsymbol{p}_i, c_i$	明文数据点 $p_i = (p_{i1}, p_{i2}, \cdots, p_{id})$，明文分类标签（数值型）
D'	密文数据库 $D' = \{t'_1, t'_2, \cdots, t'_n\}$，$t'_i = (p'_i, v'_i)$ 为密文数据元组
$\boldsymbol{p}'_i, \boldsymbol{v}'_i$	$2d+2$ 维密文数据点，二维密文分类标签
$\boldsymbol{q}, \boldsymbol{q}'$	明文查询数据点 $q = (q_1, q_2, \cdots, q_d)$，$2d+2$ 维密文查询数据点
k_p, k_c	数据拥有者 DO 的数据点加解密密钥/分类标签加解密密钥
k_u	查询用户 u 的查询数据点加密密钥
$\boldsymbol{C}_u, \boldsymbol{Q}_u$	查询用户 u 的分类标签重加密密钥/分类标签解密密钥
C'_q, C_q	密文/明文 k 近邻分类标签集合

接下来对各个安全协议的内容进行具体说明。

1. 数据库密钥生成协议 KeyGen(·) $\rightarrow \{k_p, k_c\}$

在该协议中，数据拥有者 DO 执行数据库密钥生成协议 KeyGen，生成数据库中的数据点加解密密钥 k_p 和分类标签加解密密钥 k_c。如第 4.3.1 节所述，数据库密钥生成协议仅需要 DO 执行一次，并具有很低的计算开销。首先，DO 随机生成以下参数：两个可逆矩阵 $\boldsymbol{M} \in \mathbb{R}^{(2d+2) \times (2d+2)}$ 和 $\boldsymbol{M}_c \in \mathbb{R}^{2 \times 2}$（$d$ 为明文数据库中数据点的维数），以及三个向量 $\boldsymbol{\alpha} = (\alpha_1, \alpha_2, \cdots, \alpha_{d+1})$，$\boldsymbol{r} = (r_1, r_2, \cdots, r_{d+1})$，$\boldsymbol{e} = (e_1, e_2, \cdots, e_{d+1}) \in \mathbb{R}^{(d+1)}$。然后，DO 设置数据库中数据点加解密密钥 $k_p = \{\boldsymbol{\alpha}, \boldsymbol{r}, \boldsymbol{e}, \boldsymbol{M}\}$，设置分类标签加解密密钥 $k_c = \boldsymbol{M}_c$。为了保护密钥安全，DO 不会将密钥 k_p 和 k_c 共享给查询用户 QU 和云服务器 CS。

2. 数据库加密协议 DatabaseEnc(D, k_p, k_c, σ, s_i) $\rightarrow \{D'\}$

在该协议中，数据拥有者 DO 执行数据库加密协议 DatabaseEnc 对其明文数据库进行加密，该协议也仅需要 DO 执行一次即可上传密文数据库至云服务器进行外包分类任务。接下来，分别对数据库中的明文数据点 $\boldsymbol{p}_i$ 和明文数值型分类标签 c_i 的加密过程进行说明。在对明文数据点 $\boldsymbol{p}_i$ 进行加密时，DO 首先随机生成集合 $\sigma = \{\sigma_1, \sigma_2, \cdots, \sigma_n\}$（$\sigma_i \in \mathbb{R}$），以及 n 个与向量 e 正交的向量 $s_i = (s_{i1}, s_{i2}, \cdots, s_{i(d+1)}) \in \mathbb{R}^{d+1}$（$e \in k_p$）。然后，通过使用密钥 k_p 以及随机参数 σ 和 s_i，DO 执行以下操作对明文数据点 $\boldsymbol{p}_i$ 进行加密：

步骤 1：计算 $2d+2$ 维向量 $\dot{\boldsymbol{p}}_i$（$i \in [n]$）

$$\boldsymbol{\dot{p}}_i = (r_1 - 2\alpha_1 p_{i1}, s_{i1}, \cdots, r_d - 2\alpha_d p_{id}, s_{id}, r_{d+1} + \alpha_{d+1} \sum_{j=1}^{d} p_{ij}^2, s_{i(d+1)}) \quad (4.1)$$

步骤 2：计算 $2d+2$ 维密文数据点 $\boldsymbol{p}_i'(i \in [n])$

$$\boldsymbol{p}_i' = \boldsymbol{\dot{p}}_i \times \sigma_i \boldsymbol{M}^{-1} \quad (4.2)$$

这里，可以将向量 $\boldsymbol{\dot{p}}$ 表示为向量与矩阵乘积的形式，即 $\boldsymbol{\dot{p}}_i = \boldsymbol{\tilde{p}}_i \times \boldsymbol{K}_i$，其中向量 $\boldsymbol{\tilde{p}} = (p_{i1}, 1, p_{i2}, 1, \cdots, p_{id}, 1, \sum_{j=1}^{d} p_{ij}^2, 1) \in \mathbb{R}^{2d+2}$，矩阵 $\boldsymbol{K}_i \in \mathbb{R}^{(2d+2) \times (2d+2)}$，如下所示：

$$\boldsymbol{K}_i = \sigma_i \times \begin{bmatrix} -2\alpha_1 & & & & & & & \\ r_1 & s_{i1} & & & & & & \\ & & -2\alpha_2 & & & & & \\ & & r_2 & s_{i2} & & & & \\ & & & & \ddots & & & \\ & & & & & -2\alpha_d & & \\ & & & & & r_d & s_{id} & \\ & & & & & & \alpha_{d+1} & \\ & & & & & & r_{d+1} & s_{i(d+1)} \end{bmatrix} \quad (4.3)$$

基于式(4.2)，可以将密文数据点 $\boldsymbol{p}_i'$ 表示为

$$\boldsymbol{p}_i' = \boldsymbol{\dot{p}}_i \times \sigma_i \boldsymbol{M}^{-1} = \boldsymbol{\tilde{p}} \times \boldsymbol{K}_i \boldsymbol{M}^{-1} \quad (4.4)$$

如式(4.4)所示，由于每个矩阵 $\boldsymbol{K}_i$ 均包含一次性随机参数 s_i 和 σ_i，对于每个密文数据点 $\boldsymbol{p}_i'$，矩阵 $\boldsymbol{K}_i \boldsymbol{M}^{-1}$ 为其一次性加密密钥，从而保证了较好的安全性。接下来，数据拥有者 DO 使用分类标签加解密密钥 $k_c = \boldsymbol{M}_c$ 对数据库中的明文分类标签 c_i 进行加密处理，其步骤如下：

步骤 1：将每个数值型明文分类标签 c_i 进行随机拆分，得到两个随机数 v_{i1}，$v_{i2} \in \mathbb{R}$（即 $c_i = v_{i1} + v_{i2}$），并将其组合为一个二维向量 $\boldsymbol{v}_i = (v_{i1}, v_{i2})(i \in [n])$。

步骤 2：对于每个二维向量 $\boldsymbol{v}_i(i \in [n])$，使用密钥 $\boldsymbol{M}_c$ 计算密文分类标签 $\boldsymbol{v}_i'$（见式(4.5)），并得到密文标签集合 $\boldsymbol{V}' = \{\boldsymbol{v}_1', \boldsymbol{v}_2', \cdots, \boldsymbol{v}_n'\}$。

$$\boldsymbol{v}_i' = \boldsymbol{v}_i \times \boldsymbol{M}_c \quad (4.5)$$

然后，数据拥有者 DO 将密文数据库 $D' = \{t_1', t_2', \cdots, t_n'\}$ 上传至云服务器 C_1，其中密文元组 $t_i' = (\boldsymbol{p}_i', \boldsymbol{v}_i')$。此外，DO 生成一个针对 n 个数据的随机排列函数 π，使用其计算集合 $\hat{\sigma} = \pi(\sigma)$，并将函数 π 和随机排列后的集合 $\hat{\sigma}$ 分别发送给云服务器 C_1 和云服务器 C_2，以供后续密文 k 近邻分类时使用。在完成数据库

外包之后,为了节约成本,假设数据拥有者 DO 无须保存其明文数据库 D,以及加密过程中生成的随机参数 σ、s_i、v_i 和 π,并在密文 k 近邻分类过程中保持离线。如果 DO 需要进行数据解密,那么其可以分别从两个云服务器中下载相应的密文数据和随机参数,并使用其私有密钥进行解密操作。

3. 查询数据点加密密钥生成协议 QUeryEncKeyGen(k_p, τ^u, X^u) → {k_u}

在该协议中,数据拥有者 DO 为给定的查询用户 u 生成其唯一的查询数据点加密密钥 k_u。针对每个查询用户,该协议仅需执行一次,其包含以下三个步骤:

步骤 1:生成两个随机数 $\tau^u \in \mathbb{R}$ 和 $X^u \in \mathbb{R}^+$(即 X^u 为正数)。

步骤 2:使用密钥参数 $\boldsymbol{\alpha}$, $e \in k_p$ 计算 $\beta_i^u = X^u / \alpha_i$ ($i \in [d+1]$),并得到如下所示的对角矩阵 $\boldsymbol{L}_u \in \mathbb{R}^{(2d+2) \times (2d+2)}$:

$$\boldsymbol{L}_u = \begin{bmatrix} \beta_1^u & & & & \\ & \tau^u e_1 & & & \\ & & \ddots & & \\ & & & \beta_{d+1}^u & \\ & & & & \tau^u e_{d+1} \end{bmatrix} \tag{4.6}$$

步骤 3:计算查询用户 u 的独有的查询数据点加密密钥 $k_u = \boldsymbol{L}_u \boldsymbol{M}^{\mathrm{T}}$,其中矩阵 $\boldsymbol{M} \in k_p$。

在密钥 k_u 生成之后,数据拥有者 DO 仅需将其发送给对应的查询用户 u,而无须在线参与接下来的查询数据点加密协议。

4. 查询数据点加密协议 QUeryEnc($\boldsymbol{q}$, k_u, γ) → {$\boldsymbol{q}'$}

在该协议中,查询用户 QU 对待分类的明文查询数据点进行加密处理,从而保护数据隐私,其执行过程包括以下两步:

步骤 1:生成一次性正随机数 $\gamma \in \mathbb{R}^+$。

步骤 2:计算 $2d+2$ 维的密文查询数据点 $\boldsymbol{q}'$(见式(4.7)),其中向量 $\tilde{\boldsymbol{q}} = (q_1, 1, q_2, 1, \cdots, q_d, 1, 1, 1) \in \mathbb{R}^{(2d+2)}$。

$$\boldsymbol{q}' = \tilde{\boldsymbol{q}} \times \gamma \boldsymbol{L}_u \boldsymbol{M}^{\mathrm{T}} \tag{4.7}$$

接下来,查询用户 QU 将密文查询数据点 $\boldsymbol{q}'$ 发送至云服务器 C_1 进行密文 k 近邻分类。

5. 分类标签重加密密钥生成协议 CLReEncKeyGen($\boldsymbol{\theta}_u$, $\boldsymbol{Q}_u$, k_c, $\boldsymbol{R}_u$) → {$\boldsymbol{C}_u$}

在该协议中,针对给定的查询用户 u,云服务器 C_1、数据拥有者 DO 和查询

用户 u 共同生成其唯一的分类标签重加密密钥 $\boldsymbol{C}_u$。针对每个查询用户,该协议仅需执行一次,而生成的重加密密钥由云服务器 C_1 保存。由于数据拥有者没有将其分类标签加解密密钥 k_c 与查询用户 QU 共享,在密文分类结束后,QU 无法解密原密文分类标签得到相应的明文结果。因此,为了在保护密钥 k_c 的同时支持查询用户 QU 对密文分类标签的解密操作,我们针对每个 QU 生成了唯一的分类标签重加密密钥,从而对数据库中的原密文标签进行重加密处理。这里,使用如下的三方安全协议进行分类标签重加密密钥的生成:

步骤 1:云服务器 C_1 生成一次性随机可逆矩阵 $\boldsymbol{\theta}_u \in \mathbb{R}^{2 \times 2}$,并将其发送给查询用户 u。

步骤 2:查询用户 u 首先生成随机可逆矩阵 $\boldsymbol{Q}_u \in \mathbb{R}^{2 \times 2}$ 作为其独有的分类标签解密密钥,然后计算矩阵 $\boldsymbol{A} = \boldsymbol{Q}_u \times \boldsymbol{\theta}_u$ 并将 $\boldsymbol{A}$ 发送给数据拥有者 DO。

步骤 3:数据拥有者 DO 首先生成如下的一次性随机矩阵 $\boldsymbol{R}_u \in \mathbb{R}^{2 \times 2}$

$$\boldsymbol{R}_u = \begin{bmatrix} R_{11}^u & R_{12}^u \\ R_{21}^u & R_{22}^u \end{bmatrix}, \quad R_{j1}^u + R_{j2}^u = 1 \text{ for } j \in [2] \tag{4.8}$$

接下来,DO 计算矩阵 $\boldsymbol{B} = \boldsymbol{M}_c^{-1} \times \boldsymbol{R}_u \times \boldsymbol{A}$,并将 $\boldsymbol{B}$ 发送给云服务器 C_1。

步骤 4:云服务器 C_1 计算并保存分类标签重加密密钥 $\boldsymbol{C}_u = \boldsymbol{B} \times \boldsymbol{\theta}_u^{-1} = \boldsymbol{M}_c^{-1} \boldsymbol{R}_u \boldsymbol{Q}_u$。

在上述三方安全协议中,数据拥有者 DO 的密钥 $k_c = \boldsymbol{M}_c$ 和其生成的一次性随机矩阵 $\boldsymbol{R}_u$ 均不会泄露给另外两个参与方。类似地,查询用户 u 的分类标签解密密钥 $\boldsymbol{Q}_u$ 也不会泄露给 DO 和云服务器 C_1,而对应的重加密密钥 $\boldsymbol{C}_u$ 则仅为云服务器 C_1 所知。这里,针对每个查询用户,数据拥有者 DO 仅需执行上述协议一次,并在重加密密钥生成之后保持离线状态而无须参与密文 k 近邻分类过程。

6. 密文 k 近邻分类协议 EnckNNClassification$(D', q', \boldsymbol{C}_u, \pi, \hat{\sigma}) \rightarrow \{C_q'\}$

在该协议中,在收到查询用户 QU 的密文查询数据点之后,基于数据拥有者 DO 所上传的密文数据库,云服务器 C_1 和 C_2 共同执行密文 k 近邻分类任务。首先,云服务器 C_1 执行以下三个步骤:

步骤 1:对密文数据库中的密文分类标签 $v_i'(i \in [n])$ 进行重加密(见式(4.9)),并得到重加密分类标签集合 $\dot{V} = \{\dot{v}_1, \dot{v}_2, \cdots, \dot{v}_n\}$。

$$\dot{v}_i = v_i' \times \boldsymbol{C}_u = v_i \boldsymbol{R}_u \boldsymbol{Q}_u \tag{4.9}$$

步骤 2:对于 $i \in [n]$,计算密文查询数据点 $\boldsymbol{q}'$ 与密文数据库中的密文数据点 $\boldsymbol{p}_i'$ 的密文内积 dst_i'(见式(4.10)),并得到密文内积集合 $dst' = \{dst_1', dst_2', \cdots, dst_n'\}$。

$$dst'_i = \boldsymbol{p}'_i (\boldsymbol{q}')^{\mathrm{T}} \tag{4.10}$$

步骤 3：使用随机排列函数 $\boldsymbol{\pi}$ 对密文内积集合 dst' 和重加密分类标签集合 $\dot{\boldsymbol{V}}$ 内的元素进行排列，并得到以下两组随机排列后的集合：

$$\hat{dst} = \boldsymbol{\pi}(dst') = \{\hat{dst_1}, \hat{dst_2}, \cdots, \hat{dst_n}\} \tag{4.11}$$

$$\hat{\boldsymbol{V}} = \boldsymbol{\pi}(\dot{\boldsymbol{V}}) = \{\hat{\boldsymbol{v}}_1, \hat{\boldsymbol{v}}_2, \cdots, \hat{\boldsymbol{v}}_n\} \tag{4.12}$$

然后，云服务器 C_1 将集合 $\hat{dst}$ 和 $\hat{\boldsymbol{V}}$ 发送给云服务器 C_2。接下来，云服务器 C_2 执行以下两个步骤：

步骤 1：对于 $i \in [n]$，使用集合 $\hat{\sigma} = \boldsymbol{\pi}(\sigma)$ 中的元素计算去扰密文内积（见式 (4.13)），使用所得到的密文内积集合 $dst'' = \{dst''_1, dst''_2, \cdots, dst''_n\}$ 进行 k 近邻搜索。

$$dst''_i = \hat{dst_i}/\hat{\sigma}_i \tag{4.13}$$

步骤 2：根据使用密文内积 dst'' 进行 k 近邻搜索得到的结果，从密文分类标签集合 $\hat{\boldsymbol{V}}$ 中得到密文 k 近邻分类标签集合 $\boldsymbol{C}'_q = \{\hat{\boldsymbol{v}}_1, \hat{\boldsymbol{v}}_2, \cdots, \hat{\boldsymbol{v}}_k\}$，并将其发送给查询用户 QU。

这里，使用式 (4.13) 来去除密文内积 $\hat{dst}$ 中的乘性扰动值 $\hat{\sigma}_i$，从而使用密文内积集合 dst'' 进行正确的 k 近邻分类。定理 4.1 中给出了本章方案详细的正确性证明。

7. 分类标签解密协议 $\mathrm{CLDecryption}(\boldsymbol{C}'_q, \boldsymbol{Q}_u) \rightarrow \{C_q\}$

在该协议中，查询用户 QU 使用其分类标签解密密钥 $\boldsymbol{Q}_u$ 对密文 k 近邻分类标签集合 $\boldsymbol{C}'_q$ 进行解密，并得到明文 k 近邻分类标签集合 C_q，其主要包括以下两个步骤：

步骤 1：对于密文 k 近邻分类标签集合 $\boldsymbol{C}'_q$ 中的每个密文标签 $\hat{\boldsymbol{v}}_i$，计算向量 $\tilde{\boldsymbol{v}}_i = \hat{\boldsymbol{v}}_i \times \boldsymbol{Q}_u^{-1} = v_i \times \boldsymbol{R}_u = (\tilde{v}_{i1}, \tilde{v}_{i2})$，并得到向量集合 $\boldsymbol{V}_q = \{\tilde{\boldsymbol{v}}_1, \tilde{\boldsymbol{v}}_2, \cdots, \tilde{\boldsymbol{v}}_k\}$。

步骤 2：对于集合 $\boldsymbol{V}_q$ 中的每个向量 $\tilde{\boldsymbol{v}}_i$，计算 $\tilde{c}_i = \tilde{v}_{i1} + \tilde{v}_{i2}$，从而得到明文 k 近邻分类标签集合 $C_q = \{\tilde{c}_1, \tilde{c}_2, \cdots, \tilde{c}_k\}$。

以下简单证明明文 k 近邻分类标签 $\tilde{c}_i$ 的正确性。首先，根据式 (4.8)，可以将向量 $\tilde{\boldsymbol{v}}_i$ 表示为如下形式：

$$\tilde{\boldsymbol{v}}_i = v_i \boldsymbol{R}_u = (v_{i1}, v_{i2}) \times \begin{bmatrix} R^u_{11} & R^u_{12} \\ R^u_{21} & R^u_{22} \end{bmatrix} = (v_{i1}R^u_{11} + v_{i2}R^u_{21}, v_{i1}R^u_{12} + v_{i2}R^u_{22}) \tag{4.14}$$

由于 $R^u_{j1} + R^u_{j2} = 1 (j \in [2]$，见式 (4.8))，根据式 (4.14)，可以得到

$$\tilde{c}_i = \tilde{v}_{i1} + \tilde{v}_{i2} = v_{i1}(R^u_{11} + R^u_{12}) + v_{i2}(R^u_{21} + R^u_{22}) = v_{i1} + v_{i2} = c_i \tag{4.15}$$

因此,查询用户 QU 解密得到的明文标签集合 C_q 为正确的 k 近邻分类结果。此外,查询用户 QU 仅能使用密钥 Q_u 解密密文 k 近邻分类标签集合 C'_q 中的元素,而无法解密密文数据库 D' 中原密文分类标签 v'_i,从而保证了密文数据库的安全性。

4.3.3　方案正确性分析

本节对本章方案的正确性进行分析说明,并在定理 4.1 中给出了详细的证明过程。

定理4.1　假设方案中的各参与方按照所设计的协议进行数据加密、密文 k 近邻分类和数据解密,则使用本章方案得到的解密后的明文 k 近邻分类标签与明文情况下使用欧氏距离(欧几里得距离)作为度量标准得到的 k 近邻分类结果一致。

证明:令 p'_i、p'_k 和 q' 分别为数据库中明文数据点 p_i、p_k 和明文查询数据点 q 所对应的密文,则在本章方案中,密文内积 $dst''_i < dst''_k$(式(4.13))表明数据点 p_i 比数据点 p_k 更靠近查询数据点 q。首先,根据式(4.7),可以将密文查询数据点 q' 表示为

$$q' = \tilde{q} \times \gamma L_u M^T = \dot{q} \times \gamma M^T \tag{4.16}$$

其中向量 $\dot{q} = \tilde{q} \times L_u = (\beta_1^u q_1, \tau^u e_1, \beta_2^u q_2, \tau^u e_2, \cdots, \beta_d^u q_d, \tau^u e_d, \beta_{d+1}^u, \tau^u e_{d+1})$。根据式(4.2)和式(4.16),可以将式(4.10)改写为

$$dst'_i = p'_i(q')^{\mathrm{T}} = \gamma\sigma_i \dot{p}_i M^{-1} M \dot{q}^{\mathrm{T}} = \gamma\sigma_i p' \dot{q}^{\mathrm{T}} \tag{4.17}$$

接下来,根据式(4.1),可以将式(4.17)改写为

$$dst' = \gamma\sigma_i \left(\sum_{j=1}^{d} r_j \beta_j^u q_j - 2\sum_{j=1}^{d} \alpha_j \beta_j^u p_{ij} q_j + \tau^u \sum_{j=1}^{d+1} s_{ij} e_j + r_{d+1} \beta_{d+1}^u + \alpha_{d+1} \beta_{d+1}^u \sum_{j=1}^{d} p_{ij}^2 \right)$$

$$\tag{4.18}$$

这里,由于所有向量 s_j 都与密钥向量 $e \in k_p$ 正交,因此可以得到 $\sum_{j=1}^{d+1} s_{ij} e_j = 0$。此外,由于 $\beta_i^u = X^u/\alpha_i$,可以得到 $\alpha_i \beta_i^u = X^u$。因此,式(4.18)可表示为:

$$dst'_i = \gamma\sigma_i \left(\sum_{j=1}^{d} r_j \beta_j^u q_j + r_{d+1} \beta_{d+1}^u + X^u \sum_{j=1}^{d} (p_{ij}^2 - 2p_{ij} q_j) \right) \tag{4.19}$$

接下来,由于 $dst = \pi(dst')$,$\hat{\sigma} = \pi(\sigma)$,根据式(4.19),可以将式(4.13)改写为

$$dst''_i = \widehat{dst}_i / \hat{\sigma}_i = \gamma \left(\sum_{j=1}^{d} r_j \beta_j^u q_j + r_{d+1} \beta_{d+1}^u + X^u \sum_{j=1}^{d} (p_{ij}^2 - 2p_{ij} q_j) \right) \tag{4.20}$$

使用相同的方法,可得到

$$dst''_k = d\hat{s}t_k / \hat{\sigma}_k = \gamma \left(\sum_{j=1}^{d} r_j \beta_j^u q_j + r_{d+1} \beta_{d+1}^u + X^u \sum_{j=1}^{d} (p_{kj}^2 - 2p_{kj}q_j) \right) \quad (4.21)$$

然后,将密文内积 dst''_i 和 dst''_k 相减得到

$$\begin{aligned}
dst''_i - dst''_k &= \gamma X^u \left(\sum_{j=1}^{d} (p_{ij}^2 - 2p_{ij}q_j) - \sum_{j=1}^{d} (p_{kj}^2 - 2p_{kj}q_j) \right) \\
&= \gamma X^u \left(\sum_{j=1}^{d} (p_{ij} - q_j)^2 - \sum_{j=1}^{d} (p_{kj} - q_j)^2 \right) \\
&= \gamma X^u (dst_i^2 - dst_k^2)
\end{aligned} \quad (4.22)$$

如式 (4.22) 所示,dst_i 和 dst_k 表示了数据库中明文数据点和查询明文数据点之间的欧氏距离。由于式中参数 γ 和 X^u 均为正数且平方运算不会影响距离比较结果,可以得到等价条件 $dst''_i < dst''_k \Leftrightarrow dst_i < dst_k$。综上所述,在本章方案中,可以使用密文内积 dst''_i 进行距离比较并得到正确的 k 近邻分类标签。

4.4 安全性分析

在本节中,假设两个云服务器 C_1 或 C_2 为潜在的攻击者,同时假设查询用户 QU 可能尝试推测数据拥有者 DO 的数据库密钥,并对本章方案进行安全性分析。具体而言,针对安全模型中所列出的四个安全性要求,分别对数据库安全、数据拥有者密钥安全、查询隐私安全和隐藏数据访问模式这四个方面进行详细说明。这里,假设两个云服务器在协议的执行过程中不能合谋,同时它们不能与数据拥有者 DO 或者查询用户 QU 合谋以获取额外的信息。

4.4.1 数据库安全

本小节对方案中的数据库安全进行分析。假设云服务器能够对密文数据库进行已知明文攻击,即它们可以得到密文数据库 D' 和一些明密文数据元组对 T 和 T' 作为攻击信息,并证明密文数据库在上述攻击下是安全的。

4.4.1.1 数据库中数据点的安全性

为了抵抗已知明文攻击,Wong 等[123] 在其工作中提出了一种加强版的 ASPE 加密方案,但其假设了查询用户 QU 完全可信并共享数据拥有者 DO 的数据库密钥,从而造成了较大的密钥泄露风险。后续方案[137,139] 虽然在一定程度

上解决了 DO 密钥安全的问题,但安全性较低,仅能抵抗已知样本攻击[123]。与上述工作不同,在本章方案中,使用一次性加密密钥 $K_i M^{-1}$ 对数据库中的每个明文数据点 p_i 进行加密,从而实现了已知明文攻击下的数据点安全,其安全性证明如定理 4.2 所示。

定理 4.2　假设云服务器 C_1 和 C_2 是潜在的攻击者,且二者不能合谋,那么在本章方案中,数据拥有者 DO 的密文数据库中的数据点在已知明文攻击的情况下是安全的。

证明: 令云服务器 C_1 或 C_2 为具有已知明文攻击能力的攻击者,其拥有攻击信息 $H = [D', T, T']$。此时,攻击者可以得到 $|T|$ 组明密文数据元组对 (t_i, t_i'),其中明文数据元组 $t_i = (p_i, c_i)$,密文数据元组 $t_i' = (p_i', v_i')$。这里,$|T|$ 为集合 T 中的数据元组的个数,$t_i \in T, t_{i'} \in T'$,且所有的明文数据点 p_i 是线性无关的。那么,基于式(4.4),攻击者可以建立如下的方程组:

$$p\begin{cases} p_1' = \dot{p}_1 \times \sigma_1 M^{-1} = \tilde{p}_1 \times K_1 M^{-1} \\ p_{|T|}' = \dot{p}_{|T|} \times \sigma_{|T|} M^{-1} = \tilde{p}_{|T|} \times K_{|T|} M^{-1} \end{cases} \tag{4.23}$$

以上方程组中,由于在每个矩阵 K_i 中均加入了一次性随机参数 s_i 和 σ_i(见式(4.3)),可以将矩阵 $K_i M^{-1}$ 视为针对不同数据点的一次性加密密钥。因此,仅具有已知明文攻击能力的攻击者没有足够的攻击信息对每个矩阵 $K_i M^{-1}$ 进行求解。显然,攻击者也无法求解其他未知的密文数据点所使用的一次性加密密钥,从而无法获得额外的明文数据点。综上所述,本章方案中,数据拥有者 DO 的密文数据库中的数据点在已知明文攻击的情况下是安全的。

4.4.1.2　数据库中分类标签的安全性

定理 4.3　假设云服务器 C_1 和 C_2 是潜在的攻击者,且二者不能合谋,那么在本章方案中,数据拥有者 DO 的密文数据库中的分类标签在已知明文攻击的情况下是安全的。

证明: 令云服务器 C_1 或 C_2 为具有已知明文攻击能力的攻击者,其拥有攻击信息 $H = [D', T, T']$。此时,攻击者可以得到 $|T|$ 组明密文数据元组对 (t_i, t_i'),其中明文数据元组 $t_i = (p_i, c_i)$,密文数据元组 $t_i' = (p_i', v_i')$。这里,$|T|$ 为集合 T 中的数据元组个数,$t_i \in T, t_i' \in T'$。从上述攻击信息中,攻击者可以获得 $|T|$ 组明密文分类标签对 (c_i, v_i'),其中密文分类标签 $v_i' = v_i \times M_c$(见式(4.5))。然而,由于 v_i 为一次性随机向量,且在加密完成之后无须保存,攻击者无法获得向量 v_i,从而不能构建方程组对分类标签加解密密钥 $k_c = M_c$ 进行求解。在没有密钥 M_c

的情况下,攻击者无法得到其他未知的明文分类标签。综上所述,本章方案中,数据拥有者 DO 的密文数据库中的分类标签在已知明文攻击的情况下是安全的。

4.4.2 数据拥有者密钥安全

本小节对方案中的数据拥有者 DO 的密钥安全进行分析。首先,为了保护数据库安全,数据拥有者 DO 没有直接将自己的数据库加解密密钥 k_p 和 k_c 与查询用户 QU 和云服务器 CS 进行共享。为了支持相应的密文分类计算,DO 分别在协议中使用 k_p 和 k_c 生成了查询数据点加密密钥 k_u 和分类标签重加密密钥 C_u。这里,假设查询用户 QU 和云服务器 CS 可能尝试推测数据拥有者 DO 的数据库密钥,并证明其无法进行相应的求解计算,从而保证了数据拥有者 DO 的密钥安全性。

4.4.2.1 数据点加解密密钥 k_p 的安全性

定理 4.4 在本章方案中,查询用户 QU 无法使用其查询数据点加密密钥对数据拥有者 DO 的数据点加解密密钥 k_p 进行求解,从而保护了密钥 k_p 的安全性。

证明: 令数据拥有者 DO 的密钥矩阵 $\boldsymbol{M}$ 中的元素为 m_{ij},其中 $i,j \in [2d+2]$。假设 l 个查询用户 u_i 分别得到了数据拥有者 DO 所生成的唯一的查询数据点加密密钥 k_{u_i}(见式(4.24)),并且他们可以通过合谋对数据拥有者 DO 的数据点加解密密钥 k_p 进行求解。接下来,首先分析单个查询用户的情况。对于查询用户 u_i,在不知道矩阵 $\boldsymbol{L}_{u_i}$(见式(4.6))和 $\boldsymbol{M}$ 的情况下,对于 $j \in [2d+2]$,u_i 使用其查询加密密钥 $\boldsymbol{L}_{u_i}\boldsymbol{M}^{\mathrm{T}}$ 仅能推导出 m_{ij}/m_{tj} 的比值($i,t \in [2d+2]$)。

$$
\boldsymbol{L}_{u_i}\boldsymbol{M}^{\mathrm{T}} = \begin{bmatrix}
\beta_1^{u_i} m_{11} & \beta_1^{u_i} m_{21} & \cdots & \beta_1^{u_i} m_{(2d+2)1} \\
\tau^{u_i} e_1 m_{12} & \tau^{u_i} e_1 m_{22} & \cdots & \tau^{u_i} e_1 m_{(2d+2)2} \\
\beta_2^{u_i} m_{13} & \beta_2^{u_i} m_{23} & \cdots & \beta_2^{u_i} m_{(2d+2)3} \\
\tau^{u_i} e_2 m_{14} & \tau^{u_i} e_2 m_{24} & \cdots & \tau^{u_i} e_2 m_{(2d+2)4} \\
\vdots & \vdots & & \vdots \\
\beta_{d+1}^{u_i} m_{1(2d+1)} & \beta_{d+1}^{u_i} m_{2(2d+1)} & \cdots & \beta_{d+1}^{u_i} m_{(2d+2)(2d+1)} \\
\tau^{u_i} e_{d+1} m_{1(2d+2)} & \tau^{u_i} e_{d+1} m_{2(2d+2)} & \cdots & \tau^{u_i} e_{d+1} m_{(2d+2)(2d+2)}
\end{bmatrix}
$$

$$(4.24)$$

对于多个查询用户的情况($l \geqslant 2$),除上述单个查询用户所能得到的结果之外,通过合谋共享其查询加密密钥,这些查询用户仅能推导出 $\beta_j^{u_i}/\beta_j^{u_t}$ 和 $\tau^{u_i}/\tau u_t$ 的比值($i,t \in [l]$)。综上所述,查询用户 QU 无法使用其查询数据点加密密钥 对密钥矩阵 M 进行求解,并且无法获取 DO 密钥 $k_p = \{\boldsymbol{\alpha},r,e,M\}$ 中的其他密钥 参数,从而保护了密钥 k_p 的安全性。

4.4.2.2　分类标签加解密密钥 k_c 的安全性

首先,在生成分类标签重加密密钥的安全三方协议中,查询用户 QU 和云服 务器 C_1 均无法获得数据拥有者 DO 的分类标签加解密密钥 k_c。其次,如式 (4.14)所示,在不知道一次性随机矩阵 $\boldsymbol{R}_u$ 的情况下,查询用户 QU 无法使用向 量 $\bar{v}_i$ 推导出向量 v_i。此外,由于方案隐藏了数据访问模式(见第 4.4.4 节),查 询用户 QU 无法得到向量 $\bar{v}$ 所对应的向量 $v_{i'}$。类似地,对于多个可合谋的查询 用户而言,可以得到相同的分析结果。因此,如定理 4.3 所述,在不知道向量 v_i 和其对应向量 v_i' 的情况下,查询用户无法推导得到密钥 k_c。综上所述,本章方 案对数据拥有者 DO 的分类标签加解密密钥 k_c 进行了有效保护。

4.4.3　查询隐私安全

本小节对方案中的查询隐私安全进行分析,并证明查询用户 QU 的明文查 询数据点和明文 k 近邻分类标签仅为自己所知,而不会泄露给云服务器 CS。

4.4.3.1　明文查询数据点的安全性

假设云服务器 C_1 和 C_2 是潜在的攻击者,二者不能合谋且具有第 4.2.2 节 中所给出的攻击信息,即已知针对给定查询用户 QU 的足够多的明密文查询数 据点对(q_i,q_i')。然而,如式(4.7)所示,使用了一次性加密密钥 $\gamma_i \boldsymbol{L}_u \boldsymbol{M}^T$($\gamma_i$ 为一 次性随机数)对每个明文查询数据点 q_i 进行加密。因此,根据定理 4.2,攻击者 没有足够多的攻击信息对密钥 k_u 和一次性随机数 γ_i 进行求解,从而无法得到 其他明文查询数据点。此外,由于不同的查询用户使用了不同的查询加密密钥, 各用户无法解密其他用户的密文查询数据点。综上所述,本章方案对明文查询 数据点进行了有效保护。

4.4.3.2　明文 k 近邻分类标签的安全性

假设云服务器 C_1 和 C_2 是潜在的攻击者,二者不能合谋且具有第 4.2.2 节 中所给出的攻击信息,即已知针对给定查询用户 QU 的足够多的明密文分类标

签对 $(\tilde{c}_i, \hat{v}_i)$。然而，攻击者无法使用 $\tilde{c}_i$ 推导出随机向量 $\hat{v}_i$，从而无法建立方程组 $\tilde{v}_i = \hat{v}_i \times Q_u^{-1}$ 对分类标签解密密钥 Q_u 进行求解，并获取其他的明文 k 近邻分类标签。此外，由于在重加密密钥生成时使用了三方安全协议，因此数据拥有者 DO 和云服务器 C_1 均无法获得查询用户 QU 的分类标签解密密钥 Q_u。同时，由于不同的查询用户使用了不同的分类标签解密密钥，各用户无法对其他用户的密文分类标签进行解密。综上所述，本章方案对明文 k 近邻分类标签进行了有效保护。

4.4.4 数据访问模式安全

本小节主要证明云服务器 C_1 和 C_2 在本章方案的执行过程中无法获取数据访问模式，即两个云服务器无法得到密文 k 近邻分类标签与密文数据库中密文数据元组之间的对应关系，从而降低了潜在的隐私泄露风险。在密文分类时，云服务器 C_1 和 C_2 不能合谋共享其私有参数（如 π、C_u 和 $\hat{\sigma} = \pi(\sigma)$）或中间计算结果（如 dst'、$\dot{V}$ 和 dst''）。此外，由于数据库中数据元组个数 n 通常较大，而随机排列函数 π 具有 $n!$ 种可能性，因此直接对 π 进行推导具有极大的计算量而不可实现。接下来，在定理 4.5 中对方案隐藏数据访问模式的安全要求进行证明。

定理 4.5 本章方案中，假设云服务器 C_1 和 C_2 不能合谋，那么二者在外包分类的过程中无法得到密文 k 近邻分类标签与密文数据库中密文数据元组之间的对应关系，即无法获取数据访问模式。

证明：这里，对两个云服务器 C_1 和 C_2 分别进行证明分析。首先，云服务器 C_1 可以在密文分类过程中计算得到密文内积 $dst'_i = p'_i(q')^{\mathrm{T}}$（见式（4.10））。然而，由于数据拥有者 DO 在密文数据点 p'_i 中加入了乘性随机扰动 σ_i，密文内积结果 dst'_i 与明文 k 近邻分类时的欧氏距离不再保持正确的对应关系。因此，云服务器 C_1 无法使用密文内积 dst'_i 推导得到 k 近邻分类结果与数据库中密文数据元组之间的对应关系。

对于云服务器 C_2，虽然它可以使用 dst''_i（见式（4.13））进行正确的 k 近邻分类，但由于不知道随机排列函数 π，其无法推导出 $d\dot{s}t_i$ 和 dst'_i（见式（4.11）），以及 dst''_i 和密文数据点 p'_i 之间的对应关系。另一方面，由于重加密后的分类标签 $\hat{v}_i$（见式（4.9））与原始密文分类标签 v'_i（见式（4.5））完全不同，云服务器 C_2 无法得到随机排列后的密文标签 $\hat{v}_i$ 与原始密文标签 v'_i 之间的对应关系。此外，云服务器 C_2 不知道重加密密钥 C_u，因此其无法计算重加密分类标签 $\hat{v}_i$，进而无法通过比较 $\hat{v}_i$ 和 $\hat{v}_i$（见式（4.12））来推导随机排列函数 π。综合以上分析，云服务

器 C_2 无法获得密文 k 近邻分类结果 C_q' 和数据库中的密文数据点 p_i' 或密文分类标签 v_i' 之间的对应关系。

综上所述,云服务器 C_1 无法得到用于 k 近邻分类的正确距离值,而云服务器 C_2 无法推导出密文 k 近邻分类标签与密文数据库中数据元组的对应关系。因此,在本方案中,云服务器 C_1 和 C_2 在外包分类过程中均无法获取数据访问模式。

4.5　性能分析

本节对本章方案的性能进行理论和实验分析,从而说明其具有较高的计算效率,能够适用于使用大型数据库的应用场景。

4.5.1　理论分析

本小节对本章方案的理论性能进行分析,并在表 4.2 中列出了各协议的计算复杂度。

表4.2　方案中各协议的计算复杂度

协议	DO	QU	CS	总计算复杂度
KeyGen	$O(d^2)$	—	—	$O(d^2)$
DatabaseEnc	$O(nd^2)$	—	—	$O(nd^2)$
QUeryEncKeyGen	$O(d^2)$	—	—	$O(d^2)$
QUeryEnc	—	$O(d^2)$	—	$O(d^2)$
CLReEncKeyGen	$O(1)$	$O(1)$	$O(1)$	$O(1)$
EnckNNClassification	—	—	$O(nd)$	$O(nd)$
CLDecryption	—	—	$O(k)$	$O(k)$

如表中所示,在数据库密钥生成(KeyGen)协议、数据库加密(DatabaseEnc)协议和查询数据点加密密钥生成(QUeryEncKeyGen)协议中,数据拥有者 DO 分别具有 $O(d^2)$、$O(nd^2)$ 和 $O(d^2)$ 的计算复杂度,其中前两个协议为仅需执行一次,而另一个协议仅需为每个 QU 执行一次。在查询数据点加密(QUeryEnc)协议中,查询用户 QU 需要 $O(d^2)$ 的计算开销。在分类标签重加密密钥生成

（CLReEncKeyGen）协议中，各参与方仅具有 $O(1)$ 的计算复杂度，并且仅需为每个 QU 执行一次。在密文 k 近邻分类（EnckNNClassification）协议中，分类标签重加密和密文内积计算分别具有 $O(n)$ 和 $O(nd)$ 的计算复杂度，而集合元素的随机排列以及密文内积去扰计算一共具有 $O(n)$ 的计算开销。因此，EnckNNClassification 协议总的计算复杂度为 $O(nd)$。在分类标签解密（CLDecryption）协议中，查询用户 QU 仅需要 $O(k)$ 的低计算量进行密文标签解密。

4.5.2　实验分析

本小节对本章方案的性能进行实验分析。实验中使用了 Python 程序语言，其实验环境为 Windows 10 操作系统，配置为 Intel Core i7 2.60 GHz CPU 和 16 GB RAM。在实验中将本章方案与现有的 k 近邻分类计算安全方案 Zhu2013[137] 和 Zhu2016[139] 进行了对比分析。这里，分别使用真实数据库 MNIST[237] 和仿真数据库进行实验测试。其中，MNIST 为手写体数字图片数据库，其包含了一个训练数据集（60 000 张图片）和一个测试数据集（10 000 张图片），每张图片的分类标签为 0 到 9 之间的整数。实验中，将原始图片数据（28×28 像素值）转换为784 维的数据向量，并使用训练集作为方案中数据拥有者 DO 的明文数据库（即 $n = 6\,000$），而从测试集中随机选取查询数据点。对于仿真数据库，首先设置不同的数据元组个数 n 和数据点维数 d，然后随机生成数据库中的数据点并设置相应的数值分类标签。

针对给定的数据库，分别对以下四种协议的性能进行测试分析：数据库密钥生成协议、数据库加密协议、查询数据点加密协议和密文 k 近邻分类协议。对于查询数据点加密密钥生成协议和分类标签重加密密钥生成协议，它们均具有较低的计算开销（$O(d^2)$ 和 $O(1)$）且仅需要为每个查询用户 QU 执行一次，因此没有在实验中对其进行说明。对于分类标签解密协议，由于通常情况下 k 具有较小的值，其计算开销基本可以忽略不计，因此也没有在实验中对其进行测试分析。这里，针对对比方案 Zhu2016，使用了其文献中设置的参数，即 Paillier 加密算法安全参数为 1 024bit，密文数据点维数为 $d + 5$。在表 4.3 中列出了 MNIST 数据库的实验结果，图 4.3 ~ 图 4.6 给出了仿真数据库的实验结果。所有的实验结果均为 1 000 次实验测试的平均值。接下来，分别对每个协议的计算开销进行详细的分析说明。

1. 数据库密钥生成协议

如表 4.3 和图 4.3 所示，在本章方案中，数据拥有者 DO 生成其数据库加解密密钥需要较低的计算开销,分别在数据点维数 $d = 784$(表4.3)和 $d = 500$ 时(图4.3)需要 23.35ms 和大约 10ms。此外,在执行数据库密钥生成协议 KeyGen 时,本章方案与现有方案 Zhu2013 具有相近的计算开销,且均大于现有方案 Zhu2016 所需要的执行时间。这里,本章方案与现有方案 Zhu2013 所生成的密钥矩阵 M 包含了 $(2d+2)^2$ 个元素,而现有方案 Zhu2016 的密钥矩阵仅包含了 $(d+5)^2$ 个元素,因此前两者需要更多的计算开销。

表4.3 方案中各协议的计算开销(MNIST 数据库)

协议	本章方案	Zhu2013[137]	Zhu2016[139]
KeyGen	23.35ms	22.94ms	4.99ms
DatabaseEnc	7.06s	6.03s	3.45s
QUeryEnc	0.97ms	32.71ms	323.76s
EnckNNClassification	0.062s	0.035s	0.021s

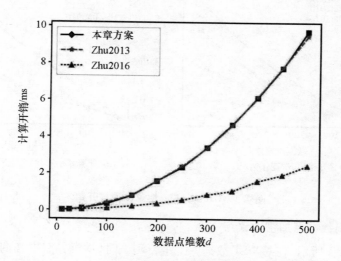

图4.3 KeyGen 协议的计算开销随数据点维数 d 的变化情况

2. 数据库加密协议

如表4.3所示,在 MNIST 数据库上进行测试时,本章方案中数据拥有者 DO 执行数据库加密协议 DatabaseEnc 的计算开销为 7.06s,相比于现有方案 Zhu2013(6.03s)和 Zhu2016(3.45s)需要更多的执行时间。其原因是本章方案中数据拥有者 DO 在加密数据库时需要生成更多的随机参数(如 σ_i、s_i 和 π),且需要对分类标签进行加密处理,从而实现更好的安全性。具体而言,本章方案中的密文数据库能够抵抗较强的已知明文攻击,而所对比的两个方案仅能抵抗较弱的已知样本攻击。为了更好地对数据库加密协议的性能进行分析,图 4.4(a)和 4.4(b)分别给出了该协议随数据点维数 d 和数据元组个数 n 变化时的计算开销。如图所示,加密仿真数据库所需要的执行时间随数据点维数 d 的增加呈二次增长,而随数据元组个数 n 的增加呈线性增长,且均具有较低的计算开销(图 4.4(a)中,$d=500$、$n=50\times10^3$ 时大约需要 3s;图 4.4(b)中,$n=1\,000\times10^3$、$d=20$ 时大约需要 1.4s)。与表 4.3 中的结果类似,在对仿真数据库进行加密时,相比于现有方案 Zhu2013 和 Zhu2016,本章方案的数据库加密协议也需要更多的计算开销。然而,考虑到该协议仅需数据拥有者 DO 执行一次,本章方案所提出的数据库加密协议仍具有较高的运算效率,从而适用于使用大型数据库的应用场景。

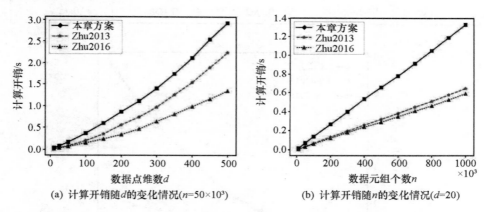

(a) 计算开销随 d 的变化情况($n=50\times10^3$)　　　(b) 计算开销随 n 的变化情况($d=20$)

图 4.4　DatabaseEnc 协议的计算开销

3. 查询数据点加密协议

如表 4.3 所示,在 MNIST 数据库上进行测试时,本章方案中查询用户 QU 执行查询数据点加密协议 QUeryEnc 仅需 0.97ms,而现有方案 Zhu2013 和 Zhu2016 分别需要 32.71ms 和 323.76s。与本章方案不同,在现有方案 Zhu2013 和 Zhu2016 中,数据拥有者 DO 均需保持在线参与查询数据点加密的计算过程,并具有较高的运算开销。其中,方案 Zhu2016 在其查询数据点加密协议中使用了 Paillier 加密算法,从而显著增加了计算开销。类似地,在图 4.5 中,本章方案与方案 Zhu2013 在加密查询数据点时均具有非常低的计算开销,而方案 Zhu2016

的查询数据点加密开销随着数据点维数的增加而快速增大,在维数 $d = 500$ 时需要大约 130s 的运行时间。综上所述,本章方案中查询用户 QU 在进行查询数据点加密时具有很低的计算开销,符合用户计算资源受限时的实际应用需求。

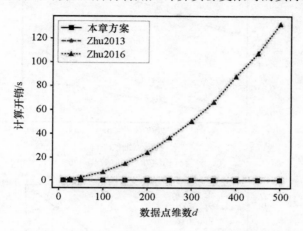

图 4.5　QUeryEnc 协议的计算开销随数据点维数 d 的变化情况

4. 密文 k 近邻分类协议

如表 4.3 所示,在 MNIST 数据库上进行测试时,本章方案中云服务器 CS 执行密文 k 近邻分类协议的计算开销为 0.062s,而现有方案 Zhu2013 和 Zhu2016 分别需要 0.035s 和 0.021s。相比之下,本章方案在密文 k 近邻分类时需要较多的计算开销。其原因是除需要计算密文内积(方案 Zhu2013 和 Zhu2016)之外,本章方案还需要执行分类标签重加密和集合随机排列等运算,从而实现查询用户分类标签解密和隐藏数据访问模式的应用和安全需求。对于仿真数据库,如图 4.6(a)和(b)所示,三个方案执行密文 k 近邻分类的计算开销随着数据点维数 d 和数据元组个数 n 的增加而线性增长。在图 4.6(a)中,当 $d = 500$、$n = 50 \times 10^3$ 时,本章方案密文 k 近邻分类协议的运算时间大约为 0.037s;在图 4.6(b)中,当 $n = 1\,000 \times 10^3$、$d = 20$,本章方案密文 k 近邻分类协议的运算时间大约为 0.55s。显然,本章方案在密文 k 近邻分类时具有较低的计算开销,能够适用于使用大型数据库的应用场景,具有较好的实用性。

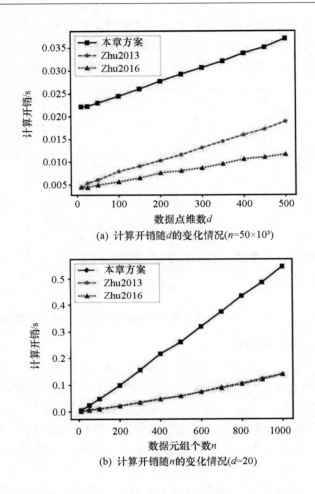

(a) 计算开销随d的变化情况($n=50\times10^3$)

(b) 计算开销随n的变化情况($d=20$)

图4.6　EnckNNClassification 协议的计算开销

　　综合以上实验分析,本章方案在数据库密钥生成协议、数据库加密协议和密文 k 近邻分类协议中比现有方案 Zhu2013 和 Zhu2016 需要一些额外的计算开销,但仍具有较高的运算效率,且实现了更高的安全性要求(如抵抗已知明文攻击和隐藏数据访问模式)。对于查询用户 QU,本章方案中的查询数据点加密协议具有很低的计算开销,且无须数据拥有者 DO 在线参与计算,从而具有更好的适用性。

4.6 本章小结

本章提出了一种基于高效加密算法的 k 近邻分类计算安全方案,实现了基于云端密文数据库的安全高效的密文 k 近邻分类任务。该方案有效保护了数据库安全、数据拥有者密钥安全和查询隐私安全,并在密文分类过程中隐藏了数据访问模式。方案中,外包密文 k 近邻分类过程由云服务器高效执行而无须数据拥有者和查询用户在线参与,保证了用户对低计算开销的现实需求。本章详细证明了方案的安全性,并且通过理论和实验分析验证了方案的性能。实验结果表明,本章方案能够适用于使用大型数据库的应用场景,具有较好的实用性。

第五章 采用混合公钥加密的计算安全技术

在第四章中,提出了一种基于高效加密算法的 k 近邻分类计算安全方案,实现了针对大型密文数据库的高效 k 近邻分类任务,保护了外包分类过程中的数据隐私。然而,在一些实际应用场景中,数据拥有者所上传的数据可能包含敏感程度很高的信息。在这种情况下,虽然第四章的安全分类外包方案中的密文数据库能够抵抗已知明文攻击,但其无法实现语义安全,即无法抵抗攻击能力更强的选择明文攻击,从而存在一定的脆弱性。在本章中,通过使用两种语义安全的公钥加密算法,我们设计了一种安全性更高的 k 近邻分类计算安全方案,能在保证密文分类效率的情况下更好地保护数据隐私。本章主要对该方案的安全性进行了详细的证明,对其性能进行了理论和实验分析,实验结果表明该方案具有较高的运算效率。

5.1 引言

在第四章中,分析了云计算环境下 k 近邻分类计算安全的现实需求,并提出了一种基于高效加密算法的 k 近邻分类计算安全方案,其支持在大型密文数据库上高效地执行密文分类任务。然而,当数据拥有者 DO 所上传的数据包含敏感程度较高的信息时(例如包含病人隐私的诊断数据),DO 对外包数据库安全性的要求也会相应提高。此时,由于第四章所提出的方案无法实现密文数据库的语义安全,即不能抵抗选择明文攻击,导致其在一些应用场景中存在一定的脆弱性。在现有的 k 近邻分类计算安全方案中,有些具有较弱的安全性,有些则使用公钥加密算法设计复杂的交互式安全协议而造成了较大的计算开销,从而均无法同时满足 k 近邻分类计算安全对高安全性和高效性的应用要求。

针对上述问题,本章提出了一种基于混合公钥加密算法的 k 近邻分类计算安全方案,实现了基于云端语义安全的混合密文数据库上的高效 k 近邻分类。本章方案满足以下三个安全性要求:①数据库安全。数据拥有者 DO 所外包的密文数据库具有语义安全,即云服务器无法获取任何关于数据库中明文数据元组的隐私信息。②查询隐私安全。查询用户 QU 所提交的密文查询数据点和云服务器计算得到的密文 k 近邻分类标签均具有语义安全,即云服务器无法获取任何关于明文查询数据点和明文 k 近邻分类标签的隐私信息。③隐藏数据访问模式。密文 k 近邻分类过程中的数据访问模式,即密文 k 近邻分类标签所对应的密文数据库中的数据元组不会泄露给云服务器,从而降低了潜在的隐私泄露风险。本章方案的主要创新点在于:

(1)提出了一种安全内积(Secure Inner Product,SIP)协议,并使用该协议计算密文 k 近邻分类时的密文距离比较值。相比于现有方案中的安全平方欧氏距离(SSED)协议[142],SIP 协议具有更低的计算开销,从而提高了密文 k 近邻分类的运算效率。

(2)提出了一种抗合谋重加密密钥生成(Collusion Resistant Re-encryption Key Generation,CRRKG)协议,并使用该协议生成分类标签重加密密钥。在该协议中,即使云服务器合谋查询用户 QU,其依然无法得到数据拥有者 DO 的分类标签解密密钥。

(3)通过使用 SIP 协议和 PRE 协议作为子协议,提出了一种密文 k 近邻分类(Privacy Preserving kNN Classification,PPKC)协议,实现了安全高效的密文 k 近邻分类。

(4)对本章方案的安全性进行了详细的证明,并通过理论和实验分析验证了方案的性能。实验结果表明,本章方案具有更好的运算效率,其计算开销比现有 k 近邻分类计算安全方案[142]下降了约两个数量级。

5.2　安全 k 近邻分类问题描述

本节对本章方案的系统模型、安全模型和设计目标进行描述和说明。

5.2.1　系统模型

如图 5.1 所示,本章方案一共包括四个参与方:数据拥有者 DO、查询用户 QU,以及云服务器 C_1 和 C_2。这里,假设两个云服务器不能合谋[141],从而实现交互式的安全协议。如图所示,数据拥有者 DO 首先生成 Paillier 和 ElGamal 密码算法的公私钥对 (pk_p,sk_p) 和 (pk_c,sk_c)。接下来,DO 使用公钥 pk_p 和 pk_c 分别对其私有明文数据库 D 中的数据点和分类标签进行加密,并将密文数据库 D' 外

包至云服务器 C_1 进行密文 k 近邻分类。同时,DO 将 Paillier 公钥 pk_p 发送给其他参与方以进行加密操作,并将 Paillier 私钥 sk_p 发送给云服务器 C_2 以执行交互式安全协议。图中,查询用户 QU 希望基于密文数据库 D' 对其私有的查询数据点 q 进行 k 近邻分类。为了保护数据隐私,QU 使用 Paillier 公钥 pk_p 对明文查询点 q 进行加密,得到密文查询数据点 q',并将其发送给云服务器 C_1 进行密文 k 近邻分类。在上传密文数据库 D' 和密文查询点 q' 之后,DO 和 QU 即可保持离线状态,而无须参与密文计算过程。接下来,云服务器 C_1 和 C_2 通过交互式的安全协议进行密文 k 近邻分类,并将最终得到的重加密后的 k 近邻分类标签返回给查询用户 QU,由其进行解密从而得到相应的明文分类结果。

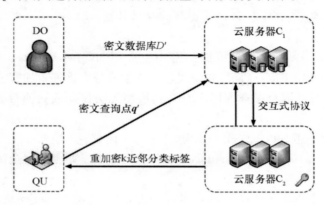

图 5.1　k 近邻分类计算安全方案的系统模型

5.2.2　安全模型

在本章方案中,数据拥有者 DO 和查询用户 QU 不完全信任云服务器 C_1 会保护他们的数据隐私,因此他们将自己私有的数据库和查询数据点进行加密后上传。假设云服务器 C_1 和 C_2 都是半诚信的,这表明它们将严格按照所设计的协议进行外包数据分类,但会在分类过程中尝试推测得到一些隐私信息。这里,假设云服务器 C_1 和 C_2 在进行外包数据分类的过程中不能合谋[141],从而实现交互式的密文计算操作。同时,假设这两个云服务器不能与数据拥有者 DO 合谋以获取额外的信息,这符合用户的实际利益需求。此外,假设云服务器 C_1 和 C_2 可以与查询用户 QU 合谋以获取其 ElGamal 分类标签解密私钥;假设查询用户 QU 不会将其明文查询数据点与云服务器共享,以免造成较大的隐私泄露。

在半诚信安全模型下,为了规范定义协议的安全性,采用了基于模拟攻击者视角的分析方法[238-239],其安全性描述如下所示。

定义 5.1 假设 $\Pi_P(\pi)$ 是安全协议 π 在参与方 P 视角下真实的执行镜像,其输入和输出分别是 a 和 b,那么,如果 $\Pi_P(\pi)$ 可以由 a 和 b 进行模拟,并且满足模拟镜像 $\Pi_P^S(\pi)$ 与真实镜像 $\Pi_P(\pi)$ 的分布是计算不可区分的,则协议 π 是安全的。

如定义所示,协议的真实镜像通常包括输入、输出和交互过程中的信息。为了证明给定协议在半诚信模型下的安全性,通常需要证明该协议在执行过程中没有泄露任何隐私信息[239]。

5.2.3 设计目标

本章所提出的基于混合公钥加密算法的 k 近邻分类计算安全方案满足以下三个设计目标:

(1)正确性:如果用户和云服务器按照设计的协议进行数据加密、密文分类和解密等操作,那么查询用户最终得到的解密后的 k 近邻分类标签与明文情况下 k 近邻分类的结果相同。

(2)机密性:本章方案在半诚信安全模型下是安全的,即云服务器无法得到关于数据拥有者和查询用户的隐私信息,包括明文数据库、明文查询数据点、明文 k 近邻分类标签和数据访问模式。

(3)高效性:本章方案中,在上传密文数据库和密文查询数据点之后,数据拥有者和查询用户无须保持在线,外包分类过程由云服务器执行,方案具有较低的计算开销,适用于对数据安全性要求较高的应用场景。

5.3 使用混合公钥加密的计算安全方法

本节对本章提出的基于混合公钥加密算法的 k 近邻分类计算安全方案进行详细说明,该方案保证了外包分类的高安全性和高效性,具有较好的实用性。首先,提出方案的基础安全协议构建块;然后,使用这些协议构建安全分类外包方案。

5.3.1 方案基础安全协议构建块

在本小节给出两个基础安全协议构建块,分别是安全内积(SIP)协议和抗合谋重加密密钥生成(CRRKG)协议。在下一小节中,这些安全协议将作为子协议来构建本章提出的基于混合公钥加密算法的 k 近邻分类计算安全方案。

5.3.1.1 安全内积协议

安全内积(SIP)协议可对两个 Paillier 密文数据点(向量)进行密文内积计算。在该协议中,假设云服务器 C_1 拥有 Paillier 密文数据点 $a' = (E_{pk_p}(a_1), \cdots, E_{pk_p}(a_d))$ 和 $b' = (E_{pk_p}(b_1), \cdots, E_{pk_p}(b_d))$,而云服务器 C_2 拥有 Paillier 私钥 sk_p,二者不能合谋并通过交互式的协议计算输出密文内积 $E_{pk_p}(a \cdot b)$ (a 和 b 为相应的明文数据点),其结果仅为云服务器 C_1 所知。在协议的执行过程中,云服务器 C_1 和 C_2 无法获取任何关于明文数据点 a 和 b 的隐私信息。这里,针对给定的明文数据点 $a, b \in \mathbb{Z}_N^d$,SIP 协议的设计思路主要来源于以下性质:

$$a \cdot b = a_1 b_1 + \cdots + a_d b_d = \sum_{j=1}^{d} (a_j + r_j)(b_j + e_j) - \sum_{j=1}^{d} (a_j e_j + b_j r_j + r_j e_j)$$

$$(5.2)$$

上式中,所有算术运算均在数域 $\mathbb{Z}_N$(Paillier 密码算法的明文空间)中进行。算法 5.1 中给出了 SIP 协议的具体步骤。算法中,云服务器 C_1 首先在明文空间 $\mathbb{Z}_N$ 中生成 $2d$ 个随机数 r_j 和 e_j。接下来,C_1 使用这些随机数对密文数据点 a' 和 b' 中的元素进行加性扰动,计算包含噪声的密文数据点元素 $a''_j = E_{pk_p}(a_j) * E_{pk_p}(r_j)$ 和 $b''_j = E_{pk_p}(b_j) * E_{pk_p}(e_j)$,并将其发送给云服务器 C_2。然后,云服务器 C_2 对接收到的密文数据进行解密,并计算包含噪声的明文内积值 $h = \sum_{j=1}^{d} (a_j + r_j)(b_j + e_j) \bmod N$。接下来,$C_2$ 对 h 进行加密,并将加扰密文内积 h' 发送给云服务器 C_1。最后,云服务器 C_1 根据式(5.2)对加扰密文内积 h' 进行去扰,并得到正确的密文内积结果 $E_{pk_p}(a \cdot b)$。

算法 5.1　$\mathrm{SIP}(a',b') \to E_{pk_p}(a \cdot b)$

执行方:云服务器 C_1 和 C_2

1:云服务器 C_1 执行:

2:$r_j,e_j \xleftarrow{R} \mathbb{Z}_N, 1 \le j \le d$

3:**for** $j = 1$ **to** d

4:计算密文 $E_{pk_p}(r_j), a_j'' \leftarrow E_{pk_p}(a_j) * E_{pk_p}(r_j) \bmod N^2$

5:计算密文 $E_{pk_p}(e_j), b_j'' \leftarrow E_{pk_p}(b_j) * E_{pk_p}(e_j) \bmod N^2$

6:将加扰密文 a_j'', b_j'' 发送给云服务器 $C_2(1 \le j \le d)$

7:云服务器 C_2 执行:

8:$\tilde{a}_j \leftarrow D_{sk_p}(a_j''), \tilde{b}_j \leftarrow D_{sk_p}(b_j'') (1 \le j \le d)$

9:$h \leftarrow \sum_{j=1}^{d} \tilde{a} * \tilde{b}_j \bmod N$

10:$h' \leftarrow E_{pk_p}(h)$,将加扰密文内积 h' 发送给云服务器 C_1

11:云服务器 C_1 执行:

12:$s_1 \leftarrow E_{pk_p}(a_1)^{e_1} * \cdots * E_{pk_p}(a_d)^{e_d} \bmod N^2$

13:$s_2 \leftarrow E_{pk_p}(b_1)^{r_1} * \cdots * E_{pk_p}(b_d)^{r_d} \bmod N^2$

14:$s_3 \leftarrow E_{pk_p}\left(\sum_{j=1}^{d} r_j e_j \bmod N\right)$

15:$s \leftarrow s_1 * s_2 * s_3 \bmod \cdot N^2$

16:$E_{pk_p}(a \cdot b) \leftarrow h' * s^{N-1} \bmod N^2$

5.3.1.2　抗合谋重加密密钥生成协议

假设云服务器 C_1 或 C_2 可以与查询用户 QU 合谋而得到其 ElGamal 分类标签解密私钥 sk_u。为了支持查询用户 QU 对 k 近邻分类标签的解密操作,同时保护数据拥有者 DO 的 ElGamal 分类标签解密私钥 sk_c,设计了一种抗合谋重加密密钥生成(CRRKG)协议。在该协议中,即使云服务器 C_1 或 C_2 与 QU 合谋得到私钥 sk_u,其仍然无法获取 DO 的私钥 sk_c。如算法 5.2 所示,CRRKG 协议使用 ElGamal 私钥 sk_c 和 sk_u 作为输入,通过 DO、QU 和两个云服务器之间的交互式计算输出两个 ElGamal 重加密密钥 rk_{u_1} 和 rk_{u_2}。接下来,对 CRRKG 协议的执行过程进行具体说明。

如算法 5.2 所示,分别为云服务器 C_1 和 C_2 生成了 ElGamal 分类标签重加密密钥 rk_{u_1} 和 rk_{u_2}。这里,在 C_1 和 C_2 不能合谋的情况下,即使它们与查询用户合谋 QU 得到其 ElGamal 分类标签解密私钥 sk_u,二者仍然无法推导出数据拥有者 DO 的 ElGamal 分类标签解密私钥 sk_c。在之后的密文 k 近邻分类时,两个云服务器 C_1 和 C_2 将分别使用 rk_{u_1} 和 rk_{u_2} 进行两次 ElGamal 密文标签的重加密操作,从而保证查询用户 QU 能够使用其私钥 sk_u 进行正确的解密操作。

算法 5.2 $CRRKG(sk_c, sk_u) \rightarrow \{rk_{u_1}, rk_{u_2}\}$

执行方:DO、QU、C_1 和 C_2

1:生成重加密密钥 rk_{u_1}:

2:DO 生成随机数 $\alpha_1 \in Z_p^*$,计算 $a \leftarrow sk_c + \alpha_1$,将 a 发送给 C_1

3:C_1 生成随机数 $\alpha_2 \in Z_p^*$,计算重加密密钥 $rk_{u_1} \leftarrow a - \alpha_2$

4:生成重加密密钥 rk_{u_2}:

5:C_2 生成随机数 $\beta \in Z_p^*$,将 β 发送给 QU

6:QU 计算 $b_1 \leftarrow \beta - sk_u$,将 b_1 发送给 C_1

7:C_1 计算 $b_2 \leftarrow b_1 + \alpha_2$,将 b_2 发送给 DO

8:DO 计算 $b_3 \leftarrow b_2 - \alpha_1$,将 b_3 发送给 C_2

9:C_2 计算重加密密钥 $rk_{u_2} \leftarrow b_3 - \beta$

具体而言,为了生成重加密密钥 rk_{u_1},数据拥有者 DO 首先对其 ElGamal 分类标签解密私钥 sk_c 进行随机加扰处理($a = sk_c + \alpha_1$),并将计算结果发送给云服务器 C_1。这里,随机数 $\alpha_1 \in Z_p^*$ 仅为 DO 所知,其中 p 为 ElGamal 密码算法中乘法循环群 $\mathbb{G}$ 的素数阶阶数。接下来,云服务器 C_1 生成随机数 α_2,并计算如下重加密密钥:

$$rk_{u_1} = a - \alpha_2 = sk_c - (\alpha_2 - \alpha_1) = sk_c - sk_1 \qquad (5.3)$$

这里,根据重加密密钥生成算法 $ReEncKeyGen$,当使用 rk_{u_1} 进行重加密之后,新的密文标签所对应的 ElGamal 解密私钥为

$$sk_1 = \alpha_2 - \alpha_1 \qquad (5.4)$$

根据重加密算法 $ReEnc$,云服务器 C_1 可以使用重加密密钥将原始密文标签 c_i' 转换为新的密文标签 c_i''。然而,由于 C_1 无法得到随机数 α_1,其无法获得新的解密私钥 sk_1 进行标签解密操作。

为了生成重加密密钥 rk_{u_2},云服务器 C_2 首先生成随机数 β 并将其发送给查

询用户 QU。然后,QU 使用 β 对其 ElGamal 分类标签解密私钥 sk_u 进行随机扰动($b_1 = \beta - sk_u$),并将计算结果 b_1 发送给云服务器 C_1。随后,云服务器 C_1 计算 $b_2 = b_1 + \alpha_2$(α_2 为 C_1 生成 rk_{u_1} 时使用的随机数),并将 b_2 发送给数据拥有者 DO。接下来,DO 计算 $b_3 = b_2 - \alpha_1$ 并将 b_3 返回给云服务器 C_2,这里 α_1 为 DO 的 ElGamal 分类标签解密私钥 sk_c 所对应的扰动值。最后,云服务器 C_2 去除随机噪声 β,并得到如下重加密密钥 rk_{u_2}:

$$rk_{u_2} = b_3 - \beta = (\alpha_2 - \alpha_1) - sk_u = sk_1 - sk_u \tag{5.5}$$

根据重加密算法 $ReEnc$,云服务器 C_2 可以使用重加密密钥 rk_{u_2} 进行第二次重加密,并将原密文标签 c''_i 转换为 c'''_i。这里,新密文标签 c'''_i 所对应的 ElGamal 解密私钥为 sk_u,即查询用户 QU 可以对其进行正确的解密操作。此外,私钥 sk_1 和 sk_u 均是未知的,云服务器 C_2 无法使用其对密文标签 c''_i 和 c'''_i 进行解密而得到明文结果。

5.3.2　安全计算方案

本小节对本章提出的基于混合公钥加密算法的 k 近邻分类计算安全方案进行详细说明。相比于现有的 k 近邻分类计算安全方案 PPkNN[142],本章方案在保护数据隐私的同时具有更高的运算效率。与 PPkNN 方案相似,本章方案也使用了 Paillier 密码算法对数据点进行加密,并利用其同态性质进行相关的密文计算。然而,为了提高外包密文分类的运行效率,相比于现有方案 PPkNN,本章方案主要有以下几个不同之处:①使用 ElGamal 加密算法对分类标签进行加密(PPkNN 方案中使用了 Paillier 加密算法),并使用基于 ElGamal 的重加密协议对密文标签进行转换,从而保证了查询用户能够对密文分类结果进行解密操作;②通过计算密文内积进行查询数据点与数据库中数据点之间的距离值比较,相比于 PPkNN 方案中使用的密文平方欧氏距离,本章方案的密文计算开销更低;③采用随机排列函数对密文 k 近邻分类过程中云服务器 C_1 发送给 C_2 的中间计算结果进行随机排列,从而高效地实现了对数据访问模式的隐藏。接下来,对方案的内容进行详细说明。

5.3.2.1　密钥生成

为了保护数据库安全,数据拥有者 DO 分别生成 Paillier 密码算法公私钥对 (pk_p, sk_p) 和 ElGamal 密码算法公私钥对 (pk_c, sk_c),并使用 Paillier 公钥 pk_p 对数据库中的数据点 $\boldsymbol{p}_i$ 进行加密,使用 ElGamal 公钥 pk_c 对数据库中的分类标签 c_i

进行加密。此外,DO 将 Paillier 公钥 pk_p 分享给查询用户 QU 和两个云服务器以进行相关加密操作,将 Paillier 私钥 sk_p 共享给云服务器 C_2 以执行密文 k 近邻分类中的交互式协议。

5.3.2.2　数据库加密

令数据拥有者 DO 的明文数据库 $D = \{t_1, t_2, \cdots, t_n\}$ 包含 n 个数据元组 t_i,其中每个数据元组 $t_i = (p_i, c_i)$,由一个 d 维的数据点 $p_i = (p_{i1}, p_{i2}, \cdots, p_{id})$ 和其对应的分类标签 c_i 所组成。这里,对于 $1 \leqslant i \leqslant n$ 和 $1 \leqslant j \leqslant d$,假设数据点中的元素 $p_{ij} \in \mathbb{Z}_N$(Paillier 加密算法的明文空间),而分类标签 $c_i \in \mathbb{G}$(ElGamal 加密算法的明文空间)。为了对方案中所使用的两种加密算法进行区分,使用 $E_{pk_p}(\cdot)$ 和 $D_{sk_p}(\cdot)$ 分别表示 Paillier 加密算法的加密和解密运算,使用 $Enc(pk_c, \cdot)$ 和 $Dec(sk_c, \cdot)$ 分别表示 ElGamal 加密算法的加密和解密运算。

在对数据库中的数据点 p_i 进行加密之前,首先将其转换为 $d+1$ 维的向量 $\hat{p}_i = (p_i, -0.5\|p_i\|^2)$。接下来,对于 $1 \leqslant i \leqslant n$,数据拥有者 DO 使用 Paillier 加密算法对向量 $\hat{p}_i$ 中的元素进行加密并得到如下密文数据点:

$$p_i' = (E_{pk_p}(\hat{p}_{i,1}), E_{pk_p}(\hat{p}_{i,2}), \cdots, E_{pk_p}(\hat{p}_{i,d+1})) \tag{5.6}$$

并使用 ElGamal 密码算法对分类标签进行加密得到如下密文分类标签:

$$c_i' = Enc(pk_c, c_i) \tag{5.7}$$

这里,使用混合加密算法得到的密文数据库表示为 $D' = \{t_1', t_2', \cdots, t_n'\}$,其中密文数据元组 $t_i' = (p_i', c_i')$。接下来,数据拥有者 DO 将密文数据库上传至云服务器进行后续的密文 k 近邻分类任务。

5.3.2.3　查询数据点加密

令查询用户 QU 的查询数据点为 $q = (q_1, q_2, \cdots, q_d)$,且假设其中每个元素 $q_j \in \mathbb{Z}_N$。这里,QU 首先生成正随机数 $\varepsilon \in \{1, \cdots, 2^{l_2}\}$(这里假设 $\varepsilon \leqslant 2^{l_2}$ 以防止 Paillier 明文溢出),然后将 q 转换为 $d+1$ 维向量 $\hat{q} = \varepsilon(q, 1)$。接下来,QU 使用 Paillier 公钥 pk_p 对向量 $\hat{q}$ 中的每个元素进行加密并得到密文查询数据点 q'(见式 5.8),再将其发送给云服务器 C_1 进行密文 k 近邻分类。

$$q' = (E_{pk_p}(\hat{q}_1), E_{pk_p}(\hat{q}_2), \cdots, E_{pk_p}(\hat{q}_{d+1})) \tag{5.8}$$

如方案中所述,在执行 Paillier 加密之前分别将数据库中的数据点 p_i 和查询数据点 q 转换为 $d+1$ 维向量 p_i 和 q。这里,进行向量转换是为了使用内积 $\hat{p}_i \cdot \hat{q}$

代替欧氏距离$\|\boldsymbol{p}_i - \boldsymbol{q}\|$作为 k 近邻分类时判断数据点之间相似度的依据,从而降低密文 k 近邻分类的计算开销。下面首先在定理 5.1 中证明使用内积$\hat{\boldsymbol{p}}_i \cdot \hat{\boldsymbol{q}}$进行 k 近邻分类的正确性。

定理 5.1 在本章方案中,使用内积$\hat{\boldsymbol{p}}_i \cdot \hat{\boldsymbol{q}}$作为数据点之间相似度的判断依据而得到的 k 近邻分类结果与使用欧氏距离$\|\boldsymbol{p}_i - \boldsymbol{q}\|$作为判断依据所得到的分类结果一致。

证明:首先,对于给定的数据库中的数据点$\boldsymbol{p}_i$和$\boldsymbol{p}_j$,以及查询数据点$\boldsymbol{q}$,可以得到如下公式

$$
\begin{aligned}
\hat{\boldsymbol{p}}_i \cdot \hat{\boldsymbol{q}} - \hat{\boldsymbol{p}}_j \cdot \hat{\boldsymbol{q}} &= (\hat{\boldsymbol{p}}_i - \hat{\boldsymbol{p}}_j) \cdot \hat{\boldsymbol{q}} \\
&= (\hat{\boldsymbol{p}}_i - \hat{\boldsymbol{p}}_j)^{\mathrm{T}} \hat{\boldsymbol{q}} \\
&= (\boldsymbol{p}_i - \boldsymbol{p}_j)^{\mathrm{T}} (\varepsilon \boldsymbol{q}) + (-0.5\|\boldsymbol{p}_i\|^2 + 0.5\|\boldsymbol{p}_j\|^2)\varepsilon \\
&= 0.5\varepsilon(\|\boldsymbol{p}_j\|^2 - \|\boldsymbol{p}_i\|^2 + 2(\boldsymbol{p}_i - \boldsymbol{p}_j)^{\mathrm{T}}\boldsymbol{q}) \\
&= 0.5\varepsilon(\|\boldsymbol{p}_j - \boldsymbol{q}\|^2 - \|\boldsymbol{p}_i - \boldsymbol{q}\|^2)
\end{aligned}
\tag{5.9}
$$

上式中,$\|\boldsymbol{p}_i - \boldsymbol{q}\|$和$\|\boldsymbol{p}_j - \boldsymbol{q}\|$分别为数据库中数据点$\boldsymbol{p}_i$和$\boldsymbol{p}_j$与查询数据点$\boldsymbol{q}$之间的欧氏距离。由于$\varepsilon > 0$且平方运算不会影响比较结果,因此可以得到以下等价条件:

$$
\hat{\boldsymbol{p}}_i \cdot \hat{\boldsymbol{q}} > \hat{\boldsymbol{p}}_j \cdot \hat{\boldsymbol{q}} \Leftrightarrow \|\boldsymbol{p}_j - \boldsymbol{q}\| > \|\boldsymbol{p}_i - \boldsymbol{q}\|
\tag{5.10}
$$

从上式中可以得到,当$\hat{\boldsymbol{p}}_i \cdot \hat{\boldsymbol{q}} > \hat{\boldsymbol{p}}_j \cdot \hat{\boldsymbol{q}}$时,数据点$\boldsymbol{p}_i$比数据点$\boldsymbol{p}_j$更靠近查询数据点$\boldsymbol{q}$。因此,我们可以使用内积$\hat{\boldsymbol{p}}_i \cdot \hat{\boldsymbol{q}}$代替欧氏距离$\|\boldsymbol{p}_i - \boldsymbol{q}\|$作为 k 近邻分类时数据点之间相似度的判断依据。

这里,针对明文数据时,每次内积运算$\hat{\boldsymbol{p}}_i \cdot \hat{\boldsymbol{q}}$需要执行$d+1$次乘法和$d$次加法,而每次平方欧氏距离运算$\|\boldsymbol{p}_i - \boldsymbol{q}\|^2$需要执行$d$次减法、$d$次乘法和$d-1$次加法,其具有相近的计算开销。然而,当在 Paillier 密文数据上执行上述运算时,密文平方欧氏距离则明显需要更多的计算开销。具体而言,对于$d+1$维向量$\hat{\boldsymbol{p}}$和$\boldsymbol{q}$,使用本章提出的 SIP 协议计算密文内积时需要$2d+4$次加密运算和$2d+3$次密文求幂运算。相应地,使用现有方案 PPkNN[142] 中的 SSED 协议计算密文平方欧氏距离需要执行d次安全乘法(Secure Multiplication,SM)协议[142] 和d次密文求幂运算。由于执行 SM 协议需要 3 次加密运算和 3 次密文求幂运算,SSED 协议一共需要执行$3d$次加密运算和$4d$次密文求幂运算。对于包含n个密文数据点的数据库而言,计算密文平方欧氏距离一共需要$7nd$次密文运算(加密和求幂),而计算密文内积则只需要$4nd+7n$次密文运算。显然,当数据

元组个数 n 和数据点维数 d 较大时,相比于现有方案 PPkNN[142] 中的 SSED 协议,在密文 k 近邻分类时使用本章提出的 SIP 协议计算密文内积具有更低的计算开销。

5.3.2.4 密文 k 近邻分类

在密文 k 近邻分类(PPKC)协议中,通过使用 SIP 协议和 PRE 协议作为子协议,云服务器 C_1 和 C_2 共同执行密文 k 近邻分类,并将密文分类标签返回给相应的查询用户 QU。在该协议中,保护了数据库安全和查询隐私安全,同时对云服务器实现了数据访问模式的隐藏。

如算法 5.3 所示,PPKC 协议使用密文数据库 D'、密文查询点 q'、Paillier 私钥 sk_p 以及两个 ElGamal 重加密密钥 rk_{u_1} 和 rk_{u_2} 作为输入,计算并输出密文 k 近邻分类标签集合 C'_q。这里,针对每个查询用户 QU,执行一次本章所提出的 CRRKG 协议生成所对应的 ElGamal 重加密密钥 rk_{u_1} 和 rk_{u_2},并分别由云服务器 C_1 和 C_2 进行保管和使用。

算法 5.3 PPKC$(D', q', sk_p, rk_{u_1}, rk_{u_2}) \rightarrow C'_q$

执行方:云服务器 C_1 和 C_2

1:云服务器 C_1 执行:

2:$\lambda_1 \xleftarrow{R} \{1, \cdots, 2^{l_3}\}$,$\lambda_2 \xleftarrow{R} \{1, \cdots, N/2\}$

3:**for** $i = 1$ **to** n

4:$E_{pk_p}(\hat{\boldsymbol{p}}_i \cdot \hat{\boldsymbol{q}}) \leftarrow SIP(p'_i, q')$

5:$dst''_i \leftarrow E_{pk_p}(\hat{\boldsymbol{p}}_i \cdot \hat{\boldsymbol{q}})^{\lambda_1} * E_{pk_p}(\lambda_2)$

6:$c''_i \leftarrow ReEnc(rk_{u_1}, c'_i)$

7:生成针对 n 个元素的随机排列函数 π

8:$d\bar{s}t \leftarrow \pi(dst'')$,其中集合 $dst'' = \{dst''_1, dst''_2, \cdots, dst''_n\}$

9:$\widetilde{C} \leftarrow \pi(C'')$,其中集合 $C'' = \{c''_1, c''_2, \cdots, c''_n\}$

10:将随机排列后的集合 $d\bar{s}t$ 和 $\widetilde{C}$ 发送给云服务器 C_2

11:云服务器 C_2 执行:

12:$d\hat{s}t \leftarrow D_{sk_p}(d\bar{s}t_i)(1 \leqslant i \leqslant n)$

13:将加扰内积 $d\bar{s}t_i$ 按照降序排列,并得到相应的排序函数 $Sort(\cdot)$

（续表）

$14 : \check{C} \leftarrow Sort(\check{C})$

$15 : c_j''' \leftarrow ReEnc(rk_{u_2}, \check{c}_j) \; (1 \leqslant j \leqslant k)$

$16 :$ 将密文 k 近邻分类标签集合 $C_q' = \{c_1''', c_2''', \cdots, c_k'''\}$ 发送给 QU

接下来，PPKC 协议进行具体说明。

首先，云服务器 C_1 生成两个一次性随机数 λ_1 和 λ_2。这里，为了防止密文计算过程中 Paillier 明文数值的溢出，对上述随机数的取值范围进行了一定的约束。具体而言，假设数据点向量 $p_i = (p_i, -0.5 \| p_i \|^2)$ 与非加扰查询点向量 $(q,1)$ 之间的内积值均小于 $2^{l_1} (1 \leqslant i \leqslant n)$，而执行查询数据点加密时所使用的随机数 $\varepsilon \leqslant 2^{l_2}$，则要求随机数 $\lambda_1 \leqslant 2^{l_3}$ 和 $\lambda_2 \leqslant N/2$，以及 $2^{l_1 + l_2 + l_3} < N/2$，从而保证加扰明文内积 $\hat{dst}_i = \lambda_1 * p_i \cdot \hat{q} + \lambda_2$ 的数值小于 N 以防止明文溢出。然后，对于 $1 \leqslant i \leqslant n$，云服务器 C_1 和 C_2 先执行 SIP 协议计算数据库中的密文数据点 p_i' 和密文查询数据点 q' 之间的 Paillier 密文内积 $E_{pk_p}(\hat{p}_i \cdot \hat{q})$；再由 C_1 向密文内积 $E_{pk_p}(\hat{p}_i \cdot \hat{q})$ 添加随机扰动，从而得到加扰密文内积 $dst_i'' = E_{pk_p}(\lambda_1 * \hat{p}_i \cdot \hat{q} + \lambda_2)$（由 Paillier 密码算法同态性质可得）。随后 C_1 使用 PRE 协议中的重加密算法 $ReEnc$ 和重加密密钥 rk_{u_1} 计算第一轮的重加密分类标签 $c_i'' = ReEnc(rk_{u_1}, c_i')$。接下来，云服务器 C_1 生成随机排列函数 π，并使用其对集合 dst'' 和 C'' 中的元素进行随机排列。C_1 将随机排列后的集合 $\tilde{dst} = \{\tilde{dst}_1, \tilde{dst}_2, \cdots, \tilde{dst}_n\}$ 和 $\tilde{C} = \{\tilde{c}_1, \tilde{c}_2, \cdots, \tilde{c}_n\}$ 发送给云服务器 C_2。

对于 $1 \leqslant i \leqslant n$，云服务器 C_2 使用 Paillier 私钥 sk_p 对每个加扰密文内积 $\tilde{dst}_i$ 进行解密，并得到其明文值 $\hat{dst}_i$。这里，由于随机扰动项 λ_1 和 λ_2 均为正数，加扰后的明文内积 $\hat{dst}_i = \lambda_1 * \hat{p}_i \cdot \hat{q} + \lambda_2$ 与真实内积 $\hat{p}_i \cdot \hat{q}$ 保持了一致的大小关系。因此，根据定理 5.1，云服务器 C_2 可以使用加扰明文内积 $\hat{dst}_i$ 进行 k 近邻分类。由于内积值越大表示数据库中的对应数据点更靠近查询数据点（见定理 5.1），C_2 将 $\hat{dst}_i$ 按照降序排列，从而得到相应的排列函数 $Sort(\cdot)$。然后，C_2 使用 $Sort(\cdot)$ 函数对第一轮重加密分类标签进行排序，从而得到集合 $\check{C} = Sort(\check{C})$。接下来，$C_2$ 将集合 $\check{C}$ 中的前 k 密文标签 $\check{c}_1, \check{c}_2, \cdots, \check{c}_k$ 取出，使用重加密密钥 rk_{u_2} 对这些密文标签进行第二轮重加密，从而得到新的密文分类标签 $c_j''' = ReEnc(rk_{u_2}, \check{c}_j)$。如第 5.3.2.2 节所述，新的密文分类标签 c_j''' 所对应的 ElGamal 解密

私钥为 sk_u，即只有查询用户 QU 可以对其进行解密操作。最后，云服务器 C_2 将密文 k 近邻分类标签集合 C_q' 发送给对应的查询用户 QU。

5.3.2.5 分类标签解密

在收到云服务器 C_2 发送的密文 k 近邻分类标签集合 C_q' 之后，对于集合中的每个密文标签 c_j'''，查询用户 QU 使用其 ElGamal 分类标签解密私钥 sk_u 计算 $c_j = Dec(sk_u, c_j''')$，从而得到明文 k 近邻分类标签集合 $C_q = \{c_1, c_2, \cdots, c_k\}$。

5.4 安全性分析

在本节中，假设云服务器 C_1 和 C_2 作为潜在的攻击者，并对本章方案的安全性进行证明。首先，在半诚信模型下证明本章中所提出的方案基础安全协议构建块的安全性。然后，根据安全协议的组合定理[239]，在半诚信模型下证明本章方案中密文 k 近邻分类（PPKC）协议的安全性。简言之，在 PPKC 协议的执行过程中，云服务器 C_1 仅能得到语义安全的密文信息，而云服务器 C_2 解密得到的明文信息均为加扰后的随机值，因此两个云服务器都无法获得任何的隐私信息。如第 5.2.2 节所讨论的，假设云服务器 C_1 和 C_2 不能合谋，同时它们不能与数据拥有者 DO 合谋以获取额外的信息，但它们可以与 QU 合谋以获取其分类标签解密私钥（但不能获取其他信息）。下面对本章方案进行具体的安全性分析。

5.4.1 安全内积协议安全性分析

定理 5.2 假设云服务器 C_1 和 C_2 是潜在的攻击者，由于本章方案满足以下两个条件：Paillier 加密算法是语义安全的、两个云服务器不能合谋，因此可以证明安全内积（SIP）协议在半诚信模型下是安全的，即在协议的执行过程中，C_1 和 C_2 无法获得任何数据隐私信息。

证明：为了证明 SIP 协议在半诚信模型下的安全性，需要证明协议的模拟镜像和真实镜像是计算不可区分的。一般情况下，协议的真实镜像包含了所交互的信息和使用这些信息计算得到的结果。

根据算法 5.1，可以得到云服务器 C_2 在执行 SIP 协议时的真实镜像为 $\Pi_{C_2}(SIP) = \{\langle a_j'', a_j + r_j \rangle, \langle b_j'', b_j + e_j \rangle | for\ j \in [d]\}$，其中 a_j'' 和 b_j'' 为 Paillier 密文，$a_j + r_j$ 和 $b_j + e_j$ 是解密得到的相应明文。假设云服务器 C_2 的模拟镜像为 $\Pi_{C_2}^S(SIP) = \{\langle \delta_{1,j}, \delta_{2,j} \rangle, \langle \delta_{3,j}, \delta_{4,j} \rangle | for\ j \in [d]\}$，其中，$\delta_{1,j}$ 和 $\delta_{3,j}$ 是从 Paillier 加密

算法的密文空间$\mathbb{Z}_{N^2}$中随机生成的密文，$\delta_{2,j}$和$\delta_{4,j}$是从 Paillier 加密算法的明文空间$\mathbb{Z}_N$中随机生成的明文。由于使用的加密算法 Paillier 是语义安全的，所以密文a_j''和$\delta_{1,j}$，以及b_j''和$\delta_{3,j}$均是计算不可区分的。此外，由于噪声项r_j和e_j均是从 Paillier 明文空间$\mathbb{Z}_N$中随机产生的，可以得到加扰明文$a_j + r_j$和$b_j + e_j$分别与其模拟镜像值$\delta_{2,j}$和$\delta_{4,j}$是计算不可区分的。根据定义 5.1，可以得到云服务器C_2的真实镜像$\Pi_{C_2}(\text{SIP})$与模拟镜像$\Pi_{C_2}^S(\text{SIP})$是计算不可区分的。因此，云服务器C_2在 SIP 协议的执行过程中无法获取任何数据隐私信息。

根据算法 5.1，可以得到云服务器C_1在执行 SIP 协议时的真实镜像为$\Pi_{C_1}(\text{SIP}) = \{h', E_{pk_p}(a \cdot b)\}$，其中$h'$和$E_{pk_p}(a \cdot b)$均为 Paillier 密文。令$C_1$的模拟镜像为$\Pi_{C_1}^S(\text{SIP}) = \{\delta_5, \delta_6\}$，其中$\delta_5$和$\delta_6$是从 Paillier 加密算法的密文空间$\mathbb{Z}_{N^2}$中随机生成的密文。由于使用的加密算法 Paillier 是语义安全的，所以密文h'和δ_5，以及$E_{pk_p}(a \cdot b)$和δ_6均是计算不可区分的。根据定义 5.1，可以得到云服务器C_1的真实镜像$\Pi_{C_1}(\text{SIP})$与模拟镜像$\Pi_{C_1}^S(\text{SIP})$是计算不可区分的。因此，云服务器C_1在 SIP 协议的执行过程中无法获取任何隐私信息。综上所述，根据定义 5.1，本章所提出的安全内积（SIP）协议在半诚信模型下是安全的。

5.4.2　抗合谋重加密密钥生成协议安全性分析

定理 5.3　假设云服务器C_1和C_2是潜在的攻击者，且二者不能合谋，则可以证明抗合谋重加密密钥生成（CRRKG）协议在半诚信模型下是安全的，即在协议的执行过程中，即使云服务器C_1和C_2与查询用户 QU 合谋得到其 ElGamal 分类标签解密私钥sk_u，二者仍然无法获取数据拥有者 DO 的 ElGamal 分类标签解密私钥sk_c。

证明：这里，首先证明在不与查询用户 QU 合谋的情况下，云服务器C_1和C_2无法利用其已有信息推导得到 DO 的私钥sk_c。如算法 5.2 所示，对于云服务器C_1，在不与 QU 合谋的情况下，其具有以下信息：α_2、$a = sk_c + \alpha_1$ 和 $b_1 = \beta - sk_u$。显然，云服务器C_1在未知随机数α_1和β的情况下无法从a和b_1中推导出 ElGamal 分类标签解密私钥sk_c和sk_u。对于云服务器C_2，在不与 QU 合谋的情况下，其具有以下信息：β和$rk_{u_2} = (\alpha_2 - \alpha_1) - sk_u$。显然，云服务器$C_2$没有关于 DO 私钥$sk_c$的任何信息，且在未知随机数$\alpha_1$和$\alpha_2$的情况下无法从$rk_{u_2}$中推导得到 QU 的私钥$sk_u$。因此，在不与查询用户 QU 合谋的情况下，本章所提出的 CRRKG 协议对 DO 和 QU 的 ElGamal 分类标签解密私钥sk_c和sk_u进行了有效保护。

接下来,假设云服务器 C_1 和 C_2 可以与 QU 合谋得到其私钥 sk_u,并证明在这种情况下二者仍然无法推导得到 DO 的 ElGamal 分类标签解密私钥 sk_c。对于云服务器 C_1,在与 QU 合谋的情况下,其具有以下信息:α_2、$a = sk_c + \alpha_1$、β 和 sk_u。显然,云服务器 C_1 在未知随机数 α_1 仍然无法得到 DO 的私钥 sk_c。对于云服务器 C_2,在与 QU 合谋的情况下,其具有以下信息:β、$rk_{u_2} = (\alpha_2 - \alpha_1) - sk_u$ 和 sk_u。使用以上信息,云服务器 C_2 仅能推导得到 $\alpha_2 - \alpha_1$,却仍然无法获取 DO 的私钥 sk_c。因此,在与查询用户 QU 合谋的情况下,本章所提出的 CRRKG 协议对 DO 的 ElGamal 分类标签解密私钥 sk_c 进行了有效保护。

5.4.3 密文 k 近邻分类协议安全性分析

定理 5.4 假设云服务器 C_1 和 C_2 是潜在的攻击者,由于本章方案满足以下两个条件:Paillier 密码算法是语义安全的、两个云服务器不能合谋,可以证明本章方案中的密文 k 近邻分类 PPKC 协议在半诚信模型下是安全的。

证明: 为了证明 PPKC 协议在半诚信模型下的安全性,需要证明协议的模拟镜像和真实镜像是计算不可区分的。一般情况下,协议的真实镜像包含了所交互的信息和使用这些信息计算得到的结果。

根据算法 5.3,可以得到云服务器 C_2 在执行 PPKC 协议时的真实镜像为 $\Pi_{C_2}(\text{PPKC}) = \{\tilde{dst}_i, \tilde{c}_i, c_j''' | \text{for } i, j \in [n], [k]\}$(这里除去了方案中解密得到的加扰和随机排列后的明文距离值 $\tilde{dst}_i$,将在之后对其进行讨论),其中 $\tilde{dst}_i$ 为 Paillier 密文加扰内积,$\tilde{c}_i$ 为随机排列后的第一轮 ElGamal 重加密分类标签,而 c_j''' 为第二轮 ElGamal 重加密分类标签。假设云服务器 C_2 的模拟镜像为 $\Pi_{C_2}^S(\text{PPKC}) = \{\delta_{7,i}, \delta_{8,i}, \delta_{9,j} | \text{for } i, j \in [n], [k]\}$,其中 $\delta_{7,i}$ 是从 Paillier 加密算法的密文空间 $\mathbb{Z}_{N^2}$ 中随机生成的密文,$\delta_{8,i}$ 和 $\delta_{9,j}$ 是从 ElGamal 加密算法的密文空间 $\mathbb{C}$ 中随机生成的密文。由于使用的加密算法 Paillier 和 ElGamal 均是语义安全的,且 PRE 协议中的重加密算法 $ReEnc(rk_{u_2}, \tilde{c}_j)$ 不会泄露明文分类标签 c_i 的任何信息,因此可以得到 $\tilde{dst}_i$、$\tilde{c}_i$ 和 c_j''' 分别与其模拟镜像值 $\delta_{7,i}$、$\delta_{8,i}$ 和 $\delta_{9,j}$ 是计算不可区分的。根据定义 5.1,可以得到上述云服务器 C_2 的真实镜像 $\Pi_{C_2}(\text{PPKC})$ 与模拟镜像 $\Pi_{C_2}^S(\text{PPKC})$ 是计算不可区分的。接下来,对算法 5.3 中的明文距离值 $\tilde{dst}_i$ 所泄露给云服务器 C_2 的信息进行分析说明。在该算法中,由于在明文距离值 $\tilde{dst}_1, \cdots, \tilde{dst}_n$ 中使用了相同的随机数进行扰动,云服务器 C_2 可以去除扰动值并计算得到两个真实距离(内积)值差值的比值:$(\tilde{dst}_{i_1} - \tilde{dst}_{i_2})/(\tilde{dst}_{i_3} - \tilde{dst}_{i_4})$($i_1$, $i_2, i_3, i_4 \in [n]$)。然而,由于这些比值基本不包含隐私信息,且云服务器 C_2 无法

使用其对数据库中的数据点或查询数据点进行推导,这些信息对 PPKC 协议的安全性具有很小的影响。

根据算法 5.3,可以得到云服务器 C_1 在执行 PPKC 协议时的真实镜像为 $\Pi_{C_1}(\text{PPKC}) = \{E_{pk_p}(\hat{p}_i \cdot \hat{q}), c_i''| \text{for } i \in [n]\}$,其中 $E_{pk_p}(\hat{p}_i \cdot \hat{q})$ 为 Paillier 密文内积,c'' 为第一轮 ElGamal 重加密分类标签。令 C_1 的模拟镜像为 $\Pi_{C_1}^S(\text{PPKC}) = \{\delta_{10,i}, \delta_{11,i}| \text{for } i \in [n]\}$,其中 $\delta_{10,i}$ 是从 Paillier 加密算法的密文空间 $\mathbb{Z}_{N^2}$ 中随机生成的密文,$\delta_{11,i}$ 是从 ElGamal 加密算法的密文空间 $\mathbb{G}$ 中随机生成的密文。由于使用的加密算法 Paillier 和 ElGamal 均是语义安全的,且使用的 SIP 协议是安全的,而 PRE 协议中的重加密算法 $ReEnc(rk_{u_1}, c_i')$ 不会泄露明文分类标签 C_1 的任何信息,可以得到 $E_{pk_p}(\hat{p}_i \cdot \hat{q})$ 和 c_i'' 与其模拟镜像值 $\delta_{10,i}$ 和 $\delta_{11,i}$ 均是计算不可区分的。根据定义 5.1,可以得到云服务器 C_1 的真实镜像 $\Pi_{C_1}(\text{PPKC})$ 与模拟镜像 $\Pi_{C_1}^S(\text{PPKC})$ 是计算不可区分的。因此,云服务器 C_1 在 PPKC 协议的执行过程中无法获取任何隐私信息。

综上所述,根据定义 5.1,本章所提出的 PPKC 协议在半诚信模型下是安全的。此外,在方案的执行过程中,云服务器 C_1 和 C_2 无法获取密文 k 近邻分类标签与密文数据库中的数据元组的对应关系,从而实现了数据访问模式的隐藏。具体而言,虽然云服务器 C_2 在执行算法 5.3 时能够得到每个数据点与查询点之间的距离值,但由于云服务器 C_1 在算法 5.3 中对所有距离值进行了随机排列,C_2 无法反向推导密文 k 近邻分类标签与密文数据库中数据元组的对应关系。此外,由于云服务器 C_1 仅能得到语义安全的 Paillier 密文距离值,因此也无法得到密文 k 近邻分类标签与密文数据库中数据元组的对应关系。

5.5　性能分析

本节着重对本章方案的性能进行理论和实验分析,从而说明其具有较好的运算效率,能够适用于使用较大型数据库的应用场景。

5.5.1　理论分析

本小节对本章所提出的 k 近邻分类计算安全方案的理论性能进行分析。首先,影响密文 k 近邻分类计算开销的参数主要有以下三个:数据库中的数据元组个数 n、数据点维数 d 和 k 近邻分类标签个数 k。在本章所提出的 PPKC 协议中,云服务器 C_1 和 C_2 一共需要执行 n 次 SIP 协议、$n+k$ 次 ElGamal 密文分类标签重加密、n 次 Paillier 解密运算,以及其他开销较低的随机排列等操作。如第5.3.3 节中所述,执行 n 次 SIP 协议一共需要 $4nd+7n$ 次 Paillier 密文运算(加密和求幂),而执行 n 次 PPkNN 方案[142] 中的 SSED 协议则需要 $7nd$ 次 Paillier 密文运算。因此,当 n 和 d 较大时,在密文 k 近邻分类时使用 SIP 协议比 SSED 协议需要更低的计算开销。此外,PPkNN 方案[142] 需要执行 n 次安全比特分解(Secure Bit-Decomposition,SBD)协议和 k 次安全最小值计算(Secure Minimum out of n Numbers,$SMIN_n$)协议。由于 $SMIN_n$ 具有很高的计算开销,相比之下,本章方案中所使用的 PPKC 协议显著提高了密文分类的计算效率。此外,在文献[142]的实验部分,PPkNN 方案的计算开销随着 k 的增加而线性增长,而本章方案中 PPKC 协议的计算开销基本不受 k 的影响。

5.5.2 实验分析

本小节通过实验分析来展示本章方案中密文 k 近邻分类(PPKC)协议的运算性能。实验环境为 Windows 10 操作系统,配置为 Intel Core i7 – 7700HQ 2.80 GHz CPU 和 8 GB RAM。我们使用 Python 编程语言在不同的实验参数配置下对本章方案中 PPKC 协议的性能进行了测试,同时与现有 k 近邻分类计算安全方案 PPkNN[142] 进行了对比分析。实验结果表明,本章方案中的 PPKC 协议比现有 PPkNN 方案具有更低的计算开销,从而具有更好的实用性。

实验中使用了仿真数据库进行方案性能测试。一个仿真数据库包含了 n 个数据元组,其中每个数据元组包含一个随机生成的 d 维数据点和一个数值型的分类标签。分别使用 Paillier 和 ElGamal 密码算法对数据库中的数据点和分类标签进行加密,其安全参数均为 1 024bit。这里,随机生成查询数据点,并按照方案要求对其进行密文 k 近邻分类。

由于密钥生成和数据库加密等操作均为一次性工作(即可离线执行而对运算效率要求较低),因而没有对数据拥有者 DO 的计算开销进行实验分析。此外,对于查询用户 QU,执行查询数据点($d=5$)加密大约需要 0.1s,而解密一个密文分类标签大约需要 4ms,即当 $k=25$ 时,解密所有 k 近邻分类标签也大约需要 0.1s。相比于计算开销较高的密文 k 近邻分类任务,查询用户 QU 的计算开销基本可以忽略不计,符合实际应用场景中用户计算资源受限的情况。

为了更加清楚地说明密文 k 近邻分类方案的计算开销随数据元组个数 n、数据点维数 d 和 k 近邻分类标签个数 k 的变化情况,接下来的三组实验中改变一个参数而固定另外两个参数,详细的实验结果如下所示。

5.5.2.1　方案性能随数据元组个数 n 的变化情况

在该实验中,固定数据点维数 $d = 5$,设置数据元组个数 n 从 1 000 增加到 5 000,并按照相应的参数随机生成仿真数据库。对于每个数据库,固定 k 近邻分类标签个数 $k = 5$,执行 100 次密文 k 近邻分类协议(方案)并记录其平均计算开销。表5.1 和图5.2 中给出了本章方案中 PPKC 协议和现有方案 PPkNN 的实验结果。

表5.1　方案性能随数据元组个数 n 的变化情况($d = 5$, $k = 5$)

n	1 000	2 000	3 000	4 000	5 000
PPkNN/min	36. 62	69. 53	104. 36	139. 03	173. 92
PPKC/s	23. 72	38. 06	57. 47	75. 99	95. 30

如表5.1 所示,本章 PPKC 协议和 PPkNN 方案的计算开销随着数据元组个数 n 的增大而增加。对于本章提出的 PPKC 协议,当数据库较小时($n = 1$ 000),执行一次密文 k 近邻分类需要23.72s,而当数据库较大时($n = 5$ 000),执行一次密文 k 近邻分类需要95.30s。相比之下,PPkNN 方案具有很高的计算开销,在 n = 1 000 和 $n = 5$ 000 时分别需要36.62min 和173.92min 来执行一次密文 k 近邻分类。显然,本章的 PPKC 协议比 PPkNN 方案具有更高的运算效率,其主要原因是 PPKC 协议中使用了计算开销较低的代理重加密(PRE)协议和随机排列函数对数据访问模式进行隐藏,而 PPkNN 方案则需要执行 k 次计算开销很高的 $SMIN_n$ 协议[142]。另一方面,PPKC 协议中使用安全内积(SIP)协议代替了安全平方欧氏距离(SSED)协议[142](PPkNN 方案使用了该协议)进行 k 近邻分类,从而降低了所需的密文计算量。

为了更好地展示本章方案中 PPKC 协议的良好运算性能,图5.2 中给出了相应的对数计算开销。如图所示,相比于现有方案 PPkNN,本章方案中的 PPKC 协议在执行密文 k 近邻分类所需要的计算开销大约低了 2 个数量级,从而具有更好的实用性。

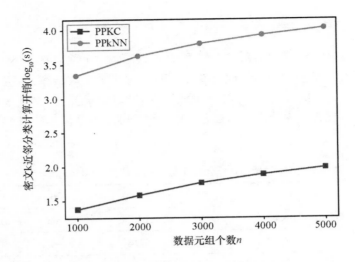

图 5.2　对数计算开销随数据元组个数 n 的变化情况($d=5$, $k=5$)

5.5.2.2　方案性能随数据点维数 d 的变化情况

在该实验中,固定数据元组个数 $n=1\ 000$,设置数据点维数 d 从 5 增加到 25,并按照相应的参数随机生成仿真数据库。对于每个数据库,固定 k 近邻分类标签个数 $k=5$,执行 100 次密文 k 近邻分类协议(方案)并记录其平均计算开销。表 5.2 和图 5.3 中给出了本章方案中 PPKC 协议和现有方案 PPkNN 的实验结果。

表 5.2　方案性能随数据点维数 d 的变化情况($n=1\ 000,k=5$)

n	5	10	15	20	25
PPkNN/min	36.77	37.17	37.59	37.79	38.35
PPKC/s	22.83	27.70	35.92	40.47	47.78

如表 5.2 所示,本章方案中 PPKC 协议的计算开销随着数据点维数 d 的增加而增大,而现有方案 PPkNN 的计算开销基本保持不变,仅随 d 的增加而少量增大。对于本章方案中的 PPKC 协议,当数据点维数较小时($d=5$),执行一次密文 k 近邻分类需要 22.83s,而当数据点维数较大时($d=25$),执行一次密文 k 近邻分类需要 47.78s。相比之下,PPkNN 方案具有很高的计算开销,在 $d=5$ 和 $d=25$ 时分别需要 36.77min 和 38.35min 来执行一次密文 k 近邻分类。显然,本

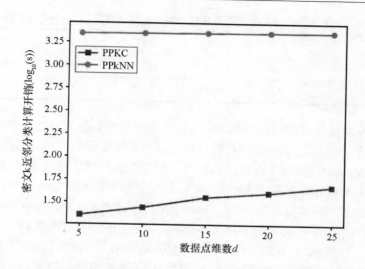

图 5.3 对数计算开销随数据点维数 d 的变化情况($n = 1\,000, k = 5$)

章的 PPKC 协议比 PPkNN 方案具有更高的运算效率。这里,现有方案 PPkNN 的计算开销随数据点维数 d 变化不明显的原因是,制约其执行效率的主要因素是安全最小值计算(SMIN_n)协议[142],而这个协议在 PPkNN 方案中需要执行 k 次,从而降低了数据点维数 d 对该方案性能的影响。

为了更好地展示本章方案中 PPKC 协议的良好性能,图 5.3 给出了相应的对数计算开销。如图所示,本章方案中 PPKC 协议的计算开销随着 d 的增加而增长,而 PPkNN 方案的计算开销基本保持不变。图中,相比于 PPkNN 方案,当数据点维数较小时($d = 5$),本章方案中的 PPKC 协议在执行密文 k 近邻分类所需要的计算开销大约低了 2 个数量级;而当数据点维数较大时($d = 25$),本章方案中 PPKC 协议的计算开销仍大约低了 1.7 个数量级,从而具有更好的实用性。

5.5.2.3 方案性能随 k 近邻分类标签个数 k 的变化情况

在该实验中,设置数据元组个数和数据点维数分别为 $n = 1\,000$ 和 $d = 5$,并按照该参数随机生成一个仿真数据库。对于该数据库,设置 k 近邻分类标签个数 k 从 5 增加到 25,分别执行 100 次密文 k 近邻分类协议(方案)并记录其平均计算开销。表 5.3 和图 5.4 中给出了本章方案中 PPKC 协议和现有方案 PPkNN 的实验结果。

表5.3　方案性能随 k 近邻分类标签个数 k 的变化情况($n = 1\,000, d = 5$)

n	5	10	15	20	25
PPkNN/min	36.89	67.63	117.35	149.72	163.75
PPKC/s	23.32	23.85	24.13	24.42	24.73

如表5.3所示,现有方案PPkNN的计算开销随着k近邻分类标签个数k的增加而增大,而本章方案中PPKC协议的计算开销基本保持不变,仅随k的增加而少量增大。对于本章的PPKC协议,当k近邻分类标签个数较小时($k = 5$),执行一次密文k近邻分类需要23.32s,而当k近邻分类标签个数较大时($k = 25$),执行一次密文k近邻分类需要24.73s。相比之下,PPkNN方案具有很高的计算开销,在$k = 5$和$k = 25$时分别需要36.89min和163.75min来执行一次密文k近邻分类。显然,本章方案中的PPKC协议比现有方案PPkNN具有更高的运算效率,且随着k近邻分类标签个数k的增加而更加明显。这里,本章方案中PPKC协议的计算开销随k变化不明显的原因是,方案中只有第二轮分类标签重加密的计算开销与k相关,从而对方案的整体运算开销影响较小。与本章方案不同,现有方案PPkNN的计算开销主要取决于k次安全最小值计算(SMIN_n)协议[142]的执行时间,从而导致该方案的计算开销随着k的增加而增大。

为了更好地展示本章方案中PPKC协议的良好性能,图5.4中给出了相应的对数计算开销。如图所示,现有方案PPkNN的计算开销随着k的增加而增

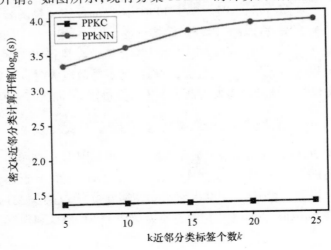

图5.4　对数计算开销随 k 的变化情况($n = 1\,000, d = 5$)

长,而本章方案中 PPKC 协议的计算开销基本保持不变。图中,相比于 PPkNN 方案,当 k 近邻分类标签个数较小时($k=5$),本章方案中 PPKC 协议在执行密文 k 近邻分类所需要的计算开销大约低了 2 个数量级;而当 k 近邻分类标签个数较大时($k=25$),本章方案中 PPKC 协议的计算开销大约低了 2.5 个数量级,从而具有更好的实用性。

5.6 本章小结

本章提出了一种基于混合公钥加密算法的 k 近邻分类计算安全方案,通过使用 Paillier 和 ElGamal 公钥加密算法,实现了基于云端混合密文数据库的安全高效的 k 近邻分类。该方案有效保护了数据库安全和查询隐私安全,并隐藏了数据访问模式,其密文分类过程由云服务器高效执行而无须用户的在线参与。本章详细证明了方案的安全性,并且通过理论和实验分析验证了方案的性能。实验结果表明,本章方案能够适用于使用较大型数据库的应用场景,具有较好的实用性。

第六章 多云协作的计算安全技术和完整性验证方法

k 近邻(kNN)分类算法是数据挖掘分类技术中理论较为成熟、使用非常广泛的技术之一。所谓 k 近邻,就是每个样本的类别可以由它最接近的 k 个邻居样本的大多数类别代表。但是,kNN 算法在分类时的计算开销较大,每一个待分类样本都要计算它到全体已分类样本的距离,才能求得它的 k 个最近邻点。随着云计算技术的普及,这一问题迎刃而解。用户可以将其 kNN 分类任务和数据外包给云计算服务提供商(CPS),以提高计算效率并节省成本。然而,随着公有云隐私泄露等事件的频发,安全问题已经成为阻碍用户使用云计算技术的主要因素之一。本章重点关注的安全问题有两个,即外包过程中的隐私保护和结果完整性验证的问题。针对第一个问题,本章提出了一种协作 k 近邻计算安全方案,通过多个云服务商的交互协作,返回基于联合数据集的查询请求结果,同时保护用户的隐私安全;针对第二个问题,本章提出了一种 k 近邻计算安全的结果完整性验证方案,通过伪造少量的数据做证据并利用内积的代数学性质检查错误,用户能够高效地验证云端返回结果的完整性。通过理论分析,本章所提出的解决方案在半诚信的威胁模型下是安全的,能有效防止关于数据集、查询请求、查询结果等隐私信息的泄露,并能以较高概率发现云服务器的计算错误。在真实数据集和人工数据集上的实验表明,本章所提出方案与现有技术相比在工作效率等方面有明显提升。

6.1 引言

kNN 分类算法是数据挖掘中常用的分类算法之一,该算法的基本思路是:给定一个训练数据集,如果一个新的样本在训练数据集中的 k 个最邻近(Minkowski 或 Euclidean 距离最近)的实例中的大多数属于某一个类别,则该样本也属于该类别。kNN 在进行分类时面临着两个方面的问题:一是不充足、不均衡的数据样本将显著增加误分概率,容量大的样本可能占据新样本的 k 个邻居的大多数;二是计算量比较大,对每一个待分类样本都要计算它到全体已分类样本的距离。

云计算服务商拥有海量存储和强大的计算能力,将 kNN 计算任务外包至云平台是一种可行的方案,能有效解决普通中小企业或者非营利组织等用户面临的资源短缺的问题。此外,由于数据都存储在云端,方便了不同用户之间合作进行数据挖掘,有证据表明这种合作能够提高数据挖掘结果的准确性[240],这符合数据拥有者的共同利益。比如,收集来自不同医院患者的电子档案记录能提高人类对特定疾病的认识以及相应治愈能力。然而,近年来云用户隐私被泄露、云服务器宕机或丢失数据的事件时有发生[215,241],人们对安全问题的担忧很大程度上限制了 kNN 挖掘外包服务的推广应用。本章针对这些安全需求,从计算的机密性和完整性这两个方面开展研究,通过设计专门的加密机制和 kNN 外包协议,解决外包计算过程中的隐私保护和结果完整性校验问题。

为保护数据的机密性、防止非授权用户访问,数据所有者通常将敏感数据加密后再外包给 CSP。这种计算外包场景和多方安全计算(SMC)有些类似,数据所有者都不希望对方获得自己的数据,不同点是:①SMC 中数据是每个用户持有的并没有加密,外包场景中则是云服务器存储加密数据;②SMC 采用分布式计算架构,用户既是数据提供者,也是计算的参与者,外包场景则是云集中存储和计算;③SMC 计算的结果对所有参与者公开,而外包场景则要求结果仅由查询者知道。因此,SMC 技术不能直接用于解决 kNN 外包的隐私保护问题。

现有 kNN 外包的隐私保护技术主要有两种:基于随机变换的和基于密码学机制的。基于随机变换的原理是通过随机矩阵加密数据样本点,并保持在变换空间中数据点之间距离的相对关系,使得云端服务器能够计算距离并比较出 k 个最近的样本点,现有方案通过采用不同的随机变换方法实现了不同安全级别的隐私保护[35,123,137],这种方法计算效率较高,但安全强度较低;基于密码学的隐私保护技术主要是采用语义安全的加密算法,现有的解决方案中使用了具备同态运算的加密机制[142,217,219],通过构造复杂的协议实现 kNN 分类,这种方法具备较高的安全强度和灵活性,但运算开销较大。现有的方案一般要求所有用户使用同一套密钥,这导致了两个方面的问题:一是安全风险随用户增多而增加。如果数据是用数据所有者的密钥加密的,如文献[123,137],那么某个用户的密钥一旦泄露,攻击者就能使用该私钥解密任何其他用户的数据。二是云存储服务可用性受到影响。如果数据是用云服务提供商的公钥加密的,如文献[142,217],那么数据所有者由于没有云服务提供商的私钥而无法解密自己的数据。因此,单一密钥的隐私保护方案只适用于单个数据所有者的场景,然而在实际生活中通常存在数量众多的互不信任的数据所有者和云服务提供商,他们各自需要生成一套密钥来加密数据,这就需要一种在多云环境下支持多密钥的kNN 外包隐私保护技术。目前,研究人员在这方面还没有提出有效的解决方案。

除了隐私泄露的安全威胁,云服务器也可能会"犯错""作弊",进而返回不准确的结果给数据挖掘请求者,主要原因有三种:①软硬件故障导致的程序异常或崩溃;②为利益驱动节省计算开销,只执行较少的计算来欺骗用户;③被恶意的攻击者攻击或控制。对于一个安全的数据挖掘外包方案,不仅要考虑数据的机密性,还要考虑如何判断外包返回的结果是否正确,即验证计算结果的完整性。在这方面最早的研究关于频繁项集挖掘的验证技术,Wong[208] 等提出了基于伪造项集的验证方法,具体是通过在原始数据集中植入人工构造的(非)频繁项集,然后在最终结果中验证它们是否存在而判断服务器返回结果的完整性。现有研究在 k-means 聚类外包验证[212]、离群点挖掘外包验证[213]、Bayeisan 网络结构学习外包验证[242] 等方面采用了这种方法。但是,kNN 分类外包的验证与频繁项集挖掘等其他数据挖掘方法的验证不同,因为 kNN 的结果与分类请求的查询点密切相关,数据所有者无法预测查询用户的请求,所以提前伪造数据的方法并不适用,学术界目前还没有提出针对 kNN 外包结果验证的可行方法。

为解决多云环境下的隐私保护问题,本章提出了面向多云协作的 kNN 外包(Outsourced Collaborative kNN, OCkNN)方案;针对外包计算结果的验证问题,提出了可验证的 kNN 计算安全(Verifiable Secure kNN, VSkNN)方案。具体来说,本章的主要贡献有以下三个方面:

(1)提出了一套具备隐私保护的构建块基础协议,在半诚信且不合谋的双云模型下,这套协议在代理重加密算法的基础上构建,以用户加密的数据作为输入,输出相应的加法、乘法、比较、分类标签等结果的密文,在此过程中保证关于用户的任何原始的输入、输出和中间结果不会泄露给半诚信的云服务器或其他用户。此外,所提出的安全密文比较算法不会泄露访问模式,即服务器无法根据输出判断输入数据的大小关系,比采用比特分解的密文比较算法的运算效率有明显提高。数据所有者或查询者在上传数据后不需要参与外包计算,而且他们可以随时下载自己的数据并用自己的私钥解密。值得注意的是,这套构建块基础协议不但为 kNN 的外包应用提供了底层接口实现,而且可以应用在其他数据挖掘隐私保护协议中。

(2)在构建块协议的基础上,提出了 OCkNN 隐私保护方案,该方案允许不同的数据所有者用自己的密钥加密数据集,并上传到不同的云服务器上。通过分布式的 kNN 计算框架和设计的安全协议,多个 CSP 联合起来对云上来自不同数据所有者的数据集合进行挖掘,返回加密的查询点所属分类标签。理论证明 OCkNN 在半诚信模型下达到了 CPA 安全,不仅保护了数据所有者的隐私信息,而且保护了数据的访问模式。在真实的数据集上的实验表明,OCkNN 相比于现有的解决方案在计算性能上有明显提升。

（3）提出了能够验证 kNN 外包计算结果的 VSkNN 方案,该方案整合了隐私保护和完整性验证技术。其中,隐私保护技术采用了基于内积保持的加密机制,VSkNN 的验证过程分为两个阶段:第一个阶段利用了向量内积的代数学性质验证中间计算结果的正确性,第二个阶段需要少量伪造样本作证据以确定服务器计算的距离排序是否正确。理论和实验都说明 VSkNN 是安全的,并能以较高的概率检测出服务器的错误,同时造成的计算开销较小。此外,伪造数量和原始数据集的大小无关,更适用于在大规模数据集上做 kNN 外包的结果校验。

6.2 安全模型

本节主要介绍安全模型,并描述协议的敌手(攻击者)所具备的能力,为安全协议设计奠定基础。kNN 外包协议的敌手是指那些希望通过不合法手段获取用户隐私的个体,它可以被当作协议参与者之外的实体,具备操控若干个数据所有者、分类查询用户或云服务器的能力,使被控制的参与者按照其意图执行特定的计算或操作,从而破坏数据的某种安全属性,如机密性或完整性。

6.2.1 敌手模型

根据敌手的不同行为,安全性的定义也不同,相应安全协议的设计也有所区别。可将敌手模型分为三类:半诚信模型、恶意模型和半恶意模型。

在半诚信模型下,敌手行为是被动的,受敌手控制的协议各参与方会严格按照协议的要求执行计算,并输出需要的数据。但是,参与方可以收集协议交互时的数据,企图通过分析学习得到私有信息。多数 kNN 外包协议[123,137,142,217]运用了该模型,本章的 6.3 节所设计的协议均建立在该模型下。

在恶意模型下,敌手的行为是主动的,受敌手控制的参与方可以任意地偏离协议的执行,它可以拒绝参与协议的执行,可以随意替换它的本地输入,可以在任意时间退出协议等。半诚信模型和恶意模型常用在 SMC 协议的安全性分析中[228]。

在半恶意模型下,敌手行为相比恶意模型更隐蔽,它不会任意偏离协议以防被用户发现。敌手能够正常接收输入,并按照协议规定的格式输出,但可能未执行或只执行了部分计算任务,不保证输出的结果正确性。在没有数据集背景知识的情况下,用户很难验证结果的完整性和正确性。此外,敌手仍会记录分析协议执行过程来推测隐私信息。6.4 节基于该模型设计了外包结果的验证方案。

6.2.2 敌手能力

假设用户的数据集是 DB,加密后的数据集是 $Enc(DB)$,对于控制了云存储服务器的敌手 $\mathscr{A}$,它可以观察到加密的数据集合、查询请求和计算结果。$\mathscr{A}$ 除了用户的加密密钥不知道,加密机制和各组件是已知的,其目的是恢复明文的数据集 $DB' \subseteq DB$。根据 $\mathscr{A}$ 掌握背景知识 H 的多少,在文献基础上将 $\mathscr{A}$ 的能力划分为以下五个等级,等级越高则攻击能力越强。

级别 1:$\mathscr{A}$ 只知道加密的数据集 $Enc(DB)$,对应于密码学中的唯密文攻击(COA)[243],是强度最弱的一种攻击。

级别 2:$\mathscr{A}$ 除了知道 $Enc(DB)$,还能观测到 DB 中的一些明文样本 P,但不知道在 $Enc(DB)$ 对应的密文,即 $H = \langle Enc(DB), P \rangle$,其中,$P \subseteq DB$。该攻击对应于文献[38]中的已知样本攻击(KSA)。

级别 3:$\mathscr{A}$ 除了知道 $Enc(DB)$,还知道 DB 中的一些明文样本 P,以及 P 对应的加密样本,即 $H = \langle Enc(DB), P, I \rangle$,其中,$P \subseteq DB, I(m) = Enc_K(m)$ 对于 $m \in P$。该攻击对应于密码学中的已知明文攻击(KPA)[243]。

级别 4:$\mathscr{A}$ 不仅有 KPA 敌手的知识,还可以选择任意的明文数据,获得相应的密文,即 $H = \langle Enc(DB), P, C \rangle$,其中,$P \subseteq DB, C(m) = Enc_K(m)$ 对于 $\forall m \in \mathscr{M}$,$\mathscr{M}$ 表示明文空间。该攻击对应于密码学中的选择明文攻击(Chosen-Plaintext Attack,CPA)[243]。

级别 5:$\mathscr{A}$ 不仅有 CPA 敌手的知识,还能够通过观测协议对加密数据的访问模式来推测出真实数据项的相关信息[244]。具有访问模式的协议 Π,其特征是输出结果是输入的子集,即对于 $\Pi(Input) \rightarrow Output$,$Output \subseteq Input$。比如,求两个加密数据最小值的协议 Min,$Min(Enc(m_1), Enc(m_2)) \rightarrow \delta$,其中,$\delta \in \{Enc(m_1), Enc(m_2)\}$。$\mathscr{A}$ 就可以利用 Min 区分这两个密文而破坏了加密机制的不可区分性,因此该协议不是语义安全的。同样,如果 kNN 外包协议返回查询 $Enc(q)$ 的 k 个距离最近的记录 R,且 $R \subseteq Enc(DB)$,R 可用来估计查询 q 的值，$\mathcal{A}$ 通过伪造 q' 并计算 kNN，如果观测到的最终结果 R' 与 R 一样，则认为 $q' \approx q$。

本章不考虑合谋攻击的场景，即假设数据所有者（DO）之间、CSP 之间、数据所有者和 CSP，以及查询用户（QU）和 CSP 之间不合谋。这种假设与大多数实际情况相符，因为协议的参与方都是互不信任的实体，合谋的行为不符合各方自身的利益。如果数据所有者之间合谋，则会把自己的数据泄露给其他用户；如果 CSP 之间合谋，则会把客户的数据泄露给其他竞争对手，触犯了隐私保护的法律法规；如果查询用户和 CSP 合谋，则会将查询隐私暴露给 CSP。

6.3　多云协作的 k 近邻分类计算安全方法

本节针对多云协作的 kNN 外包的隐私保护问题，提出了一套支持 kNN 计算的构建块基础协议，使得云服务器对多密钥加密的数据进行加法、乘法、求最小值等运算。在此基础上，设计了 kNN 协作外包协议 OCkNN，该协议不仅保护了数据集、查询请求，以及访问模式等敏感信息，而且通过分布式计算框架提高了外包过程的计算效率。下面将首先对所研究的问题进行形式化描述、建立系统模型，然后详细介绍构建块基础协议和完整的 kNN 外包协议的实现机制，最后通过理论和实验验证所提出方案的安全性和工作效率。

6.3.1　问题描述

在实际应用中，由于不同的用户对云服务的安全需求、地理位置、预算等有多样化的考虑，因此，不同的用户会选择不同的 CSP，各个 CSP 存储各自用户的数据库，整体上构成了一个庞大的分布式数据库系统。经所有数据拥有者授权的查询用户可以请求云服务提供商在这个分布式数据库上做 kNN 计算，同时需要保护数据集和查询的机密性。为了解决该问题，建立了如图 6.1 的系统模型，描述了系统面临的安全威胁，并提出了方案的设计目标。

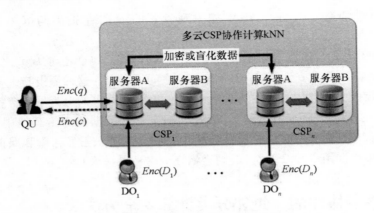

图 6.1　多云协作的 kNN 外包系统模型

6.3.1.1　系统模型

图 6.1 展示了系统模型,在该模型中主要有三类参与者:云服务提供商、数据所有者、查询请求者。假设有 n 个数据所有者,记为 $DO_1,\cdots,DO_n$,他们拥有各自的公私钥对,记为 $\{pk_{U_1},sk_{U_1}\},\cdots,\{pk_{U_n},sk_{U_n}\}$;共有 n 个 CSP,记为 CSP_1, $\cdots,CSP_n,CSP_i$ 的用户是 DO_i(实际情况下,一个 CSP 可能有多个用户,由于他们属于同一个信任域,于是将 CSP 的用户数简化为一个,各数据集的长度也相等,即 $L_i=L$);有一个 kNN 分类查询用户 QU,其查询请求为 $q=\langle q_1,\cdots,q_m\rangle$,其密钥对为 $\{pk_Q,sk_Q\}$。每个云环境由两台服务器组成,即 C_i^A 和 C_i^B,其中,C_i^A 负责存储数据所有者的数据、执行部分同态运算和其他云交互的任务,C_i^B 辅助 C_i^A 完成密文上较复杂的计算。$DO_i(i\in[1,n])$ 持有训练数据集 D_i,其中,D_i 有 L_i 条记录,每条记录有 $m+1$ 个属性,最后一个属性表示该记录所属的分类标签。记 $t_{j,h}^i$ 表示 D_i 的第 j 个训练样本记录的第 h 个属性的值,其中,$1\leqslant h\leqslant m+1,1\leqslant j\leqslant L$。最初,$DO_i$ 用 pk_{U_i} 加密样本的每个属性值并得到加密的数据集 $D_i'=Enc_{pk_{U_i}}(D_i)$,然后将其上传到 C_i^A 以存储和 kNN 分类计算。QU 使用 pk_Q 加密其查询请求 $q'=Enc_{pk_Q}(q)$,随后提交到它的 CSP 服务器,假设为 C_i^A。在所有的用户都将其数据集存储到 CSP 上后,这个云端的分布式数据库就相当于 SMC 中的水平分割的数据[245],其区别在于 SMC 的数据库是未加密的。云服务器通过密码学协议协作完成 kNN 分类的计算 $f(D_{1'},\cdots,D_{n'},q')\to c_q'$,其中,$c_q'$ 表示 q 对应的以 pk_Q 加密的分类标签,c_q' 最终返回给 QU。

该系统模型是合理的主要有以下两个原因:一方面,数据拥有者和查询用户为了保护数据库和查询的机密性,通常在外包前将数据进行加密,而加密过程则使用自己的密钥,降低了密钥泄露或者被攻击者窃听的风险,这和真实世界的安全需求是一致的;另一方面,研究表明在单服务器模型下设计一个完全与用户非交互的安全方案是无法实现的[225],为了避免用户的参与而采用两个非合谋的服务器是普遍采用的方法[224]。数据所有者在选择 CSP 时,需要考虑多方面的因素,如可信任关系、经济、带宽等,所以他们的 CSP 很可能是不一样的。此外,由于不同的提供商由不同的商业模型驱动并相互存在竞争关系,比如,谷歌的计算引擎(Google Compute Engine)[246]和亚马逊的云服务(Amazon EC2)[247],他们泄露自己的客户数据给对手的概率较低。

6.3.1.2 威胁模型

该系统的威胁模型介绍如下:

(1)云服务器:所有的云服务器都是半诚信的,如 6.2.1 节所述,每个被敌手控制的服务器会严格按协议执行,但可能尝试记录并分析用户的输入、输出、中间结果以获取敏感信息。敌手具备 6.2.2 节所阐述的级别 5 的攻击能力,即能够实施 CPA 攻击并分析协议的访问模式。假设云服务器之间不合谋。

(2)数据拥有者和查询用户:所有的 kNN 外包服务的客户都是半诚信的。一方面,他们不希望自己的数据被别人知道,另一方面,他们尝试获取别人的有价值信息。数据所有者和 CSP 之间假设不合谋。

(3)通信信道:所有的通信信道是开放的、不安全的,敌手能够从通信各方的网络中截获数据并分析利用。

6.3.1.3 设计目标

为应对多云环境下 kNN 外包的威胁模型,解决方案应当达到以下目标:

(1)正确性:如果所有协议的参与方按照设计的协议执行,返回的结果在解密后得到的分类标签和在明文下进行 kNN 分类得到的一样。

(2)机密性:kNN 外包协议在威胁模型下是安全的,即云服务器不能得到关于数据拥有者的数据、查询请求、访问模式等信息,数据所有者的数据集不能泄露给其他用户。

(3)高效性:数据所有者应尽可能少地参与外包计算,大部分的计算任务由服务器完成,外包的计算效率要高而且跨 CSP 之间的通信开销不能过大。

6.3.2　基于代理重加密的 kNN 计算安全方案

为解决多云协作的 kNN 外包隐私保护问题,本章借鉴第四章支持多密钥计算外包隐私保护的方法,同样利用 PRE 机制构建了 kNN 的基本运算块,设计了多云环境下 kNN 外包协议 OCkNN。这里,采用了 ElGamal[85] 加密作为 PRE 的实现算法,在 2.2.2 节中有该算法的详细介绍。

6.3.2.1　方案概览

在多个半诚信、不合谋的云环境下,$C_i^A(1 \leqslant i \leqslant n)$ 服务器首先协商密码系统的公开参数,在此基础上,DO_i、QU、C_i^B 产生各自的密钥对。接着,云服务器和用户合作计算出它们之间的重加密密钥,C_i^A 同时为其他云的 $C_j^B(i \neq j)$ 产生重加密密钥。数据所有者 DO_i 用其密钥 pk_{U_i} 加密数据库后上传到云端,C_i^A 则利用 PRE 机制的性质将密文的密钥统一为云服务器 C_i^B 的密钥。记 D_{dis}' 表示在多密钥下分布式的数据库。在 QU 向其所属云 $CSP_j(1 \leqslant j \leqslant n)$ 提交请求 q' 后,该云临时作为分布式云框架的主节点,其他云则作为从节点开始执行 kNN 计算。CSP_j 首先向其他云服务器提交查询请求,然后,在我们所提出的构建块协议的基础上,所有云都开始在本地计算 kNN,它们的本地计算结果在 CSP_j 上进行汇总,并由 CSP_j 计算出 k 个全局最近的训练样本点。最后,查询结果用 pk_Q 加密后返回给 QU,QU 则用其私钥解密获得分类标签。另外,数据拥有者和查询者都不需要参加 kNN 的计算。

6.3.2.2　隐私保护的构建块基础协议

我们提出了一套构建块安全协议,涵盖了 kNN 外包计算过程中的基本运算,包括密钥分发协议、安全加法协议、安全平方欧氏距离协议、安全最小值计算和多数类标签计算协议。

1. 密钥分发(KD)协议

首先,所有云服务商共同初始化 ElGamal 加密系统的公开参数 $\{\mathbb{G}, p, g\}$,并将它们分发给云用户。通过运行 $KeyGen(\mathscr{SP})$($\mathscr{SP} = \mathbb{G}, p, g$),kNN 外包的参与方产生各自的密钥对,$DO_i$ 的为 $\{pk_{U_i}, sk_{U_i}\}$、QU 的为 $\{pk_Q, sk_Q\}$、C_i^B 的为 $\{pk_{C_i}, sk_{C_i}\}$。

在我们的系统中,有三类重加密密钥,第一类用于 DO_i 和 C_i^B 之间的密文转换;第二类用于 QU 和 C_i^B 之间的密文转换;第三类用于不同云之间的密文转换,即 C_i^B 和 C_j^B 之间,$i \neq j$。用 $rk_{U_i \leftrightarrow C_i}$、$rk_{Q \leftrightarrow C_i}$、$rk_{C_i \leftrightarrow C_j}$ 分别表示这三种重加密密钥。产

生重加密密钥的方法是类似的,以 DO_i 和 C_i^B 的重加密密钥生成为例,C_i^A 首先产生 $r_i \in_R \mathbb{Z}_p^*$,将其发送给 DO_i;之后,DO_i 计算 r_i/sk_{U_i} 并将结果发送给 C_i^B;C_i^B 计算 $sk_{C_i} \cdot r_i/sk_{U_i}$ 并将结果发送给 C_i^A;C_i^A 再计算 $r_i^{-1} \cdot sk_{C_i} \cdot r_i/sk_{U_i}$ 作为重加密密钥 $rk_{U_i \leftrightarrow C_i}$。显然,$rk_{U_i \leftrightarrow C_i} = sk_{C_i}/sk_{U_i}$。KD 协议的通信传输都使用 SSL 加密保护。

2. 安全加法(SA)协议

假设 C_i^A 持有两个输入 $Enc_{pk_{C_i}}(a)$、$Enc_{pk_{C_i}}(b)$($a,b \in \mathcal{M}$),C_i^B 持有密钥 sk_{C_i},该协议的目标是计算 a 和 b 相加后的加密的值,即 $Enc_{pk_u}(a+b)$。由于 ElGamal 加密不满足同态加法的性质,因而必须要两个服务器协作计算。但是,文献[223]证明在双服务器下设计的密文加法协议会泄露输入的部分信息。比如,使用随机数 r 盲化 $Enc_{pk_{C_i}}(a)$ 和 $Enc_{pk_{C_i}}(b)$ 后得到 $Enc_{pk_{C_i}}(ra)$ 和 $Enc_{pk_{C_i}}(rb)$,然后发送给 C_i^B,通过计算 $ra/rb \rightarrow a/b$ 能够去掉盲化因子 r,使得 C_i^B 可以区分输入密文,如果 C_i^B 已知数据集的分布,则能发动关联攻击。

针对上述问题,为防止输入比值的泄露,在双服务器模型的基础上设计了 SA 协议,该协议的具体步骤如算法 6.1 所示。

首先,C_i^A 从群 $\mathbb{G}$ 生成随机数:$\alpha, \beta, r_1, r_2, \omega_1, \cdots, \omega_f(f>0)$,并计算如下值:$r_1\beta, r_1\alpha, r_2\beta, -r_2\alpha$。接着,$C_i^A$ 使用 ElGamal 加密算法计算 $Enc_{pk_{C_i}}(r_1\beta a)$,$Enc_{pk_{C_i}}(r_1\alpha)$,$Enc_{pk_{C_i}}(r_2\beta b)$,$Enc_{pk_{C_i}}(-r_2\alpha)$ 及 $Enc_{pk_{C_i}}(\omega_f)$,得到向量 $\mathit{\Gamma}$,其中 $f>0$。$Blind(CT,r)$ 是一种盲化运算,它将密文的第一部分 ct_1 乘以一个随机因子 r,等价于给对应的明文乘以 r,其中,$CT = (ct_1, ct_2)$,$ct_1 = mg^{r_0}$,$m, r_0 \in Z_p^*$。Blind 只需要在 $\mathbb{G}$ 进行一次模乘法操作。

接着,C_i^A 产生一个随机置换函数 π,并用它变换 $\mathit{\Gamma}$ 得到 $\mathit{\Gamma}'$、变换索引 I 得到 I',$\mathit{\Gamma}'$ 被发送给 C_i^B。

在接收到 $\mathit{\Gamma}'$ 后,C_i^B 使用它的私钥 sk_{C_i} 解密 $\mathit{\Gamma}'$ 中的每个元素,然后根据规定的顺序进行两两求和,用 pk_{C_i} 加密求和得到结果 S' 并发送给 C_i^A。在接收到 S' 后,C_i^A 通过 FindSumIndex 函数定位 $Enc_{pk_{C_i}}(r_1\beta a + r_1\alpha)$ 和 $Enc_{pk_{C_i}}(r_2\beta b - r_2\alpha)$ 在 S' 的位置。FindSumIndex 的具体步骤如算法 6.2 所示,通过 I' 与求和输入的下标在扰乱的 S' 中找到该求和的位置。接着,C_i^A 利用同态乘法的性质将两个和中的随机数 r_1,r_2 去掉,得到 $\gamma_1 = Enc_{pk_{C_i}}(\beta a + \alpha)$ 和 $\gamma_2 = Enc_{pk_{C_i}}(\beta b - \alpha)$,它们被传输给 C_i^B。C_i^B 将 γ_1,γ_2 解密后计算加法得到 $\beta a + \beta b$,再加密后得到 λ' 发送给 C_i^A。

最后,C_i^A 运算 $Blind(\lambda', \beta^{-1})$ 去除随机数 β,得到 $Enc_{pk_{C_i}}(a+b)$。

算法 6.1 $SA(Enc_{pk_{C_i}}(a), Enc_{pk_{C_i}}(b)) \rightarrow Enc_{pk_{C_i}}(a+b)$

输入：C_i^A 持有 $Enc_{pk_{C_i}}(a)$、$Enc_{pk_{C_i}}(b)$ 和 pk_{C_i}；C_i^B 持有 $\{pk_{C_i}, sk_{C_i}\}$，其中 $1 \leqslant i \leqslant n$；

输出：C_i^A 获得 $Enc_{pk_{C_i}}(a+b)$；

1：C_i^A：

(a) 产生随机数 $\alpha, \beta, r_1, r_2, \omega_1, \cdots, \omega_f \in_R \mathbb{G}$；

(b) 按照如下方法产生 $f+4$ 维的向量 $\boldsymbol{\Gamma}$：

· 计算 $\boldsymbol{\Gamma}_1 = Enc_{pk_{C_i}}(r_1\beta a) \leftarrow Blind(Enc_{pk_{C_i}}(a), r_1\beta)$；

· 计算 $\boldsymbol{\Gamma}_2 = Enc_{pk_{C_i}}(r_1\alpha) \leftarrow Enc(pk_{C_i}, r_1\alpha)$；

· 计算 $\boldsymbol{\Gamma}_3 = Enc_{pk_{C_i}}(r_2\beta b) \leftarrow Blind(Enc_{pk_{C_i}}(b), r_2\beta)$；

· 计算 $\boldsymbol{\Gamma}_4 = Enc_{pk_{C_i}}(-r_2\alpha) \leftarrow Enc(pk_{C_i}, -r_2\alpha)$；

· 计算 $\boldsymbol{\Gamma}_x = Enc_{pk_{C_i}}(\omega_x)$，其中 $x = 5, \cdots, f+4$；

(c) 产生随机置换函数 π，计算 $\boldsymbol{\Gamma}' \leftarrow \pi(\boldsymbol{\Gamma})$，$I' \leftarrow \pi(I)$，其中 $I = \langle 1, 2, \cdots, f+4 \rangle$；

(d) 将 $\boldsymbol{\Gamma}'$ 发送给 C_i^B；

2：C_i^B：

(a) 解密 $L_j' \leftarrow Dec(sk_{C_i}, \boldsymbol{\Gamma}'[j])$，其中 $1 \leqslant j \leqslant f+4$；

(b) **for** $l=1$ *to* $|\boldsymbol{\Gamma}'|-1$ **do**：

· **for** $j=l+1$ *to* $|\boldsymbol{\Gamma}|$ **do**：

– 计算 $S_k \leftarrow L_l' + L_j'$，$k \leftarrow k+1$；// k 初始值为 1

(c) 加密 $S_j' \leftarrow Enc(pk_{C_i}, S_j)$，其中 $1 \leqslant j \leqslant k$；

(d) 将 S' 发送给 C_i^A；

3：C_i^A：

(a) 计算产生随机数 $index_1 \leftarrow FindSumIndex(I', \{1,2\})$，

$\gamma_1 \leftarrow Blind(S'[index_1], r_1^{-1})$；

(b) 计算产生随机数 $index_2 \leftarrow FindSumIndex(I', \{3,4\})$，

$\gamma_2 \leftarrow Blind(S'[index_2], r_2^{-1})$；

(c) 将 γ_1, γ_2 发送给 C_i^B；

4：C_i^B：

(a) 解密 $\gamma_j' \leftarrow Dec(sk_{C_i}, \gamma_j)$，其中 $j=1,2$；

(b) 计算 $\lambda \leftarrow \gamma_1' + \gamma_2'$，并加密 $\lambda' \leftarrow Enc(pk_{C_i}, \lambda)$；

(c) 将 λ' 发送给 C_i^A；

5：C_i^A：

(a) 输出 $Enc_{pk_{C_i}}(a+b) \leftarrow Blind(\lambda', \beta^{-1})$；

算法 6.2　$FindSumIndex(I, \{a, b\}) \rightarrow index$

输入：C_i^A 持有随机置换的索引集合 I 和置换之前的下标 $\{a, b\}$，其中 $1 \leqslant i \leqslant n$；

输出：C_i^A 获得 $a + b$ 在随机置换集合 S' 中的位置 $index$；

1：C_i^A，**for** $k = 1$ to $|I| - 1$ **do**：

  （a）**for** $j = k + 1$ to $|I|$ **do**：

     · **if** $(I[k] = a \wedge I[j] = b) \vee (I[k] = b \wedge I[j] = a)$ **then**：

       – 输出 $index \leftarrow (k-1)|I| - k(k-1)/2 + j - k$；

---

3. 安全平方欧氏距离(SSED)协议

假设 C_i^A 有 $A' = \langle Enc_{pk_{C_i}}(a_1), \cdots, Enc_{pk_{C_i}}(a_m) \rangle$，$B' = \langle Enc_{pk_{C_i}}(b_1), \cdots, Enc_{pk_{C_i}}(b_m) \rangle$ 和 pk_{C_i}，C_i^B 持有 $\{pk_{C_i}, sk_{C_i}\}$。该协议的输出是加密的欧氏距离的平方，即 $Enc_{pk_{C_i}}(\sum_{l=1}^{m}(a_l - b_l)^2)$。SSED 的步骤如算法 6.3 所示。首先，$C_i^A$ 和 C_i^B 通过 SA 协议协作计算出每个维度之间的差值；接着，C_i^A 运用同态乘法求出距离平方对应的密文；最后，再利用 SA 将 m 个维度的平方差加起来得到最终结果。

算法 6.3　$SSED(A', B') \rightarrow Enc_{pk_{C_i}}(\sum_{l=1}^{m}(a_l - b_l)^2)$

输入：C_i^A 持有 $A' = \langle Enc_{pk_{C_i}}(a_1), \cdots, Enc_{pk_{C_i}}(a_m) \rangle$、$B' = \langle Enc_{pk_{C_i}}(b_1), \cdots, Enc_{pk_{C_i}}(b_m) \rangle$ 和 pk_{C_i}，C_i^B 持有 $\{pk_{C_i}, sk_{C_i}\}$，其中 $1 \leqslant i \leqslant n$；

输出：C_i^A 获得 $Enc_{pk_{C_i}}(\sum_{l=1}^{m}(a_l - b_l)^2)$；

1：C_i^A 和 C_i^B 联合：

  （a）**for** $l = 1$ to m **do**：

     · 计算 $b_l' \leftarrow Blind(Enc_{pk_{C_i}}(b_l), -1)$；

     · 计算 $Enc_{pk_{C_i}}(a_l - b_l) \leftarrow SA(Enc_{pk_{C_i}}(a_l), b_l')$；

2：C_i^A：

  （a）**for** $l = 1$ to m **do**：

     · 计算 $\lambda_l \leftarrow Enc_{pk_{C_i}}(a_l - b_l) \times Enc_{pk_{C_i}}(a_l - b_l)$；

（续表）

3：C_i^A 和 C_i^B 联合：

    （a）初始化 $E'_{A,B} \leftarrow Enc_{pk_{C_i}}(0)$；

    （b）**for** $l = 1$ to m **do**：

        · 计算 $E'_{A,B} \leftarrow SA(E'_{A,B}, \lambda_l)$；

    （c）输出 $Enc_{pk_{C_i}}\left(\sum_{l=1}^{m}(a_l - b_l)^2\right) \leftarrow E'_{A,B}$；

4. 两密文最小值计算（Secure Minimum between 2 Numbers，SM2N）协议

假设 C_i^A 持有输入 $\{A', B'\}$，C_i^B 持有 $\{pk_{C_i}, sk_{C_i}\}$，其中 A', B' 是密文对，形式如 $A' = \langle Enc_{pk_{C_i}}(a), Enc_{pk_{C_i}}(s_a) \rangle$、$B' = \langle Enc_{pk_{C_i}}(b), Enc_{pk_{C_i}}(s_b) \rangle$，协议的输出是输入数据中对应明文最小值的密文，即 $Enc_{pk_{C_i}}(\min(a, b))$。这里，$s_a$ 和 s_b 是与明文消息 a, b 相关的秘密，比如，它们在 kNN 外包中为分类标签。该协议利用不经意传输（Oblivious Transfer，OT）机制的思想判断输入的大小关系。在 SM2N 执行完毕后，C_i^A 获取了最小值和其对应的秘密的加密数据，同时，两个服务器都不能获得关于输入、输出、中间结果以及访问模式等任何有价值信息。SM2N 协议的完整步骤如算法 6.4 所示。

首先，C_i^A 产生随机数 λ，如果 λ 是奇数，则计算 $\alpha = Enc_{pk_{C_i}}(a - b)$，反之则计算 $\alpha = Enc_{pk_{C_i}}(b - a)$。接着，$C_i^A$ 产生随机数 r 并用来盲化 α 得到 α'。α' 后来被发送给 C_i^B；C_i^B 将 α' 解密作判断：如果该值是正值，意味着被减数大，返回 $\sigma = Enc_{pk_{C_i}}(1)$，反之则返回 $\sigma = Enc_{pk_{C_i}}(2)$。基于 σ 和 λ，C_i^A 按照如下方式计算加密最小值（记为 $\hat{\min}(a, b)$）。如果 λ 是奇数，则计算：

$$\hat{\min}(a, b) = Enc_{pk_{C_i}}((\varphi - 1) \cdot a + (1 - (\varphi - 1)) \cdot b)$$
$$= Enc_{pk_{C_i}}(\varphi \cdot a - \varphi \cdot b + 2 \cdot b - a) \tag{6.1}$$

否则计算：

$$\hat{\min}(a, b) = Enc_{pk_{C_i}}((\varphi - 1) \cdot b + (1 - (\varphi - 1)) \cdot a)$$
$$= Enc_{pk_{C_i}}(\varphi \cdot b - \varphi \cdot a + 2 \cdot a - b) \tag{6.2}$$

其中，φ 表示 σ 的明文。上述计算过程由 ComputeMinValue 完成，详细步骤如算法 6.5 所示。比如，如果 $\varphi = 1$ 且 $\lambda \% 2 = 1$，$\min'(a, b) = Enc_{pk_{C_i}}(0 \cdot a + 1 \cdot b) = Enc_{pk_{C_i}}(b)$。这个结论显然是正确的，因为 $\varphi = 1$ 意味着 b 是最小值。记 $s'_{\min(a,b)}$

表示对应最小值的秘密,它的计算过程和求$\hat{\min}(a,b)$的过程是一样的。

注意,选取盲化α的随机数r时要满足一定条件,否则造成整数溢出。记ζ为密钥比特位数,ε表示明文的比特位数,在实际中通常$\zeta\gg\varepsilon$。最大和最小的明文分别表示为$2^{\varepsilon}-1$和$-2^{\varepsilon}+1$。对应地,最大的差值是$2^{\varepsilon+1}-2$,而最小的差值是$-2^{\varepsilon+1}+2$。在有限域$\mathbb{Z}_p^*$中,负数值范围为$[p-2^{\varepsilon+1}+2,p-1]$,其中$p$表示群的模数。假设明文大小为64位,为了防止整数溢出,$|r|$需满足如下条件:

$$|r|\in_R[1,\log(p-2^{\varepsilon+1}+1)-64] \tag{6.3}$$

算法6.4　$\text{SM2N}(A',B')\rightarrow\langle\hat{\min}(a,b),\hat{s}_{\min(a,b)}\rangle$

输入:C_i^A持有$A'=\langle Enc_{pk_{C_i}}(a),Enc_{pk_{C_i}}(s_a)\rangle$、$B'=\langle Enc_{pk_{C_i}}(b),Enc_{pk_{C_i}}(s_b)\rangle$和$pk_{C_i}$,$C_i^B$持有$\{pk_{C_i},sk_{C_i}\}$,其中$1\leqslant i\leqslant n$;

输出:C_i^A获得$\hat{\min}(a,b)$和$\hat{s}_{\min(a,b)}$;

1:C_i^A:

　(a)产生随机数$\lambda\in_R\mathbb{Z}$;

　(b)**if** $\lambda\%2==1$ **then**:

　　・与C_i^B联合计算$\alpha\leftarrow\text{SA}(Enc_{pk_{C_i}}(a),Enc_{pk_{C_i}}(-b))$;

　(c)**else**

　　・与C_i^B联合计算$\alpha\leftarrow\text{SA}(Enc_{pk_{C_i}}(b),Enc_{pk_{C_i}}(-a))$;

　(d)产生随机数$r\in_R\mathbb{G}$并满足公式(6.3);

　(e)计算$\alpha'\leftarrow Blind(\alpha,r)$,并将$\alpha'$发送给$C_i^B$;

2:C_i^B:

　(a)初始化$\sigma'\leftarrow Enc_{pk_{C_i}}(2)$;

　(b)**if** $Dec(sk_{C_i},\alpha')>0$ **then** $\sigma'\leftarrow Enc_{pk_{C_i}}(1)$,将$\sigma'$发送给$C_i^A$;

3:C_i^A:

　(a)**if** $\lambda\%2==1$ **then**:

　　・输出$\hat{\min}(a,b)\leftarrow\text{ComputeMinValue}(a',b',\sigma')$;

　　・输出$\hat{s}_{\min(a,b)}\leftarrow\text{ComputeMinValue}(s_a',s_b',\sigma')$;

　(b)**else**

　　・输出$\hat{\min}(a,b)\leftarrow\text{ComputeMinValue}(b',a',\sigma')$;

　　・输出$\hat{s}_{\min(a,b)}\leftarrow\text{ComputeMinValue}(s_b',s_a',\sigma')$;

算法 6.5 ComputeMinValue$(u',v',\varphi')\to\widehat{\min}$

输入:C_i^A 持有 $u'=Enc_{pk_{C_i}}(u)$、$v'=Enc_{pk_{C_i}}(v)$、$\varphi'=Enc_{pk_{C_i}}(\varphi)$ 和 pk_{C_i},C_i^B 持有 $\{pk_{C_i},sk_{C_i}\}$,其中 $1\leqslant i\leqslant n$;

输出:C_i^A 获得 $\widehat{\min}$;

1:C_i^A 和 C_i^B 联合:

- 计算 $Enc_{pk_{C_i}}(\varphi\cdot u)\leftarrow Enc_{pk_{C_i}}(\varphi)\times Enc_{pk_{C_i}}(u)$;
- 计算 $Enc_{pk_{C_i}}(\varphi\cdot v)\leftarrow Enc_{pk_{C_i}}(\varphi)\times Enc_{pk_{C_i}}(v)$;
- 计算 $Enc_{pk_{C_i}}(\varphi u-\varphi v)\leftarrow SA(Enc_{pk_{C_i}}(\varphi\cdot u),Enc_{pk_{C_i}}(-\varphi\cdot v))$;
- 计算 $Enc_{pk_{C_i}}(2v-u)\leftarrow SA(Enc_{pk_{C_i}}(2v),Enc_{pk_{C_i}}(-u))$;
- 计算 $Enc_{pk_{C_i}}(\varphi\cdot u-\varphi\cdot v+2v-u)\leftarrow SA(Enc_{pk_{C_i}}(\varphi\cdot u-\varphi\cdot v),Enc_{pk_{C_i}}(2v-u))$;
- 输出 $Enc_{pk_{C_i}}(\varphi\cdot u-\varphi\cdot v+2v-u)$;

5. n 个密文最小值(Secure Minimum between n Numbers,SMnN)协议

假设 C_i^A 持有输入 $\{A_{1'},\cdots,A_{n'}\}$,其中 $A_j=\{Enc_{pk_{C_i}}(a_j),Enc_{pk_{C_i}}(s_j)\}$,$1\leqslant j\leqslant n$;$C_i^B$ 持有 $\{pk_{C_i},sk_{C_i}\}$。SMnN 协议的目标是计算 n 个输入密文中的最小值以及它对应的秘密,即 $\widehat{\min}(a_1,\cdots,a_n)$ 和 $\hat{s}_{\min(a_1,\cdots,a_n)}$,与此同时不能泄露任何关于 a_j 和 s_j 的信息给 C_i^A 和 C_i^B。由于 SM2N 协议能够比较两个输入密文,在其基础上可以采用任何比较算法实现 SMnN。比如,利用推排序算法实现该协议,其计算复杂度为 $O(\log n)$,具体实现细节这里不再赘述。

6. 多数类计算(Secure Majority Class Computation,SMCC)协议

假设 C_i^A 有每个分类标签的加密的值,记为 $\Theta=\langle Enc_{pk_{C_i}}(c_1),\cdots,Enc_{pk_{C_i}}(c_\theta)\rangle$,$C_i^A$ 已知 k 个加密的分类标签集合,记为 $\Theta'=\langle Enc_{pk_{C_i}}(c'_1),\cdots,Enc_{pk_{C_i}}(c'_k)\rangle$;$C_i^B$ 已知密钥 $\{pk_{C_i},sk_{C_i}\}$。c'_l 表示第 l 个离查询点 q 最近样本点的分类标签,$CL=\{c_i\in\mathbb{Z}_p|i=1,\cdots,\theta\}$ 表示所有的分类标签集合,并且 $c_1<c_2<\cdots<c_{\theta-1}<c_\theta$,显然 $c'_l\in CL$。该协议的目标是计算出其中多数类标签 c_m 的密文 $Enc_{pk_{C_i}}(c_m)$,而不泄露类标签 c'_l、CL,以及分类标签对应的记录(访问模式)。由于 ElGamal 算法不能加密 0,为避免执行 SMCC 时出现加密 0 的情况,DO 给 CL 中的元素添加随机偏移:$\{c_i\leftarrow c_i+\phi|i=1,\cdots,\theta,\phi\in_R\mathbb{Z}_p,\phi>c_\theta-c_1\}$,接着把 ϕ

通过安全协议发送给 C_i^B，显然 $(c_l' + \phi) \in \{c_1, \cdots, c_\theta\}$。SMCC 协议的详细步骤如算法 6.6 所示。

算法 6.6 SMCC$(\Theta, \Theta') \rightarrow Enc_{pk_{C_i}}(c_m)$

输入：C_i^A 持有 $\Theta = \langle Enc_{pk_{C_i}}(c_1), \cdots, Enc_{pk_{C_i}}(c_\theta) \rangle$，$\Theta' = \langle Enc_{pk_{C_i}}(c_1'), \cdots, Enc_{pk_{C_i}}(c_k') \rangle$，$C_i^B$ 已知 $\phi, \{pk_{C_i}, sk_{C_i}\}$，其中 $1 \leq i \leq n$；初始化 $\eta_1, \eta_2 f, f_{max}$ 为 0；

输出：C_i^A 获得多数类标 $Enc_{pk_{C_i}}(c_m)$；

1：C_i^A：

   （a）**for** $l = 1$ to θ **do**：

       · 与 C_i^B 联合计算 $\Theta_l \leftarrow SA(\Theta_l, Enc_{pk_{C_i}}(\phi))$；

   （b）产生随机置换函数 π，计算 $\Lambda \leftarrow \pi(\Theta)$；

   （c）**for** $l = 1$ to k **do**：

       · 计算 $\varepsilon \leftarrow Blind(Enc_{pk_{C_i}}(c_l'), -1)$；

       · for $j = 1$ to θ do：

           – 与 C_i^B 联合计算 $S_{l,j} \leftarrow SA(\Lambda_j, \varepsilon)$；

   （d）将 S 发送给 C_i^B；

2：C_i^B：

   （a）**for** $j = 1$ to θ **do**：

       · for $l = 1$ to k do：

           – **if** $Dec(sk_{C_i}, S_{l,j}) = \phi$ **then** 计算 $f_j \leftarrow f_j + 1$；

   （b）**for** $j = 2$ to θ **do**：

       · **if** $f_{max} \leq f_j$ **then** 计算 $\rho \leftarrow j, f_{max} \leftarrow f_j$；

   （c）**for** $l = 1$ to θ **do**：

       · **if** $l == \rho$ **then** 计算 $V_l \leftarrow Enc_{pk_{C_i}}(2)$；// 初始化 $V_l \leftarrow Enc_{pk_{C_i}}(1)$；

   （d）将 V 发送给 C_i^A；

3：C_i^A：

   （a）计算 $V' \leftarrow \pi^{-1}(V)$，其中 $V' = \{Enc_{pk_{C_i}}(\tau_l) | 1 \leq l \leq \theta\}$；

   （b）计算 $Enc_{pk_{C_i}}(\eta_1) \leftarrow SA(Enc_{pk_{C_i}}(\tau_l \cdot c_l), Enc_{pk_{C_i}}(\eta_1))$，其中 $1 \leq l \leq \theta$；

   （c）计算 $Enc_{pk_{C_i}}(\eta_2) \leftarrow SA(Enc_{pk_{C_i}}(c_l), Enc_{pk_{C_i}}(\eta_2))$，其中 $1 \leq l \leq \theta$；

   （d）输出 $Enc_{pk_{C_i}}(c_m) \leftarrow SA(Enc_{pk_{C_i}}(\eta_1), Enc_{pk_{C_i}}(-\eta_2))$；

算法 6.6 主要流程如下：首先，C_i^A 产生一个随机置换函数 π，用来扰乱 Θ 的排序，扰乱后的集合记为 Λ。然后，C_i^A 和 C_i^B 合作计算一个密文矩阵 S，矩阵的每个元素是向量 Λ 与 Θ' 的各元素差值的密文，即 $S_{l,j} = Enc_{pk_{C_i}}(c_l' - c_j)$，其中 $1 \leqslant l \leqslant k, 1 \leqslant j \leqslant \theta$。接着，$C_i^B$ 用 sk_{C_i} 将 S 的各元素解密，并计算每个类出现的频率。很容易观察到 $S_i(i \in [1,k])$ 的每一行有且仅有一个加密的 $\phi, \theta - 1$ 个加密的随机数，因为 $(c_l' + \phi) \in \{c_1, \cdots, c_\theta\}, (c_j - c_l') \in \{c_1 - c_\theta + \phi, \cdots, \phi, \cdots, c_\theta - c_1 + \phi\}$。根据 S_i 的解密值，C_i^B 能够计算出每个类在 k 个邻居中出现的频率，按照类标签的顺序记为向量 f。C_i^B 接着计算向量 V，其中最频繁的分类的位置是 $Enc_{pk_{C_i}}(\eta_2)$，其他位置是 $Enc_{pk_{C_i}}(\eta_1)$，将 V 发送给 C_i^A。在接收到 V 后，C_i^A 用 π^{-1} 恢复出真实的分类标签的索引，并做如下计算：

$$Enc_{pk_{C_i}}(c_m) = Enc_{pk_{C_i}}\left(\sum_{l=1}^{\theta} c_l \cdot (\tau_l - 1)\right)$$

$$= Enc_{pk_{C_i}}\left(\sum_{l=1}^{\theta} c_l \cdot \tau_l - \sum_{l=1}^{\theta} c_l\right) \tag{6.4}$$

注意到 $\langle c_1, \cdots, c_\theta \rangle$ 与 $\langle \tau_1 - 1, \cdots, \tau_\theta - 1 \rangle$ 的内积就是多数类的标签，因为在 $\langle \tau_1 - 1, \cdots, \tau_\theta - 1 \rangle$ 中只有一个元素是 1，用来标记出现频率最高的类，而其他元素是 0。为防止运算过程中出现加密 0 的情况，式（6.4）按照如下顺序进行计算：$Enc_{pk_{C_i}}\left(\sum_{l=1}^{\theta} c_l \cdot \tau_l\right), Enc_{pk_{C_i}}\left(\sum_{l=1}^{\theta} c_l\right)$，以及 $Enc_{pk_{C_i}}\left(\sum_{l=1}^{\theta} c_l \cdot \tau_l - \sum_{l=1}^{\theta} c_l\right)$。

6.3.2.3　主要思路

在前面所述的隐私保护构建块协议的基础上，我们提出了面向多云协作 kNN 外包的协议 OCkNN，下面做详细介绍。

1. n 个密文最小值（SMnN）协议

在多个 CSP 环境下计算 kNN 有多种方法，一个直接的方法是将所有 CSP 上的数据集中到一个 CSP 上，就可以像对待统一的数据库一样做 kNN 计算。毋庸置疑的是，这种方法带来的开销是最大的，其通信开销为 $O(nmL)$，其中 n, m, L 分别表示云的数量、数据库的维度和数据库的大小。此外，将数据直接传输给其他 CSP 违反了与云用户的服务合约（Service Level Agreement，SLA）[248]，也没有发挥分布式计算资源的优势。另一种方法需要每个 CSP 计算其训练样本到查询点之间的欧氏距离，然后再将距离值发送给一个 CSP 做比较，这种方法的通信开销是 $O(nL)$，当 L 很大时通信开销依然很大。在云内部的通信开销是远小于跨云的开销的,这是因为云的内部网络相对简单,通过采用专门的网络架构和高性能交换机能显著降低通信延迟,而跨云通常需要走互联网,网络的不稳定性和较长的传输距离都增加了通信延迟。

为了能够充分利用分布式云计算资源的优势,并同时减少跨 CSP 的通信,将 kNN 外包计算过程分为两个部分:一个是云内 kNN 计算,另一个是跨云 kNN 分类。可分别用 Local-OCkNN、Global-kNN 表示云局部的 kNN 外包协议和跨云协作的 kNN 外包协议。Local-OCkNN 主要负责在 CSP 本地计算出前 k 个最近的训练样本点,而 Global-kNN 计算全局的 k 个最近样本点。给定查询点 q',在 Local-OCkNN 执行的过程中,CSP_i 在其外包数据库 D'_i 上计算与 q' 最近的 k 个加密的样本,并将这 k 个样本加密的欧氏距离和分类标签发送给主云 CSP_p。CSP_p 执行 Global-kNN 协议,从 kn 个距离中选取出前 k 个距离最小的,将对应的分类标签返回给查询用户。这种方式的跨云通信开销为 $O(nk)$,由于 $n \ll L$ 且 $k \ll L$,因此显然比前面两种方法开销要小很多。

2. Local-OCkNN 协议

该协议需要每个 CSP 独立地处理 kNN 查询请求,同时仍然保证了云存储服务的可用性,即数据所有者 DO_i 能够从云端下载并解密自己的数据。具体来说,Local-OCkNN 包括三个阶段,分别是数据上传阶段、查询认证阶段、外包计算阶段,主要步骤如算法 6.7 所示。

算法 6.7 Local-OCkNN$(D_i, q', k) \rightarrow \{\tau_{i,1}, \cdots, \tau_{i,k}\}$

输入:DO_i 有数据集 D_i 和其密钥对 $\{pk_{U_i}, sk_{U_i}\}$;C_i^A 已知 $k, rk_{U_i \leftrightarrow C_i}, rk_{Q \leftrightarrow C_i}$,查询点 q';C_i^B 已知密钥对 $\{pk_{C_i}, sk_{C_i}\}$;

输出:C_i^A 获得局部 k 近邻的欧氏距离和类标集合 $\{\tau_{i,1}, \cdots, \tau_{i,k}\}$;

{数据上传阶段}

1:DO_i:

　(a)计算 $D'_i = \{Enc_{pk_{U_i}}(t^i_{j,h}) \mid j \in [1, L], h \in [1, m+1]\}$;

　(b)将 D'_i 发送给 C_i^A;

{查询认证阶段}

2:C_i^A:

　(a)认证 QU 身份,如果 QU 是非授权用户则终止协议;

　(b)重加密 $D_r' \leftarrow ReEnc(rk_{U_i \leftrightarrow C_i}, D'_i)$,$q_r' \leftarrow ReEnc(rk_{Q \leftrightarrow C_i}, q')$;

{外包计算阶段}

（续表）

3： C_i^A 和 C_i^B ：

 （a）**for** $j = 1$ to L **do**：

  · 计算 $E_j' \leftarrow \mathrm{SSED}(D_r'(j), q_r')$ ；

  · 计算 $M_j \leftarrow \langle E_j', t_{j,m+1}', \mathrm{Enc}_{pk_{C_i}}(j) \rangle$ ；

 （b）**for** $j = 1$ to k **do**：

  · 计算 $\{E_{\min}', c_{\min}', I_{\min}'\} \leftarrow \mathrm{SMnN}(M)$ ；

  · 输出 $\tau_{i,j} \leftarrow \langle E_{\min}', c_{\min}' \rangle$ ；

  · 计算 $e' \leftarrow \mathrm{ConvertMinToMax}(E', E_{\min}', I_{\min}', d_{\max}')$ ；

在数据上传阶段，DO_i 用其公钥 pk_{U_i} 加密自己的数据库 D_i ，得到 $D_i' = \{\mathrm{Enc}_{pk_{U_i}}(t_{j,h}^i) \mid j \in [1, L], h \in [1, m+1]\}$ ，其中 $t_{j,m+1}^i$ 表示第 j 个训练样本的分类标签，D_i' 被上传至云服务器 C_i^A 。

在查询认证阶段，C_i^A 首先验证 QU 是否是授权的查询用户，这可以通过访问控制技术实现。在认证成功后，C_i^A 通过重加密算法上传密文的密钥替换为统一密钥 pk_{C_i} ，得到重加密的数据库 D_r' 和未分类查询点 q_r' 。

在外包计算阶段，首先，C_i^A 和 C_i^B 通过 SSED 协议计算 q_r' 到 D_r' 的平方欧氏距离对应的密文，并得到一个加密向量 M ，其中 $M_j = \langle E_j', t_{j,m+1}', \mathrm{Enc}_{pk_{C_i}}(j) \rangle$ ，$E_j' = \mathrm{Enc}_{pk_{C_i}}(\parallel t_j - q \parallel^2)$ ，$1 \leq j \leq L$ 。接着，SMnN 协议以 M 作为输入求出加密的最小的欧氏距离，以及相应的秘密（这里的秘密是指加密的类标签 $t_{j,m+1}'$ 和样本点的位置索引 $\mathrm{Enc}_{pk_{C_i}}(j)$ ），SMnN 的输出分别记为 $E_{\min}'$ 、$c_{\min}'$ 和 $I_{\min}'$ 。由于 SMnN 保护了访问模式，C_i^A 不知道最小欧氏距离的样本在加密数据集中的位置，因而无法计算出第二个距离最近的样本点。针对此问题，我们提出了最大值转换算法 ConvertMinToMax，将前一次计算出的最小距离替换为最大距离，在下一次迭代过程中就能求出当前集合中最小的样本点，防止计算重复的类标签。ConvertMinToMax 协议具体实现如算法 6.8 所示。

算法 6.8　ConvertMinToMax(E' , $d'_{\min}$, $I'_{\min}$, $d'_{\max}$)$\rightarrow E'$

输入： C_i^A 持有加密的欧氏距离集合 E' 、最小欧氏距离密文 $d'_{\min}$ 、索引密文 $I'_{\min}$ 、最大欧氏距离密文 $d'_{\max}$ ，以及 $Enc_{pk_{C_i}}(\phi')$ ； C_i^B 已知密钥对 $\{pk_{C_i}, sk_{C_i}\}$ 和 ϕ' ，其中 $\phi' \in_R \mathbb{Z}_p$ ，并满足 $\phi' > L - 1$ ；

输出： C_i^A 获得更新后的距离向量 E' ；

1： C_i^A ：

  · **for** $l = 1$ to L **do**：

    – 计算 $l' \leftarrow SA(Enc_{pk_{C_i}}(l), Enc_{pk_{C_i}}(\phi'))$ ；

    – 计算 $\mu_l \leftarrow SA(l', Enc_{pk_{C_i}}(-I_{\min}))$ ；

  · 产生随机置换函数 π ，计算 $\mu' \leftarrow \pi(\mu)$ ；

  · 将 μ' 发送给 C_i^B ；

2： C_i^B ：

  · **for** $l = 1$ to L **do**：

    – 初始化 $\nu'_l \leftarrow Enc_{pk_{C_i}}(1)$ ；

    – **if** $Dec(sk_{C_i}, \mu'_l) = \phi'$, **then** $\nu'_l \leftarrow Enc_{pk_{C_i}}(2)$ ；

  · 将 ν' 发送给 C_i^A ；

3： C_i^A ：

（a）计算 $\psi \leftarrow \pi^{-1}(\nu')$ ；

（b）计算 $\delta \leftarrow SA(d'_{\max}, Enc_{pk_{C_i}}(-d_{\min}))$, $\delta' \leftarrow Blind(\delta, -1)$ ；

（c）**for** $l = 1$ to L **do**：

  · 计算 $\chi_l \leftarrow \psi_l \times \delta$ ；

  · 计算 $B'_l \leftarrow SA(E'_l, \delta')$ ；

  · 计算 $E'_l \leftarrow SA(B'_l, \chi_l)$ ；

  记 $d_{\max}$ 为最大的有符号整数， $d'_{\max}$ 则是 $d_{\max}$ 在 pk_{C_i} 下的密文， ϕ 表示非零的整数偏移。ConvertMinToMax 的主要步骤如下：首先， C_i^A 求偏移后的索引 l' ，再计算最小距离的索引和 l' 的差值，记为 μ_l ，并用随机置换函数 π 扰乱 μ_l 的顺序，得到 μ'_l 并发送给 C_i^B 。 C_i^B 解密 μ'_l ，根据解密的值是否是 ϕ ，返回向量 ν' ，其中只有一个位置为 $Enc_{pk_{C_i}}(2)$ ，标识最小距离的位置，其余的是 $Enc_{pk_{C_i}}(1)$ 。 C_i^A 通过 π^{-1} 从 ν' 中恢复出原始顺序，按照如下公式更新 E' 的每个距离：

$$E'_l = Enc_{pk_{C_i}}(\Delta \cdot (\nu_l - 1) + E'_l)$$

$$= Enc_{pk_{C_i}}(\Delta \cdot v_l + E'_l - \Delta) \tag{6.5}$$

其中, $\Delta = d_{max} - d_{min}$。根据式(6.5), C_i^A 计算 $\Delta = v_l + E'_l$ 的加密值, 随后再减掉 δ。对于 $v_l = 1$, E' 中的值并没有变化, 而对于 $v_l = 2$, 最小的欧氏距离的那个位置则被替换为最大值的密文。

Local-OCkNN 的最终输出是一个 k 个元组的集合, 表示了该 CSP 的训练样本中离查询点最近的 k 个样本记录, 其中每个元组由加密的距离和类标签组成, 同时作为 Global-OCkNN 协议的输入。

3. Global-OCkNN 协议

该协议的目标是使多个 CSP 能够协作完成全局的 kNN 分类, 在分布式的数据库上求出离查询点最近的 k 个最近训练样本。Global-OCkNN 包括四个阶段, 分别为密钥分发阶段、kNN 查询提交阶段、协作 kNN 分类阶段、结果提取阶段, 详细步骤如算法 6.9 所示。下面对该协议进行说明。

在密钥分发阶段, 所有协议的参与方, 包括数据所有者、查询用户、云服务器等协作运行 KD 协议, 产生了各自的密钥对。最终, DO_i 获得 $\{pk_{U_i}, sk_{U_i}\}$, QU 获得 $\{pk_Q, sk_Q\}$, C_i^B 获得 $\{pk_{C_i}, sk_{C_i}\}$, C_i^A 获得重加密密钥 $rk_{U_i \leftrightarrow C_i}, rk_{Q \leftrightarrow C_i}, rk_{C_i \leftrightarrow C_j}$, 其中 $1 \le i, j \le n$。

在 kNN 提交查询阶段, QU 用 pk_Q 加密查询点 q 的各属性值, 得到 m 维的密文 q'。然后, QU 将 q' 提交到它自己的云服务商 CSP_p 的服务器, 记为 C_p^A。CSP_p 接下来作为分布式计算的主节点, 控制整个 kNN 的外包计算过程, 其他 CSP 作为从节点, 完成本地的计算任务。假设该数据集中总共有 θ 个不同的类, 记为 $CL = \langle c_1, \cdots, c_\theta \rangle$, QU 把 CL 加密后得到 CL', 并发送给云端。在接收到 q' 后, C_p^A 将 q' 分发到 C_j^A, 其中 $j \neq p, j \in [1, n]$。C_p^A 将 CL' 的每个元素进行重加密, 得到 $\Theta = \langle Enc_{pk_{C_p}}(c_1), \cdots, Enc_{pk_{C_p}}(c_\theta) \rangle$。

在协作 kNN 分类阶段, 每个 CSP 调用 Local-OCkNN 协议计算本地训练集距离查询 q 最近的样本点 T_i, 其中 $T_i = \{\tau_{i,1}, \cdots, \tau_{i,k}\}$。但是这些样本可能不是联合数据集的邻近点, 但是全局的最近样本点一定在这 n 个本地结果中, 所以 C_i^A 把 T_i 发送给 C_p^A 作进一步处理。接收到中间结果 T_i 后, C_p^A 利用重加密密钥统一所有密文的加密密钥为 pk_{C_p}, 并计算 nk 维的向量 $\boldsymbol{GE'}$, 它的每个元素为 $\langle \tau'(j/k+1, j\%k), Enc_{pk_{C_p}}(j) \rangle$, 如算法 6.9 第 5 步所示, $\tau'(j/k+1, j\%k)$ 包含了加密的欧氏距离和分类标签。CSP_p 通过 SMnN 协议求出全局的最近的 k 个距离, 并调用 ConvertMinToMax 函数更新 $\boldsymbol{GE'}$。在 k 次迭代后, C_p^A 求得加密的 k 个类标签,记为 $\Theta' = \langle Enc_{pk_{C_p}}(c_1'), \cdots, Enc_{pk_{C_p}}(c_k') \rangle$。最后,云服务器通过 SMCC 协议求出多数类标签的密文,并将密文结果的密钥转换为 pk_Q。

算法 6.9　Global-OCkNN$(D_i, q, k, \varphi) \to c_q$

输入:DO_i 持有数据集 D_i,其中 $1 \leq i \leq n$;QU 有未分类查询请求 q;C_i^A 已知近邻个数 k;C_i^B 已知 ϕ 和 ϕ';

输出:QU 获得查询点的分类标签 c_q;

｛密钥分发阶段｝

1:CSP_i, DO_i, QU:

 a)联合计算 $\Omega \leftarrow KD$,其中 $1 \leq i, j \leq n$,Ω 表示各参与方的密钥对集合;

 ｛kNN 提交查询阶段｝

2:QU:

 (a)计算 $q' \leftarrow \langle Enc_{pk_Q}(q_1), \cdots, Enc_{pk_Q}(q_m) \rangle$;

 (b)计算 $CL' = \langle Enc_{pk_Q}(c_1), \cdots, Enc_{pk_Q}(c_\theta) \rangle$;

 (c)将 q', CL' 发送给 C_p^A;

3:C_p^A:

 (a)转发 q' 到 CSP_i 的服务器 C_i^A,其中 $\forall i \in [1, n]$ 且 $i \neq p, 1 \leq p \leq n$;

 (b)重加密 $\Theta_j \leftarrow ReEnc(rk_{Q \leftrightarrow C_p}, Enc_{pk_Q}(CL_j))$,其中 $1 \leq j \leq \theta$;

 ｛协作 kNN 分类阶段｝

4:$\forall i \in [1, n], CSP_i$:

 (a)计算 $T_i \leftarrow$ Local-OCkNN(D_i, q', k),其中 $T_i = \{\tau_{i,1}, \cdots, \tau_{i,k}\}$;

 (b)将 T_i 发送给 C_p^A;

5:CSP_p:

 (a)重加密 $T_i' \leftarrow ReEnc(rk_{C_i \leftrightarrow C_p}, Enc_{pk_{C_p}}(T_i))$,其中 $\forall i \in [1, n]$ 且 $i \neq p$;

 (b)计算 $GE_j' \leftarrow \langle \tau'(j/k+1, j\%k), Enc_{pk_{C_p}}(j) \rangle$,其中 $1 \leq j \leq nk, \tau'(j/k+1, j\%k) \in \{T_1', \cdots, T_n'\}$;

 (c)**for** $j = 1$ to k **do**:

  · 计算 $\{Gd_{min}', Gc_{min}', Gl_{min}'\} \leftarrow$ SMnN(GE');

  · 计算 ConvertMinToMax$(GE', Gd_{min}', Gl_{min}', d_{max}')$;

 (d)计算 $Enc_{pk_{C_p}}(c_q) \leftarrow$ SMCC(Θ, Θ');

 (e)重加密 $c_q' \leftarrow ReEnc(rk_{Q \leftrightarrow C_p}^{-1}, Enc_{pk_{C_p}}(c_q))$,将 c_q' 发送给 QU;

 ｛结果提取阶段｝

6:QU:

 (a)输出 $c_q \leftarrow Dec(sk_Q, c_q')$;

6.3.3　安全性分析

本小节对所提出的隐私保护构建块基础协议进行安全性分析,在此基础上证明 OCkNN 外包协议的安全性。

1. KD 协议的安全性

在 KD 协议执行的过程中,由于随机数 r_i 的盲化作用,C_i^B 不能得到关于 sk_{U_i} 的任何信息;根据 ElGamal 加密算法,密钥 sk_{U_i} 和 sk_{C_i} 是 $\mathbb{G}$ 中的随机数,因此 C_i^A 不能推出 sk_{U_i} 和 sk_{C_i}。此外,由于通信过程被 SSL 保护,则攻击者无法实施窃听攻击。

2. SA 协议的安全性

和第三章的证明过程类似,我们采用"真实 – 理想世界"安全模型[228]进行安全性分析。在 SA 协议中,有两个半诚信且不合谋的敌手,即 $\mathscr{A}_A$ 和 $\mathscr{A}_B$,他们控制了云服务器 C_i^A 和 C_i^B,下面分别证明 $\mathscr{A}_A$ 和 $\mathscr{A}_B$ 存在下的安全性。

(1)在真实世界中,$\mathscr{A}_A$ 的视角包括输入 $\{Enc_{pk_u}(a), Enc_{pk_u}(b)\}$ 和输出 $Enc_{pk_u}(a+b)$,以及中间的计算结果 $\{\Gamma, \Gamma', S', \gamma_1, \gamma_2, \lambda'\}$。构造 Sim_A,并通过如下计算模拟 $\mathscr{A}_A$ 的视角:产生随机密文 $A, B, \hat{\Gamma}_i, \hat{S}_j, y_1, y_2, \Lambda \xleftarrow{R} (\mathbb{G}, \mathbb{G})$,其中 $i = 1, \cdots, f+4, j = 1, \cdots, |S'|$;产生随机数 $\alpha', \beta', r'_1, r'_2, \omega'_1, \cdots, \omega'_f \xleftarrow{R} \mathbb{G}$;计算 $r'_1\beta', r'_1\alpha', r'_2\beta', -r'_2\alpha', \beta'^{-1}, r'^{-1}_1, r'^{-1}_2, y'_1 \leftarrow Blind(y_1, r'^{-1}_1), y'_2 \leftarrow Blind(y_2, r'^{-1}_2), C \leftarrow Blind(\Lambda, \beta'^{-1})$。$\text{Sim}_A$ 将 $\{A, B\}$ 作为 $\mathscr{A}_A$ 的输入、C 为输出,其他产生的随机数和计算结果为中间计算值。由于底层的加密机制是语义安全的而且 $\mathscr{A}_A$ 不知道解密密钥 sk_{C_i},因此,$\mathscr{A}_A$ 区分现实世界和理想世界是困难的。

(2)C_i^B 的计算任务有两轮,第一轮中,$\mathscr{A}_B$ 的视角包括输入 $\{Enc_{pk_{C_i}}(r_1\beta a), Enc_{pk_{C_i}}(r_1\alpha), Enc_{pk_{C_i}}(r_2\beta b), Enc_{pk_{C_i}}(-r_2\alpha), Enc_{pk_{C_i}}(\omega_1), \cdots, Enc_{pk_{C_i}}(\omega_f)\}$,盲化的随机值 $\{r_1\beta a, r_2\beta b, -r_2\alpha, r_1\alpha, \omega_f\}$,以及输出 S'。$\mathscr{A}_B$ 显然不能直接获得 a,b 或比值 a/b,因为它们被随机数 $\alpha, \beta, r_1, r_2, \omega_f$ 盲化。但是在这些值中仍存在一定关联,从而推测出:

$$\frac{a}{b} = -\frac{r_1\beta a \cdot (-r_2\alpha)}{r_2\beta b \cdot r_1\alpha} \tag{6.6}$$

根据式(6.6),$\mathscr{A}_B$ 通过从盲化的消息中选择随机组合进行猜测,得到 a/b 的概率与产生的随机数 $\omega_i(i=1,\cdots,f)$ 有关,可得如下概率:

$$Prob(Guess_{\mathscr{A}}(\Gamma') = a/b) = \frac{1}{C_{k+4}^4 \cdot C_4^2} = \frac{4}{f^4 + 10f^3 + 35f^2 + 50f + 24} \quad (6.7)$$

根据式(6.7)，猜测正确的概率与 f 的 4 次方成反比。在第二轮交互中，$\mathscr{A}_B$ 的视角包括输入 $\{\gamma_1, \gamma_2\}$，盲化的消息 $\{\beta a + \alpha, \beta b - \alpha\}$，输出 λ'。我们构造 Sim_B 在理想世界中模拟 $\mathscr{A}_B$ 的视角，与构造 Sim_A 类似，通过产生随机数并根据协议做运算，然后得到的结果返回给 $\mathscr{A}_B$。盲化因子都是随机产生的并且 f 足够大的情况下，$\mathscr{A}_B$ 无法区分真实世界和理想世界。

3. SSED 协议的安全性

SSED 协议的执行过程中，利用了密文的乘法同态性质和 SA 协议，并且在服务器交互过程的所有数据都被加密。根据组合定理[228]，由于加密算法和 SA 是安全的，那么该协议在威胁模型下同样是安全的。

4. SM2N 和 SMnN 协议的安全性

SM2N 协议的执行过程中，C_i^A 和 C_i^B 通过 SA 计算出输入数据差值的密文 α，C_i^A 用随机数 r 将 α 盲化，所以 C_i^B 仅知道输入明文差值的正负性而无法知道真实的差大小。此外，由于做减法的顺序由随机数 λ 决定，则 C_i^B 无法判断实际输入的大小关系。在协议计算完毕后，C_i^A 无法判断哪个输入记录是最小的，这是因为 ElGamal 加密机制是概率上不确定的，即相同明文在加密后的密文是不同的，其输出 $\hat{min}(a,b)$ 和 $\hat{s}_{min(a,b)}$ 都是重新计算出的密文，与协议的输入在计算上不可区分。综上所述，SM2N 没有泄露任何输入和输出的隐私信息，以及数据的访问模式。而 SMnN 基于在 SM2N 上构造，SMnN 在半诚信模型下同样是安全的。

5. SMCC 协议的安全性

SMCC 的执行过程中，C_i^A 的输入是 $\{\Theta, \Theta'\}$，输出是 $Enc_{pk_{C_i}}(c_m)$，得到的中间计算结果有 Λ, S, V, V' 等，这些数据都是密文。由于底层加密算法和 SA 协议是安全的，并且 C_i^A 没有解密密钥，则 C_i^A 无法获得关于分类标签的任何信息。虽然 C_i^B 能够获得每一个分类标签在数据集 Θ' 中出现的频率，但由于 Θ 中标签的顺序被 π 扰乱，所以 C_i^B 并不知道真实的对应关系。

此外，由于输出 $Enc_{pk_{C_i}}(c_m)$ 是新计算出的密文，无法从 Θ 找到相同的密文，因此 SMCC 协议保护了访问模式，以及分类的隐私信息。

6. OCkNN 协议的安全性

定理 6.1 在 OCkNN 协议的执行过程中，关于数据所有者和查询用户的输入、输出、中间结果，以及访问模式等隐私信息，都没有泄露给云服务器或者其他的半诚信敌手,当且仅当 ElGamal 加密机制是语义安全的,且盲化因子是随机选择的。

证明:首先,需要分析 Global-OCkNN 协议每个阶段的安全性。在密钥分发阶段,KD 协议保证了每个参与方都能安全获得自己的密钥同时不知道其他参与方的密钥;在提交查询阶段,QU 用自己的公钥加密查询请求 q 和分类标签 CL,由于 C_p^A 不知道 sk_Q,并且加密机制是安全的,则 q 和 CL 没有被泄漏。

在协作 kNN 分类阶段,首先每个 CSP 的服务器独立运行 Local-OCkNN 协议,由于加密算法是安全的,C_i^A 在没有私钥的情况下无法获取关于数据集和查询的隐私;SSED 协议被用来计算查询点到每个训练样本点的平方欧氏距离,它的安全性前面已经证明;接着,SMnN 以不经意的方式计算出所有加密距离中的最小值 E'_{min}、对应的分类标签 c'_{min} 和索引 I'_{min},前面证明了 SMnN 能够保护输入输出机密性和访问模式;之后,C_p^A 将所有云的局部结果进行汇总,在重加密阶段仍不会有任何信息的泄漏;利用 SMnN 协议再求出 kn 个加密平方欧氏距离的最小 k 个;SMCC 协议被用来计算 k 个样本中的多数类标签,前面已证明 SMCC 不仅保护了分类标签和出现频率的机密性,还保护了访问模式。在结果提取阶段,QU 用 sk_Q 解密其分类标签。

另外,ElGamal 加密算法加密 0 时会导致部分密文为 0,从而泄露了明文的信息。为避免出现这种情况,在 SMCC 和 ConvertMinToMax 协议时使用非零的随机偏移 ϕ 和 ϕ',并且要求计算式(6.1)、式(6.2)、式(6.4)、式(6.5)时按照第二行的等式运算。

根据组合定理[228],如果每个阶段是安全的并且各阶段的输入输出是加密的,那么各阶段的串联也是安全的。我们可以构造 Sim 模拟攻击者 $\mathscr{A}$ 在理想世界的视角,并且使得 $\mathscr{A}$ 无法区分理想世界和现实世界。因此,本章所提出的 OCkNN 协议在半诚信模型下是安全的。

6.3.4 性能分析

本小节从理论方面分析了 OCkNN 的复杂度,并与类似的相关工作做比较;为提升云端的计算效率,提出了两种优化性能的方法;最后在真实数据集上开展实验,测试本章提出方案的性能。

6.3.4.1 理论分析

首先我们对使用的符号作说明:Exp、Mul 分别表示模幂运算和模乘法运算,L 表示 DO 的数据集长度,n 表示 CSP 的个数,m 表示训练样本的维度。由于

ElGamal 机制具备同态乘法性质,其计算开销为 2Mul。构建块的 SA 协议的计算开销是 24Exp + 24Mul,SSED 协议的计算开销是 $48m$Exp + $50m$Mul,SM2N 协议的计算开销是 97Exp + 104Mul,SMCC 协议的计算开销是 $\theta(25k + 26)$Exp + $\theta(25k + 27)$Mul。OCkNN 协议整个云端服务器的计算开销的上限是 $(48mnL + 51knL + 97kn\log L)$Exp,通信开销的上限是 $(52mnL + 104kn\log L + 52knL)|\mathbb{G}|$,其中 $|\mathbb{G}|$ 表示密钥比特大小。

　　类似的工作是文献[142]提出的 PPkNN 协议,该协议基于 Paillier 加密机制[89]设计,实现了外包数据库、查询请求的隐私保护,以及隐藏访问模式功能,其安全强度和 OCkNN 类似,而且都不需要用户参与外包计算。然而,PPkNN 不支持多密钥加密数据的计算,不能满足本章提出的多云协作场景下 kNN 外包的安全需求。PPkNN 的计算开销的上限是 $(3L\rho + 3Lm + 3Lk\rho\log L)$Exp,通信开销的上限是 $(6Lm + 2L + 10\rho L + 4Lk + 6\rho k\log L)|\mathbb{G}|$,其中 ρ 表示明文的比特大小。表 6.1 比较了 OCkNN 和 PPkNN 两种协议的复杂度。通常 $L \gg n, m, k$,PPkNN 方案中 $n = 1$。表 6.1 说明本章的方案的开销要小于 PPkNN,这是因为:一方面,PPkNN 比较加密距离时需要进行复杂的比特分解操作,比较运算的开销随 L 增加而显著增大;另一方面,Paillier 加密算法的模大小是 ElGamal 的两倍[89],因而执行 Exp、Mul 操作带来的开销更大。

表 6.1　OCkNN 和 PPkNN 的复杂度对比

外包协议	OCkNN	PPkNN[142]
计算复杂度	$O(mnL)$	$O(\rho kL\log L)$
通信复杂度	$O(mnL)$	$O(mL)$

6.3.4.2　性能优化

　　为了提升本章提出的 kNN 外包隐私保护方案的性能,我们提出了两种方法:离线计算和密文随机化。下面以优化 SA 协议为例进行说明。

1. 离线计算

　　服务器 C_i^A 在外包计算开始前可进行部分离线计算以提升外包的计算效率。首先,C_i^A 产生一个很大的随机数集合,记为 $RN = \{rn_i | rn_i \in \mathbb{G}, i = 1, 2, \cdots, \rho\}$,接着将 RN 进行加密,得到 $RN' = \{Enc_{pk_{C_i}}(rn_i) | rn_i \in RN, i = 1, 2, \cdots, \omega\}$。为保证数据集是随机均匀分布的,$\omega$ 的大小应当足够大。协议执行过程中使用的随机

数可以从 RN' 中随机选择。同样,随机元素的逆以及随机数之间的运算,比如 r_1^{-1}、$Enc_{pk_{C_i}}(r_1\alpha)$ 等也可以提前计算。

2. 密文随机化

如果每次执行 SA 时都使用离线计算的值,比如 $Enc_{pk_{C_i}}(r_1\alpha)$、$Enc_{pk_{C_i}}(-r_2\alpha)$,那么很容易被半诚信的 C_i^B 观察出来,从而降低了 SA 的安全性。因此,上述两个值必须满足在 SA 每次执行时都是随机的,这就需要对密文进行随机化:C_i^A 从 RN' 中随机选择一个密文 $Enc_{pk_{C_i}}(r') \in_R RN'$,利用同态乘法和 $Enc_{pk_{C_i}}(r_1\alpha)$ 等密文相乘,就会生成一个随机化后的密文,这只需要服务器执行两次模乘法操作。

通过以上优化方法,C_i^A 可以节省两次加密、四次模乘法、三次模逆运算,以及产生随机数的开销,与此同时不影响 SA 的正确性。该方法可用于 SM2N、SMCC 等构建块基础协议中。

6.3.4.3 实验分析

1. 实验环境配置

在本地实验环境下测试外包协议的性能,服务器的配置为 Intel Xeon E5 - 2620 @ 2.10 GHz CPU、12GB 内存,运行 CentOS 6.5 系统。在 Crypto++5.6.3 库[232] 基础上,用 C++ 实现了 OCkNN 和 PPkNN[142] 协议,利用多线程仿真多台云服务器的并行运算。

选用 UCI 机器学习仓库提供的葡萄酒质量数据集[249] 作为本实验数据集,该数据包含 4 898 个训练样本,12 个属性值,11 个分类标签。该数据集以水平分割的方式分配给各个数据所有者。为了使两个协议达到相同的安全要求,ElGamal 和 Paillier 加密算法的密钥大小都选择为 1 024bit。

2. 实验结果与分析

影响外包协议的参数主要有:近邻的数量(k)、植入噪声的数量(f)、CSP 的数量(n),通过实验可评估这些参数对性能的影响。参数的选择如下:$5 \leqslant k \leqslant 25$,$0 \leqslant f \leqslant 4$,$n \in \{2,4,6\}$。在客户端模拟了数据所有者以及查询者的加密过程,并将加密的数据集和查询点发送给服务器做 kNN 查询,记录下加密时间、执行 kNN 的时间,以及服务器之间的通信开销。

首先,在单个云($n=1$)的情形下比较本章提出的方案 OCkNN 和 PPkNN 的计算和通信开销情况。OCkNN 的用户平均花费 37.05s 加密其数据集,而 PPkNN 的用户平均花费 70.68s 完成相同内容的加密。云端的计算开销如图

6.2(a)所示。PPkNN 的计算开销随着 k 线性增长,相比之下,OCkNN 的开销增长率要低很多,可见本章提出的方案至少有 17 倍的加速。PPkNN 协议之所以造成如此大的开销是因为在密文比较过程中频繁地进行比特分解和加解密操作,而且随着 k 增加需要比较的密文会越来越多;而 OCkNN 提出了针对密文比较的优化算法,同时没有降低安全性。图 6.2(b)表明外包协议的通信开销随着 k 增加,PPkNN 带来的通信开销更大,在 $k=25$ 时,其开销是 OCkNN 的 2.45 倍。

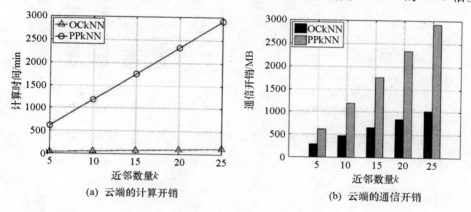

(a) 云端的计算开销   (b) 云端的通信开销

图 6.2 kNN 外包计算和通信开销与近邻数量 k 的关系($n=1$,$f=0$)

接下来,测试 OCkNN 在不同 CSP 数量下的性能,数据集则均匀分发到各服务器。根据图 6.3(a)和(b)可发现,不论 n 为多少,云端的计算开销都随着 k 增加而增加,这和上一个实验得到的结论是一致的。但是随着 n 的增加,外包计算开销反而降低。其主要原因是在数据规模不变的情况下,云服务商的增加使得更多服务器并行执行 Local-OCkNN,从而提高了整体运算效率。例如,在 $k=5$、$n=2$ 时,服务器计算 kNN 分类需要 17.86min,当 $n=4$ 和 $n=6$ 时分别只需要 9.16min 和 6.34min。图 6.3(b)则表明通信开销会随着 n 增加,这是因为云服务器增加导致它们之间的通信交互也增加了。

根据 6.3.2.2 节提出的安全加法协议 SA,C_i^A 需要在向量 $\boldsymbol{\varGamma}$ 中插入加密的随机数,即 $\{Enc_{pk_{C_i}}(\omega_j) \mid 0 \leqslant j \leqslant f\}$。理论分析表明,随机密文数目 f 越大协议越安全,但是也增加了云端的负载。为评估 f 大小以及 6.3.4.2 节提出的优化方法对外包协议性能的影响,进行了相关实验,实验结果如图 6.4 所示。从图 6.4(a)和(b)可以看出,OCkNN 的计算和通信开销都随着 f 的增加而增长,主要原因是 $\boldsymbol{\varGamma}$ 中植入的随机数越多,C_i^B 就要执行更多的解密和加密运算,这其中涉及多次的模幂运算,显然增大了计算开销。图 6.4 也表明优化后的 OCkNN 相比未优化协议至少有 20% 的计算性能提升,但是二者的通信开销是一样的。该实验说明,用户要根据实际情况选择合适的 f,在安全性和计算效率上做平衡。

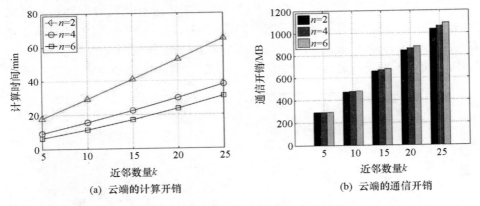

(a) 云端的计算开销   (b) 云端的通信开销

图 6.3   kNN 外包计算和通信开销与近邻数量 k 及云个数 n 的关系 $(f=0)$

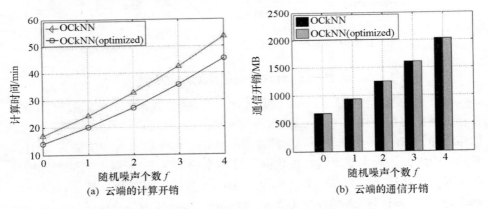

(a) 云端的计算开销   (b) 云端的通信开销

图 6.4   kNN 外包计算和通信开销与植入随机噪声个数 f 的关系 $(k=15, n=5)$

6.4   k 近邻分类计算安全完整性验证方法

本节在文献[123]加密机制的基础上提出了一套 kNN 外包计算结果的验证方案,该方案不仅保护了用户数据和查询的隐私,而且能够以较高的概率保证计算结果的正确性,并发现服务器的错误或异常。以下将首先对所研究的问题进行形式化描述,然后阐述 kNN 外包验证方案的技术细节,最后通过理论和实验验证所提出方案的安全性和运行效率。

6.4.1　问题描述

　　云端的服务器通常是不可信的,参与 kNN 外包的用户不但需要解决隐私泄露的问题,还要考虑如何判断服务器返回的结果是否正确。因此,除了隐私保护机制外,用户还需要一种高效的验证方法,能以较小的代价证明所得结果的完整性。针对该问题,以下建立了相应的系统模型和威胁模型。

6.4.1.1　系统模型

　　图 6.5 展示了系统模型,该模型中有四个参与方,分别是数据拥有者(DO)、查询用户(QU)、数据挖掘服务器(Mining Server, MS)、验证服务器(Verifying Server, VS)。DO 持有规模很大的数据集 D, D 由 n 个维度为 m 的向量组成,记为 $D = \{p_1, \cdots, p_n\}$,其中 $p_i = \langle t_1, \cdots, t_m \rangle$, $t_j \in R$, $i \in [1, n]$, $j \in [1, m]$。QU 有未分类的查询请求 q。MS 为用户提供了廉价的计算和存储资源,但是不提供可靠性,属于公有云。VS 则提供了计算可靠性,但执行计算的成本较高,属于私有云或服务级别协议(Service Level Agreement, SLA)更高的公有云。该系统模型与实际情形是相符的,因为云服务是按需付费的,更高质量的服务则需要更多的投入[248]。为了平衡安全性和成本,MS 负责数据的存储和主要的计算任务,而 VS 则执行少量的计算和验证任务。

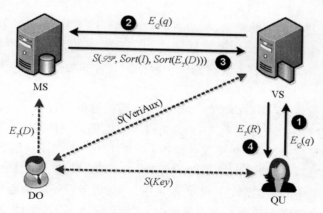

图 6.5　kNN 计算安全完整性验证系统模型

　　系统的工作的主要流程如下:DO 在外包数据前,会产生密钥以及部分验证证据,DO 将证据添加进 D 中后用加密算法 E_T 加密 D。QU 用加密算法 E_Q 加密 q 后发送给 VS,再由 VS 转发给 MS。MS 在接收到用户的数据集 $E_T(D)$ 和查询

请求 $E_Q(q)$ 后执行 kNN 计算,并把计算的中间结果返回给 VS。VS 辅助 QU 验证 MS 返回结果的完整性,再将验证后的结果 $E_T(R)$ 返回给 QU。QU 在解密 $E_T(R)$ 后得到最终 k 个最近邻的训练样本点。在图 6.5 中,虚线标记的是所有的外包前准备工作的数据流,实线标记的是 kNN 外包查询过程的数据流,$S(\cdot)$ 表示使用安全通信协议进行数据传输,比如 SSL[250]。

6.4.1.2　威胁模型

该系统的威胁模型介绍如下:

(1)数据挖掘服务器:数据挖掘服务器是半恶意的,如 6.2.1 节所述,被敌手控制的服务器不但会分析用户的敏感信息,还可能返回错误的计算结果给查询者,但查询用户无法直接判断结果是否正确。敌手具备 6.2.2 节所述的级别 3 的攻击能力,即已知部分明文密文对。

(2)验证服务器:验证服务器是半诚信的,敌手控制的验证服务器会记录协议执行过程的输入输出数据,并企图分析出关于用户的隐私,具备级别 3 的攻击能力。作为用户进行 kNN 外包验证的代理,它和挖掘服务器之间不合谋。

(3)通信信道:所有的通信信道是开放的、不安全的,敌手能够从通信各方的网络中截获数据并分析利用。

6.4.1.3　设计目标

针对上面提出的威胁模型,解决方案应当达到以下目标:

(1)机密性:kNN 外包协议在威胁模型下是安全的,即数据挖掘服务器、验证服务器和窃听攻击者都不能得到关于数据拥有者的数据库和查询请求等隐私信息。

(2)正确性:如果所有协议的参与方均按照设计的协议执行,最终得到的最近 k 个样本点和在明文下进行 kNN 分类得到的结果是一样的。

(3)可验证性:kNN 外包协议的结果是可验证的,查询用户通过验证代理能够验证数据挖掘服务器返回结果的完整性。kNN 结果的完整性包括两方面的含义:一是结果中的数据都是原始数据集中的点,服务器不能伪造或篡改训练样本;二是结果中的样本是离查询点最近的 k 个点,服务器不能随意选取训练样本作为查询结果。

(4)高效性:数据挖掘服务器能以较高的效率执行 kNN 计算,验证服务器能够高效地验证结果的完整性,数据所有者和查询者的开销都比较小。

6.4.1.4　预备知识

这里简要介绍本节使用到的加密算法和内积的代数性质。

1. 非对称内积保持加密

针对 kNN 外包中保持距离加密机制的不足,Wong 等[123]提出了一种非对称内积保持加密(ASPE)机制,该方法比公钥加密的安全性弱,但是计算效率较高。基于该方法的变形能够抵抗级别 3 的攻击[123],适应于对安全性要求不高的场景。在 kNN 计算安全的完整性验证的解决方案中,ASPE 被作为底层的加密机制。

ASPE 包括 5 个算法,分别是产生密钥、元组加密、元组解密、查询加密、kNN 外包计算,各算法具体描述如下:

(1)$\mathrm{KeyGen}(1^\lambda) \to \{Key\}$:给定安全参数 λ 作为输入,其中 $\lambda = d + 1$,该算法输出一个可逆的随机矩阵 $\boldsymbol{M} \in \mathbb{R}^{(d+1) \times (d+1)}$ 作为系统密钥。

(2)$\mathrm{TupleEnc}(\boldsymbol{p}, Key) \to \{\boldsymbol{p}'\}$:给定数据集中的一个 d 维的元组 $\boldsymbol{p}$ 和加密密钥 Key,该算法输出加密后的样本点 $\boldsymbol{p}' = \boldsymbol{M}^{\mathrm{T}}(\boldsymbol{p}^{\mathrm{T}}, -0.5\|\boldsymbol{p}\|^2)^{\mathrm{T}}$。$E_T(\cdot)$ 表示加密算法的缩写。

(3)$\mathrm{TupleDec}(\boldsymbol{p}', Key) \to \{\boldsymbol{p}\}$:给定外包数据集中的加密元组 $\boldsymbol{p}'$ 和加密密钥 Key,该算法是加密算法的逆过程,输出原始的数据样本。$D_T(\cdot)$ 表示解密算法的缩写。

(4)$\mathrm{QueryEnc}(\boldsymbol{q}, Key) \to \{\boldsymbol{q}'\}$:给定查询点 $\boldsymbol{q}$ 和加密密钥 Key,该算法产生一个随机数 $r \in_R \mathbb{R}$,且 $r > 0$,输出加密的查询点 $\boldsymbol{q}' = \boldsymbol{M}^{-1}(r\boldsymbol{q}^{\mathrm{T}}, r)^{\mathrm{T}}$。$E_Q(\cdot)$ 表示该加密算法的缩写。

(5)$\mathrm{KNNComp}(D', \boldsymbol{q}') \to \{\tau_q\}$:给定大小为 n 并且加密的训练集 D',以及加密的查询点 $\boldsymbol{q}'$,该算法输出 D' 中距离 $\boldsymbol{q}'$ 最近的 k 个训练样本。计算方法如下:假设 $p_1', p_2' \in D'$,如果满足条件 $p_1' \cdot \boldsymbol{q}' - p_2' \cdot \boldsymbol{q}' > 0$,那么对应的关系 $D(p_1, q) < D(p_2, q)$ 成立,其中 $D(p_i, q)$ 表示 p_i 到 q 的欧氏距离,$i \in [1, n]$。

2. 内积的代数性质

记 $\boldsymbol{u}$ 和 $\boldsymbol{v}$ 分别表示两个 m 维向量,即 $\boldsymbol{u} = \langle u_1, u_2, \cdots, u_m \rangle$ 和 $\boldsymbol{v} = \langle v_1, v_2, \cdots, v_m \rangle$,它们的内积是对应元素相乘后得到的值的和,即 $\boldsymbol{u} \cdot \boldsymbol{v} = \sum_{i=1}^{m} u_i v_i$。假设有数据集 $V = \{\varphi_i \in \mathbb{R}^m \mid i = 1, \cdots, n\}$,随机数集合 $X = \{x_i \in \mathbb{R} \mid i = 1, \cdots, n\}$,可以得到如下公式:

$$u \cdot \left(\sum_{i=1}^{n} x_i \phi_i \right) = \sum_{i=1}^{n} x_i (u \cdot \phi_i) \qquad (6.8)$$

利用式(6.8)可以验证一个很大数据集和一个向量之间的内积,这种验证方法有着较高的验证准确率,在 kNN 外包方案中得到了运用。

6.4.2 kNN 计算安全的完整性验证方案

6.4.2.1 方案框架

kNN 计算安全的完整性验证方案包括四个阶段,分别是证据生成阶段、内积验证阶段、排序验证阶段、返回 kNN 结果阶段,各阶段的协议功能如下:

(1)ProofGen(证据生成协议):DO 以安全参数 λ 和数据集 D 作为输入,输出构造的数据集 $E_T(D_f)$ 和辅助验证信息。

(2)ProdVeri(内积验证协议):VS 以训练数据点 p'_i 和查询点 q' 的内积、查询点 q' 和辅助验证信息作为输入,输出指示内积是否正确的标记 $\mathcal{R}_p$。

(3)SortVeri(排序验证协议):VS 以 D' 的索引排序和 $\mathcal{R}_p$ 作为输入,输出指示排序结果是否正确的标记 $\mathcal{R}_s$。

(4)RetKNN(返回 kNN 验证结果):VS 过滤掉伪造的数据集,返回最近的 k 个训练样本 $E_T(R)$ 给 QU。

6.4.2.2 协议设计

该解决方案的目标是通过设计一套高效、鲁棒的协议,验证半恶意模型的服务器返回的 k 个近邻是否正确和完整。在图 6.5 所示的系统模型中,kNN 的计算过程和验证过程都外包到云端,从而降低用户端的计算和存储开销。下面介绍具体的协议设计:

1. 证据生成协议

该协议的主要目标是:在数据所有者将数据上传云服务器前,产生部分伪造的数据样本和辅助信息用于结果验证。为了能够验证针对不同查询请求的 kNN 结果,还需要针对查询生成不同的验证证据,而频繁项集挖掘[208]和聚类外包[212]的验证方法则是使用固定的证据,这是它们之间的显著区别。

给定安全参数 λ 为输入,ProofGen(1^{λ})产生以下证据:

(1)长度为 d 的伪造训练样本 $D_f = \{\hat{p}_i \mid i = 1, \cdots, d\}$。$\hat{p}_{i,j}$ 是 $[\min(p_i), \max(p_i)]$ 范围内的随机值,其中 $p_i \in D, 1 \leqslant i \leqslant d, 1 \leqslant j \leqslant m$。$d$ 的大小与验证准确率有关。

（2）新的加密后的数据集 $D' = E_T(D + D_f)$，其中 D_f 中的每个向量被随机插入原始数据集 D 中，并且记录下这些向量在 D' 中的索引，记为 I_f。

（3）随机向量 $\boldsymbol{\xi} = \langle \varepsilon_1, \cdots, \varepsilon_d \rangle \in \mathbb{R}^d$。

（4）验证向量 $\boldsymbol{\mu}$，其中 $\boldsymbol{\mu} = \sum_{i=1}^{d} \varepsilon_i E_T(\hat{p}_i)$。

记 $VeriAux$ 表示用于验证的辅助信息，$VeriAux = \{\boldsymbol{\xi}, \boldsymbol{\mu} I_f\}$。ProofGen 执行完毕后，DO 通过安全传输协议将 $VeriAux$ 发给验证服务器。

2. 内积验证协议

根据 ASPE 机制，MS 首先计算加密查询 q' 和 D' 中样本 p_i' 的内积。在内积验证阶段，VS 的目标是检查 MS 得到的内积结果是否正确。如果证明内积计算错误，则 MS 错误的概率是 100%；反之，MS 的结果在大概率上是正确的。内积验证协议 ProdVeri 的具体步骤如算法 6.10 所示。

ProdVeri 协议各步骤说明如下：首先，VS 需要遍历内积集合 $\mathscr{SP}$ 找出 DO 植入的伪造数据项 $P_f = \{sp_j' \in \mathscr{SP} | j \in I_f\}$，其中 $\mathscr{SP} = \{p_1' \cdot q', \cdots, p_N' \cdot q'\}$，$N = n + d$；然后，VS 计算验证向量 $\boldsymbol{\mu}$ 和查询点的内积，得到 $\delta_1 \leftarrow \boldsymbol{\mu} \cdot q'$；接着，VS 再计算 P_f 中的元素乘以系数 ε_i 后的总和，得到 $\delta_2 \leftarrow \sum_{i=1}^{f} \varepsilon_i \times sp_i'$；最后，比较 δ_1 和 δ_2 是否相等。算法 6.10 执行了两种操作：①提取伪造样本，需要进行 $d(n + d)$ 次比较运算；②内积结果聚合，需要进行 $m + d$ 次乘法运算。

算法 6.10　ProdVeri$(\mathscr{SP}, VeriAux, q') \rightarrow \mathscr{R}_p$

输入：VS 持有内积结果集合 $\mathscr{SP}$，加密查询点 q'，辅助信息 $VeriAux = \{\boldsymbol{\xi}, \boldsymbol{\mu} I_f\}$，初始化 $P_f \leftarrow \varnothing, \delta_2 \leftarrow 0, \mathscr{R}_p \leftarrow 0$；

输出：$\mathscr{SP}$ 正确或错误的标记 $\mathscr{R}_p$；

1：**for** $i = 1$ to N **do**
2：　　**for** each $j \in I_f$ **do**
3：　　　　**if** $i == j$ **then**
4：　　　　　　$P_f \leftarrow P_f \cup \{sp_i\}$，其中 $sp_i \in \mathscr{SP}$
5：　　　　**end if**
6：　　**end for**
7：**end for**
8：$\delta_1 \leftarrow \boldsymbol{\mu} \cdot q'$；
9：**for** $i = 1$ to d **do**

10：	$\delta_2 \leftarrow \delta_2 + \varepsilon_i \times sp_i'$，其中 $sp_i' \in P_f$
11：	**end for**
12：	**if**$(\delta_1 - \delta_2) = =0$ **then**
13：	$\mathscr{R}_p \leftarrow 1$；
14：	**end if**
15：	**return** $\mathscr{R}_p$

根据式(6.8)，如果所有的内积运算都是正确的，可得以下等式：

$$\begin{aligned}
\delta_1 &= \boldsymbol{q}' \cdot \boldsymbol{\mu} = \boldsymbol{q}' \cdot \sum_{i=1}^{d} \varepsilon_i E_T(p_i^f) \\
&= \sum_{i=1}^{d} \varepsilon_i (E_T(p_i^f) \cdot \boldsymbol{q}') \\
&= \sum_{i=1}^{d} \varepsilon_i sp_i = \delta_2
\end{aligned} \tag{6.9}$$

如果 $\delta_1 - \delta_2$ 是非零值，那么将输出 $\mathscr{R}_p$ 置为 0；否则，$\mathscr{R}_p$ 置为 1。根据式 (6.9)，如果 $\mathscr{R}_p = 1$，则 D' 的样本和 q' 内积的结果在一定概率上认为是正确的。文献[251]中的结论表明，该方法能以高于 $1 - \dfrac{2}{L}$ 的概率发现 P_f 中的错误，其中 $L = \max\{|\varepsilon_i|, \cdots, |\varepsilon_d|\}$。所以，发现在 $\mathscr{SP}$ 集合中的错误概率大于 $\left(1 - \dfrac{2}{L}\right) \cdot \dfrac{d}{n+d}$。

3. 排序验证协议

MS 在计算完内积集合 $\mathscr{SP}$ 后，需要根据内积的大小关系进行升序排列，从而求出距离 q 最近的 k 个训练样本点。虽然 ProdVeri 协议可以验证内积结果的正确性，但是，MS 仍然可以欺骗 VS 和 QU，即通过从 D' 中随机选择 k 个样本而不是最近的 k 个样本。所以，有必要对排序的结果做正确性检查。一种直观的方法是检查伪造的数据项是否在返回的 $k + d$ 个最近样本中。然而，DO 在伪造数据项时没有查询的先验知识，伪造数据项的产生过程是完全随机的，所以伪造样本是否在返回的结果中与具体的查询请求相关。另一种方法是要求 DO 参与 kNN 外包计算，并且根据 q 的不同构造不同的伪造样本，然而，这种验证方法造成的计算和通信开销较大，不能在实际中广泛应用。

针对上述问题，本方案的解决思路是：检查 MS 返回的排序结果中伪造项的排序是否正确，从而推测整体排序是否正确。为了能够验证排序的正确性，我们对 ASPE 机制中的 kNN 计算过程做了微小的修改,即 MS 不是直接返回 k 个最近样本,而是返回所有排序后的样本以及对应的索引,分别记为 $Sort(D')$、$Sort(I)$,其中 $Sort(\cdot)$ 表示一个按照升序排列的集合。VS 在判断内积运算结果正确后才进行排序的验证操作;VS 首先根据伪造样本和查询点的内积集合 P_f 中元素的大小排序,得到对应的伪造样本索引的排序 I_f';然后将 I_f' 和 $Sort(I)$ 中的索引进行对比,一旦发现不一致,则认为排序结果存在错误,输出判决结果 $\mathscr{R}_s$。

记 Pr_{SV} 为检测到 kNN 计算排序错误的概率,R_p 为结果中两个样本间排序正确的平均概率。假设数据所有者植入了 $d(d>1)$ 个伪造样本,从而构成了 $d-1$ 对排序关系,可以推出 $Pr_{SV}=1-R_p^{d-1}$。当且仅当所有 $d-1$ 对关系都正确时,MS 返回的 kNN 排序结果正确的概率是 R_p^{d-1};否则,发现 MS 计算错误的概率是 $1-R_p^{d-1}$。

排序验证协议 SortVeri 的具体步骤如算法 6.11 所示。在对 P_f 排序的过程中,VS 使用了堆排序算法 HeapSort,该算法每次弹出堆顶端元素,即输出当前 P_f 最小值的索引,伪造样本排序的复杂度是 $O(d\log d)$,验证排序的计算复杂度是 $O(n+d)$。所以,SortVeri 协议整体的计算复杂度为 $O(d\log d)$。

算法 6.11 $SortVeri(Sort(I),I_f,P_f,\mathscr{R}_p)\rightarrow\mathscr{R}_s$

输入:VS 持有排序的索引 $Sorted(I)$,伪造样本索引 I_f,伪造样本内积集合 P_f,ProdVeri 的输出 $\mathscr{R}_p$,初始化 $i\leftarrow 1$,$I_f'\leftarrow\varnothing$,$\mathscr{R}_s\leftarrow 0$;

输出:$Sort(I)$ 正确或错误的标记 $\mathscr{R}_s$;

1: **if** $\mathscr{R}_p==1$ **then**

2:　　**for** $j=1$ to d **do**

3:　　　　$\eta\leftarrow$HeapSort(P_f); // 采用堆排序算法,输出索引值

4:　　　　$I_f'\leftarrow I_f'\cup\{I_f[\eta]\}$;

5:　　**end for**

6:　　**for** each $\theta\in Sort(I)$ **do**

7:　　　　**if** $\theta==I_f'[i]$ **then**

8:　　　　　　$i\leftarrow i+1$;

9:　　　　**end if**

10:　　　　**if** $i==d+1$ **then**

11:　　　　　　$\mathscr{R}_s\leftarrow 1$; **break**;

12:　　　　**end if**

（续表）

13:     **if** $|I| - |I_f'| < Index(\theta) - i + 1$ **then**

14:       $\mathcal{R}_s \leftarrow 0$; **break**;

15:     **end if**

16:   **end for**

17: **end if**

18: **return** $\mathcal{R}_s$

4. 返回 kNN 验证结果

记 $\mathcal{R} = \{r_1, \cdots, r_k\}$ 表示距离查询点 q 最近的 k 个训练样本点，$\mathcal{R}' = \{r_1', \cdots, r_k'\}$ 表示通过 $E_T()$ 加密 $\mathcal{R}$ 后对应的集合。该协议的目标是给查询者 QU 提供验证后的计算结果。在 SortVeri 执行完毕后，VS 启动 RetKNN 进程。如果 SortVeri 的输出 $\mathcal{R}_s = 0$，那么 $\mathcal{R}' \leftarrow \varnothing$；如果 $\mathcal{R}_s = 1$，VS 则根据 I_f 将 $Sorted(D')$ 中的伪造样本过滤掉，然后选择 $Sort(D')$ 前 k 个样本点作为输出 $\mathcal{R}'$。VS 将验证结果 R' 发送给 QU，后者再用密钥 Key 进行解密获取最终结果。RetKNN 主要计算开销是过滤运算，复杂度为 $O(k+d)$。

5. 可验证的 kNN 计算安全协议

在前面提出的四个协议的基础上，我们设计了可验证的 kNN 计算安全协议（VSkNN），具体步骤如算法 6.12 所示。首先，DO 运行 KeyGen 和 ProofGen 产生加密密钥 Key 以及用于验证的证据 $VeriAux$，并将它们分别分发给了 QU 和 VS；DO 接着通过 $TupleEnc(p, Key)$ 加密每个样本点，并把加密的数据集上传至 MS；QU 在接收到密钥 Key 后，运行 $QueryEnc(q, Key)$ 得到加密的查询请求 q'，并提交给云端；接着，MS 应用 ASPE 加密机制计算数据集 D' 的每个样本和请求 q' 的内积，得到集合 $\mathscr{SP}$，并根据 $\mathscr{SP}$ 对集合 D' 和对应的索引 I 进行升序排列，得到 $Sort(D')$、$Sort(I)$，这些中间计算结果都发送给 VS；VS 则运行 ProdVeri($\mathscr{SP}$, $VeriAux, q'$) 和 SortVeri($Sort(I), I_f, P_f, \mathcal{R}_p$) 协议验证 MS 返回的结果，最终，VS 和 QU 执行 RetKNN，QU 经过解密后获得 kNN 查询结果 $\mathcal{R}$。

算法 6.12　VSkNN(D,q)→R

输入:DO 拥有数据集 D,QU 有查询请求 q,初始化 $I\leftarrow\varnothing$,$\mathscr{SP}\leftarrow\varnothing$,$\mathscr{R}\leftarrow\varnothing$;

输出:kNN 查询结果 $\mathscr{R}$;

1: DO:

　　(a)计算 $Key\leftarrow$KeyGen(1^λ);

　　(b)计算 $\{D',VeriAux\}\leftarrow$ProofGen(1^λ);

　　(c)将 D'发送给 MS,通过 SSL 协议将 $VeriAux$、Key 分别发送给 VS、QU;

2: QU:

　　(a)计算 $q'\leftarrow QueryEnc(q,Key)$;

　　(b)将 q'发送给 VS;

3: VS:

　　(a)从 DO 接收到 $VeriAux$,从 QU 接收到 q';

　　(b)将 q'转发至 MS;

4: MS:

　　(a)**for** $i=1$ to $n+d$ **do**:

　　　　· 计算 $sp_i\leftarrow p_i'\cdot q'$;

　　　　· 计算 $I\leftarrow I\cup\{i\}$;

　　　　· 计算 $\mathscr{SP}\leftarrow\mathscr{SP}\cup\{sp_i\}$;

　　(b)计算 $\{Sort(D'),Sort(I)\}\leftarrow$KNNComp($\mathscr{SP}$,$D'$,$I$);

　　(c)将 $\mathscr{SP}$, $Sort(I)$, $Sort(D')$ 发送给 VS;

5: VS:

　　(a)计算 $\mathscr{R}_p\leftarrow$ProdVeri($\mathscr{SP}$,$VeriAux$,q');

　　(b)计算 $\mathscr{R}_s\leftarrow$SortVeri($Sort(D')$,I_f,P_f,$\mathscr{R}_p$);

　　(c)计算 $\mathscr{R}'\leftarrow$RetKNN($Sort(D')$,$\mathscr{R}_s$);

　　(d)将 R'发送给 QU;

6: QU:

　　(a)**if** $\mathscr{R}'\neq\varnothing$ **then**:

　　　　· **for** $i=1$ to k **do**:

　　　　　　- 计算 $r_i\leftarrow TupleDec(r_i',Key)$,其中 $r_i'\in\mathscr{R}'$;

　　　　　　- 计算 $\mathscr{R}\leftarrow\mathscr{R}\cup\{r_i\}$;

　　(b)输出 $\mathscr{R}$;

6.4.3 安全性分析

本小节主要分析所提出的 kNN 外包方案的安全性、计算结果的完整性。

定理 6.2 在 6.4.1.2 节提出的威胁模型下，VSkNN 外包协议能够抵抗级别 3 的攻击，并保护用户的输入、输出，以及中间计算结果。

证明：VSkNN 协议可分为三个阶段，分别是数据外包阶段、kNN 挖掘阶段、结果验证阶段。现需要证明在这三个阶段中都没有隐私泄露。

在数据外包阶段，云服务器 MS 接收到的数据集 D' 是通过 $E_T( )$ 加密的，q' 是通过 $E_Q( )$ 加密的，VS 接收到的验证辅助信息 $VeriAux$ 是通过 SSL 加密的，QU 接收到的密钥 Key 也是 SSL 加密的。因此，MS 不能通过窃听攻击获取到 $VeriAux$ 和 Key，同样地，VS 也不能通过窃听手段获取 Key。由于文献[123]提出的 ASPE 加密机制在级别 2 攻击下是安全的，该加密机制可通过随机分割和增加维度的方法抵抗级别 3 的已知明文攻击，本章的验证方案对于这种改进同样适用，所以，MS 除了加密数据集 D' 和查询 q' 外，不能获得关于明文的任何信息。VS 虽然有可能截获 D'，但由于 VS 没有 Key，无法获得关于数据集和查询的信息。

在 kNN 挖掘阶段，MS 在加密的数据集和查询上做内积运算，并不会泄露隐私信息。此外，由于伪造样本在 D 中是均匀分布的，并且被 ASPE 加密机制随机化，因而 MS 无法区分正常样本和伪造样本。MS 的输出 $Sort(I)$ 和 $\mathscr{S}\mathscr{P}$ 在 SSL 协议下是安全的。

在结果验证阶段，VS 的输入是 $\{\mathscr{S}\mathscr{P}, Sort(I), Sort(D')\}$。其中 $Sort(D')$ 是加密的数据集，$\mathscr{S}\mathscr{P}$ 是内积运算结果，仅能反映出欧氏距离的大小关系，而不泄露真正的欧氏距离，$Sort(I)$ 为索引集合，主要用于排序验证，并不包含实际样本内容。由于 VS 没有加密密钥 Key，在验证过程中没有任何隐私泄露。

综上所述，根据组合定理[228]，由数据外包、kNN 分类、验证过程组成的 VSkNN 协议在 6.4.1.2 节的威胁模型下是安全的。

定理 6.3 记 Pr_V 为本方案中检测到非正确的 kNN 结果的概率，若验证方案的目标是检测返回结果正确率 $\mathscr{R}_p$ 低于 α，其中 $0 < \alpha < 1$，则有 $Pr_V > 1 - (nL + 2d)\alpha^{d-1}/(n+d)L$。

证明：如 6.4.2 节所示，ProdVeri 协议发现服务器计算错误的概率是 $Pr_{PV} = (1 - 2/L)d/(d+n)$，SortVeri 协议发现错误的概率是 $Pr_{SV} = 1 - \mathscr{R}_p^{d-1}$。如果 $\mathscr{R}_p < \alpha$，那么 $Pr_{SV} > 1 - \alpha^{d-1}$，可以得到如下公式：

$$Pr_V = Pr_{PV} + (1 - Pr_{PV})Pr_{SV}$$

$$> \frac{d}{n+d}\left(1 - \frac{2}{L}\right) + \left[1 - \frac{d}{n+d}\left(1 - \frac{2}{L}\right)\right](1 - \alpha^{d-1})$$

$$= 1 - \frac{(nL + 2d)\alpha^{d-1}}{(n+d)L} \tag{6.10}$$

根据式(6.10)，本方案的验证能力与伪造样本的数量 d、随机值的选择范围 L 有关。假设检测到排序错误概率大于 γ，即 $Pr_{SV} > \gamma$，可以得到：

$$d > \lceil \log_\alpha(1 - \gamma) \rceil + 1 \tag{6.11}$$

显然，VSkNN 需要的伪造样本的数量与原始数据集的大小无关。例如，对于 10 000 个训练样本的集合，假设 $L = 1\,000$ 且 $\alpha < 90\%$，那么只需要 60 个伪造样本就能达到 $Pr_{SV} > 95\%$。

6.4.4　性能分析

本小节从理论方面分析 kNN 外包完整性验证方案的计算和通信开销，接着在真实数据集和人造数据集上分别开展实验，分析了验证方案的准确性和计算开销。

6.4.4.1　方案框架

在本章提出的 kNN 完整性验证框架中，ProofGen 协议只需执行一次，其计算开销在多轮查询请求中被摊平。ProdVeri 协议的乘法运算复杂度是 $O(m + d)$，比较运算复杂度是 $O(d(n + d))$。SortVeri 协议只涉及比较运算，其复杂度为 $O(d\log d)$。另外，RetKNN 需要 $O(k + d)$ 复杂度的比较计算将伪造样本从最终结果中移除。在 kNN 实际应用中，通常 $k \ll n$。所以，验证方案的计算开销上限是 $O(d(\log d + n + d))$ 比较运算和 $O(m + d)$ 乘法，通信开销是 $O(m(n + d))$。

在 SortVeri 验证过程中，VS 检测一旦发现错误就终止协议执行，因此，实际开销要远小于计算开销的上限。记 O_T、O_P、O_S 分别表示整体计算开销、ProdVeri 协议的开销、SortVeri 协议的开销，假设乘法和比较运算都消耗相同的资源单位 C_0，可以得到如下等式：

$$O_T = Pr_{PV}O_P + (1 - Pr_{PV})O_S$$

$$= \frac{d^2(L-2)(n+d) + d\log d(nL + 2d)}{L(n+d)} \cdot C_0 \tag{6.12}$$

当 $d > 1$ 时，O_T 随 d 单调增长。结合式(6.11)，通过调整 d 的大小能使方案的整体计算开销最小化。

在 VSkNN 协议中，VS 承担了大部分的验证开销，降低了用户端的负载。即使 QU 不信赖第三方 VS 的验证结论，而将所有完整性验证操作在本地完成，这样的计算开销也远小于本地执行 kNN 查询计算。

6.4.4.2　实验分析

以下从两个方面评估所提出方案的性能：①VSkNN 协议完整性验证的准确率；②VSkNN 外包协议的计算开销。实验服务器配置为 Intel Core i5-2400 3.10GHz CPU，8GB 内存，运行 Windows Server 2008 R2 系统，用 Matlab 实现 VSkNN 协议原型。

实验使用了两种数据集，即真实数据集和人工数据集。真实数据集采用了 UCI 的葡萄酒数据集[252]，包括了 178 个实例和 13 种属性，属性值为整数或实数。人工数据集是随机产生的样本集合，长度为 L，每个样本点有 m 个维度。每个实验结果都重复了 1 000 次后取平均值。

1. VSkNN 结果验证准确率测试

数据挖掘服务器 MS 的输出主要包括两个部分，一是内积结果集合，即 $\mathscr{SP}$；另一个是排序后的数据集和索引，即 $Sort(D')$ 和 $Sort(I)$。因此，可能出现两种错误：一是内积计算过程出错，从而导致排序结果也出错；二是返回的排序结果出错。而在实际应用中这两种错误都会出现。为了评估 VSkNN 结果验证的准确率，我们在 MS 返回的结果中随机植入规定数量的错误，例如，$\mathscr{SP}$ 中随机选择某个元素并加上一个随机数，在 $Sort(I)$ 或 $Sort(D')$ 中随机选择两个元素并调换它们顺序。以下实验的 MS 错误均按照此方法产生。

图 6.6(a)展示了在真实数据集下 VSkNN 验证准确率 Pr_v 与植入伪造样本数量和错误数量的关系。可以看出，Pr_v 随着错误数量的增加而增加。而且 kNN 结果中的错误越多，则需要更少的伪造样本就能实现相同的验证准确率。例如，为达到95% 的准确率，当 kNN 结果存在 16、8、4 个错误时，VSkNN 分别需要 20、35、75 个伪造样本。当伪造样本增加到一定数量时，验证准确率趋于平缓并接近100% ，这和定理 6.3 的分析是一致的。

为了评估对不同数据集验证准确率，我们改变人工数据集的大小：$L\in\{1\times10^3,2\times10^3,3\times10^3\}$，维度大小为 $m=80$，伪造样本数量为 $d=5\%n$，实验结果如图 6.6(b)所示。实验结果表明，VSkNN 验证准确率随着错误数量的增加而增长，当超过错误数超过 50 时，验证准确率的下限达到 96.7% 。这是由于 MS 制造错误数量越多，被检测到的概率越大。另一方面，图 6.6(b)也说明 VSkNN 的验证性能与数据集大小无关,不同规模数据集的验证准确率相似。

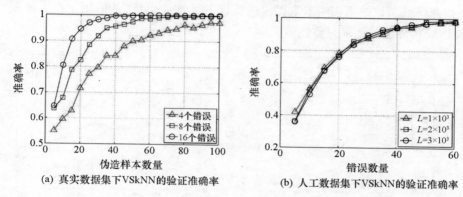

(a) 真实数据集下VSkNN的验证准确率　　(b) 人工数据集下VSkNN的验证准确率

图6.6　VSkNN协议的验证准确率与植入伪造样本数量、错误数量的关系

2. VSkNN 计算开销测试

VSkNN 协议的计算开销主要由两个部分构成,即 kNN 数据挖掘和结果的验证。kNN 数据挖掘主要由 MS 完成,kNN 结果验证由 DO 和 VS 共同完成,其开销包括两部分:一部分是在数据拥有者端的证据生成(ProofGen),另一部分是在验证服务器端的内积验证(ProdVeri)和排序验证(SortVeri)过程。在下面的实验中,植入原始数据集合数量的 5% 作为伪造样本。根据之前的观测结果,这个比例有着较高的检验准确率,而增加这个比例没有显著的性能改善。

在真实数据集上,产生证据需要花费 3.87ms,占整个外包时间的 75.02%;在大小为 2×10^3、3×10^3、4×10^3 的人工数据集上,这个比例分别降为 15.43%、10.21%、6.01%。这说明对于越大的数据集,构造验证证据的开销相对越小,而且这种开销能够在多轮的 kNN 查询中摊平。

图 6.7(a)展示了 MS 的计算开销,说明数据集规模越大,kNN 查询计算所造成的开销也越大。但是,kNN 计算开销与错误数量是无关的,不随错误数增加而增长。图 6.7(b)表明 VS 执行验证的计算开销随着错误数量的增加而降低,这与图 6.6(b)观察得到的结论是一致的,即结果中的错误越多则检测准确率越高,VS 一旦发现错误就终止了验证过程。图 6.7(b)也说明规模越大的数据集导致的验证开销更大,但其相对 kNN 查询开销仍小很多。

为进一步评估验证计算开销和整体外包计算开销的关系,我们开展实验测试 VSkNN 验证时间与整体外包时间的比值。图 6.8(a)表明随着错误数量的增加,验证开销的占比呈现下降趋势。对于比值最高的 0.5×10^3 数据集,其验证开销占比也未超过 3%。图 6.8(b)展示了随着数据集大小的增加,验证开销的占比快速降低。该结果表明本章提出的验证方案性能出色,并适用于在大规模数据上 kNN 外包的结果完整性验证。

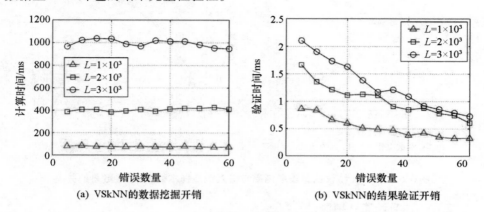

(a) VSkNN的数据挖掘开销　　　　　　(b) VSkNN的结果验证开销

图 6.7　VSkNN 协议的计算开销与错误数量、数据集大小的关系

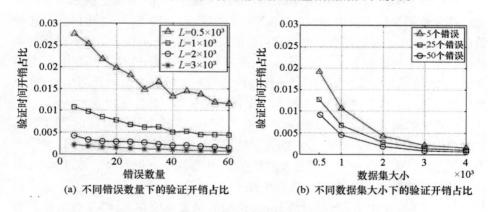

(a) 不同错误数量下的验证开销占比　　　　(b) 不同数据集大小下的验证开销占比

图 6.8　VSkNN 协议的验证开销占比与错误数量、数据集大小的关系

6.5　本章小结

　　针对多云环境下 kNN 外包的隐私保护问题,本章提出了一套基于代理重加密的 kNN 外包隐私保护方案,设计了多云协作的外包协议 OCkNN。该方案允许不同的用户根据实际需求选择不同的云服务商,而且可以使用自己产生的密钥加密数据集和查询请求。在所提出的构建块协议的基础上,OCkNN 实现了分布式的 kNN 计算,返回给查询用户加密的分类标签。理论证明了 OCkNN 协议在半诚信模型下是安全的,它不仅能保护数据和查询的隐私,还隐藏了数据的访问模式。在真实数据集上的实验表明,OCkNN 比类似的解决方案更高效。本章提出的密文加法协议 SA 的安全性依赖于植入随机密文的数量,数量越高越安全,但造成的计算和通信开销也越大。因此,在下一步的工作中需要提出更安全和更高效的密文加法协议,研究面向更高级的安全威胁(如恶意模型)的隐私保护方法,提高 kNN 外包计算的安全性和效率。

为解决 kNN 在外包计算过程中结果完整性验证的问题,本章提出了一种kNN 外包计算结果的验证方案 VSkNN,它包括证据生成、内积验证、排序验证、返回结果四个部分。VSkNN 通过构造假的训练样本和先验信息,检验结果中内积集合和样本排序的正确性,从而检测是否有错误。理论证明 VSkNN 不仅保护了用户数据集和查询的隐私,而且能够以较高的概率发现云服务器的作弊行为。在真实数据集和人造数据集上的实验表明,VSkNN 只需引入较少的伪造样本就能达到较高的验证准确率,所提出验证方案有着较高的计算效率,验证开销只占全部外包开销的一小部分。但是,VSkNN 在执行的过程中需要数据拥有者参与证据生成,这给数据拥有者造成了一定开销,影响了云服务的使用体验。针对这个问题,下一步将研究如何在不构造证据情况下的完整性验证方法,在此基础上研究多云条件下可验证的 kNN 计算安全方案。

第七章　全同态加密计算安全技术

随着云计算技术的快速发展和普及,越来越多的用户选择使用云计算环境下的数据挖掘外包服务,从而节约自身的设备开销和运行维护成本。虽然云环境下的数据挖掘外包服务具有强大的计算能力和灵活的支付方式,但外包数据存在用户隐私泄露的风险,因此需要设计安全高效的数据挖掘外包方案,从而保证数据和结果的安全性以及外包计算的高效性。在本章中,重点解决云环境下基于密文数据库的 k 均值聚类外包问题。针对此问题,现有的研究工作主要使用半同态加密算法进行计算安全方案设计,其需要大量的交互式协议,从而造成了较高的计算和通信开销,降低了方案的实用性。在本章中,设计了一种基于全同态加密的 k 均值聚类计算安全方案,并通过使用密文打包技术显著降低了方案的计算和通信开销。本章对方案的安全性进行了详细的证明,并对方案的性能进行了理论和实验分析。实验结果表明,本章所提出的 k 均值聚类计算安全方案具有较低的计算和通信开销,能够适用于使用大规模数据库的应用场景。

7.1　引言

随着云计算技术的快速发展,云环境下的数据挖掘外包服务因其灵活的使用模式和强大的计算能力而受到用户的关注。通过使用数据挖掘外包服务,用户可以采用即用即付的方式将其数据及相关挖掘任务外包给云服务器,从而降低自身的设备运行和维护成本。然而,对于金融、政府和医疗等领域的用户而言,其原始数据和挖掘结果均可能包含用户隐私信息,从而无法直接进行数据挖掘外包。本章中,针对数据挖掘应用中常用的 k 均值聚类算法[253-254] 在云计算环境下的计算安全问题进行研究。

在现有研究工作中,为了保护聚类过程中的数据隐私,研究人员提出了一些分布式聚类隐私保护(Privacy-Preserving Distributed Clustering , PPDC)[76, 83, 162-163] 方案。然而,这些方案通常使用安全多方计算(SMC)技术在多用户之间设计交互式的安全协议,从而给用户带来了较大的计算和通信开销。为了降低用户端的开销,许多研究工作考虑将聚类过程外包给拥有强大计算能力的云服务器,并提出了相应的计算安全方案以保护数据和聚类结果的隐私。通过使用全同态加密算法,Liu 等[166] 提出了第一个云环境下的聚类计算安全方案。然而,该方案需要用户在线参与聚类过程,从而在一定程度上影响了方案的实用性。为了降低用户端的计算开销,Almutairi 等[167] 使用可更新距离矩阵(Updatable Distance Matrix,UDM)的方法对上述方案进行了改进,提高了方案的运行效率。虽然上述两个方案保护了用户数据的机密性,但其均在云服务器计算过程中泄露了一些隐私信息,例如簇规模和数据点与簇心之间的距离。为了高效执行外包聚类过程,Agrawal 等[27] 使用距离保持转换(Distance-Preserving Transformation,DPT)的方法对原始数据点进行变换,从而保证云服务器可以独立执行整个外包聚类过程。然而,这个方案具有较低的安全性,无法抵挡攻击级别较低的已知样本攻击(KSA)。为了提高方案的安全性[38, 123],Lin [165] 提出了一种基于核变换的 k 均值聚类外包方案,其使用了随机线性转换对数据进行加密处理,并对核矩阵进行随机扰动,从而减少了数据隐私的泄露。然而,上述这些方案仍在外包聚类过程中泄露了一些隐私信息,例如数据访问模式,同时均无法实现密文语义安全的要求。

为了保证加密数据的语义安全,通过使用非合谋的双云服务器,Rao 等[169] 使用 Paillier 加密算法设计了一种 k 均值聚类计算安全方案。该方案较好地保护了用户数据和聚类结果的隐私,同时隐藏了聚类过程中的数据访问模式。考虑到多用户希望使用私有密钥的实际应用需求,Rong 等[170] 使用双解密密码算法设计了一种 k 均值聚类计算安全方案,保证了外包计算过程中的用户数据和聚类结果的隐私安全。然而,上述两种方案均具有较高的计算和通信开销,从而无法适用于使用大规模数据库的外包应用场景。本章中,为了满足安全高效的数据挖掘外包的应用需求,使用 YASHE 全同态加密法[145] 和 SIMD 密文打包技术[113] 设计了一种安全高效的 k 均值聚类外包(Secure and Efficient Outsourced k-means Clustering,SEOKC)方案。与现有使用半同态加密算法的数据挖掘计算安全方案[141 - 143, 169, 170, 255] 不同,本章方案具有较低的计算和通信开销,从而更加适用于使用大规模数据库的应用场景。本章方案的主要的创新点如下:

(1)通过使用 YASHE 全同态加密算法,设计了数据库加密协议、安全比例因子计算协议、扩展的安全平方欧氏距离协议、安全簇更新协议、安全终止条件计算协议和安全簇心解密协议,并基于这些协议构建了 k 均值聚类计算安全方案 SEOKC。

(2)通过使用 SIMD 密文打包技术,在密文聚类过程中实现了高效的并行计算,显著提高了外包 k 均值聚类的运算效率,且所有计算过程由云服务器独立完成而无须用户在线参与。

(3)在半诚信安全模型下,进行了详细的安全性分析,证明了该方案能够有效保护数据库安全和聚类结果隐私,同时能够隐藏数据访问模式。

(4)在真实和仿真数据库上进行了详细的实验性能分析。实验结果表明,相比于现有的 k 均值聚类计算安全方案 PPODC[169] 和 PPCOM[170],本章方案的计算开销降低了至少三个数量级,从而显著提高了外包密文聚类的运算效率,增加了方案的实用性。

7.2　安全 k 均值聚类问题描述

本节着重对本章方案的系统模型、安全模型和设计目标进行描述和说明。

7.2.1　系统模型

本章方案的系统模型如图 7.1 所示,其支持云端密文数据库上的 k 均值聚类任务。

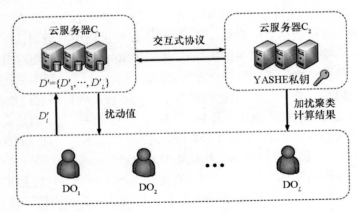

图 7.1　k 均值聚类计算安全方案的系统模型

在系统模型中,假设多个数据拥有者 $DO_l (1 \leqslant l \leqslant L)$ 希望安全共享其水平或垂直分割的私有数据库,并将基于聚合密文数据库的 k 均值聚类任务外包给云服务器。这里,假设云服务器 C_2 负责生成 YASHE 加密算法的公私钥对 (pk, sk),并将公钥 pk 分享给所有数据拥有者和云服务器 C_1 进行加密操作,而将私

钥 sk 独自保存进行解密操作。接下来,数据拥有者 DO_l 加密其私有明文数据库 D_l 得到密文数据库 D'_l,并将 D'_l 上传至云服务器 C_1。如图所示,云服务器 C_1 最终得到聚合后的密文数据库 $D' = \{D'_1, \cdots, D'_L\}$。然后,基于密文数据库 D',云服务器 C_1 和 C_2 执行交互式协议以进行密文 k 均值聚类,而无须数据拥有者在线参与外包计算过程。当外包 k 均值聚类结果满足给定的终止条件时,云服务器 C_1 和 C_2 停止密文迭代计算,并将聚类结果返回给数据拥有者 DO。这里,由于数据拥有者 DO 没有相应的解密私钥 sk,因此在方案中对密文聚类结果进行加扰处理,并分别令云服务器 C_1 和 C_2 返回扰动值和解密后的加扰聚类计算结果。最后,数据拥有者 DO 使用从两个云服务器返回的数值即可计算得到最终的明文 k 均值聚类结果。本章方案中,为了降低私钥泄露的风险,没有将私钥 sk 共享给数据拥有者 DO。因此,每个数据拥有者仍需要保存其明文数据库。考虑到这些数据可能具有很高的价值,并且本章方案的重点是实现数据聚类的计算安全,这样的假设是合理可行的。

7.2.2　安全模型

在本章方案中,数据拥有者 DO 不完全信任云服务器 C_1 会保护其数据隐私,因此 DO 将其私有数据库进行加密后上传。这里,假设云服务器 C_1 和 C_2 都是半诚信的,这表明它们将严格按照所设计的协议进行外包数据聚类,但会在聚类过程中尝试推测得到一些隐私信息。此外,假设云服务器 C_1 和 C_2 在执行外包数据聚类过程中不能合谋,从而实现交互式的密文计算[141]。同时,这两个云服务器不能与数据拥有者 DO 合谋以获取额外的信息,这符合用户的实际利益需求。在半诚信模型下,为了规范定义协议的安全性,采用了基于模拟攻击者视角的分析方法[238-239],其安全性描述可见定义 5.1。

7.2.3　设计目标

本章所提出的基于全同态加密的 k 均值聚类计算安全方案满足以下三个设计目标:

(1)正确性:如果数据拥有者和云服务器按照设计的协议进行数据加密、密文 k 均值聚类和解密等操作,则数据拥有者最终得到的解密后的聚类结果与明文情况下 k 均值聚类的结果相同。

(2)机密性:本章方案在半诚信安全模型下是安全的,即云服务器无法得到关于数据拥有者的隐私信息,包括明文数据库、明文聚类结果和数据访问模式。

（3）高效性：本章方案中，数据拥有者在上传密文数据库之后无须保持在线，外包聚类过程由云服务器执行，方案具有较低的计算开销，适用于使用大型数据库的应用场景。

7.3 使用全同态加密的计算安全方法

在本节中，提出了一种基于全同态加密的 k 均值聚类计算安全方案，该方案保证了外包聚类过程的安全性和高效性，具有较强的实用性。本节首先给出 k 均值聚类的基本概念，然后提出本章方案所需要的基础安全协议构建块，最后使用这些协议构建安全聚类外包方案。

7.3.1 k 均值聚类

假设数据拥有者 DO 的明文数据库 $D = \{t_1, t_2, \cdots, t_n\}$，其中，数据点 $t_i = \{t_i[1], \cdots, t_i[m]\}$ 包含了 m 维数据元素 $t_i[s](s \in [m])$。为了对数据库进行以欧氏距离为相似度判断标准的 k 均值聚类[256]，数据拥有者 DO 需要执行以下四个阶段：初始化、数据点分配、簇更新和终止条件判断。

首先，数据拥有者 DO 随机生成 k 个聚类簇 $c_1, \cdots, c_k$，其簇心为 $\boldsymbol{\mu}_1, \cdots, \boldsymbol{\mu}_k$。接下来，在数据点分配阶段，k 均值算法使用式（7.1）计算每个数据点 t_i 和每个簇心 $\boldsymbol{\mu}_j$ 之间的欧氏距离 $\| t_i - \boldsymbol{\mu}_j \| (i, j \in [n, k])$。

$$\| t_i - \boldsymbol{\mu}_j \| = \sqrt{\sum_{s=1}^{m} (t_i[s] - \mu_j[s])^2} \tag{7.1}$$

其中，$\mu_i[s]$ 表示簇心 $\boldsymbol{\mu}_i$ 的第 s 维数据元素。接下来，对于每个数据点 t_i，k 均值算法找到距离其最近的簇心 $\boldsymbol{\mu}_j(j \in [k])$，并将数据点 t_i 分配至新的聚类簇 c'_j。在簇更新阶段，该算法通过计算每个聚类簇 c'_j 中所包含的数据点中元素的平均值，得到新的簇心 $\boldsymbol{\mu}'_1, \cdots, \boldsymbol{\mu}'_k$。令聚类簇 $c'_j = \{t_1, \cdots, t_{|c'_j|}\}$，其中 $|c'_j|$ 表示簇规模（簇中数据点的个数），则该聚类簇簇心 $\boldsymbol{\mu}'_j$ 的第 s 维数据元素可以表示为

$$\mu'_j[s] = \frac{t_1[s] + \cdots + t_{|c'_j|}[s]}{|c'_j|} = \frac{\lambda'_j[s]}{|c'_j|}, 1 \leq s \leq m \tag{7.2}$$

其中，$\lambda'_j[s]$ 表示聚类簇 c'_j 中所有数据点的第 s 维元素的和。最后，k 均值算法通过比较聚类簇更新前后的簇心 $\boldsymbol{\mu}_j$ 和 $\boldsymbol{\mu}'_j(j \in [k])$ 的数值差异来决定是否终止聚类迭代过程。如果更新后的聚类簇与之前的聚类簇保持不变，则该算法终止并将更新后的聚类簇作为最终的 k 均值聚类结果；否则，算法使用更新后的簇心

作为输入值进行下一轮迭代计算(即重新执行数据点分配和之后的各阶段)。

7.3.2　方案基础安全协议构建块

　　本小节给出了六个基础安全协议构建块,分别是基于密文打包的数据库加密协议、安全比例因子计算协议、扩展的安全平方欧氏距离协议、安全簇更新协议、安全终止条件计算协议和安全簇心解密协议。这里,数据拥有者 DO 只需要执行数据库加密协议,其他安全协议则均由非合谋的双云服务器 C_1 和 C_2 执行而无须 DO 的在线参与。在下一节中,将使用这些安全协议作为子协议来构建本章提出的基于全同态加密的 k 均值聚类计算安全方案。为了更清楚地对方案进行描述和说明,表 7.1 给出了本章方案中所使用的符号及其定义。

表 7.1　方案符号定义

符号	定义
$t_i = \{t_i[1], \cdots, t_i[m]\}$	m 维明文数据点
$|c_j|$	聚类簇 c_j 的簇规模(簇中数据点的个数)
$\mu_j = \{\mu_j[1], \cdots, \mu_j[m]\}$	聚类簇 c_j 的簇心
$\lambda_j = \{\lambda_j[1], \cdots, \lambda_j[m]\}$	聚类簇 c_j 按比例转换后的整数值簇心
N	YASHE 密码系统多项式模数的阶数
P	YASHE 密码系统的明文模数
$\{\cdot\}_N$	一组 N 个明文(用于密文打包)
$\mathbb{Z}_P$	YASHE 密码系统的明文空间
$E(\cdot), D(\cdot)$	YASHE 密码系统的加密/解密运算
$C(x)$	YASHE 密码系统的密文(对应打包后的明文 x)
$\oplus, \ominus, \otimes$	YASHE 密码系统的密文加法/减法/乘法
$+, -, *$	YASHE 密码系统的明文 – 密文加法/减法/乘法
x^2	YASHE 密文 x 的平方运算

7.3.2.1　基于密文打包的数据库加密协议

在基于密文打包的数据库加密(Database Encryption using Ciphertext Packing,DECP)协议中,数据拥有者 DO 使用其私有数据库 D 作为输入,使用 YASHE 全同态加密算法和密文打包技术 SIMD,计算输出密文数据库 D'。加密完成之后,DO 上传密文数据库 D' 至云服务器 C_1 进行外包 k 均值聚类。以下算法 7.1 中给出了基于密文打包的数据库加密协议的具体内容。

算法 7.1　$DECP(D) \rightarrow D'$

执行方:数据拥有者 DO

1: $z \leftarrow n/N$

2: **for** $a = 1$ **to** z

3:　　 $i \leftarrow (a-1)N+1$

4:　　 **for** $s = 1$ **to** m

5:　　　　 $Pack \leftarrow \{t_i[s], t_{i+1}[s], \cdots, t_{i+N-1}[s]\}_N$

6:　　　　 $D'_{as} \leftarrow E(Pack)$

如算法 7.1 所示,数据拥有者 DO 首先将明文数据库 D 分割为 z 个数据块,其中每个数据块包含了 N 个数据点。这里,N 为 YASHE 密码系统多项式模数的阶数(如 $N=8\ 192$),且假设 $N \mid n$ 从而保证密文打包和聚类计算结果的正确性。接下来,对于每个数据块($1 \leqslant a \leqslant z$)和数据点中的每个元素($1 \leqslant s \leqslant m$),数据拥有者 DO 将 N 个相同数据点元素打包为 $\{t_i[s], t_{i+1}[s], \cdots, t_{i+N-1}[s]\}_N$,然后将其加密为 D'_{as}。最终,密文数据库 D' 包含了 $z \times m$ 个密文。

在 DECP 协议中,由于密文数据块个数 z 和数据点维数 m 通常较小,所以数据拥有者 DO 具有较低的计算开销。此外,由于将多个数据点中相同维度的数据元素打包到一个密文中,DECP 协议可以支持数据库水平或垂直分割的多数据拥有者的应用场景。

针对水平分割的数据库 D_l($1 \leqslant l \leqslant L$),每个数据拥有者 DO_l 拥有 n_l 个包含全维度元素的数据点,并分别执行 DECP 协议计算密文数据库 D'_l(将算法 7.1 第 1 步中的参数 n 改为 n_l 即可,这里需要满足 $N \mid n_l$)。在接收所有数据拥有者的密文数据之后,云服务器 C_1 即可使用组合的密文数据库 $D' = \{D'_1, \cdots, D'_L\}$ 进行外包聚类计算。

针对垂直分割的数据库 D_l($1 \leqslant l \leqslant L$),每个数据拥有者 DO_l 拥有全部 n 个

数据点的 m_l 个部分维度元素,并分别执行 DECP 协议计算密文数据库 D_l'(将算法 7.1 第 4 步中的参数 m 改为 m_l 即可)。在接收所有数据拥有者的密文数据之后,云服务器 C_1 即可使用组合的密文数据库 $D' = \{D_1', \cdots, D_L'\}$ 进行外包聚类计算。

7.3.2.2　安全比例因子计算协议

在安全比例因子计算(Secure Computation of Scaling Factors,SCSF)协议中,云服务器 C_1 使用密文簇规模作为输入,并与云服务器 C_2 协作计算密文比例因子。在协议的执行过程中,两个云服务器均无法获取关于簇规模的任何隐私信息。以下给出安全比例因子计算协议的具体内容。

为了在 YASHE 密文上进行正确的 k 均值聚类计算,需要首先按照一定的比例将原始聚类簇的簇心(式(7.2))转换为整数数值,然后进行相应的加密操作。这里,采用文献[169]中提出的数值转换方法,其所需要的全局比例因子 α 和针对各个聚类簇 $c_j(1 \leqslant j \leqslant k)$ 的比例因子 α_j 如式(7.3)所示。

$$\alpha = \prod_{j=1}^{k} |c_j|, \alpha_j = \prod_{i=1 \wedge i \neq j}^{k} |c_i| \tag{7.3}$$

接下来,讨论如何使用密文簇规模 $C(|c_j|)$ 计算密文比例因子 $C(\alpha)$ 和 $C(\alpha_j)$。这里,在计算初始的密文簇规模 $C(|c_j|)$ 时,首先将 N 个相同的明文簇规模初始值 $|c_j|$ 打包为 $Pack = \{|c_j|, \cdots, |c_j|\}_N$,然后对其进行加密得到密文 $C(|c_j|) = E(Pack)$。因此,当使用密文 $C(|c_j|)$ 作为 SCSF 协议的输入时,协议的输出值 $C(\alpha)$ 和 $C(\alpha_j)$ 同样包含了 N 个相同明文值,从而在之后的协议中实现高效的并行计算。

由于 YASHE 加密算法具有全同态的性质,理论上可以直接将相应的密文簇规模 $C(|c_j|)$ 相乘从而得到密文比例因子 $C(\alpha)$ 和 $C(\alpha_j)$。然而,上述简单的方法仅适用于聚类簇个数 k 较小的情况。当 k 的值较大时,计算密文比例因子需要较多的密文乘法,此时,为了保证 YASHE 密文计算结果解密的正确性,需要使用较大的 YASHE 算法参数,从而大大降低整体方案的执行效率。为了解决上述问题,当 k 的值较大时,可在该协议中通过执行多次安全乘法(SM)协议[141]进行密文比例因子的计算。在文献[141]中,作者为了解决使用 Paillier 加密算法时安全求解密文乘积的问题使用非合谋双云服务器设计了 SM 协议。本节中,将 Paillier 加密算法替换为 YASHE 加密算法,并按照相同的协议内容使用云服务器 C_1 和 C_2 计算输入密文 $C(a)$ 和 $C(b)$ 的乘积 $C(ab)$。在 SM 协议中,云服务器 C_1 首先对密文 $C(a)$ 和 $C(b)$ 进行随机加扰,然后将加扰后的密文

发送给云服务器 C_2，并由其进行解密和加扰明文乘法。随后，云服务器 C_2 将计算结果加密后返回给云服务器 C_1，然后 C_1 除去相应的扰动值从而得到密文乘积 $C(ab)$。

7.3.2.3 扩展的安全平方欧氏距离协议

在扩展的安全平方欧氏距离（Secure Scaled Squared Euclidean Distance，S3ED）协议中，云服务器 C_1 使用密文数据库、密文比例因子和密文整数值簇心作为输入，计算并输出密文距离值矩阵，从而在接下来的协议中进行距离比较和数据点分配。这里，数据点 t_i 和聚类簇 $c_j(i,j \in [n],[k])$ 之间的按比例转换后的平方欧氏距离（Scaled Squared Euclidean Distance，SSED）表示为

$$SSED(t_i, c_j) = \sum_{s=1}^{m} (\alpha * t_i[s] - \alpha_j * \lambda_j[s])^2 \tag{7.4}$$

其中，$\lambda_j[s]$ 表示聚类簇 c_j 所有数据点的第 s 维数据元素的和（式（7.2））。这里，定义 $\boldsymbol{\lambda}_j = \{\lambda_j[1], \cdots, \lambda_j[m]\}$ 为按比例转换后聚类簇 c_j 的整数值簇心（$1 \leqslant j \leqslant k$）。参考式（7.1）中给出的欧氏距离 $\parallel t_i - \boldsymbol{\mu}_j \parallel$，可以得到 $SSED(t_i, c_j) = \alpha^2 * \parallel t_i - \boldsymbol{\mu}_j \parallel^2$，从而保证了使用 SSED 进行距离比较的正确性。下面的算法 7.2 中给出扩展的安全平方欧氏距离协议的具体内容。

算法 7.2 $S3ED(D', C(\alpha), C(\alpha_j), C(\lambda_j)) \rightarrow \boldsymbol{Dst}$

执行方：云服务器 C_1

1： 计算密文距离：

2： **for** $a = 1$ **to** z

3：   **for** $j = 1$ **to** k

4：   **for** $s = 1$ **to** m

5： $ct_s \leftarrow (C(\alpha) \otimes D'_{as} \ominus C(\alpha_j) \otimes C(\lambda_j[s]))^2$

6： $Dst_{aj} \leftarrow Sum(ct_s), s \in [m]$

7： 添加扰动值：

8： **for** $a = 1$ **to** z

9： $r_1^{ab} \xleftarrow{R} \mathbb{Z}_P^*, 1 \leqslant b \leqslant N, r_1^a \leftarrow \{r_1^{a1}, \cdots, r_1^{aN}\}_N$

10： $r_2^{ab} \xleftarrow{R} \mathbb{Z}_P, 1 \leqslant b \leqslant N, r_2^a \leftarrow \{r_2^{a1}, \cdots, r_2^{aN}\}_N$

11： $Dst_{aj} \leftarrow Dst_{aj} * r_1^a + r_2^a, j \in [k]$

12：随机排列：

13：生成随机排列函数 π_1 对密文距离值矩阵 *Dst* 的行进行排列

14：**for** $a = 1$ **to** z

15：生成随机排列函数 π_2^a 对矩阵 *Dst* 第 a 行中的元素进行排列

16：随机生成旋转参数 p_1^a , p_2^a

17：使用 p_1^a , p_2^a 对密文 Dst_{aj} 中打包的 N 个明文进行旋转，$j \in [k]$

18：将随机排列后的矩阵 *Dst* 发送给云服务器 C_2，保留私有参数 $\pi_1 , \pi_2^a , p_1^a , p_2^a$

如算法 7.2 所示，通过使用密文数据点 D'_{as}、密文比例因子 $C(\alpha)$ 和 $C(\alpha_j)$ 以及密文整数值簇心 $C(\lambda_j) = \{ C(\lambda_j[1]) , \cdots , C(\lambda_j[m]) \}$，云服务器 C_1 首先根据式（7.4）计算密文平方欧氏距离值 Dst_{aj}，其包含了 N 个明文 SSED 值。然后，为了保护数据隐私，对于每个密文数据块（$1 \leqslant a \leqslant z$），云服务器 C_1 生成两组随机数 r_1^a 和 r_2^a，并使用其对密文距离值 Dst_{aj} 进行扰动。

接下来，为了隐藏数据访问模式（针对云服务器 C_2），云服务器 C_1 对密文距离值矩阵 *Dst* 进行随机排列操作。首先，云服务器 C_1 生成随机排列函数 π_1，并使用其对矩阵 *Dst* 的行进行排列。然后，针对每个密文数据块（$a \in [z]$），云服务器 C_1 生成随机排列函数 π_2^a，并对矩阵 *Dst* 第 a 行中的 k 个密文元素进行排列。接着，针对每个密文数据块（$a \in [z]$），C_1 随机生成旋转参数 p_1^a 和 p_2^a，并使用其对密文 Dst_{aj} 中打包的 N 个明文进行旋转操作（$j \in [k]$）。这里，可以将打包的 N 个明文视为维数为 $2 \times N/2$ 的矩阵中的元素，通过构造伽罗瓦密钥（Galois keys）[257]，实现对该矩阵中元素的旋转操作（行或列方向）。具体而言，参数 p_1^a 决定了上述矩阵元素在行方向上的旋转步长，而参数 $p_2^a \in \{ 0,1 \}$ 决定了是否对矩阵的两个行进行翻转操作（0 表示不翻转，1 表示翻转）。最后，云服务器 C_1 将随机加扰和随机排列后的密文距离值矩阵 *Dst* 发送给云服务器 C_2 进行下一步的比较操作，并保留随机排列函数 π_1 和 π_2^a 以及旋转参数 p_1^a 和 p_2^a（$a \in [z]$）为后续协议使用。

7.3.2.4　安全簇更新协议

在本节中，云服务器 C_1 和 C_2 共同执行安全簇更新（Secure Cluster Update，SCU）协议对外包 k 均值聚类中的密文簇规模和密文整数值簇心进行更新操作。

该协议的输出结果为更新后的密文簇规模 $C(|c'_j|)$ 和密文整数值簇心 $C(\lambda'_j) = \{C(\lambda'_j[1]), \cdots, C(\lambda'_j[m])\}$，其仅为云服务器 C_1 所知。这里，安全簇更新协议可以分解为以下三个子协议：分配矩阵计算（Computation of Assignment Matrix，CAM）子协议、密文簇规模更新（Computation of New Encrypted Sizes，CNES）子协议和密文簇心更新（Computation of New Encrypted Centers，CNEC）子协议。在 SCU 协议执行的过程中，我们对云服务器 C_1 和 C_2 隐藏了数据访问模式，保证其无法获取密文数据点和密文聚类簇之间的对应关系。

1. 分配矩阵计算子协议

分配矩阵计算（CAM）子协议的执行过程如算法 7.3 和图 7.2 所示。在算法 7.3 中，云服务器 C_2 首先对 C_1 所发送的矩阵 $\boldsymbol{Dst}$ 中的密文距离值 Dst_{aj} 进行解密并得到打包的明文加扰距离值 $Pst_{ij}(i,j \in [n],[k])$。然后，$C_2$ 对大小为 $n \times k$ 的数据点分配矩阵 $\boldsymbol{\Lambda}$ 进行初始化，将其所有矩阵元素设为 0。之后，对于每个数据点（$1 \leqslant i \leqslant n$），$C_2$ 执行求最小值函数 $\mathrm{Min}(\cdot)$ 对 k 个明文距离值 $Pst_{ij}(j \in [k])$ 进行比较并得到最小值 Pst_{ih}。最后，C_2 根据距离比较结果将矩阵 $\boldsymbol{\Lambda}$ 中对应的元素 Λ_{ih} 设为 1，表示数据点 t_i 属于聚类簇 c_h。

算法 7.3 $\mathrm{CAM}(Dst) \rightarrow \boldsymbol{\Lambda}$

执行方：云服务器 C_2

1： **for** $a = 1$ **to** z
2： $\quad i \leftarrow (a-1)N + 1$
3： **for** $j = 1$ **to** k
4： $\quad \{Pst_{ij}, Pst_{i+1,j}, \cdots, Pst_{i+N-1,j}\}_N \leftarrow D(Dst_{aj})$
5： 生成全零矩阵 $\boldsymbol{\Lambda}_{n \times k}$
6： **for** $i = 1$ **to** n
7： $\quad Pst_{ih} \leftarrow \mathrm{Min}(\{Pst_{i1}, \cdots, Pst_{ik}\})$
8： $\quad \Lambda_{ih} \leftarrow 1$

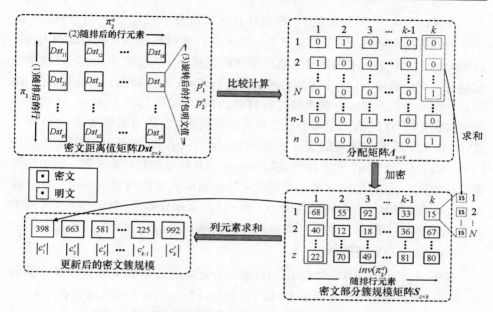

图 7.2　分配矩阵和新密文簇规模的计算过程(算法 7.3 和算法 7.4)

2. 密文簇规模更新子协议

接下来,云服务器 C_1 和 C_2 使用数据点分配矩阵 Λ 作为输入计算新的密文簇规模 $C(|c_j'|)$,其执行过程如算法 7.4 和图 7.2 所示。

算法 7.4　$CNES(\Lambda) \rightarrow C(|c_j'|)$

执行方:云服务器 C_1 和 C_2

1:　计算密文部分簇规模 (云服务器 C_2)

2:　**for** $a = 1$ **to** z

3:　　**for** $j = 1$ **to** k

4:　　　$\varphi_{aj} \leftarrow Sum(\Lambda_{ij}), (a-1)N+1 \leqslant i \leqslant aN$

5:　　　$Pack \leftarrow |\varphi_{aj}, \cdots, \varphi_{aj}|_N, S_{aj} = E(Pack)$

6:　将密文部分簇规模矩阵 S 发送给云服务器 C_1

7:　计算新密文簇规模 (云服务器 C_1)

8:　**for** $a = 1$ **to** z

9:　　计算逆排列函数 $inv(\pi_2^a)$,使用其对矩阵 S 第 a 行中的元素进行排列

10:　**for** $j = 1$ **to** k

11:　$C(|c_j'|) \leftarrow Sum(S_{aj}), a \in [z]$

在算法 7.4 中，云服务器 C_2 首先计算密文部分簇规模 S_{aj}。这里，由于 C_2 不知道随机排列函数 π_2^a（见算法 7.2），其无法直接对数据点分配矩阵 Λ 中第 j 列中的 n 个元素进行求和而得到新的明文簇规模 $|c_j'|$。因此，C_2 首先对使用相同随机排列函数 π_2^a 的 N 个数据点分配值进行求和，并得到部分簇规模 φ_{aj}。然后，C_2 将 N 个相同的部分簇规模进行打包，将打包结果加密为 S_{aj}，并将密文部分簇规模矩阵 S（S_{aj} 为其第 a 行第 j 列的矩阵元素）发送给云服务器 C_1。接下来，C_1 使用矩阵 S 求解新的密文簇规模 $C(|c_j'|)$。首先，对于每个密文数据块（$1 \leqslant a \leqslant z$），$C_1$ 计算 π_2^a 的逆排列函数 $inv(\pi_2^a)$，并使用其对矩阵 S 第 a 行中的元素进行排列。此时，矩阵 S 的各列包含了每个新的聚类簇所对应的密文部分簇规模。因此，对于每个新的聚类簇 c_j'（$1 \leqslant j \leqslant k$），云服务器 C_1 对矩阵 S 第 j 列中的密文元素进行求和，从而得到新的密文簇规模 $C(|c_j'|)$。

3. 密文簇心更新子协议

接下来，云服务器 C_1 和 C_2 使用数据点分配矩阵 Λ 和密文数据库 D' 作为输入，执行交互式的密文簇心更新（CNEC）子协议计算新的密文整数值簇心 $C(\lambda_j') = \{C(\lambda_j'[1]), \cdots, C(\lambda_j'[m])\}$，其执行过程如算法 7.5 和图 7.3 所示。

算法 7.5 $\mathrm{CNEC}(\Lambda, D') \rightarrow C(\lambda_j')$

执行方：云服务器 C_1 和 C_2

1：   计算密文数据点分配矩阵（云服务器 C_2）

2：   **for** $a = 1$ **to** z

3： $i \leftarrow (a-1)N+1$ **for**

4：   **for** $j = 1$ **to** k

5： $Pack \leftarrow \{\Lambda_{ij}, \Lambda_{i+1,j}, \cdots, \Lambda_{i+N-1,j}\}_N$

6： $\Lambda_{aj}' \leftarrow E(Pack)$

7：   将密文数据点分配矩阵 Λ' 发送给云服务器 C_1

8：   计算新的密文整数值簇心：步骤 1（云服务器 C_1）

9：   使用 $p_1^a, p_2^a, inv(\pi_2^a), inv(\pi_1)$ 对矩阵 Λ' 中的元素进行逆向排列

10：   **for** $j = 1$ **to** k

11：   **for** $s = 1$ **to** m

12：   **for** $a = 1$ **to** z

13： $AA_a \leftarrow D_{as}' \otimes \Lambda_{aj}'$

14： $C_{js} \leftarrow Sum(AA_a)$ for $a \in [z]$

15： $r_{js}^b \xleftarrow{R} \mathbb{Z}_P, 1 \leqslant b \leqslant N, r_{js} \leftarrow \{r_{js}^1, \cdots, r_{js}^N\}_N$

（续表）

16：　　$C_{js} \leftarrow C_{js} + r_{js}$

17：生成随机排列函数 π_3 对矩阵 C 中的元素进行排列，将结果发送给 C_2

18：计算新的密文整数值簇心：步骤2（云服务器 C_2）

19：**for** $j = 1$ **to** k

20：　　**for** $s = 1$ **to** m

21：　　$\{PSA_1, \cdots, PSA_N\}_N \leftarrow D(C_{js})$

22：$\eta_{js} \leftarrow Sum(PSA_i)$, $i \in [N]$

23：$Pack \leftarrow \{\eta_{js}, \cdots, \eta_{js}\}_N$, $\eta'_{js} \leftarrow E(Pack)$

24：将密文矩阵 $\boldsymbol{\eta}'$ 发送给云服务器 C_1

25：计算新的密文整数值簇心：步骤3（云服务器 C_1）

26：计算逆排列函数 $inv(\pi_3)$，使用其对矩阵 $\boldsymbol{\eta}'$ 中的元素进行排列

27：**for** $j = 1$ **to** k

28：　　**for** $s = 1$ **to** m

29：　　$R_{js} \leftarrow \sum_{b=1}^{N} r_{js}^{b}$, $C(\lambda'_j[s]) \leftarrow \eta'_{js} - \{R_{js}\}_N$

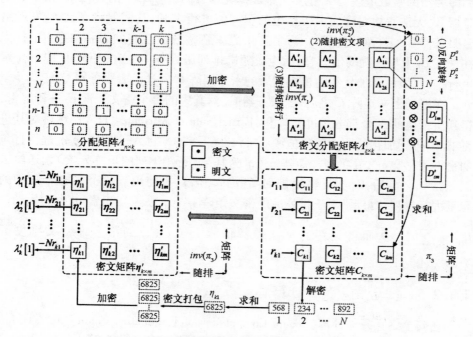

图7.3　新密文整数值簇心的计算过程（算法7.5）

在算法 7.5 中,云服务器 C_2 首先将明文数据点分配矩阵 Λ 中的 N 个分配值进行打包,然后将打包结果进行加密得到密文数据点分配矩阵 Λ'(Λ'_{aj} 为其第 a 行第 j 列的矩阵元素),并将其发送给云服务器 C_1。而后,为了得到正确的数据点分配关系,云服务器 C_1 使用其私有排列参数 p_1^a、p_2^a、π_2^a 和 π_1(见算法 7.2)对矩阵 Λ' 中的元素进行逆向排列。具体而言,对于每个密文数据块($1 \leqslant a \leqslant z$),$C_1$ 首先使用旋转参数 p_1^a 和 p_2^a 对矩阵 Λ' 第 a 行中的每个密文中所打包的 N 个明文值进行逆向旋转。然后,C_1 计算逆排列函数 $inv(\pi_2^a)$,并使用其对矩阵 Λ' 第 a 行中的元素进行排列。最后,C_1 计算逆排列函数 $inv(\pi_1)$,并使用其对矩阵 Λ' 的行进行排列。

接下来,云服务器 C_1 将密文数据库 D' 中的密文数据点元素 D'_{as} 和密文数据点分配值 Λ'_{aj} 相乘得到密文分配结果 AA_a,其包含了 N 个明文已分配的数据点维度元素。根据数据点 t_i 是否属于聚类簇 c'_j,这些已分配的明文元素的值为 $t_i[s]$ 或 0,其中 $t_i[s]$ 为数据点 t_i 的第 s 维数据元素($i \in [(a-1)N+1, aN]$)。而后,对于 $1 \leqslant a \leqslant z$,$C_1$ 将密文元素 AA_a 进行求和并得到密文 C_{js}。每个密文 C_{js}(矩阵 C 的第 j 行第 s 列的元素)中包含了 N 个打包的明文值,且这些明文值的和即为新的整数值簇心 λ'_j 的第 s 维数据元素,即式(7.2)中的 $\lambda'_j[s]$。由于云服务器 C_1 无法直接对密文中所打包的明文值进行求和,其需要将密文 C_{js} 发送给云服务器 C_2 进行解密操作。为了防止泄露新整数值簇心的隐私信息,C_1 首先在密文 C_{js} 中加入扰动值 r_{js},然后生成随机排列函数 π_3 对密文矩阵 C 中的元素进行排列,最后将加扰和随机排列后的密文矩阵 C 发送给云服务器 C_2。

在得到密文矩阵 C 之后,云服务器 C_2 对其中的每个密文元素 C_{js} 进行解密,得到所打包的 N 个部分维度元素和(Partial Sum of Attributes,PSA),然后对其进行求和,得到加扰的明文整数值簇心 η_{js}。接下来,C_2 将 N 个相同的 η_{js} 进行打包加密得到密文 η'_{js},并将密文矩阵 η'(η'_{js} 为其第 j 行第 s 列的矩阵元素)发送给云服务器 C_1。随后,C_1 先计算逆排列函数 $inv(\pi_3)$,再使用其对密文矩阵 η' 中的元素进行排列。最后,对于排列后的密文矩阵 η',C_1 去除其元素 η'_{js} 中的扰动值 $R_{js} = \sum_{b=1}^{N} r_{js}^b$,从而得到新的密文整数值簇心 $C(\lambda'_j)$ 的第 s 维密文维度元素 $C(\lambda'_j[s])$。

7.3.2.5 安全终止条件计算协议

在安全终止条件计算(Secure Computation of Termination Condition,SCTC)协议中,云服务器 C_1 和 C_2 使用更新前后的密文整数值簇心作为输入,计算并输出外包 k 均值聚类的终止条件。算法 7.6 中给出了安全终止条件计算协议的具体内容。

在算法 7.6 中,云服务器 C_1 首先计算更新前后的密文整数值簇心 $C(\lambda_j)$ 和 $C(\lambda_j')$ 的差异值 DIF_{js}。然后,为了保护隐私信息,C_1 随机生成整数扰动 r_{js},使用其对 DIF_{js} 进行乘性加扰,并将加扰后的密文差异值矩阵 $\boldsymbol{DIF}$(DIF_{js} 为其第 j 行第 s 列的矩阵元素)发送给云服务器 C_2。接下来,C_2 先设置外包 k 均值聚类的终止条件 $T=1$,再依次对密文 DIF_{js} 进行解密并检查相应的明文差异值 dif_{js}。如果差异值 $dif_{js} \neq 0$,则说明更新前后的聚类簇簇心不相同,此时 C_2 停止后续的解密和检查操作,并设置终止条件 $T=0$。最后,云服务器 C_2 将终止条件 T 返回给云服务器 C_1。这里,如果终止条件 $T=0$,则继续执行外包聚类过程;如果终止条件 $T=1$,则终止外包聚类过程并返回最终的密文聚类结果。

算法 7.6　$SCTC(C(\lambda_j),C(\lambda_j')) \to T$

执行方:云服务器 C_1 和 C_2

1：　计算密文整数值簇心 $C(\lambda_j)$ 和 $C(\lambda_j')$ 的差异值（云服务器 C_1）

2：　**for** $j=1$ **to** k

3：　　**for** $s=1$ **to** m

4：　　　$DIF_{js} \leftarrow C(\lambda_j'[s]) \ominus C(\lambda_j[s])$

5：　　　$r_{js} \xleftarrow{R} \mathbb{Z}_P^*$, $DIF_{js} \leftarrow DIF_{js} * \lfloor r_{js} \rfloor_N$

6：　将密文部分簇规模矩阵 $\boldsymbol{DIF}$ 发送给云服务器 C_2

7：　计算终止条件 T（云服务器 C_2）

8：　设置 $T=1$

9：　**for** $j=1$ **to** k

10：　**for** $s=1$ **to** m

11：　　$\lfloor dif_{js}, \cdots, dif_{js} \rfloor_N \leftarrow D(DIF_{js})$

12：　　**if** $dif_{js} \neq 0$ **then**

13：　　**break**,设置 $T=0$

14：将终止条件 T 返回给云服务器 C_1

7.3.2.6　安全簇心解密协议

在安全簇心解密(Secure Cluster Centers Decryption,SCCD)协议中,云服务器 C_1、C_2 和数据拥有者 DO 共同对密文 k 均值聚类结果进行安全解密,并得到

明文聚类簇簇心 μ_j'(见式(7.2)),其数值仅为数据拥有者 DO 所知。算法 7.7 中给出了安全簇心解密协议的具体内容。

如算法 7.7 所示,云服务器 C_1 首先随机生成整数扰动 δ_j 和 τ_j,并使用其分别对密文簇规模 $C(|c_j'|)$ 和密文整数值簇心 $C(\lambda_j')$ 进行加扰。然后,C_1 将加扰后的密文发送给云服务器 C_2,并将对应的扰动值发送给数据拥有者 DO。接下来,云服务器 C_2 对加扰密文 $C(|c_j'|)$ 和 $C(\lambda_j')$ 进行解密,并将解密后的加扰明文结果 $|c_j'|$ 和 λ_j' 发送给数据拥有者 DO。最后,DO 去除扰动值得到明文聚类簇簇规模 $|c_j'|$ 和整数值簇心 $\lambda_j' = \{\lambda_j'[1],\cdots,\lambda_j'[m]\}$,并计算相应的明文聚类簇簇心 $\mu_j' = \{\mu_j'[1],\cdots,\mu_j'[m]\}(j \in [k])$。

算法 7.7 $\mathrm{SCCD}(C(|c_j'|),C(\lambda_j')) \rightarrow \{\mu_1',\cdots,\mu_k'\}$

执行方:云服务器 C_1、C_2 和数据拥有者 DO

1: 对密文簇规模 $C(|c_j'|)$ 和密文整数值簇心 $C(\lambda_j')$ 进行加扰(云服务器 C_1)

2: **for** $j=1$ **to** k

3: $\quad \delta_j,\tau_j[s] \xleftarrow{R} \mathbb{Z}_P, 1 \leqslant s \leqslant m, \tau_j \leftarrow \{\tau_j[1],\cdots,\tau_j[m]\}$

4: $\quad C(|c_j'|) \leftarrow C(|c_j'|) + \{\delta_j\}_N$

5: $\quad C(\lambda_j'[s]) \leftarrow C(\lambda_j'[s]) + \{\tau_j[s]\}_N, s \in [m]$

6: 将加扰密文 $C(|c_j'|)$ 和 $C(\lambda_j')$ 发送给 C_2,将扰动值 δ_j 和 τ_j 发送给 DO,$j \in [k]$

7: 解密加扰密文结果(云服务器 C_2)

8: **for** $j=1$ **to** k

9: $\quad \{|c_j'|,\cdots,|c_j'|\}_N \leftarrow D(C(|c_j'|))$

10: $\quad \{\lambda_j'[s],\cdots,\lambda_j'[s]\}_N \leftarrow D(C(\lambda_j'[s])), s \in [m]$

11: 将加扰明文结果 $|c_j'|$ 和 λ_j' 发送给 DO,$j \in [k]$

12: 去除扰动并计算明文聚类簇簇心 μ_j'(数据拥有者 DO)

13: **for** $j=1$ **to** k

14: $\quad |c_j'| \leftarrow |c_j'| - \delta_j$

15: $\quad \lambda_j'[s] \leftarrow \lambda_j'[s] - \tau_j[s], \mu_j'[s] \leftarrow \dfrac{\lambda_j'[s]}{|c_j'|}, s \in [m]$

7.3.3　安全计算方案

本小节将第7.3.2节中给出的方案基础安全协议构建块作为子协议,提出了基于全同态加密的 k 均值聚类计算安全方案 SEOKC。在该方案中,考虑了多数据拥有者将密文数据库和 k 均值聚类任务外包至云服务器的应用场景,并使用非合谋的双云服务器进行基于聚合密文数据库的 k 均值聚类计算。该方案主要包括以下三个主要阶段:初始化、迭代计算和终止条件判断。下面在算法7.8中给出本章方案 SEOKC 的具体内容。

如算法7.8所示,SEOKC 方案的输入参数为密文数据库 D'。这里,假设 D' 为多个数据拥有者 DO_l 使用 DECP 协议(见算法7.1)计算得到的密文数据库 D'_l(水平或垂直分割的数据库)的聚合结果。在方案的初始化阶段,云服务器 C_1 首先随机生成 k 个聚类簇簇心 $\mu_1, \cdots, \mu_k$ 作为初始值。然后,C_1 设置聚类簇簇规模 $|c_j|$ 初始值为1,设置整数值簇心各维度元素 $\lambda_j[s]$ 的初始值为 $\mu_j[s]$($j, s \in [k], [m]$)。接下来,C_1 分别将 N 个相同的明文元素 $|c_j|$ 和 $\lambda_j[s]$ 进行打包,并将打包结果分别加密为密文 $C(|c_j|)$ 和 $C(\lambda_j[s])$($j, s \in [k], [m]$)。

算法7.8　$SEOKC(D') \rightarrow \{\mu'_1, \cdots, \mu'_k\}$

执行方:云服务器 C_1、C_2 和数据拥有者 DO

1：　初始化(云服务器 C_1)

2：　随机生成 k 个聚类簇簇心 $\mu_1, \cdots, \mu_k$

3：　**for** $j = 1$ **to** k

4：　　　$|c_j| \leftarrow 1$, $Pack \leftarrow \{|c_j|, \cdots, |c_j|\}_N$

5：　　　$C(c_j) \leftarrow E(Pack)$

6：　　　**for** $s = 1$ **to** m

7：　　　　　$\lambda_j[s] \leftarrow \mu_j[s]$, $Pack \leftarrow \{\lambda_j[s], \cdots, \lambda_j[s]\}_N$

8：　　　　　$C(\lambda_j[s]) \leftarrow E(Pack)$

9：　　迭代计算(云服务器 C_1 和 C_2)

10：　$\{C(\alpha), C(\alpha_j)\} \leftarrow SCSF(C(|c_j|))$

11：　$Dst \leftarrow S3ED(D', C(\alpha), C(\alpha_j), C(\lambda_j))$

12：　$\{C(|c'_j|), C(\lambda'_j)\} \leftarrow SCU(D', Dst)$

13：　终止条件判断(云服务器 C_1 和 C_2)

14：　$T \leftarrow SCTC(C(\lambda_j), C(\lambda'_j))$

15：**if** $T=0$ **then**

16：   **for** $j=1$ **to** k

17： $C(\,|\,c_j\,|\,)\leftarrow C(\,|\,c_j'\,|\,)$，$C(\lambda_j)\leftarrow C(\lambda_j')$

18：   跳转至步骤 10 进行下一轮的迭代计算

19：**else**

20：   终止迭代计算过程，$\{\mu_1',\cdots,\mu_k'\}\leftarrow$ SCCD$(\,C(\,|\,c_j'\,|\,)\,,C(\lambda_j')\,)$（$C_1$、$C_2$ 和 DO）

在方案的迭代计算阶段，云服务器 C_1 和 C_2 共同执行第 7.3.2 节给出的 SCSF 协议、S3ED 协议和 SCU 协议。在执行 SCSF 协议时，如果聚类簇的个数 k 较小，则云服务器 C_1 直接将对应的密文簇规模 $C(\,|\,c_j\,|\,)$ 相乘，得到密文比例因子 $C(\alpha)$ 和 $C(\alpha_j)$；当 k 的值较大时，为了保证整体方案的效率，如第 7.3.2.2 节中所讨论的，云服务器 C_1 和 C_2 协作执行安全乘法（SM）协议[141]来计算密文比例因子。接下来，云服务器 C_1 执行 S3ED 协议计算密文平方欧氏距离值矩阵 **Dst**。由于使用的 YASHE 加密算法具有全同态的性质，该协议无须双云服务器之间的交互计算，从而降低了方案的计算和通信开销。为了保护数据隐私信息同时隐藏数据访问模式，云服务器 C_1 在 S3ED 协议中对密文距离值矩阵 **Dst** 进行了随机扰动和随机排列，并将处理后的密文矩阵发送给云服务器 C_2 以执行后续操作。接下来，在执行 SCU 协议时，云服务器 C_2 首先执行分配矩阵计算（CAM）子协议，计算得到明文数据点分配矩阵 $\boldsymbol{\Lambda}$；再由两个云服务器共同执行密文簇规模更新（CNES）子协议，计算得到新的密文簇规模 $C(\,|\,c_j'\,|\,)$；最后，云服务器 C_1 和 C_2 共同执行密文簇心更新（CNEC）子协议，计算得到新的密文整数值簇心 $C(\lambda_j')=\{C(\lambda_j'[1])\,,\cdots,C(\lambda_j'[m])\}$。在距离簇更新的过程中，两个云服务器均无法得到关于聚类簇规模和整数值簇心的任何隐私信息。

在方案的终止条件判断阶段，云服务器 C_1 和 C_2 共同执行安全终止条件计算（SCTC）协议计算外包 k 均值聚类过程的终止条件 T。如果终止条件 $T=0$，则说明更新前后的密文整数值簇心 $C(\lambda_j)$ 和 $C(\lambda_j')$ 数值不同，此时，云服务器 C_1 将新的密文簇规模 $C(\,|\,c_j'\,|\,)$ 和密文整数值簇心 $C(\lambda_j')$ 设为当前值，并跳转至步骤 10 进行下一轮的迭代计算。相反地，如果终止条件 $T=1$，则说明更新前后的密文整数值簇心 $C(\lambda_j)$ 和 $C(\lambda_j')$ 所对应的明文数值相同，此时，云服务器 C_1 和 C_2 终止迭代计算过程，并与数据拥有者 DO 共同执行安全簇心解密（SCCD）协议，计算得到最终的明文 k 均值聚类簇簇心 $\mu_1',\cdots,\mu_k'$。

7.4　安全性分析

在本节中,假设云服务器 C_1 和 C_2 为潜在的攻击者,并使用基于模拟攻击者视角的方法[239]对本章方案的安全性进行证明。首先,在半诚信模型下证明7.3.2 节中所提出的方案基础安全协议构建块的安全性。然后,根据安全协议的组合定理[239],在半诚信模型下证明本章方案 SEOKC 的安全性。简言之,本章方案执行过程中,云服务器 C_1 仅能得到语义安全的密文信息,而云服务器 C_2 解密得到的明文信息均为加扰后的随机值,因此两个云服务器都无法获得任何隐私信息。如 7.2.2 节所讨论的,假设云服务器 C_1 和 C_2 不能合谋,同时它们不能与数据拥有者 DO 合谋以获取额外的信息。接下来,对本章方案 SEOKC 进行具体的安全性分析。

7.4.1　方案基础构建块安全性分析

本小节着重对 7.3.2 节中所提出的方案基础安全协议 DECP、SCSF、S3ED、SCU、SCTC 和 SCCD 的安全性进行论证分析。

7.4.1.1　DECP 协议安全性分析

在本章中,使用了语义安全的 YASHE 加密算法对数据库中的数据点进行加密,因此 DECP 协议的输出密文是语义安全的。由于这些密文仅上传至云服务器 C_1,且其不能与云服务器 C_2 合谋进行解密,所以 C_1 无法获取任何关于数据库中数据点的隐私信息。因此,DECP 协议在半诚信安全模型下是安全的。

7.4.1.2　SCSF 协议安全性分析

如 7.3.2.2 节中所述,在执行 SCSF 协议时根据聚类簇个数 k 的大小考虑了以下两种情况。当聚类簇个数 k 较小时,令云服务器 C_1 直接将对应的密文簇规模相乘从而得到密文比例因子。在这种情况下,SCSF 协议执行过程中所涉及的计算结果均为语义安全的 YASHE 密文,因此云服务器 C_1 无法获取任何关于明文簇规模的隐私信息。当聚类簇个数 k 较大时,在协议中执行多次安全乘法(SM)协议[141]以计算密文比例因子。在这种情况下,SCSF 协议的安全性可由SM 协议的安全性[141]以及组合定理[239]推导得到。综上所述,SCSF 协议在半诚信安全模型下是安全的。

7.4.1.3 S3ED 协议安全性分析

定理 7.1 假设云服务器 C_1 和 C_2 是潜在的攻击者,由于本章方案满足以下两个条件:①YASHE 加密算法是语义安全的,②两个云服务器不能合谋;因此,可以证明扩展的安全平方欧氏距离(S3ED)协议在半诚信模型下是安全的。

证明:为了证明 S3ED 协议在半诚信模型下的安全性,需要证明该协议的模拟镜像和真实镜像是计算不可区分的。一般情况下,协议的真实镜像包含了所交互的信息和使用这些信息计算得到的结果。

根据算法 7.2 可以得到,云服务器 C_1 在执行 S3ED 协议时的真实镜像为 $\Pi_{C_1}(\text{S3ED}) = \{Dst_{aj}\}(a,j \in [z],[k])$,其中 Dst_{aj} 为 YASHE 密文。令 C_1 的模拟镜像为 $\Pi_{C_1}^S(\text{S3ED}) = \{\theta_{aj}^1\}(a,j \in [z],[k])$,其中 θ_{aj}^1 是从 YASHE 密码系统的密文空间随机生成的密文。由于使用的加密算法 YASHE 是语义安全的,所以密文 Dst_{aj} 和 θ_{aj}^1 是计算不可区分的。根据定义 5.1 可以得到,云服务器 C_1 的真实镜像 $\Pi_{C_1}(\text{S3ED})$ 与模拟镜像 $\Pi_{C_1}^S(\text{S3ED})$ 是计算不可区分的。因此,S3ED 协议在半诚信模型下是安全的,即云服务器 C_1 在该协议的执行过程中无法获取任何隐私信息。

7.4.1.4 SCU 协议安全性分析

定理 7.2 假设云服务器 C_1 和 C_2 是潜在的攻击者,由于本章方案满足以下两个条件:①YASHE 加密算法是语义安全的,②两个云服务器不能合谋;因此,可以证明安全簇更新(SCU)协议在半诚信模型下是安全的。

证明:为了证明 SCU 协议在半诚信模型下的安全性,需要证明该协议的模拟镜像和真实镜像是计算不可区分的。一般情况下,协议的真实镜像包含了所交互的信息和使用这些信息计算得到的结果。

对于云服务器 C_1,根据算法 7.4 和算法 7.5 可以得到,其执行 SCU 协议时的真实镜像为 $\Pi_{C_1}(\text{SCU}) = \{S_{aj}, C(|c_j'|), \Lambda_{aj}', C_{js}, \eta_{js}', C(\lambda_j'[s])\}(a,j,s \in [z],[k],[m])$,其中包含的真实镜像元素均为 YASHE 密文。令 C_1 的模拟镜像为 $\Pi_{C_1}^S(\text{SCU}) = \{\theta_{aj}^2, \theta_j^3, \theta_{aj}^4, \theta_{js}^5, \theta_{js}^6, \theta_{js}^7\}(a,j,s \in [z],[k],[m])$,其所包含的模拟镜像元素均是从 YASHE 密码系统的密文空间随机生成的密文。由于使用的加密算法 YASHE 是语义安全的,所以上述真实镜像密文元素和模拟镜像密文元素是计算不可区分的。根据定义 5.1 可以得到,云服务器 C_1 的真实镜像 $\Pi_{C_1}(\text{SCU})$ 与模拟镜像 $\Pi_{C_1}^S(\text{SCU})$ 是计算不可区分的。因此,云服务器 C_1 在该

协议的执行过程中无法获取任何隐私信息。

对于云服务器 C_2，根据算法 7.3～算法 7.5 可以得到，其执行 SCU 协议时的真实镜像为 $\Pi_{C_2}(SCU) = \{\Lambda_{ij}, \varphi_{aj}, S_{aj}, \Lambda'_{aj}, C_{js}, \eta_{js}, \eta'_{js}\}$（除去 CAM 协议中解密得到的加扰和随机排列后的明文距离值 Pst_{ij}，将在之后对其进行讨论），其中 i, a，$j, s \in [n], [z], [k], [m]$。这里，$\Lambda_{ij}$ 为数据点分配值，φ_{aj} 为算法 7.4 中使用 Λ_{ij} 计算得到的部分簇规模，S_{aj}、Λ'_{aj}、C_{js} 和 η'_{js} 均为 YASHE 密文，η_{js} 则为加扰后的整数值簇心的维度元素明文值（见算法 7.5）。不失一般性地，令 C_2 的模拟镜像为 $\Pi^S_{C_2}(SCU) = \{\gamma^1_{ij}, \gamma^2_{aj}, \theta^8_{aj}, \theta^9_{aj}, \theta^{10}_{js}, \gamma^3_{js}, \theta^{11}_{js}\}$，其中 $i, a, j, s \in [n], [z], [k], [m]$。这里，首先随机生成大小为 $n \times k$ 的矩阵 γ^1，其每行中仅有一个元素随机设置为 1 且其余元素均为 0，然后将模拟镜像元素 γ^1_{ij} 设置为矩阵 γ^1 的元素值。接下来，使用 γ^1_{ij} 计算得到模拟镜像元素 $\gamma^2_{aj} = \sum_{i=(a-1)N+1}^{aN} \gamma^1_{ij}$（见算法 7.4 步骤 4），并在 YASHE 密码系统的明文空间 $\mathbb{Z}_p$ 中随机生成模拟镜像元素 γ^3_{js}。对于其余的模拟镜像元素，即 θ^8_{aj}、θ^9_{aj}、θ^{10}_{js} 和 θ^{11}_{js}，其均为从 YASHE 密码系统的密文空间随机生成的密文。

显然，由于 YASHE 加密算法的语义安全性，云服务器 C_2 无法区分密文 S_{aj} 和 θ^8_{aj}、Λ'_{aj} 和 θ^9_{aj}、C_{js} 和 θ^{10}_{js}、η'_{js} 和 θ^{11}_{js}。由于在 SEOKC 方案中对聚类簇簇心进行了随机初始化，方案中真实的数据点分配值 Λ_{ij} 是随机分布的，因而与模拟镜像元素 γ^1_{ij} 是计算不可区分的。对于真实镜像元素 φ_{aj} 和其模拟值 γ^2_{aj}，由于它们是分别使用 Λ_{ij} 和 γ^1_{ij} 以相同的方式所计算得到的结果，因而具有相同的随机分布而无法区分。类似地，由于在真实镜像元素 η_{js} 加入了随机扰动，其与模拟镜像元素 γ^3_{js} 同样是计算不可区分的。基于上述分析，根据定义 5.1 可以得到，云服务器 C_2 的真实镜像 $\Pi_{C_2}(SCU)$ 和模拟镜像 $\Pi^S_{C_2}(SCU)$ 是计算不可区分的，即 C_2 无法从上述真实镜像中获取任何隐私信息。

接下来，对算法 7.3 中的明文距离值 Pst_{ij} 所泄露给云服务器 C_2 的信息进行分析说明。根据算法 7.2，由于在明文距离值 $Pst_{i1}, \cdots, Pst_{ik}$ 中使用了相同的随机数进行扰动，云服务器 C_2 可以去除扰动值并计算得到两个真实距离值差值的比值 $(Pst_{ij_1} - Pst_{ij_2}) / (Pst_{ij_3} - Pst_{ij_4})$（$j_1, j_2, j_3, j_4 \in [k]$）。然而，由于这些比值基本不包含隐私信息，且云服务器 C_2 无法使用其对数据点或聚类结果进行推导，因此这些信息对 SCU 协议的安全性具有很小的影响。综上所述，SCU 协议对于半诚信的云服务器 C_1 和 C_2 是安全的。

7.4.1.5 SCTC 协议安全性分析

根据算法 7.6 可以得到,云服务器 C_1 和 C_2 执行 SCTC 协议时的真实镜像分别为 $\Pi_{C_1}(SCTC) = \{DIF_{js}\}$ 和 $\Pi_{C_2}(SCTC) = \{DIF_{js}, dif_{js}\}$ $(j, s \in [k], [m])$。这里,DIF_{js} 为语义安全的 YASHE 密文,dif_{js} 为使用随机数 r_{js} 进行扰动后的明文。因此,通过使用与定理 7.1 和定理 7.2 中相同的安全性分析方法可以得到,SCTC 协议在半诚信模型下对于云服务器 C_1 和 C_2 是安全的,二者均无法在该协议的执行过程中获取任何隐私信息。

7.4.1.6 SCCD 协议安全性分析

根据算法 7.7 可以得到,云服务器 C_1 和 C_2 执行 SCCD 协议时的真实镜像分别为 $\Pi_{C_1}(SCCD) = \{C(|c_j'|), C(\lambda_j'[s])\}$ 和 $\Pi_{C_2}(SCCD) = \{C(|c_j'|), C(\lambda_j'[s]), |c_j'|, \lambda_j'[s]\}$ $(j, s \in [k], [m])$。这里,$C(|c_j'|)$ 和 $C(\lambda_j'[s])$ 为语义安全的 YASHE 密文,$|c_j'|$ 和 $\lambda_j'[s]$ 为使用随机数 δ_j 和 $\tau_j[s]$ 进行扰动后的明文。因此,通过使用与定理 7.1 和定理 7.2 中相同的安全性分析方法可以得到,SCCD 协议在半诚信模型下对于云服务器 C_1 和 C_2 是安全的,二者均无法在该协议的执行过程中获取任何隐私信息。

7.4.2 SEOKC 方案安全性分析

如算法 7.8 所示,本章所提出的 k 均值聚类外包方案 SEOKC 是由一系列安全子协议组合而成(除了方案的初始化阶段由云服务器 C_1 执行完成且无隐私信息泄露)。上文已经证明了所有子协议的安全性,根据定义 5.1 和组合定理[239]可以得到,本章方案 SEOKC 在半诚信模型下对于云服务器 C_1 和 C_2 是安全的。此外,在方案的每轮迭代计算过程中,云服务器 C_1 和 C_2 无法获取数据点和聚类簇之间的分配关系,从而实现了数据访问模式的隐藏。具体而言,虽然云服务器 C_2 在执行算法 7.3 时能够得到每个数据点与 k 个聚类簇之间的最小距离值,但由于云服务器 C_1 在算法 7.2 中对所有距离值进行了随机排列,因此 C_2 无法反向推导数据点与聚类簇之间的对应关系。此外,如算法 7.2 所示,由于密文距离值矩阵 *Dst* 包含了语义安全的 YASHE 密文距离值,云服务器 C_1 也无法获取数据点和聚类簇之间的对应关系。

7.5　性能分析

本节对本章所提出的 SEOKC 方案的性能进行理论和实验分析,从而说明其具有较高的运算效率,能够适用于使用大型数据库的应用场景。

7.5.1　理论分析

在本小节中,对本章所提出的 SEOKC 方案进行理论性能分析。这里主要对方案迭代计算阶段中的扩展的安全平方欧氏距离(S3ED)协议和安全簇更新(SCU)协议,以及终止条件判断阶段中的安全终止条件计算(SCTC)协议的计算和通信开销进行分析说明。对于方案中所使用的其他安全协议,即基于密文打包的数据库加密(DECP)协议、安全比例因子计算(SCSF)协议和安全簇心解密(SCCD)协议,其均具有较低的计算开销,且 DECP 协议仅需数据拥有者 DO 执行一次,而 SCCD 协议仅需在外包 k 均值聚类过程结束时执行一次,因此在本小节中不对这些协议的开销进行具体分析。

7.5.1.1　计算开销

为了更清楚地对方案的计算开销进行分析,需对方案中使用的 S3ED 协议、SCU 协议和 SCTC 协议中所涉及的不同运算的执行次数进行统计说明。上述协议中主要需要执行以下四种运算:密文乘法、密文旋转(即对给定密文内打包明文的旋转操作)、加密运算和解密运算。相比于其他运算,例如密文加法和明密文乘法等,上述四种运算需要较大的计算开销,从而主要影响了协议的计算开销,其具体的执行次数如表 7.2 所示。

表 7.2　各协议中不同运算的执行次数

协议	密文乘法	密文旋转	加密运算	解密运算
S3ED	$3kzm$	kz	—	—
SCU	kzm	kz	$2kz+km$	$kz+km$
SCTC	—	—	—	km^*
总和	$4kzm$	$2kz$	$2kz+km$	$kz+km$

在表 7.2 中,k 表示 k 均值聚类的聚类簇个数,z 表示使用 YASHE 加密算法

加密数据库时密文数据块的个数(即 $z = n/N$,见算法 7.1),m 表示数据库中的数据点维数。如表 7.2 所示,S3ED 协议需要执行 $3kzm$ 次密文乘法运算进行密文距离值的计算,需要 kz 次密文旋转运算来隐藏数据访问模式。在进行聚类簇更新过程中,运行 SCU 协议需要执行表中的四种运算,其中主要的计算开销用于执行密文簇心更新(CNEC)子协议。具体而言,在运行 CNEC 子协议时,云服务器 C_2 需要执行 $kz + km$ 次加密运算和 km 次解密运算,而云服务器 C_1 需要执行 kzm 次密文乘法运算和 kz 次密文旋转运算。相比之下,运行分配矩阵计算(CAM)子协议和密文簇规模更新(CNES)则子协议分别仅需要执行 kz 次解密操作和 kz 次加密操作。对于 SCTC 协议,仅当外包聚类过程中更新前后的聚类簇完全相同时(即聚类过程终止时),该协议最多需要执行 km 次解密操作,而在其他情况下的执行次数均小于 km。因此,在表 7.2 中使用 km^* 表示 SCTC 协议的计算开销。综上所述,由于本章方案中所涉及的参数 k、z 和 m 均具有较小的数值,因此方案具有较低的理论计算开销。此外,方案的计算开销在理论上随着以上三个参数的增大而线性增长,在之后的实验分析中将对此规律进行验证。

7.5.1.2 通信开销

接下来分析本章方案在外包聚类过程中的通信开销。由于各协议中双云服务器主要进行密文交互(仅 SCTC 协议需要发送明文终止条件 T),因此主要关注密文通信开销,其具体的通信量如表 7.3 所示。

表 7.3 各协议的通信开销

协议	S3ED	SCU	SCTC	总和
密文通信量	kz	$2kz + 2km$	km	$3kz + 3km$

如表 7.3 所示,执行 S3ED 协议需要 kz 的密文通信量,其来自云服务器 C_1 发送给云服务器 C_2 的密文距离值矩阵 **Dst**(包含了 kz 个密文)。在聚类簇更新过程中,运行 CNES 子协议需要发送 kz 个密文,而运行 CNEC 子协议需要发送 $kz + 2km$ 个密文,因此 SCU 协议一共需要 $2kz + 2km$ 的密文通信量。在 SCTC 协议中,云服务器 C_1 发送给云服务器 C_2 的密文差异值矩阵 **DIF** 包含了 km 个密文,因此其密文通信量为 km。综上所述,在外包聚类任务的单轮迭代计算过程中一共需要 $3kz + 3km$ 的密文通信量。考虑到方案中所涉及的参数 k、z 和 m 均具有较小的数值,因此方案具有较低的理论通信开销。

7.5.2 实验分析

本小节通过实验分析来说明本章方案 SEOKC 的性能。实验结果表明,本章方案具有较低的计算和通信开销,从而适用于使用大型数据库的应用场景。实验环境为 Windows 10 操作系统,配置为 Intel Core i7 – 7700HQ 2. 80 GHz CPU 和 16 GB RAM。使用 SEAL 程序库[257]来运行 YASHE 加密算法的相关操作,其安全参数设置为 128bit。此外,将 YASHE 密码系统的多项式模数的阶数设置为 N = 8 192,从而保证方案在执行过程中具有足够的噪声预算值以进行正确的解密操作;将 YASHE 密码系统的分解比特计数(Decomposition Bit Count, DBC)参数设置为 60(SEAL 程序库中的最大值)以提高方案的计算效率。为了进行性能对比分析,在实验中使用 Crypto ++ 5. 6. 3 程序库运行了两个现有的 k 均值聚类计算安全方案 PPODC[169] 和 PPCOM[170](分别使用原文献实验中给定的参数)。接下来,分别使用真实数据库和仿真数据库对本章方案 SEOKC 的性能进行具体的实验分析。

7.5.2.1 本章方案与现有方案的性能对比分析

首先使用 UCI KDD 数据库集合中的 KEGG 代谢反应网络(无向)[258]真实数据库对本章方案的性能进行实验验证,并同时执行现有的两个基于半同态加密算法的 k 均值聚类计算安全方案 PPODC[169] 和 PPCOM[170],从而进行方案性能的对比分析。为了满足数据加密的要求,对数据库中的数据点元素值进行了整数转换,其取值区间为[0, 1 000]。

实验中,从上述数据库中选择部分数据组成一个较小的数据库,其数据点个数设置为 n = 8 192,数据点维数设置为 m = 5。此外,将 k 均值聚类过程中的聚类簇个数设置为 k = 3。这里设置数据点个数 n = 8 192 的原因是现有方案[169 – 170]仅能支持较小的数据库,且本章方案需要满足 $N \mid n$ 的条件从而保证正确的密文打包和计算(见 7.3.2.1 节)。表 7.4 中给出了外包 k 均值聚类中单次迭代计算过程的计算和通信开销的实验结果。

表 7.4 方案性能对比(n = 8 192,m = 5,k = 3)

方案性能	PPODC	PPCOM	SEOKC
计算开销	2 873min	401min	17s
通信开销	1 608MB	1 430MB	148MB

如表 7.4 所示,现有方案 PPODC 和 PPCOM 执行一轮 k 均值聚类迭代计算过程分别需要 2 873min 和 401min,而本章方案 SEOKC 仅需要 17s,从而显著提升了外包计算的效率(运行效率分别为方案 PPODC 和方案 PPCOM 的 10140 倍和 1 415 倍)。对于聚类过程中的通信开销,现有方案 PPODC 和 PPCOM 分别需要发送 1 608MB 和 1 430MB 的数据,而本章方案 SEOKC 仅需要发送 148MB 的数据,明显降低了方案执行时的数据通信量。通过上述实验和方案对比分析可发现,使用全同态加密算法和密文打包技术,可以显著降低 k 均值聚类计算安全方案的计算和通信开销,从而使本章方案 SEOKC 适用于使用大规模数据库的应用场景。

7.5.2.2 基于不同参数的方案性能分析

接下来,使用仿真数据库对本章方案 SEOKC 的性能进行实验验证。实验中,在数值区间[0, 1 000]中按照均匀分布随机生成仿真数据库中的数据点,并针对每个仿真数据库记录 SEOKC 方案执行时单次迭代计算过程的计算和通信开销。这里主要考虑以下三个参数对方案性能的影响:数据点个数 n、数据点维数 m 和聚类簇个数 k,并在实验时固定其中一个参数,而改变另外两个参数,从而较好地对方案的性能进行分析说明。上述实验的运行结果如图 7.4 ~ 图 7.6 所示。

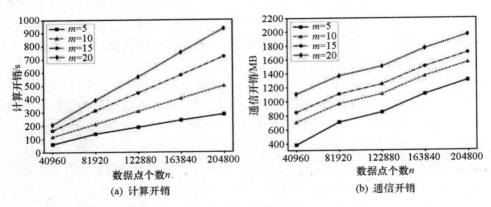

(a) 计算开销   (b) 通信开销

图 7.4　本章方案 SEOKC 的性能随数据点个数 n 的变化情况($k=3$)

如图 7.4 和图 7.5 所示,本章方案的计算开销和通信开销随着数据点个数 n 和数据点维数 m 的增加而线性增长(除了图 7.4(b)中有些微小的波动)。然而,如图 7.6 所示,方案的计算和通信开销随着聚类簇个数 k 的增加而快速

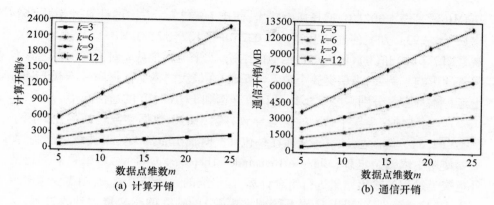

图 7.5 本章方案 SEOKC 的性能随数据点维数 m 的变化情况($n = 40\,960$)

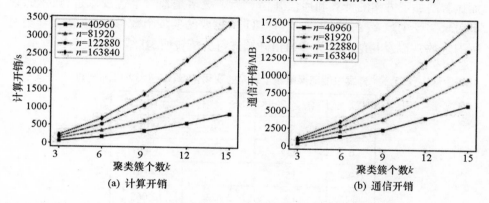

图 7.6 本章方案 SEOKC 的性能随聚类簇个数 k 的变化情况($m = 5$)

增长。

  观察图 7.4(a)和图 7.6(b)可以发现,当聚类簇个数 k 较小时($k = 3$),改变数据点个数 n 和数据点维数 m 不会对方案的性能造成显著的影响。例如,当数据点维数 $m = 5$ 时,将数据点个数 n 从 40\,960 增加到 204\,800 时,方案的计算开销从 60s 增长到 283s(图 7.4(a)),方案的通信开销从 384MB 增长到 1\,302MB(图 7.4(b))。即使选择较大的方案参数($n = 204\,800, m = 20$),对于大规模密文数据库上的聚类计算而言,本章方案仍具有较低的计算和通信开销,分别为 931s 和 1\,960MB。

  如图 7.5(a)和(b)所示,本章方案的计算开销和通信开销在聚类簇个数 k 较小时缓慢增长,而在聚类簇个数 k 较大时快速增长。图中,当 $k = 3$ 时,随着数据点维数 m 的增加,方案的计算开销从 62s 增长至 253s,方案的通信开销从

384MB 增长至 1 302MB,增长速率较慢;而当 $k = 12$ 时,方案的计算开销从 562s 增长至 2 293s,方案的通信开销从 4 032MB 增长至 12 801MB,增长速率较快。观察图 7.6(a) 和(b),可以得到相似的结论,即聚类簇个数 k 对方案的性能具有显著的影响。例如,当聚类簇个数 $k = 15$ 时,在较大的密文数据库($n = 163\ 840$)上运行本章方案分别需要 3 362s 的计算开销和 17 182MB 的通信开销。

这里,增加聚类簇个数 k 的值会导致方案中用于数据整数转换的比例因子(见式(7.3))呈指数级增长,从而在外包聚类时输出非常大的聚类结果。此时,需要使用中国剩余定理(Chinese Remainder Theorem, CRT)对多组独立运行的外包聚类过程的输出结果进行组合计算,而最终的大数结果越大,则需要越多组使用不同素数(即 YASHE 密码系统明文模数)的独立的密文聚类计算过程,从而显著增加了方案的计算和通信开销。为了更清楚地对上述现象进行说明,以下对聚类簇个数 k 变化时正确执行 CRT 所需要的素数个数(即独立密文聚类过程的个数),以及相应的计算和通信开销进行分析说明,其结果如表 7.5 所示。

表 7.5　方案性能随聚类簇个数 k 的变化情况($n = 163\ 840, m = 5$)

k	密文乘法	密文旋转	加密运算
3	7	229	1 106
6	11	685	3 476
9	15	1 375	6 930
12	19	2 323	12 065
15	22	3 362	17 182

如表 7.5 所示,当聚类簇个数 $k = 3$ 时,正确进行 CRT 组合计算仅需要 7 个素数(即 7 组独立的聚类计算过程),因此仅需要 229s 的计算开销和 1 106MB 的通信开销;然而,当聚类簇个数 $k = 15$ 时,正确执行 CRT 所需要的素数个数增加至 22,从而需要更多组独立的聚类计算过程,导致了较大的计算开销(3 362s)和通信开销(17 182MB)。相比之下,在实验中发现,改变数据点个数 n 和数据点维数 m 不会对 CRT 组合计算所需要的素数个数产生明显影响,从而使方案的计算和通信开销呈现线性增长的趋势。

通过对以上实验结果的分析可发现,当外包 k 均值聚类计算中所设定的聚类簇个数 k 较小时,本章方案 SEOKC 具有较好的运算效率,能够适用于使用大型密文数据库的应用场景。虽然本章方案的计算和通信开销随着聚类簇个数 k

的增加而快速增长,相比于现有 k 均值聚类计算安全方案[169-170]所需要的运行开销,本章方案仍具有较高的执行效率。此外,还可以使用多云服务器分别执行独立的密文聚类过程,然后使用中国剩余定理进行组合计算,从而实现并行运算以显著提高本章方案的运行效率。

7.6　本章小结

　　本章提出了一种基于全同态加密的 k 均值聚类计算安全方案 SEOKC,通过使用 YASHE 加密算法和 SIMD 密文打包技术,实现了基于云端密文数据库的安全高效的 k 均值聚类任务。该方案有效保护了数据库安全和聚类结果隐私,隐藏了聚类过程中的数据访问模式,其计算过程由云服务器高效执行而无须用户在线参与。本章详细证明了方案的安全性,并且通过理论和实验分析验证了方案的性能。实验结果表明,本章方案能够适用于使用大型数据库的应用场景,具有较好的实用性。

第八章　Spark 框架下的计算安全技术

聚类分析是一种无监督的学习方法,在机器学习、数据挖掘、模式识别、图像分析等领域有着广泛应用。随着大数据时代的到来,普通用户在本地进行聚类分析正变得越来越困难,其有限的计算资源难以应对快速增长的数据规模。云计算服务提供商由于拥有海量的计算和存储资源,普通用户可将聚类分析外包至云平台进行处理,从而节约成本并提高分析效率。然而,用户数据和聚类结果通常包含敏感信息,将聚类任务外包给不可信的云服务商面临着隐私泄露的风险。用户通常将数据加密以保护数据的机密性,现有的聚类外包技术假设所有用户共享单一加密密钥,而且不能支持分布式计算,无法融合进大数据处理框架。针对现有解决方案在安全性和计算效率上的不足,本章提出了一种基于 Spark 处理框架的聚类计算安全技术。该技术可在多密钥加密的数据上执行聚类计算,并与 Spark 框架结合实现高可扩展的并行分布式计算。形式化的理论分析表明,该技术能够保护外包数据集、聚类结果的机密性,同时隐藏了协议的访问模式等敏感信息。

8.1　引言

云计算通过虚拟化技术提供了快速弹性的计算、存储、网络等资源,并按即付即用的方式收费,对于资源受限的用户而言,将数据挖掘任务外包至云端是一种经济、高效的解决方案[259]。然而,用户外包的数据中可能包含大量的敏感信息,比如健康状况、金融交易记录、定位信息等。在医疗卫生行业,使用数据挖掘技术在病历数据库中建立学习模型能够有效提高疾病诊断的准确率[260],但是病历中包含患者病史、医学影像等隐私信息,美国的 HIPAA 法案明确禁止泄露患者可识别的健康信息[261]。但是,云服务器被恶意攻击或内部数据滥用导致的信息泄露事件时有发生,严重威胁了用户数据的隐私安全。因此,设计一种专门针对数据挖掘外包的隐私保护机制十分必要。本章针对典型的聚类算法外包开展相关的隐私保护技术研究,k 均值聚类是一种广泛使用的数据挖掘算法,在图像分析、信息提取、模式识别等领域均有应用。本章重点考虑多个数据拥有者同时存在的聚类外包场景,即云端的数据集由多个用户提供,他们希望通过联合数据挖掘以获得更准确的结果。为了防止数据泄露给云服提供商或其他协议参与方,数据拥有者一般会采用密码学机制加密数据项。所以,本章提出的外包方案必须能允许云服务器在加密的数据集上执行聚类计算。

针对分布式聚类应用场景,传统的数据挖掘隐私保护技术提出了许多有效的解决方案。分布式场景通常假设每个用户只持有一部分水平或垂直分割的数据集,该类方案的目标是在不将各自数据泄露给对方的前提下通过数据所有者的交互完成聚类计算[76, 83]。但是在外包场景下,所有数据都在云上而不是本地存储,并由云服务器而不是数据拥有者执行聚类算法。

近年来,学术界针对聚类外包隐私保护问题取得了部分研究成果[165, 172, 262-263],但多数解决方案只考虑单个数据拥有者的情形,用户使用相同的密钥加密数据。在实际应用中,所有协议参与方共享同一套密钥降低了系统的安全性和可用性:对于使用对称加密机制的方案,一旦攻击者获得某个用户的密钥,他就可以用该密钥解密截获的其他数据拥有者的数据,如文献[165 – 166, 262];对于使用非对称加密的方案,数据集是在云服务器的公钥下加密的,由于用户没有云的私钥,他们将无法解密自己存储在云上的数据,如文献[263]。解决上述问题的一种思路是在同一套加密系统下允许不同的数据拥有者用自己的密钥加密数据,这就需要支持多密钥的计算安全计算技术。Huang等[164]提出了一种基于随机矩阵乘法变换的聚类外包方案,然而为了做密文的转换,该方案数据所有者的密钥以明文形式泄露给查询用户,增加了用户隐私泄露的安全风险。

现有研究工作的另一个问题是假设的安全模型较为简单,不能抵抗更高级的攻击。文献[164, 172, 262]的底层机制的原理是通过随机矩阵加密数据,他们的方案在已知样本攻击(KSA)下是安全的,即攻击者知道部分明文和密文样本,但不知道其对应关系[123]。如果攻击者具备选择任意的明文数据并获得对应的密文的能力,即密码学的选择明文攻击(CPA),攻击者通过建立方程组就能恢复出加密密钥。文献[166 – 167]中使用的全同态加密(FHE)机制被证明是不安全的[168],而且 FHE 提供的基本操作不能满足聚类外包计算中涉及的所有计算类型,比如密文比较运算等。此外,在多数外包方案中协议的访问模式被直接泄露给云服务器,比如数据对象分如何分簇、每个簇的大小等,即使数据是加密的,访问模式也能被用来推测关于数据集的隐私信息[244, 264]。另外,现有的研究工作没有将数据挖掘的隐私保护技术和大数据处理框架结合起来,不能充分利用云计算强大的并行处理能力,无法满足大规模数据快速处理的需求。

为解决上面提出的问题,本章提出了一种针对多用户场景的 k 均值聚类外包的隐私保护(Privacy-Preserving k-means Clustering Outsourcing under Multi-owner setting,PPCOM)方案,该方案允许云服务器在多个用户提供的数据集上执行分布式聚类计算,同时不泄露任何用户隐私。本章的主要贡献在于四个方面:

首先,本章方案使得云服务器能够在多密钥加密的数据上执行任意算术运算。该技术利用了一种双解密的加密机制,将不同密钥下的密文转换为同一密钥下的密文,这样服务器就能在密文上进行同态乘法运算。基于非合谋的双服务器模型提出的安全加法协议,在不泄露输入输出,以及输入比值的情况下,能对密文进行加法运算。在此基础上,云服务器可以计算数据对象到簇心(聚类中心)的欧氏距离。

其次,分别提出了两种构建块协议,实现了对密文进行相等性测试和大小比较的功能,解决了由于密文概率随机分布而无法比较的难题。这两种协议和安全加法协议作为所有外包计算的基础,被整合进了更抽象的、更高层次的构建块协议中,包括最小欧氏距离计算、加密位图转换、聚类中心的迭代更新等。

再次,在所提出的隐私保护构建块协议的基础上,设计了一种 Spark 框架下的外包协议 PPCOM。该协议将隐私保护技术与大数据处理框架深度融合以提高外包计算效率,适用于分布式的云计算环境。此外,在数据所有者将数据集加密上传后,PPCOM 在执行过程中不再需要用户参与。

最后,通过理论分析证明所提出的协议在半诚信模型下是安全的,不仅保护了联合数据集和聚类簇心的隐私,而且隐藏了数据的访问模式。在真实数据上的实验表明,PPCOM 方案比现有的类似外包方案有着更高的计算效率。

表 8.1 给出了现有 k 均值聚类外包方案与本章方案的定性对比。前面三种方案在 KSA 模型下是安全的,文献[172]的方案还能抵抗线性分析攻击[129],他们采用随机矩阵对原始数据集进行扰乱,但这种方法的安全性不如基于密码学的加密机制,PPCOM 方案基于 Diffie-Hellman 难题构建的密码算法实现了 CPA 安全[100]。PPCOM 方案不仅支持多密钥加密数据的聚类外包、隐藏数据的访问模式,还通过整合大数据处理引擎加速计算过程。此外,PPCOM 方案在执行的过程中不需要用户保持在线并参与密文比较、簇心迭代等操作。通过对比可知,本章提出的 PPCOM 方案覆盖了最多的安全功能和实际应用需求。

表 8.1 现有 k 均值外包解决方案与本章方案 PPCOM 对比

外包方案	安全模型	多密钥计算	隐藏访问模式	无须用户在线	大数据引擎
文献[165]	KSA	×	×	√	×
文献[172]	KSA	×	×	×	√
文献[164]	KSA	√	×	×	×
文献[166]	CPA	×	×	×	×
文献[167]	CPA	×	×	×	×
文献[263]	CPA	×	√	√	×
PPCOM	CPA	√	√	√	√

8.2 安全 k 均值聚类问题描述

本节对系统模型、安全威胁模型进行形式化描述,并提出解决方案的设计目标。

8.2.1 系统模型

在如图 8.1 所示的系统模型中,有两类实体:云用户和云服务提供商。云用户由数据拥有者和查询用户组成;云服务提供商又分为存储和计算服务提供商、密码服务提供商。存储和计算服务提供商由多台服务器节点组成,密码服务提供商则由一台密钥管理服务器和多台辅助服务器节点构成。

数据拥有者 DO 是一个大规模数据集的所有者,由于缺少存储和计算的软硬件资源,以及数据挖掘的专业团队,DO 选择将数据外包至云平台进行存储,要求云服务器把所有 DO 的数据融合,进行联合聚类外包计算。在系统模型中,有 $DO_1, \cdots, DO_n$。假设 DO_i 持有数据集 D_i,D_i 包括 m 个属性和 l_i 个记录,其中 $i \in [1, n]$。记联合数据集的大小为 L,则 $L = \sum_i^n l_i$。

查询用户 QU 是数据拥有者授权的查询用户,他向云服务商提出 k 均值聚类结果的查询请求。QU 不应当参与外包的计算过程,而且他能够用自己的密钥解密最终的 k 个簇的分配情况。

执行工作节点(Executing Worker, EW)是存储和计算服务提供商的集群工

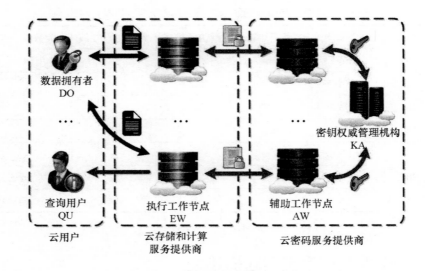

数据拥有者
DO

查询用户
QU

云用户

执行工作节点
EW

云存储和计算
服务提供商

辅助工作节点
AW

密钥权威管理机构
KA

云密码服务提供商

图 8.1　聚类外包系统模型

作节点,负责存储 DO 的数据集并在数据上执行具体的计算任务。系统中有 $EW_1,\cdots,EW_\theta$ 个相同的工作节点。他们共同构成了并行的 Spark 集群,之上运行分布式文件系统如 HDFS,为云用户提供大规模存储和计算能力。

密钥权威管理机构(Key Authority,KA)属于密码服务提供商,其功能是生成密钥,管理密码系统的主密钥和普通密钥,并分发公共参数。

辅助工作节点(Assistant Worker,AW)是密码服务提供商的集群工作节点。AW 服务器保存 KA 产生的云端使用的公钥/私钥,其主要工作是辅助 EW 执行一系列的隐私保护构建块协议。假设有 ϑ 个 AW,即 $AW_1,\cdots,AW_\vartheta$。所有的 AW 和 KA 共同组成了密码服务提供商的集群,该集群具备足够的计算资源执行密码学运算。

研究表明,在单服务器场景下设计出一个完全非交互的安全计算协议是不可能的[224-225],所以外包计算需要至少两台服务器。在设计系统模型时,充分考虑了云计算的特点,即分布式的计算环境。此外,用户租用不同云服务商之间的服务器,通过安全协议实现数据挖掘外包是可行的。对于 $\forall i \in [1,n]$,DO_i 使用 KA 分发的参数产生自己的密钥对 $\{pk_i,sk_i\}$,并用 pk_i 加密其数据集 D_i。待所有加密的数据集上传至云端后,CSP 调度分布式的计算资源以隐私保护的方式执行 k 均值聚类算法。

8.2.2　安全威胁模型

该威胁模型假设协议的所有参与方都是半诚信的,即他们严格执行规定的协议,但会尝试利用在协议执行过程中接收到的数据推测有价值的用户信息,这和现有聚类外包方案的假设是一致的[262]。另外,云服务器有关于数据集分布情况的背景知识,能够通过分析协议的输入输出访问模式发动关联攻击[244]。在威胁模型下,每一方都对分析其他参与者的隐私感兴趣。因此,引入一个CPA 的敌手 $\mathscr{A}$,其目标是解密来自挑战者 DO 或者 QU 的密文, $\mathscr{A}$ 具备如下能力:

(1) $\mathscr{A}$ 可以攻击并俘获所有的 EW 节点,并猜测协议执行过程中从 DO、AW 发来的消息明文。

(2) $\mathscr{A}$ 可以攻击所有的 AW 节点和 KA 服务器,并猜测协议执行过程中从 EW 发来的消息明文。

(3) $\mathscr{A}$ 可以攻击一个或多个 DO、QU(挑战者 DO 或 QU 除外),并解密来自挑战者发来的密文。

但是,本章假设敌手 $\mathscr{A}$ 不具备同时攻击 EW、AW 和 KA 节点的能力;否则, $\mathscr{A}$ 能够获得密钥并解密所有存储在 EW 上的数据集。换句话说,在存储计算服务提供商和密码服务提供商之间不存在合谋,但是在 CSP 内部的服务器之间可以合谋。该模型符合计算安全协议的典型假设,比如文献[220],这是因为不同 CSP 通常情况下是竞争关系,客户数据是企业的重要资产之一,通常不会泄露给竞争对手。

8.2.3　设计目标

针对上述的系统模型和安全威胁模型,解决方案应当达到以下目标:

(1)正确性:如果所有参与方都按照协议执行,那么外包协议计算的最终结果在解密后和在本地执行 k 均值算法得到的结果是一样的。

(2)数据机密性:关于数据集 $D_1,\cdots,D_n$ 的内容、聚类得到的簇心 $\boldsymbol{\mu}_1,\cdots,\boldsymbol{\mu}_k$,以及簇的大小都不能泄露给半诚信的敌手。

(3)隐藏访问模式:聚类外包协议的访问模式应当被隐藏,比如数据集中的记录条目被分配到哪个簇是不能被云服务器知道的,以防止其发动关联攻击[142]。

(4)高效性:聚类外包的大部分计算任务应由云服务器高效地完成,同时

DO 和 QU 在外包过程中不需要保持在线参与。

8.3 预备知识

给定数据集 $t_1, \cdots, t_l$，k 均值聚类算法将 l 个数据对象分为 k 个不同的簇。记 $c_1, \cdots, c_k$ 表示这 k 个簇，$\boldsymbol{\mu}_i$ 表示簇 c_i 的中心（簇心），其中 $1 \leq i \leq k$。k 均值算法以欧氏距离作为相似性的评价指标，两个对象的距离越近，其相似度就越大。k 均值算法的第一步是随机选取任意 k 个对象作为初始聚类的中心，即 $\boldsymbol{\mu}_1, \cdots, \boldsymbol{\mu}_k$。接着，根据数据对象与各个簇心的距离，该算法将每个对象重新分配给最近的簇。在一次迭代运算完成后，新的聚类中心被计算出来。如果均方误差 $\sum_{i=1}^{l} \sum_{j=1}^{k} \| t_i - \boldsymbol{\mu}_j \|^2$ 没有发生变化，则算法结束；否则执行下一轮迭代。

记 $V_{l \times k}$ 为数据集的关系矩阵，其中 $V_{i,j} \in \{0,1\}$，$1 \leq i \leq l$，$1 \leq j \leq k$。V 的含义是：如果 $V_{i,j} = 1$，则 t_i 属于簇 c_j；反之，如果 $V_{i,j} = 0$，则 t_i 不属于 c_j。

通过如下方式计算 c_j 的簇心：

$$\boldsymbol{\mu}_j = \frac{1}{\sum_{i=1}^{l} V_{i,j}} \sum_{i=1}^{l} V_{i,j} t_i \tag{8.1}$$

在本章中，使用 V 记录每个对象所属的簇，并根据 V 在迭代前后是否发生变化作为判断算法终止的条件。

8.4 基于 Spark 框架的计算安全方法

本节首先介绍了面向聚类外包的隐私保护构建块协议设计，然后展示了完整的 PPCOM 外包方案的设计细节。

本章的外包方案使用 PKC-DD 作为底层的加密机制，在图 8.1 所示的系统模型中，各参与者的密钥生成过程如下：首先，KA 将安全参数 κ 作为输入，通过运行 $KeyGen(\kappa)$，生成公开的密码系统参数 (N, g) 以及主密钥 msk，同时生成一对云端的统一加密密钥 $\{pk_u, sk_u\}$；然后，KA 将 $\{pk_u, sk_u\}$ 和 msk 发送给所有的 AW 节点，同时将 (N, g) 分发给所有的 DO 和 QU；DO 和 QU 则产生自己的密钥对 $\{pk_i, sk_i\}$，其中 $1 \leq i \leq n$；所有 DO 和 QU 的公钥发送给 KA 管理。

在后面的论述中,我们用 $Enc_{pk}(\cdot)$ 表示加密算法, $uDec_{sk}(\cdot)$ 和 $mDec_{msk}(\cdot)$ 分别表示普通密钥解密和特权密钥解密算法。$|x|$ 表示 x 的比特长度。

8.4.1 基于双解密加密机制的隐私保护构建块

基于双解密加密机制的隐私保护构建块为聚类外包提供了在密文上的基础运算操作,提出了 8 种不同的构建块协议,分别实现了密文转换、密文乘法、密文加法、密文相等性测试、求多个密文的最小值等功能。通过构建块的灵活组合简化了聚类外包协议设计。

$$
\begin{aligned}
Enc_{pk}(m_1) \times Enc_{pk}(m_2) &= (g^{r_1}, pk^{r_1} \cdot m_1) \times (g^{r_2}, pk^{r_2} \cdot m_2) \\
&= (g^{r_1+r_2}, pk^{r_1+r_2} \cdot m_1 \cdot m_2) \\
&= Enc_{pk}(m_1 \cdot m_2)
\end{aligned} \tag{8.2}
$$

其中, $Enc_{pk}(m_i) = (g^{r_i}, pk^{r_i} \cdot m_i)$, $i = 1, 2$。式(8.2)说明 PKC-DD 具备乘法同态性质,利用这个性质 EW 服务器能够独立地对多个密文进行乘法操作,其结果等效于对相应的明文做乘法操作。这里用“$\times$”表示密文空间的乘法运算操作,“$\cdot$”表示明文空间的乘法运算操作。

8.4.1.1 安全密文转换协议

假设 EW 持有密文 $Enc_{pk_x}(m)$,KA 持有特权密钥 msk,安全密文转换(Secure Ciphertext Transformation, SCT)协议的目标是将在 pk 加密下的密文转换为在 pk_y 加密下的密文。在 SCT 协议的执行过程中,明文消息 m 不能被泄露给 EW 或 KA,与此同时,仅 EW 知道输出 $Enc_{pk_y}(m)$。SCT 的具体步骤如算法 8.1 所示。

算法 8.1 SCT($Enc_{pk_x}(m), pk_y) \rightarrow Enc_{pk_y}(m)$

输入:EW 已知 $Enc_{pk_x}(m)$、pk_x 和 pk_y;KA 已知 msk、pk_x 和 pk_y;

输出:EW 获得转换后的密文 $Enc_{pk_y}(m)$;

1:EW:

　(a)产生一个随机数 $r \in_R \mathbb{Z}_N$, s.t., $|r| < |\kappa - 1|$;

　(b)计算 $Enc_{pk_x}(r \cdot m) \leftarrow Enc_{pk_x}(m) \times Enc_{pk_x}(r)$;

　(c)将 $Enc_{pk_x}(r \cdot m)$ 发送给 KA;

（续表）

2：KA：

（a）解密 $r \cdot m \leftarrow mDec(msk, pk_x, Enc_{pk_x}(r \cdot m))$；

（b）加密 $Enc_{pk_y}(r \cdot m) \leftarrow Enc(pk_y, r \cdot m)$；

（c）将 $Enc_{pk_y}(r \cdot m)$ 发送给 EW；

3：EW：

（a）输出 $Enc_{pk_y}(m) \leftarrow Enc_{pk_y}(r \cdot m) \times Enc_{pk_y}(r^{-1})$；

首先，EW 从 $\mathbb{Z}_N$ 中选择一个随机数 r，记为 $r \in_R \mathbb{Z}_N$。由于 $GCD(r, N) = 1$，限制条件 $|r| < |\kappa - 1|$ 是为了确保 r 在 $\mathbb{Z}_N$ 中有逆元。接着，EW 利用 PKC-DD 的乘法同态性质对 m 进行盲化，得到 $Enc_{pk_x}(r \cdot m)$。即使 KA 有特权主密钥 msk 可以解密任何密文，也无法获得真实的 m，KA 用 pk_y 对 $r \cdot m$ 进行重新加密；最终，EW 将密文乘以 $Enc_{pk_y}(r^{-1})$ 去掉盲化因子 r。SCT 协议专门用在不同密钥加密数据的转换上，通过统一加密密钥，云服务器可直接在密文上做同态运算。

8.4.1.2　安全加法协议

假设 EW 持有两个密文 $Enc_{pk_u}(m_1)$ 和 $Enc_{pk_u}(m_2)$，AW 持有统一密钥 $\{pk_u, sk_u\}$。安全加法（SA）协议的输出是 m_1 和 m_2 求和的密文，即 $Enc_{pk_u}(m_1 + m_2)$，并且输出值只能由 EW 知道。由于 PKC－DD 不满足加法同态性质，因此，该协议需要 EW 和 AW 之间的交互实现。

由于 EW 没有 sk_u，无法通过解密密文获得 m_1 和 m_2。而 AW 有 sk_u，为防止 AW 获得 m_1 和 m_2，一个直观的方法是对 m 进行盲化，EW 将输入乘以 $Enc_{pk_u}(r)$，其中 $r \in_R \mathbb{Z}_N$，并满足 $GCD(r, N) = 1$；AW 用 sk_u 解密盲化后的密文，得到 rm_1、rm_2，并计算 $\omega = rm_1 + rm_2 \bmod N$，加密后发送给 EW；EW 接着通过 $Enc_{pk_u}(\omega) \times Enc_{pk_u}(r^{-1})$ 去掉 r。该方法虽然简单，但部分隐私被泄露，这是因为 AW 能够通过计算 $m_1/m_2 \leftarrow m_1 r/m_2 r$ 获得输入数据的比值，该信息可被用来区分数据，由于云服务器有数据集分布的背景知识，AW 则能发现已知样本和加密数据记录间的关系[223]。所以，为保证用户的隐私，SA 的执行过程中要避免泄露输入的比值。针对上述问题，我们设计了一种在非合谋的双服务器模型下更安全的 SA 协议，具体细节如算法 8.2 所示。

算法8.2　$SA(Enc_{pk_u}(m_1), Enc_{pk_u}(m_2)) \to Enc_{pk_u}(m_1 + m_2)$

输入:EW 持有 $Enc_{pk_u}(m_1)$、$Enc_{pk_u}(m_2)$、pk_u;AW 已知密钥对 $\{pk_u, sk_u\}$;

输出:EW 获得输出 $Enc_{pk_u}(m_1 + m_2)$;

1:EW:

 (a)产生随机数 $r_1, r_2, r_3 \in_R \mathbb{Z}_N$, s.t. , $|r_i| < |\kappa - 1|$, 其中 $1 \leq i \leq 3$;

 (b) 计算 $S_1 \leftarrow Enc_{pk_u}(m_1)^3$, $\alpha_1 \leftarrow S_1 \times Enc_{pk_u}(r_1)$;

 (c) 计算 $S_2 \leftarrow Enc_{pk_u}(m_2)^3$, $\alpha_2 \leftarrow S_2 \times Enc_{pk_u}(r_2)$;

 (d) 产生随机数 $\rho_1, \rho_2, \rho_3, \rho_4 \in_R \mathbb{Z}_N$, s.t. , $\rho_1 + \rho_2 \equiv 3 \bmod N, \rho_3 + \rho_4 \equiv 3 \bmod N$;

 (e) 计算 $H_1 \leftarrow Enc_{pk_u}(m_1)^2 \times Enc_{pk_u}(m_2)$, $\alpha_3 \leftarrow H_1 \times Enc_{pk_u}(\rho_1) \times Enc_{pk_u}(r_1)$;

 (f) 计算 $H_2 \leftarrow Enc_{pk_u}(m_1) \times Enc_{pk_u}(m_2)^2$, $\alpha_4 \leftarrow H_2 \times Enc_{pk_u}(\rho_3) \times Enc_{pk_u}(r_2)$;

 (g) 计算 $\alpha_5 \leftarrow H_1 \times Enc_{pk_u}(\rho_2) \times Enc_{pk_u}(r_3)$, $\alpha_6 \leftarrow H_2 \times Enc_{pk_u}(\rho_4) \times Enc_{pk_u}(r_3)$;

 (h) 将 $\{\alpha_i | i = 1, \cdots, 6\}$ 发送给 AW;

2:AW:

 (a) 解密 $F_i \leftarrow uDec(sk_u, \alpha_i)$, 其中 $1 \leq i \leq 6$;

 (b) 计算 $\beta_1 \leftarrow F_1 + F_3 \bmod N, \beta_2 \leftarrow F_2 + F_4 \bmod N, \beta_3 \leftarrow F_5 + F_6 \bmod N$;

 (c) 加密 $\beta_i' \leftarrow Enc(pk_u, \beta_i)$, 其中 $1 \leq i \leq 3$;

 (d) 将 $\{\beta_1', \beta_2', \beta_3'\}$ 发送给 EW;

3:EW:

 (a) 产生随机数 $r_4 \in_R \mathbb{Z}_N$, s.t. , $|r_4| < |\kappa - 1|$;

 (b) **for** $i = 1$ to 3 **do**

  计算 $K_i \leftarrow \beta_i' \times Enc_{pk_u}(r_i^{-1})$;

  计算 $K_i' \leftarrow K_i \times Enc_{pk_u}(r_4)$;

 (c) 将 $\{K_1', K_2', K_3'\}$ 发送给 AW;

4:AW:

 (a) 解密 $L_i \leftarrow uDec(sk_u, K_i')$, 其中 $1 \leq i \leq 3$;

 (b) 计算 $\gamma \leftarrow L_1 + L_2 + L_3 \bmod N$;

 (c) 加密 $\gamma' \leftarrow Enc(pk_u, \gamma)$;

 (d) 将 γ' 发送给 EW;

5:EW:

 (a) 计算 $\chi \leftarrow \gamma' \times Enc_{pk_u}(r_4^{-1})$;

 (b) 计算 $d \leftarrow 3^{-1} \bmod ord(\mathbb{G})$;

 (c) 输出 $Enc_{pk_u}(m_1 + m_2) \leftarrow \chi^d \bmod N$;

下面对 SA 协议的步骤做说明：

步骤 1：EW 服务器产生 7 个随机数，即 $\{r_i \in \mathbb{Z}_N, \rho_j \in \mathbb{Z}_N | i = 1, \cdots, 3, j = 1, \cdots, 4\}$，然后用 pk_u 加密这些随机数。EW 利用乘法同态的性质计算中间值 S_1, S_2，H_1, H_2，并输出 $\alpha_1, \cdots, \alpha_6$。容易验证：$S_1 = Enc_{pk_u}(m_1^3)$，$S_2 = Enc_{pk_u}(m_2^3)$，$H_1 = Enc_{pk_u}(m_1^2 \cdot m_2)$，$H_2 = Enc_{pk_u}(m_1 \cdot m_2^2)$，$\alpha_1 = Enc_{pk_u}(m_1^3 \cdot r_1)$，$\alpha_2 = Enc_{pk_u}(m_2^3 \cdot r_2)$，$\alpha_3 = Enc_{pk_u}(m_1^2 \cdot m_2 \cdot \rho_1 \cdot r_1)$，$\alpha_4 = Enc_{pk_u}(m_1 \cdot m_2^2 \cdot \rho_3 \cdot r_2)$，$\alpha_5 = Enc_{pk_u}(m_1^2 \cdot m_2 \cdot \rho_2 \cdot r_3)$，$\alpha_6 = Enc_{pk_u}(m_1 \cdot m_2^2 \cdot \rho_4 \cdot r_3)$。

步骤 2：AW 用 sk_u 解密 $\alpha_1, \cdots, \alpha_6$。接着，对解密的值进行两两求和，再用 pk_u 加密它们。容易验证：$\beta_1' = Enc_{pk_u}(m_1^3 \cdot r_1 + m_1^2 \cdot m_2 \cdot \rho_1 \cdot r_1)$，$\beta_2' = Enc_{pk_u}(m_2^3 \cdot r_2 + m_1 \cdot m_2^2 \cdot \rho_3 \cdot r_2)$，$\beta_3' = Enc_{pk_u}(m_1^2 \cdot m_2 \cdot \rho_2 \cdot r_3 + m_1 \cdot m_2^2 \cdot \rho_4 \cdot r_3)$。

步骤 3：EW 通过 β_i' 乘以 $Enc_{pk_u}(r_i^{-1})$ 去掉其中的盲化因子 r_i，其中 $1 \leqslant i \leqslant 3$，并产生新的随机数 r_4 盲化 K_1, K_2, K_3。

步骤 4：AW 分别解密 K_1', K_2', K_3' 获得 L_1, L_2, L_3，计算求和 $\gamma = L_1 + L_2 + L_3$。可以验证：$\gamma' = Enc_{pk_u}(m_1^3 \cdot r_4 + m_1^2 \cdot m_2 \cdot \rho_1 \cdot r_4 + m_2^3 \cdot r_4 + m_1 \cdot m_2^2 \cdot \rho_3 \cdot r_4 + m_1^2 \cdot m_2 \cdot \rho_2 \cdot r_4 + m_1 \cdot m_2^2 \cdot \rho_4 \cdot r_4)$。

步骤 5：EW 通过 $\chi \leftarrow \gamma' \times Enc_{pk_u}(r_4^{-1})$ 去掉盲化因子 r_4，可证明：

$$\begin{aligned}
\chi &= \gamma' \times Enc_{pk_u}(r_4^{-1}) \\
&= Enc_{pk_u}(m_1^3 + \rho_1 \cdot m_1^2 m_2 + \rho_2 \cdot m_1^2 m_2 + \rho_3 \cdot m_1 m_2^2 + \rho_4 \cdot m_1 m_2^2 + m_2^3)
\end{aligned} \tag{8.3}$$

接着，EW 计算 3 的逆元，即 3^{-1} 模 $\mathbb{G}$ 的阶 $ord(\mathbb{G})$。由于群 $\mathbb{G}$ 由 N 构造并且 $N = pq$，可得 $\varphi(N) = p(p-1)(q-1)$。如果 p 和 q 满足形式 $p = 2p' + 1$，$q = 2q' + 1$，其中 p' 和 q' 也是素数，那么 $GCD(3, \phi(N)) = 1$，这说明 3^{-1} 在指数构成的空间是存在的。EW 计算 $\chi^{3^{-1}}$ 并作为最终的输出，其正确性可通过如下等式证明：

$$\begin{aligned}
\chi^{3^{-1}} &= Enc_{pk_u}(m_1^3 + \rho_1 \cdot m_1^2 \cdot m_2 + \rho_2 \cdot m_1^2 \cdot m_2 + \rho_3 \cdot m_1 \cdot m_2^2 + \rho_4 \cdot m_1 \cdot m_2^2 + m_2^3)^{3^{-1}} \\
&= Enc_{pk_u}(m_1^3 + (\rho_1 + \rho_2) \cdot m_1^2 \cdot m_2 + (\rho_3 + \rho_4) \cdot m_1 \cdot m_2^2 + m_2^3)^{3^{-1}} \\
&= Enc_{pk_u}(m_1^3 + 3 \cdot m_1^2 \cdot m_2 + 3 \cdot m_1 \cdot m_2^2 + m_2^3)^{3^{-1}} \\
&= Enc_{pk_u}((m_1 + m_2)^3)^{3^{-1}} \\
&= Enc_{pk_u}(m_1 + m_2)
\end{aligned} \tag{8.4}$$

算法 8.2 在执行过程中需要两轮 EW 和 AW 的交互，相比只用 r 盲化输入的简化方案，带来了更多的计算和通信开销。但是该协议增强了安全性，通过引入 $r_1, r_2, r_3, \rho_1, \rho_2, \rho_3, \rho_4$ 等随机数盲化输入和中间计算结果，EW 无法通过解方程组得到 m_1/m_2 或 m_2/m_1，8.5 节给出了 SA 协议安全性的形式化证明。

8.4.1.3　安全相等测试协议

假设 EW 持有密文 $Enc_{pk_u}(m_1)$ 和 $Enc_{pk_u}(m_2)$，而 AW 持有统一密钥 $\{pk_u,$ $sk_u\}$。安全相等测试协议（Secure Equality Test，SET）协议的目标是在不泄露 m_1 和 m_2 的情况下比较它们是否相等，其具体步骤如算法 8.3 所示。

算法 8.3　SET $(Enc_{pk_u}(m_1), Enc_{pk_u}(m_2)) \rightarrow \rho$

输入：EW 持有密文 $Enc_{pk_u}(m_1)$ 和 $Enc_{pk_u}(m_2)$；AW 已知密钥 $\{pk_u, sk_u\}$；

输出：输入是否相等的标记 ρ；

1：EW：

　（a）计算 $A' \leftarrow A_1 \cdot A_2^{-1} \bmod N$，$B' \leftarrow B_1 \cdot B_2^{-1} \bmod N$，其中 $Enc_{pk_u}(m_1) = (A_1, B_1)$，$Enc_{pk_u}(m_2) = (A_2, B_2)$；

　（b）产生一个随机数 $r \in_R \mathbb{Z}_N$，s. t. ，$r \neq 0$；

　（c）计算 $\xi' \leftarrow \xi^r$，其中 $\xi = (A', B')$；

　（d）将 ξ' 发送给 AW；

2：AW：

　（a）解密 $\zeta \leftarrow Dec(sk_u, \xi')$；

　（b）**if** $\zeta = = 1$ **then** $\rho \leftarrow$ True；**else** $\rho \leftarrow$ False；

3：**return** ρ；

步骤 1：EW 计算输入密文的比值。假设 $(A_1, B_1) = (g^{r_1}, m_1 \cdot pk^{r_1})$，以及 $(A_2, B_2) = (g^{r_2}, m_2 \cdot pk^{r_2})$，容易验证 $\xi' = (g^{r \cdot (r_1 - r_2)}, (m_1 \cdot m_2^{-1})^r \cdot pk^{r \cdot (r_1 - r_2)})$，其中 $r, r_1, r_2 \in_R \mathbb{Z}_N$。

步骤 2：AW 使用 sk_u 解密 ξ'，得到被盲化后的 m_1 / m_2：

$$\zeta = \frac{(m_1 \cdot m_2^{-1})^r \cdot pk^{r \cdot (r_1 - r_2)}}{g^{sk_u \cdot r \cdot (r_1 - r_2)}} \bmod N = (m_1 \cdot m_2^{-1})^r \bmod N \qquad (8.5)$$

由于 r 是 $\mathbb{Z}_N$ 中的随机数，可以得出如下判断：当 $m_1 \neq m_2$ 时，则 ζ 是随机数；而当 $m_1 = m_2$ 时，则 $\zeta = 1$。所以，如果 AW 得到 $\zeta = 1$，将输出 ρ 设为 True（真），否则设为 False（假）。在 SET 执行的过程中，m_1, m_2 和中间结果 m_1 / m_2 都没有泄露给云服务器。

8.4.1.4　安全平方欧氏距离协议

假设 EW 节点持有第 i 个数据记录 $\boldsymbol{t}_i$ 的密文、第 j 个簇的中心 $\boldsymbol{\mu}_j$ 的密文，AW 则持有统一密钥 $\{pk_u, sk_u\}$，其中 $1 \leqslant i \leqslant L, 1 \leqslant j \leqslant k$。本章使用平方欧氏距离度量数据记录和簇心之间的距离，记为 $\|\boldsymbol{t}_i - \boldsymbol{\mu}_j\|^2$。

注意到 $\boldsymbol{\mu}_j$ 是由 m 个属性组成的向量，其中的属性值可能是有理数，比如在求算术平均值时可能得到分数。但是，$\mathbb{Z}_N$ 并不支持有理数的除法运算。记 $\langle s_j, \overline{c_j} \rangle$ 代表簇中心的新的表示方式，其中，s_j 和 $\overline{c_j}$ 分别表示向量的求和，以及所有属于 c_j 的记录的个数。容易观察得出 $s_j = \sum\limits_{h=1}^{L} (V_{h,j} \cdot t_h) \in \mathbb{Z}_N^m, \overline{c_j} = \sum\limits_{h=1}^{L} V_{h,j} \in \mathbb{Z}_N$。记 $\Omega_{i,j}$ 表示 $\boldsymbol{t}_i$ 和 $\boldsymbol{\mu}_j$ 之间平方欧氏距离的线性扩展，并满足 $\|\boldsymbol{t}_i - \boldsymbol{\mu}_j\| = \dfrac{\sqrt{\Omega_{i,j}}}{\overline{c_j}}$。所以，$\Omega_{i,j}$ 可通过如下方式计算：

$$
\begin{aligned}
\Omega_{i,j} &= (\|\boldsymbol{t}_i - \boldsymbol{\mu}_j\| \cdot \overline{c_j})^2 \\
&= \left(\sqrt{\sum_{h=1}^{m} \left(t_i[h] - \frac{s_j[h]}{|c_j|} \right)^2} \cdot \overline{c_j} \right)^2 \\
&= \sum_{h=1}^{m} (\overline{c_j} \cdot t_i[h] - s_j[h])^2
\end{aligned}
\tag{8.6}
$$

其中，$i \in [1, L], j \in [1, k], m$ 是数据集维度。

记 $[\cdot]$ 表示加密的向量，其中加密的样本为 $[\boldsymbol{t}_i] = \langle Enc_{pk_u}(t_{i,1}), \cdots, Enc_{pk_u}(t_{i,m}) \rangle$，加密的簇心为 $[\boldsymbol{\mu}_j] = \langle Enc_{pk_u}(s_{j,1}), \cdots, Enc_{pk_u}(s_{j,m}), Enc_{pk_u}(\overline{c_j}) \rangle$。安全平方欧氏距离（SSED）协议以加密记录 $[\boldsymbol{t}_i]$ 和加密的簇心 $[\boldsymbol{\mu}_j]$ 作为输入，EW 和 AW 协作通过 SA 协议和乘法同态性质计算平方欧氏距离 $[d(i,j)]$。SSED 协议没有泄露任何关于 $\boldsymbol{t}_i$ 和 $\boldsymbol{\mu}_j$，以及 $d(i,j)$ 的明文内容给云服务器。SSED 协议的详细步骤如算法 8.4 所示。

算法 8.4　$\mathrm{SSED}([\boldsymbol{t}_i], [\boldsymbol{\mu}_j]) \rightarrow [d(i,j)]$

输入：EW 持有加密记录 $[\boldsymbol{t}_i]$，加密簇心 $[\boldsymbol{\mu}_j]$；AW 已知密钥 $\{pk_u, sk_u\}$；

输出：EW 获得平方欧氏距离的密文；

1：EW，**for** $h = 1$ to m：

　（a）计算 $A_h \leftarrow Enc_{pk_u}(t_{i,h}) \times Enc_{pk_u}(\overline{c_j})$；

　（b）计算 $B_h \leftarrow Enc_{pk_u}(s_{j,h}) \times Enc_{pk_u}(-1)$；

（续表）

（c）计算 $C_h \leftarrow \mathrm{SA}(A_h, B_h)$；

（d）计算 $\tau_h \leftarrow C_h \times C_h$；

2：EW 初始化 $Enc_{pk_u}(\Omega_{i,j}) \leftarrow \tau_1$：

3：EW 和 AW，**for** $h = 2$ to m：

（a）计算 $Enc_{pk_u}(\Omega_{i,j}) \leftarrow \mathrm{SA}(Enc_{pk_u}(\Omega_{i,j}), \tau_h)$；

4：EW 输出 $[d(i,j)] = \langle Enc_{pk_u}(\Omega_{i,j}), Enc_{pk_u}(\overline{c_j}) \rangle$。

8.4.1.5　安全平方距离比较协议

假设 EW 持有两个加密的平方欧氏距离 $[d(i,a)]$ 和 $[d(i,b)]$，而 AW 拥有密钥 $\{pk_u, sk_u\}$，其中 $i \in [1, L]$，$a, b \in [1, k]$，且 $a \neq b$。除此之外，EW 还已知这两个距离相关联秘密的密文，记为 s'_a, s'_b。安全平方距离比较（Secure Squared Distance Comparison, SSDC）协议的目标是计算出其中最小的平方距离以及对应的秘密。由于 PKC-DD 是非确定性概率的加密机制，即每次加密同一个值产生的密文都不同，也就无法实现加密消息的保序功能。在协议执行的过程中不能泄露 $\langle Enc_{pk_u}(\Omega_{i,a}), Enc_{pk_u}(\overline{c_a}) \rangle$、$\langle Enc_{pk_u}(\Omega_{i,b}), Enc_{pk_u}(\overline{c_b}) \rangle$、$s_a$ 和 s_b。

SSDC 协议的基本思路是先计算两个平方欧氏距离的比值；再根据比值与 1 的关系，AW 能够判断输入的大小关系，并返回给 EW 一个加密的最小值标识。平方欧氏距离的比值可按照如下等式计算：

$$\frac{\|\boldsymbol{t}_i - \boldsymbol{\mu}_a\|^2}{\|\boldsymbol{t}_i - \boldsymbol{\mu}_b\|^2} = \frac{\Omega_{i,a}}{\overline{c_a}^2} \cdot \left(\frac{\Omega_{i,b}}{\overline{c_b}^2}\right)^{-1} = \frac{\Omega_{i,a} \cdot \overline{c_b}^2}{\Omega_{i,b} \cdot \overline{c_a}^2} = \lambda \tag{8.7}$$

由于 $\Omega_{i,a} \cdot \overline{c_b}^2$ 和 $\Omega_{i,b} \cdot \overline{c_a}^2$ 都是 $\mathbb{Z}_N$ 中的整数，他们的比值则可能是小数。如果 $\lfloor \lambda \rfloor < 1$，可以推出 $\|\boldsymbol{t}_i - \boldsymbol{\mu}_a\|^2 < \|\boldsymbol{t}_i - \boldsymbol{\mu}_b\|^2$；否则，$\|\boldsymbol{t}_i - \boldsymbol{\mu}_a\|^2 \geqslant \|\boldsymbol{t}_i - \boldsymbol{\mu}_b\|^2$。SSDC 协议的具体步骤如算法 8.5 所示。

算法 8.5 $\mathrm{SSDC}(\{[d(i,a)], s_a'\}, \{[d(i,b)], s_b'\}) \rightarrow \{[d_{\min}], s_{\min}'\}$

输入：EW 持有两个加密的距离和对应的秘密，即 $\{[d(i,a)], s_a'\}$、$\{[d(i,b)], s_b'\}$，其中 $[d(i,a)] = \langle Enc_{pk_u}(\Omega_{i,a}), Enc_{pk_u}(\overline{c_a})\rangle$，$[d(i,b)] = \langle Enc_{pk_u}(\Omega_{i,b}), Enc_{pk_u}(\overline{c_b})\rangle$，$s_a' = Enc_{pk_u}(s_a)$，$s_b' = Enc_{pk_u}(s_b)$；AW 已知密钥 $\{pk_u, sk_u\}$；

输出：EW 获得加密的最小输入和对应的秘密；

1：EW：

 (a) 产生随机数 $s \in_R \mathbb{Z}_N$，以及非 0 的两个随机数 $r_1, r_2 \in_R \mathbb{Z}_N$；

 (b) 计算 $E_1 \leftarrow Enc_{pk_u}(\Omega_{i,a}) \times Enc_{pk_u}(\overline{c_b})^2 \times Enc_{pk_u}(r_1)$；

 (c) 计算 $E_2 \leftarrow Enc_{pk_u}(\Omega_{i,b}) \times Enc_{pk_u}(\overline{c_a})^2 \times Enc_{pk_u}(r_1)$；

 (d) **if** $s \bmod 2 == 1$ **then**

  计算 $\tau_1 \leftarrow E_1^{r_2} \bmod N$；

  计算 $\tau_2 \leftarrow E_2^{r_2} \bmod N$；

 (e) **else**

  计算 $\tau_1 \leftarrow E_2^{r_2} \bmod N$；

  计算 $\tau_2 \leftarrow E_1^{r_2} \bmod N$；

 (f) 将 τ_1, τ_2 发送给 AW；

2：AW：

 (a) 解密 $\eta_i \leftarrow uDec(sk_u, \tau_i)$，其中 $i = 1, 2$；

 (b) 计算 $\delta \leftarrow \eta_1 / \eta_2$；

 (c) **if** $\lfloor \delta \rfloor == 0$ **then**

  计算 $\sigma \leftarrow 2$；

 (d) **else if** $\lfloor \delta \rfloor >= 1$ **then**

  计算 $\sigma \leftarrow 1$；

 (e) 加密 $\sigma' \leftarrow Enc(pk_u, \sigma)$，并将 σ' 发送给 EW；

3：EW：

 (a) **if** $s \bmod 2 == 1$ **then**

  计算 $Enc_{pk_u}(\Omega_{\min}) \leftarrow \mathrm{ComputeMin}(Enc_{pk_u}(\Omega_{i,a}), Enc_{pk_u}(\Omega_{i,b}), \sigma')$；

  计算 $Enc_{pk_u}(\overline{c_{\min}}) \leftarrow \mathrm{ComputeMin}(Enc_{pk_u}(\overline{c_a}), Enc_{pk_u}(\overline{c_b}), \sigma')$；

  计算 $Enc_{pk_u}(s_{\min}) \leftarrow \mathrm{ComputeMin}(Enc_{pk_u}(s_a), Enc_{pk_u}(s_b), \sigma')$；

 (b) **else**

  计算 $Enc_{pk_u}(\Omega_{\min}) \leftarrow \mathrm{ComputeMin}(Enc_{pk_u}(\Omega_{i,b}), Enc_{pk_u}(\Omega_{i,a}), \sigma')$；

  计算 $Enc_{pk_u}(\overline{c_{\min}}) \leftarrow \mathrm{ComputeMin}(Enc_{pk_u}(\overline{c_b}), Enc_{pk_u}(\overline{c_a}), \sigma')$；

  计算 $Enc_{pk_u}(s_{\min}) \leftarrow \mathrm{ComputeMin}(Enc_{pk_u}(s_b), Enc_{pk_u}(s_a), \sigma')$；

4：**return** $([d_{\min}], s_{\min}') \leftarrow \{\langle Enc_{pk_u}(\Omega_{\min}), Enc_{pk_u}(\overline{c_{\min}})\rangle, Enc_{pk_u}(s_{\min})\}$；

步骤1：EW 根据式(8.7)求得 $\Omega_{i,a} \cdot \overline{c_b}^2$ 和 $\Omega_{i,b} \cdot \overline{c_a}^2$ 的密文，接着产生随机数 r_1, r_2 将平方距离盲化，并根据 s 的奇偶性计算 τ_1 和 τ_2。如果 s 是奇数，容易验证 $\tau_1 = Enc_{pk_u}((r_1 \cdot \Omega_{i,a} \cdot \overline{c_b})^{r_2})$，$\tau_2 = Enc_{pk_u}((r_1 \cdot \Omega_{i,b} \cdot \overline{c_a})^{r_2})$；否则，$\tau_1 = Enc_{pk_u}((r_1 \cdot \Omega_{i,b} \cdot \overline{c_a})^{r_2})$，$\tau_2 = Enc_{pk_u}((r_1 \cdot \Omega_{i,a} \cdot \overline{c_b})^{r_2})$。

步骤2：AW 通过 sk_u 分别解密 τ_1, τ_2 获得 η_1, η_2，然后在有理数域计算 η_1 / η_2：

$$\frac{\eta_1}{\eta_2} = \frac{(r_1 \cdot \Omega_{i,a} \cdot \overline{c_b}^2)^{r_2}}{(r_1 \cdot \Omega_{i,b} \cdot \overline{c_a}^2)^{r_2}} = \left(\frac{\Omega_{i,a} \cdot \overline{c_b}^2}{\Omega_{i,b} \cdot \overline{c_a}^2}\right)^{r_2} = (\lambda)^{r_2} \tag{8.8}$$

根据式(8.8)，AW 可通过 $\delta = (\lambda)^{r_2}$ 定位最小输入的位置，这是因为盲化因子 r_2 并没有改变 $\|t_i - \boldsymbol{\mu}_a\|^2$ 和 $\|t_i - \boldsymbol{\mu}_b\|^2$ 之间的大小关系。如果 $\lfloor \delta \rfloor = 0$，则说明 $\eta_1 < \eta_2$，AW 设置最小值标识 $\sigma' = Enc_{pk_u}(2)$；反之，则说明 $\eta_1 \geqslant \eta_2$，同时 $\sigma' = Enc_{pk_u}(1)$。但是，用 PKC-DD[100] 机制加密"0"是不安全的，假设 $Enc_{pk_u}(m) = (C_1, C_2)$，其中 $C_1 = g^r \bmod N$，$C_2 = m \cdot pk^r \bmod N$。如果 $m = 0$，则 $C_2 = 0 \cdot pk^r \bmod N = 0$。在这种情况下，EW 显然可以通过观察 C_2 是否为"0"，推断出明文也为"0"，从而知道输入数据的大小关系。

步骤3：EW 以 AW 返回的 σ'、加密的欧氏距离和秘密为输入，输出最小距离和秘密对应的密文。在这个步骤中，SSDC 调用了 ComputeMin 算法（如算法8.6所示），其主要功能是根据标识 φ' 计算出最小的输入的密文。

SSDC 协议的正确性证明如下：以计算 $Enc_{pk_u}(\Omega_{\min})$ 为目标，如果 s 是奇数，EW 和 AW 联合执行 ComputeMin，并得到：

$$Enc_{pk_u}(\Omega_{\min}) = Enc_{pk_u}(\sigma \cdot \Omega_{i,a} + 2 \cdot \Omega_{i,b} - \Omega_{i,a} - \sigma \cdot \Omega_{i,b})$$
$$= Enc_{pk_u}((\sigma - 1) \cdot \Omega_{i,a} + (2 - \sigma) \cdot \Omega_{i,b}) \tag{8.9}$$

显然，在 $\sigma = 2$ 时，可以推断出 $Enc_{pk_u}(\Omega_{\min}) = Enc_{pk_u}(\Omega_{i,a})$；否则，$Enc_{pk_u}(\Omega_{\min}) = Enc_{pk_u}(\Omega_{i,b})$。$Enc_{pk_u}(\overline{c_{\min}})$ 和 $Enc_{pk_u}(s_{\min})$ 也是以类似的方式计算出来的。由于 ComputeMin 得到的输出与输入的密文不相等，因而隐藏了数据的访问模式。

算法 8.6 ComputeMin$(v', w', \varphi') \to \min(v', w')$;

输入:EW 持有两个加密的密文 v', w',加密的最小值标识 φ',其中 $v' = Enc_{pk_u}(v)$,$w' = Enc_{pk_u}(w)$,$\varphi' = Enc_{pk_u}(\varphi)$;AW 已知密钥 $\{pk_u, sk_u\}$;

输出:EW 获得输入的最小值;

1:EW 计算 $Enc_{pk_u}(v \cdot \varphi) \leftarrow Enc_{pk_u}(v) \times Enc_{pk_u}(\varphi)$;

2:EW 计算 $Enc_{pk_u}(2 \cdot w) \leftarrow Enc_{pk_u}(2) \times Enc_{pk_u}(w)$;

3:EW 计算 $Enc_{pk_u}(w \cdot \varphi) \leftarrow Enc_{pk_u}(w) \times Enc_{pk_u}(\varphi)$;

4:EW 与 AW 联合计算 $Enc_{pk_u}(v \cdot \varphi + 2 \cdot w) \leftarrow SA(Enc_{pk_u}(v \cdot \varphi), Enc_{pk_u}(2 \cdot w))$;

5:EW 与 AW 联合计算 $Enc_{pk_u}(v + w \cdot \varphi) \leftarrow SA(Enc_{pk_u}(v), Enc_{pk_u}(w \cdot \varphi))$;

6:EW 计算 $Enc_{pk_u}(-v - w \cdot \varphi) \leftarrow Enc_{pk_u}(v + w \cdot \varphi) \times Enc_{pk_u}(-1)$;

7:EW 与 AW 联合计算
$Enc_{pk_u}(v \cdot \varphi + 2 \cdot w - v - w \cdot \varphi) \leftarrow SA(Enc_{pk_u}(v \cdot \varphi + 2 \cdot w), Enc_{pk_u}(-v - w \cdot \varphi))$;

8:**return** $\min(v', w') \leftarrow Enc_{pk_u}(v \cdot \varphi + 2 \cdot w - v - w \cdot \varphi)$;

8.4.1.6 k 个平方距离的安全最小值协议

假设 EW 拥有一个加密的平方欧氏距离的集合 $\{[d(i,1)], \cdots, [d(i,k)]\}$,其中 $[d(i,j)] = \langle Enc_{pk_u}(\Omega_{i,j}), \overline{\mu_j} \rangle$,$i \in [1, L]$,$j \in [1, k]$;AW 则有密钥对 $\{pk_u, sk_u\}$。此外,EW 还有与距离对应的加密的秘密,即 $s'_1, \cdots, s'_k$。k 个平方距离的安全最小值(Secure Minimum among k Squared Distances,SMkSD)协议的目标是计算输入集合中最小的平方欧氏距离以及对应的秘密,分别记为 $[d_{\min}]$ 和 $s'_{\min}$。在 SSDC 协议的基础上,通过两两比较的方式就可以得到 SMkSD 协议的输出,该算法的计算复杂度为 $O(k)$,该协议的详细实现不再赘述。我们也可使用在文献[263]中的二叉树比较法,它需要至少 $\lceil \log_2 k \rceil$ 次迭代比较。

8.4.1.7 位图安全转换协议

记到某个记录的最近的簇索引为 $Enc_{pk_u}(\nu)$,其中 $(\nu \in [1, k])$。假设 EW 持有 $Enc_{pk_u}(\nu)$,AW 有统一密钥对 $\{pk_u, sk_u\}$。位图安全转换(Secure Index-Bitmap Conversion,SIBC)协议的输出是一个由 k 个加密元素组成的位图向量 Λ。在 SIBC 协议执行的过程中,簇的索引值和位图都不能泄露给云服务器。如果 $i = \nu$ 并且 $i \in [1, k]$,SIBC 将位图元素记为 $\Lambda[i] = Enc_{pk_u}(2)$;否则,$\Lambda[i] = Enc_{pk_u}(1)$。

显然,Λ 中元素为 $Enc_{pk_u}(2)$ 的位置即为距离最近的簇的索引。Λ 的典型形式如下所示:

$$\Lambda = \langle \overbrace{Enc_{pk_u}(1),\cdots,Enc_{pk_u}(1)}^{1 \to \nu-1}, \overbrace{Enc_{pk_u}(2)}^{\nu}, \overbrace{Enc_{pk_u}(1),\cdots,Enc_{pk_u}(1)}^{\nu+1 \to k} \rangle$$

SIBC 协议的具体步骤如算法 8.7 所示。

算法 8.7　$SIBC(Enc_{pk_u}(\nu)) \to \Lambda$

输入:EW 拥有加密的索引 $Enc_{pk_u}(\nu)$;AW 已知密钥 $\{pk_u, sk_u\}$;

输出:EW 获得加密的位图 Λ;

1: EW:

  (a) **for** $i=1$ **to** k **do**

    产生非零的随机数 $\alpha_i, \beta \in_R \mathbb{Z}_N$;

    计算 $A_i \leftarrow Enc_{pk_u}(\alpha_i) \times Enc_{pk_u}(i)^\beta$;

    计算 $B_i \leftarrow Enc_{pk_u}(\alpha_i) \times Enc_{pk_u}(\nu)^\beta$;

  (b) 生成随机置换函数 π;

  (c) 计算 $\Gamma' \leftarrow \pi(\Gamma)$,其中 $\Gamma = \{\langle A_i, B_i \rangle \mid i=1,\cdots,k\}$;

  (d) 将 Γ' 发送给 AW;

2: AW:

  (a) **for** $i=1$ **to** k **do**

    解密 $E_i \leftarrow Dec(sk_u, A_i'), F_i \leftarrow Dec(sk_u, B_i')$,

    其中 $\Gamma' = \{\langle A_i', B_i' \rangle \mid i=1,\cdots,k\}$;

    计算 $\eta_i \leftarrow E_i / F_i$;

        if $\eta_i == 1$ **then**

          – 计算 $W[i] \leftarrow Enc_{pk_u}(2)$;

        else

          – 计算 $W[i] \leftarrow Enc_{pk_u}(1)$;

  (b) 将 W 发送给 EW;

3: EW:

  (a) 输出 $\Lambda \leftarrow \pi^{-1}(W)$;

步骤 1:EW 生成随机数 $\alpha_1, \cdots, \alpha_k$ 和 β,利用乘法同态性质随机化索引 i 和 ν。容易验证 $A_i = Enc_{pk_u}(\alpha_i \cdot i^\beta)$,$B_i = Enc_{pk_u}(\alpha_i \cdot \nu^\beta)$。$\langle A_1, B_1 \rangle, \cdots, \langle A_k, B_k \rangle$ 组成了一个有序的集合 Γ。接着,EW 用随机置换函数 π 改变 Γ 的排序,得到 Γ'。

步骤 2:AW 将乱序后的集合 Γ' 中的各个元素解密得到向量 E 和 F,然后计算 E 和 F 对应的各元素的比值,如下面等式:

$$\eta_j = \frac{E_j}{F_j} = \frac{\alpha_i \cdot i^{\beta}}{\alpha_i \cdot \nu^{\beta}} = \left(\frac{i}{\nu}\right)^{\beta} \tag{8.10}$$

其中 $i,j \in [1,k]$,注意 i 和 j 可能不相等。不论 β 取什么值,只要 $i = \nu$,就可得到 $\eta_j = 1$;否则,η_j 是 $\mathbb{Q}$ 中的随机数。因为向量 E 被随机数 $\alpha_1, \cdots, \alpha_2$ 和 β 随机干扰,而且 $E_i/E_j = (\alpha_i/\alpha_j) \cdot (i/j)^{\beta}$ 也是随机值,AW 节点无法区分出 E_i 和 E_j,其中 $i \neq j$。同理,AW 也不能从向量 F 中获取有用信息。所以,只要 π 是保密的,AW 不知道离目标记录最近簇的索引。AW 返回给 EW 一个由 1 个 $Enc_{pk_u}(2)$ 和 $k-1$ 个 $Enc_{pk_u}(1)$ 组成的位图 W。

步骤 3:EW 通过随机置换的逆变换 $\pi^{-1}(W)$,输出正确排序的位图向量 Λ。另外,值得注意的是基于公式(8.10)的比较方法能够应用在其他需要相等测试的外包场景下。

8.4.1.8 聚类簇心安全更新协议

假设 EW 持有聚类分配关系矩阵 V,加密的数据集 D',目标簇 c_i,其中 $1 \leq i \leq k$,AW 有统一密钥对 $\{pk_u, sk_u\}$。聚类簇心安全更新(Secure Cluster Center Update,SCCU)协议的目标是计算新的簇中心 $[\mu_i]$,其中 $[\mu_i] = \langle Enc_{pk_u}(s_i), Enc_{pk_u}(\overline{c_i}) \rangle$。SCCU 协议的设计思路是计算每个属性值的算术平均值,从而得到 c_i 更新的聚类中心。在这个过程中,关于数据集内容、属性值之和、簇大小都不能泄露。与此同时,要尽量减少 SA 的调用次数以减少计算开销。SCCU 协议的具体步骤如算法 8.8 所示。

算法 8.8 $SCCU(V, D', i) \to [\mu_i]$;

输入:EW 有分配矩阵 V,加密数据集 D',目标簇序号 i,其中 $V = \langle \Lambda_1^{\mathrm{T}}, \cdots, \Lambda_L^{\mathrm{T}} \rangle$,$D' = \{Enc_{pk_u}(t_{j,h}) | j \in [1,L], h \in [1,m]\}$,$i \in [1,k]$;AW 已知密钥 $\{pk_u, sk_u\}$;

输出:EW 获得 c_i 更新后的簇心 $[\mu_i]$;

1:EW:

(a) **for** $h = 1$ **to** m **do**
   for $j = 1$ **to** L **do**
   计算 $H_j \leftarrow Enc_{pk_u}(t_{j,h}) \times V[j,i]$;
   与 AW 联合计算 $H_h' \leftarrow SA(H_j, H_h')$;

（续表）

2: EW 和 AW:

  (a) **for** $j = 1$ **to** L **do**

      计算 $C \leftarrow \mathrm{SA}(V[j,i], C)$;

  (b) 计算 $Enc_{pk_u}(\overline{c_i}) \leftarrow \mathrm{SA}(C, Enc_{pk_u}(-L))$;

3: **return** $[\boldsymbol{\mu}_i] \leftarrow \langle Enc_{pk_u}(s_i), Enc_{pk_u}(\overline{c_i}) \rangle$;

为避免出现加密"0"的情况,SCCU 中的 $\boldsymbol{V}$ 的取值范围与 8.3 节中所述的 $\boldsymbol{V}$ 略有不同,在这里要求 $V[j,i] \in \{1,2\}$,其中,$V[j,i] = 2$ 表示 t_j 属于簇 c_i,而 $V[j,i] = 1$ 表示 t_j 不属于 c_i。

SCCU 协议的各步骤说明如下:

步骤 1:EW 首先求属于簇 c_i 的所有记录的每个对应属性的和,即 $Enc_{pk_u}(s_{i,h})$,其中 $1 \leqslant i \leqslant k, 1 \leqslant h \leqslant m$。$\boldsymbol{V}$ 的每个元素都是在 pk_u 加密的,即 $V[j,i] = Enc_{pk_u}(v_{j,i})$,其中 $v_{j,i} \in \{1,2\}$ 和 $j \in [1,L]$,$H_j = Enc_{pk_u}(t_{j,h} \cdot v_{j,i})$。经历了 L 轮迭代后,可得到如下等式:

$$Enc_{pk_u}(s_{i,h}) = Enc_{pk_u}\Big(\sum_{j=1}^{L} t_{j,h} \cdot v_{j,i} - \sum_{j=1}^{L} t_{j,h} \Big) = Enc_{pk_u}\Big(\sum_{j=1}^{L} t_{j,h} \cdot (v_{j,i} - 1) \Big)$$

(8.11)

根据式(8.11),EW 将属于簇 c_i 的所有数据记录的每个对应的属性加起来。S_h 表示数据集中第 h 个属性和的密文,在聚类外包的整个阶段,S_h 只需要计算一次,其中 $1 \leqslant h \leqslant m$。

步骤 2:EW 和 AW 协作通过 SA 协议计算簇的大小,即属于该簇记录条目的个数 $Enc_{pk_u}(\overline{c_i})$,可以验证如下等式:

$$Enc_{pk_u}(\overline{c_i}) = Enc_{pk_u}\Big(\sum_{j=1}^{L} v_{j,i} - L \Big) = Enc_{pk_u}\Big(\sum_{j=1}^{L} (v_{j,i} - 1) \Big) \quad (8.12)$$

从式(8.12)可以看出,这一步实际上相当于将所有 $v_{j,i} = 2$ 的记录个数加起来,而丢弃掉 $v_{j,i} = 1$ 的记录,其最终结果就是簇 c_i 大小对应的密文。

步骤 3:EW 将属性和向量 $Enc_{pk_u}(s_{i,1}), \cdots, Enc_{pk_u}(s_{i,m})$ 和簇大小的密文 $Enc_{pk_u}(\overline{c_i})$ 作为更新后的聚类中心点。

8.4.2　Spark 框架下的 k 均值聚类计算安全方案

在上文提出的隐私保护构建块的基础上,我们设计了针对标准 k 均值聚类外包的解决方案 PPCOM。

PPCOM 的目标是调度云服务器集群在多个用户加密的数据集上执行聚类分析任务,与此同时,关于数据记录、中间计算结果、最终聚类结果的隐私信息不能泄露给半诚信的服务器。为了提高外包计算的性能,我们采用了大规模数据处理引擎 Spark[265]。弹性分布式数据集(RDD)是 Spark 提供的核心概念,它是一个具有容错机制的特殊集合,把所有计算的数据保存在分布式的内存中,将极大地提升 IO 操作,特别适用于需要迭代计算的机器学习算法,比如 k 均值。MLlib 是 Spark 的机器学习库[266],提供了诸如分类、聚类、回归等工具,但是这些工具没有考虑外包计算中隐私保护的要求,不能处理加密的数据。针对此问题,PPCOM 协议将 8.4.1 节提出的构建块技术整合进 Spark 框架,实现了聚类外包高效的分布式计算和集群容错能力,同时保护了用户的隐私。

PPCOM 由四个阶段构成,包括数据上传阶段、密文转换阶段、聚类外包计算阶段和结果提取阶段,下面做详细阐述。

8.4.2.1　数据上传阶段

在数据拥有者将数据集外包之前需要对数据做预处理,其中很关键的一步是数据的归一化,目的是为了避免大数值区间的属性过分支配了小数值区间的属性,进而影响了相似性度量的准确性。归一化给所有属性赋予不同的权重,使得所有数值记录落入相同的区间。本章采用了最小 – 最大值(Mix-Max)归一化方法[267]。假设属性 A 拥有 s 个观测的记录,记为 $v_1, v_2, \cdots, v_s$,A 的取值区间是 $[\min_A, \max_A]$,而归一化的目标区间是 $[new\_\min_A, new\_\max_A]$。最小 – 最大值归一化技术通过如下计算将 v_i 映射到 $[new\_\min_A, new\_\max_A]$ 区间中的 v_i':

$$v_i' = \frac{v_i - \min_A}{\max_A - \min_A}(new\_\max_A - new\_\min_A) + new\_\min_A \tag{8.13}$$

另外,由于 PKC-DD 只能加密整数型的数值,对于有小数的数据集则需要线性扩展,使取值空间变换到 $\mathbb{Z}$。按照精度要求,如果保留 X 位小数就将整个数据集扩展 1×10^X 倍。

在预处理结束后,DO_i 通过运算 $Enc(pk_i, t_{j,h}^i)$ 将其数据集 D_i 加密,其中 $i \in [1, n]$。记 $t_{j,h}^i$ 表示数据集 D_i 中的第 j 个记录、第 h 个属性的值,其中 $h \in [1, m]$,

$j\in[1,L]$。D_i' 表示 D_i 加密后的数据集。在所有 DO 将他们的数据集上传至各 EW 节点后,CSP 通过聚合分布式数据库得到了 $D'=\bigcup_{i=1}^{n}D_i'$。在这种情形下,DO_i 仍然能够下载数据,并用自己的私钥 sk_i 解密 D_i',但是 DO_i 不能解密 DO_j 的数据库,因为 DO_i 没有 sk_j,其中 $i\neq j$。

8.4.2.2　密文转换阶段

在接收到来自 DO 的数据集后,存储数据的 EW 节点启动密文转换程序,这个阶段的目标是将在 pk_i 下的密文转换为统一的云端公钥 pk_u 下的密文,其中 $i\in[1,n]$。EW 首先将 D' 复制为 D_r',这样就保证了 DO 仍能对他们数据集的访问。接着,EW 和 AW 联合起来执行 SCT 协议,输出转换后的数据集(记为 D_u')。该阶段的重要性体现在三个方面:①EW 能够在统一密钥后的密文上执行同态乘法运算;②使用普通密钥解密要比使用特权密钥解密效率更高,可减少 AW 端的计算开销;③KA 在整个系统中只有一个,容易构成单点的性能瓶颈,而密码服务提供商有多个 AW 节点,能够并行计算。

8.4.2.3　聚类外包计算阶段

完成密文转换后,EW 节点得到所有转换的记录条目 $Enc_{pk_u}(t_{i,j})$,其中 $i\in[1,L]$,$j\in[1,L]$。当 QU 向云服务商提出聚类查询请求申请后,进入到聚类外包计算阶段,该阶段的目标是计算 k 个聚类中心 $[\boldsymbol{\mu}_1],\cdots,[\boldsymbol{\mu}_k]$,以及分配关系矩阵 $\boldsymbol{V}_{L\times k}$。整个外包过程不仅需要保护数据和查询结果的机密性,还要与 Spark 框架融合起来。如图 8.2 所示,聚类外包计算阶段包括四个步骤,分别是任务指派、映射(Map)过程、归约(Reduce)过程、迭代判别(Judgement)。

1. 步骤1:任务指派

首先,云服务商划分出 ζ 个最小计算单元(Minimum Computing Unit,MCU),每个 MCU 由一个 EW 服务器和一个 AW 服务器组成,比如 MCU = $\{EW',AW'\}$,其中 $EW'\in\{EW_1,\cdots,EW_\theta\}$,$AW'\in\{AW_1,\cdots,AW_\vartheta\}$。

显然,MCU 能够独立执行 8.4.1 节提出的基于密码学的构建块协议。通常 AW 的负载相对 EW 较轻,因而多个 EW 节点可共享同一个 AW 节点,从而最大化资源利用率。整个 MCU 集合 $\{MCU_1,\cdots,MCU_\zeta\}$ 又被分为两个集合,即 MAP 集合和 REDUCE 集合。假设 MAP 中的元素为 $MCU_1,\cdots,MCU_f$,REDUCE 中的元素为 $MCU_{f+1},\cdots,MCU_{f+k+1}$。云计算的调度算法根据资源的使用情况分配任务,将数据集 D_u' 平均分割成 f 份,记为 $P_1,\cdots,P_f$,并将它们传送到 MAP 集合中空闲

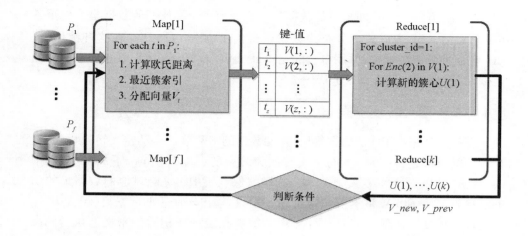

图 8.2 Spark 框架下的 PPCOM 协议

的 MCU 节点上。根据 k 均值算法,MAP 的节点共同从 D_u' 随机选取 k 个对象作为初始聚类中心 $\boldsymbol{U}$,记为 $\boldsymbol{U}=\{[\boldsymbol{\mu}_1],\cdots,[\boldsymbol{\mu}_k]\}$,其中 $[\boldsymbol{\mu}_j]=\langle Enc_{pk_u}(s_j),Enc_{pk_u}(\bar{c}_j)\rangle,1\leqslant j\leqslant k$。

2. 步骤 2:Map

MAP$[i]$ 把 P_i 和 $\boldsymbol{U}$ 作为输入,输出一个由键值(key/value)对构成的表 T_i。其中,MAP$[i]$ 表示 MAP 集合中的第 i 个 MCU 单元,*key* 是数据记录条目,*value* 是加密的位图,表示该条目对应的最近的簇位置。假设 P_i 是第 i 个数据分区,包括 z 条记录 $[t_1],\cdots,[t_z]$,$[t_j]$ 是一个 m 维的向量:$\langle Enc_{pk_u}(t_{j,1}),\cdots,Enc_{pk_u}(t_{j,m})\rangle$,其中 $j\in[1,z]$。

Map 过程如算法 8.9 所示,MAP 集合中的每个计算单元并行执行如下操作:①计算记录 $[t_j]$ 和簇心 $[\boldsymbol{\mu}_h]$ 之间加密的平方欧氏距离,其中 $1\leqslant j\leqslant z,1\leqslant h\leqslant k$(第 1~5 步);②对于每一条数据记录,利用 SMkSD 在 k 个距离中求出离该记录最近簇的加密索引(第 6 步);③通过 SIBC 协议,将上一步计算的索引值转换为长度为 k 的加密位图(第 7 步)。MAP$[i]$ 的输出是长度为 z 的键值对表 T_i,在每个条目中键是数据记录,值是它对应的位图。

算法8.9   Map$(P_1,\cdots,P_f,\boldsymbol{U})\rightarrow\{T_1,\cdots,T_f\}$;

输入:MAP 中的 MCU 已知数据集 $P_1,\cdots,P_f$,初始化的簇心集合 $\boldsymbol{U}$;

输出:键值表$\{T_1,\cdots,T_f\}$;

1: $\forall i\in[1,f]$,MAP$[i]$ 同步执行:

2: **for** $j=1$ to z **do**

3:     **for** $h=1$ to k **do**:

4:         //计算平方欧氏距离

        $[d(j,h)]\leftarrow$SSED$([t_j],[\boldsymbol{\mu}_h])$,其中 $[d(j,h)]=\langle Enc_{pk_u}(\Omega_{j,h}),\overline{c_h}\rangle$;

5:     **end for**

6:     //计算 k 个距离中最小的索引

        $\{[d_{min}],s'_{min}\}\leftarrow$SMkSD$(\{[d(j,1)],Enc_{pk_u}(1)\},\cdots,\{[d(j,k)],Enc_{pk_u}(k)\})$;

7:     //转换索引为加密的向量

        $\boldsymbol{\Lambda}_j\leftarrow$SIBC$(s'_{min})$;

8:     //组成键值对

        $key_j\leftarrow[t_j]$,$value_j\leftarrow\boldsymbol{\Lambda}_j$;

9: **end for**

10:**return** $T_i=\{\langle key_1,value_1\rangle,\cdots,\langle key_z,value_z\rangle\}$,其中 $i=1,\cdots,f$;

3. 步骤3:Reduce

REDUCE 集合中的计算单元以 MAP 的输出$\{T_1,\cdots,T_f\}$和外包的数据集 D'_u 作为输入,第 i 个计算单元 REDUCE$[i]$($1\leqslant i\leqslant k$)计算分配关系矩阵 $\boldsymbol{V}$,并为簇 c_i 求聚类中心。Reduce 过程如算法 8.10 所示,REDUCE 集合中的计算单元并行执行如下步骤:①将来自各个 MAP 单元的$\{T_1,\cdots,T_f\}$中的位图向量合并,构成聚类分配关系矩阵 $\boldsymbol{V}$(第4步);②通过调用 SCCU 为目标簇计算聚类中心(第7步)。最后,REDUCE$[i]$的输出是簇心集合 $\boldsymbol{U}=\{[\boldsymbol{\mu}_1],\cdots,[\boldsymbol{\mu}_k]\}$和矩阵 $\boldsymbol{V}$。

算法8.10   Reduce$(T_1,\cdots,T_f,D'_u)\rightarrow\{\boldsymbol{U},\boldsymbol{V}\}$;

输入:REDUCE 集合中的 MCU 已知 $T_1,\cdots,T_f$,以及外包数据集 D'_u;

输出:簇心集合 $\boldsymbol{U}$,分配矩阵 $\boldsymbol{V}$;

1: $\forall i\in[1,k]$,REDUCE$[i]$同步执行:

2: **for** $j=1$ to f **do**

3:     **for** $h=1$ to z **do**:

4:         //将位图向量合成分配矩阵

（续表）

$$V[(j-1) \cdot z + h] \leftarrow T_j.value_h;$$

5： **end for**

6： **end for**

7： //计算 c_i 的聚类中心

$$[\boldsymbol{\mu}_i] \leftarrow \text{SCCU}(\boldsymbol{V}, D_u', i);$$

8： **return** U, V,其中 $U = \{[\boldsymbol{\mu}_1], \cdots, [\boldsymbol{\mu}_k]\}$;

4. 步骤4：Judgement

这个步骤的目的是判断 k 均值是否满足迭代终止条件,本章将关系矩阵 $\boldsymbol{V}$ 在更新前后是否发生变化作为判断条件。给定 EW 已知簇更新前的矩阵 $\boldsymbol{V}$ 和更新后的矩阵 $\boldsymbol{V}'$,AW 则已知密钥 $\{pk_u, sk_u\}$。我们的策略是利用 SET 协议将 $\boldsymbol{V}$ 和 $\boldsymbol{V}'$ 中的元素挨个做比较,一旦发现不匹配的元素,EW 就用 $\boldsymbol{V}'$ 替换 $\boldsymbol{V}$,接着进入聚类计算的步骤2;否则,接着进行下一项的对比,直到比较完整个 $L \times k$ 矩阵。如果最终得到 $\boldsymbol{V} = \boldsymbol{V}'$,意味着聚类各对象的分配情况不再发生变化,EW 就可以终止迭代过程,并进入结果提取阶段。

8.4.2.4 结果提取阶段

因为聚类中心集合 U 和分配关系矩阵 $\boldsymbol{V}$ 都是在 pk_u 下加密的密文,因此 QU 在没有 sk_u 的情况下无法解密聚类结果。云服务器必须首先进行密文转换,EW 和 AW 节点通过 SCT 协议将 U 和 V 中的每个密文都转换为 pk_Q 下加密的密文,然后将转换后的数据发送给 QU。此时,QU 就能够用自己的密钥 sk_Q 获取最终结果。由于 c_i 的簇中心包含了分子和分母两个部分,需要通过计算 $\boldsymbol{\mu}_i \leftarrow s_i / \overline{c_i}$,恢复出真实的簇中心,其中 $i \in [1, k]$。

8.5 安全性分析

本节首先证明基于双解密加密机制的隐私保护构建块的安全性,在此基础上分析聚类外包方案 PPCOM 的安全性。

8.5.1　隐私保护构建块协议的安全性

根据 8.2 节提出的系统模型,由于聚类外包的参与方都是半诚信的,所有设计协议的安全性证明仍采用真实世界和理想世界模型[228]。通过模拟攻击者在理想世界的输入和输出,如果攻击者无法区分它观察到的真实世界和理想世界的视角,就认为该协议是安全的。下面对 8.4.1 节提出的隐私保护构建块各协议的安全性进行分析。

定理 8.1　在半诚信且非合谋的威胁模型下,SA 协议保护了输入和输出的机密性,当且仅当 PKC-DD[100] 是语义安全的。

证明: SA 的算法实现由 EW 和 AW 两个服务器共同完成,所以需要证明 SA 不仅在敌手 $\mathscr{A}_{EW}$ 俘获 EW 的情况下是安全的,而且在敌手 $\mathscr{A}_{AW}$ 俘获 AW 的情况下也是安全的。

对 $\mathscr{A}_{EW}$ 的安全性:在第 1 步中,$\mathscr{A}_{EW}$ 的真实世界视角包括输入 $\{Enc_{pk_u}(m_1),\ Enc_{pk_u}(m_2)\}$、随机数 $\{r_1,r_2,r_3,\rho_1,\rho_2,\rho_3,\rho_4\}$、输出 $\{\alpha_i,S_1,S_2,H_1,H_2 \mid 1\leqslant i\leqslant 6\}$。第 3 步中,$\mathscr{A}_{EW}$ 的真实世界视角包括输入 $\{\beta_1,\beta_2,\beta_3\}$、输出 $\{K_1',K_2',K_3'\}$、中间过程 $\{K_1,K_2,K_3,r_4\}$。第 5 步中,$\mathscr{A}_{EW}$ 的真实世界视角有输入 γ'、输出 $\{\chi,\chi^d\}$,以及固定值 d。由于没有解密密钥 sk_u,$\mathscr{A}_{EW}$ 无法解密上述的密文。所以,可以构造一个理想世界的模拟器 Sim_{EW},它产生以下数据的加密值 $\{\hat{m}_1,\hat{m}_2,\hat{\beta}_1,\hat{\beta}_2,\hat{\beta}_3,\hat{\gamma}'\}$ 作为输入,从 $\mathbb{Z}_N$ 选择随机数 $\{\hat{r}_i,\hat{\rho}_i \mid i=1,\cdots,4\}$,然后,$\mathrm{Sim}_{EW}$ 按照协议计算出相应的输出。由于 PKC-DD 是语义安全的,$\mathscr{A}_{EW}$ 区分观察到的真实世界和理想世界视角在计算上是困难的。

对 $\mathscr{A}_{AW}$ 的安全性:在第 2 步中,$\mathscr{A}_{AW}$ 的真实世界视角包括输入 $\{\alpha_i \mid i\leqslant i\leqslant 6\}$、中间过程值 $\{F_i,\beta_j \mid 1\leqslant i\leqslant 6,1\leqslant j\leqslant 3\}$、输出 $\{\beta_i' \mid 1\leqslant i\leqslant 3\}$。注意 $\mathscr{A}_{AW}$ 解密得到的中间值和输出都被 $r_1,\cdots,r_3$ 和 $\rho_1,\cdots,\rho_4$ 中的随机数盲化。此外,$\mathscr{A}_{AW}$ 要猜测到正确的输入比值即 m_1/m_2 是十分困难的。假设 $\rho_1=3+k_1N-\rho_2,\rho_3=3+k_2N-\rho_4$,其中 $k_1,k_2\in_R\mathbb{Z}$。在可获得的输入中,有 8 个未知数,而 $\mathscr{A}_{AW}$ 只能建立 6 个方程,即 $\alpha_1,\cdots,\alpha_6$,不足以解出 m_1/m_2。在第 4 步中,$\mathscr{A}_{AW}$ 真实世界的视角有输入 $\{K_1',\cdots,K_3'\}$,输出 $\{L_i,\gamma,\gamma' \mid 1\leqslant i\leqslant 3\}$,这组输入输出都被 r_4 和 $\rho_1,\cdots,\rho_4$ 盲化。所以,可以构造一个理想世界的模拟器 Sim_{AW},能够产生下列数作为 $\mathscr{A}_{AW}$ 的输入 $\{\hat{\alpha}_i,\hat{K}_j'\in_R\mathbb{Z}_N \mid i\leqslant i\leqslant 6,1\leqslant j\leqslant 3\}$,通过执行协议得到 $\{\hat{\beta}_i',\hat{\gamma}' \mid 1\leqslant i\leqslant 3\}$ 作为 $\mathscr{A}_{AW}$ 的输出。由于盲化因子都是完全随机选择的,$\mathscr{A}_{AW}$ 无法区分真实世界和理想世界的视角。

在半诚信且非合谋的敌手 $\mathscr{A} = (\mathscr{A}_{EW}, \mathscr{A}_{AW})$ 模型下，SCT、SET 协议的安全性证明过程与 SA 协议类似，都需要模拟敌手在理想世界的视角，使得它在多项式时间内无法区分真实世界和理想世界。

定理 8.2 在半诚信且非合谋的威胁模型下，SSDC 协议保护了输入输出的机密性，并隐藏了协议的访问模式，当且仅当 PKC-DD[100] 和 SA 是语义安全的。

证明： 需要证明 SSDC 不仅在 $\mathscr{A}_{EW}$ 和 $\mathscr{A}_{AW}$ 存在的情况下是安全的，而且隐藏了输入输出访问模式。

对 $\mathscr{A}_{EW}$ 的安全性：在第 1 步中，$\mathscr{A}_{EW}$ 的输入都是在 pk_u 加密的，E_1, E_2, τ_1, τ_2 是基于同态乘法性质上计算出来的。在第 3 步执行 ComputeMin 过程中调用了 SA 协议，其中的最小值标识 $\varphi \neq 0$，所以，$\mathscr{A}_{EW}$ 所得到的数据都是在 pk_u 的密文。由于 $\mathscr{A}_{EW}$ 没有密钥 sk_u，$\mathscr{A}_{EW}$ 无法获得明文距离 $\langle \Omega_{i,a}, \overline{c_a} \rangle$ 和 $\langle \Omega_{i,b}, \overline{c_b} \rangle$，以及对应的秘密 s_a, s_b。因此，可以构造一个模拟器 Sim_{EW} 来模拟 $\mathscr{A}_{EW}$ 在理想世界的视角，由于 PKC-DD 和 SA 是语义安全的，$\mathscr{A}_{EW}$ 区分真实世界和理想世界视角在计算上是困难的。

对 $\mathscr{A}_{AW}$ 的安全性：在第 2 步中，$\mathscr{A}_{AW}$ 的输入是 τ_1, τ_2，通过解密获得 η_1, η_2，实际的距离值被随机数 r_1, r_2 所盲化，比值 η_1/η_2 被 r_2 盲化。虽然 $\mathscr{A}_{AW}$ 可求出 η_1 和 η_2 的大小关系，但距离的比值顺序被随机数 s 所扰乱，所以，$\mathscr{A}_{AW}$ 无法获知两个距离的大小关系。可以构造一个模拟器 Sim_{AW} 来模拟 A_{AW} 在理想世界的视角，由于盲化因子是随机选择的，并且 SA 是语义安全的，所以 $\mathscr{A}_{AW}$ 区分真实世界和理想世界视角在计算上是困难的。

隐藏访问模式：由于指示距离大小关系的符号 σ' 是加密的，因此 $\mathscr{A}_{EW}$ 无法获知哪个距离是最小的，而最终输出加密的最小距离和对应的秘密是通过 ComputeMin 计算出的，中间进行了三次安全加法算。由于 SA 是语义安全的，其输出是完全随机的密文，因此，SSDC 的输出也是随机的密文，$\mathscr{A}_{EW}$ 无法区分输入和输出的密文，从而隐藏了访问模式。此外，由于 $\mathscr{A}_{AW}$ 不持有输入和最终的输出，进而无法获知访问模式。

在半诚信且非合谋的敌手 $\mathscr{A} = (\mathscr{A}_{EW}, \mathscr{A}_{AW})$ 模型下，SSED、SMkSD、SIBC、SCCU 协议的安全性证明过程与 SSDC 协议类似，这类构建块是在 SA 协议的基础上设计的，属于更高层的安全协议，其安全性依赖于底层加密算法，SMkSD 还依赖 SSDC 的安全性，并通过盲化和随机扰乱技术防止隐私信息泄露给 $\mathscr{A}_{AW}$。另外，SMkSD、SIBC 和 SCCU 协议还隐藏了输入输出的访问模式，对于 SMkSD，$\mathscr{A}_{EW}$ 不知道输出的最小距离对应于输入的哪个值；对于 SIBC，$\mathscr{A}_{EW}$ 无法判断输入索引在输出位图中的位置；对于 SCCU，$\mathscr{A}_{EW}$ 在更新簇中心时不知道哪些记录属于这个簇,更新操作以不经意的方式完成。

另外要强调的是,在 SSDC 协议的第 3 步中,ComputeMin 计算加法的结合顺序会影响系统的安全性。如算法 8.6 所示,输入有 $\varphi\in\{1,2\}$,输出为 $Enc_{pk_u}(v\cdot\varphi+2\cdot w-v-w\cdot\varphi)$。若先计算 $Enc_{pk_u}(v\cdot\varphi-v)$ 和 $Enc_{pk_u}(2\cdot w-\varphi\cdot w)$,虽然最终结果不变,但执行 SA 输出的可能是 $Enc_{pk_u}(0)$,PKC-DD 加密"0"是不安全的,从而导致 $\mathscr{A}_{EW}$ 和 $\mathscr{A}_{AW}$ 猜测出 $\varphi=1$ 或 $\varphi=2$;而先计算 $Enc_{pk_u}(v\cdot\varphi+2\cdot w)$ 和 $Enc_{pk_u}(v+w\cdot\varphi)$ 不会出现此问题。同理,SCCU 协议第 2 步的加法结合顺序也不能改变。

8.5.2　聚类外包方案的安全性

在隐私保护构建块安全性分析的基础上,我们证明聚类外包解决方案 PPCOM 的安全性,并给出如下定理。

定理 8.3　在半诚信且非合谋的威胁模型下,PPCOM 保护了外包数据集、中间过程、聚类结果的隐私,并隐藏了访问模式,当且仅当 PKC-DD[100] 和 8.4.1 节提出的隐私保护构建块是安全的。

证明:PPCOM 由四个串行关系的阶段组成。在数据上传阶段,每个用户用自己的密钥加密数据并上传至云端服务器,由于 PKC-DD[100] 是安全的加密机制,而敌手 $\mathscr{A}_{EW}$ 没有用户的私钥,因而无法获取关于用户数据的任何有价值信息。在密文转换阶段,SCT 协议被用来变换数据的加密密钥,由于 SCT 是安全的,则该阶段没有隐私泄露。在聚类外包计算阶段,云服务器迭代执行四个连续的步骤,即指派任务、映射过程、归约过程、迭代判别。指派任务由 EW 节点完成,不涉及运算操作,Map 算法调用了安全协议 SSED、SMkSD 和 SIBC。Reduce 算法则利用 SCCU 协议更新了聚类中心,最后通过 SET 判断迭代终止条件。根据之前隐私保护构建块的安全性证明,并且各步骤输入和输出的数据都是加密的,所以数据和结果的隐私是安全的,聚类的访问模式得到了保护,云服务器不知道每个簇的规模以及各记录属于哪个簇。在结果提取阶段,通过 SCT 协议进行了密钥转换,同样没有隐私泄露。综上所述,根据组合定理[228],由这四个阶段串行构成的 PPCOM 方案在半诚信敌手模型下是安全的。

值得注意的是,基于 PKC-DD 设计的 PPCOM 相比第二、三章的基于代理重加密机制构造的隐私保护方案在安全性上有两点优势:①OPBB 或 OCkNN 无法抵抗 C_1 或 C_i^A(存储数据集的服务器)与 DO_i(数据拥有者,其中 $1\leqslant i\leqslant n$)的合谋攻击。以 C_1 为例,攻击者能够计算 $sk_u\leftarrow rk_{i\leftrightarrow u}\cdot sk_i$,从而导致 C_2 服务器的密钥

sk_u 被泄露,这意味着所有的外包数据都能被攻击者解密。而 PPCOM 则不存在这种情况,因为根据 PKC-DD 的安全性,EW 和 DO_i 即使合谋也不能推测出特权密钥 msk;②PPCOM 不需要云服务器为每个用户维护一个重加密密钥,节约了存储和管理成本,同时降低了密钥泄露的风险。

8.6　性能分析

本节从理论分析和实验仿真两个方面讨论 PPCOM 方案的性能,并和现有类似的方案做比较。

8.6.1　理论分析

记 Exp、Mul 分别表示模幂运算和模乘法运算,记 $|N|$ 表示 N 的比特大小。PKC-DD[100] 执行一次加密开销是 $2\text{Exp} + 1\text{Mul}$,普通密钥解密的开销是 $1\text{Exp} + 1\text{Mul}$,而特权密钥解密的开销是 $2\text{Exp} + 2\text{Mul}$。表 8.2 展示了隐私保护构建块和一轮迭代中聚类外包的计算和通信开销,其中,m 表示数据集的属性个数,L 表示联合数据集的大小。观察发现,SA 协议通过多轮交互和多次加解密操作,造成了大量的模幂运算;SSDC 协议为了保护访问模式而多次调用 SA 协议,其计算和通信开销同样很大。

在数据上传阶段,每个用户需要 $2lm\text{Exp} + lm\text{Mul}$ 运算和 $2lm|N|$ 比特的通信。密文转换阶段的计算和通信开销分别是 $8Lm\text{Exp} + 9Lm\text{Mul}$ 和 $4lm|N|$。值得注意的是,数据集加密和密文转换在 PPCOM 中只执行一次,这种开销在聚类的多次迭代中被摊平。映射、规约以及判别的过程会反复执行多次,与 Map 开销相关的参数是数据维度 m、分片的大小 z 和簇个数 k,与 Reduce 开销相关的参数是数据集大小 L 和 m。可见,在数据集确定的情况下,增加 MAP 中计算单元的数量能够降低 z,从而提高计算效率。在迭代条件判别时,最糟糕的情况是比较整个关系矩阵 $\mathbf{V}_{L \times k}$,其计算和通信开销与矩阵大小密切相关。在结果提取阶段,服务器需要执行 $8km\text{Exp} + 9km\text{Mul}$ 进行结果密钥转换,传输的开销是 $7km|N|\text{bit}$,而 QU 需要 $km\text{Exp} + km\text{Mul}$ 解密最终结果。

表8.2　隐私保护构建块和聚类外包协议的计算和通信开销

协议	计算开销	通信开销/bit
SCT	$8\mathrm{Exp}+9\mathrm{Mul}$	$4\lvert N\rvert$
SA	$51\mathrm{Exp}+55\mathrm{Mul}$	$26\lvert N\rvert$
SET	$3\mathrm{Exp}+3\mathrm{Mul}$	$2\lvert N\rvert$
SSDC	$478\mathrm{Exp}+572\mathrm{Mul}$	$84\lvert N\rvert$
SIBC	$(8k+2)\mathrm{Exp}+8k\mathrm{Mul}$	$6k\lvert N\rvert$
SCCU	$51(2mL+m+L)\mathrm{Exp}+(111mL+55m+55L)\mathrm{Mul}$	$(52mL+26m+26L)\lvert N\rvert$
Map	$kz(51m+486)\mathrm{Exp}+kz(59m+580)\mathrm{Mul}$	$kz(26m+90)\lvert N\rvert$
Reduce	$(102mL+51m+51L)\mathrm{Exp}+(111mL+55m+55L)\mathrm{Mul}$	$(52mL+26m+26L)\lvert N\rvert$
Judgement	$3kL\mathrm{Exp}+3kL\mathrm{Mul}$	$kl\lvert N\rvert$

8.6.2　实验分析

为评估本章所提出的聚类外包方案 PPCOM 的性能,我们在实验室环境下仿真测试,服务器的配置为 Intel Xeon E5 – 2620 @ 2.10 GHz CPU、12GB 内存,运行 CentOS 6.5 系统。在密码算法库 Crypto ++5.6.3[232] 和 Spark 框架的基础上,用 C ++实现了所有的外包协议,利用多线程技术模拟多台服务器的并行运算。与本章类似的方案是文献[263]提出的聚类外包方案 PPODC,采用了 Paillier 加密机制[89],在双服务器模型下达到了 CPA 级别的隐私保护,并同样隐藏了访问模式,但是该方案不支持多密钥计算和 Spark 框架。文献[220]利用了 BCP 双解密机制[101],支持多密钥下简单的加法和乘法外包运算。为达到相同的安全级别,Paillier 加密和 BCP 加密密钥都为 1024bit,而 PKC-DD[100] 的密钥大小要比 RSA 模大小多 $500\sim600\mathrm{bit}$[268],实验中选择安全参数 $\kappa=512$,所以有 $\lvert N\rvert=1\,536$。

在下面的实验中,使用了 UCI 的 KEGG 代谢反应网络数据集[258],该数据集包括 65 554 个记录条目和 29 个属性。在数据预处理阶段,按照 8.4.2.1 节的归一化方法,将所有的数据归一化为 $[0,1\,000]$ 的整数。需要声明的是,数据集的第一个属性作为路径的唯一标识不反应网络的特征,因此在实验中被排除掉。

8.6.2.1　隐私保护构建块的性能测试

首先,对 8.4.1 节提出的每个隐私保护构建块协议进行性能测试,实验结果如表 8.3 所示,其中的每个数据为重复 1000 次的平均值。通过观察发现,功能越复杂的协议开销越大,比如 SSED、SMkSD、SCCU 等,它们的共同特点是调用了多次 SA 进行安全加法操作,需要频繁进行加解密等运算,并且必须由两台服务器交互协作完成,使得计算和通信开销都很大。实验结果和前面的理论分析是一致的。

表 8.3　PPCOM 的各构建块协议的性能对比

协议	计算时间	通信开销
SA	40. 851ms	4. 875KB
SET	5. 543ms	0. 375KB
SSED($m = 20$)	766. 154ms	88. 860KB
SSDC	267. 815ms	33. 750KB
SMkSD($k = 4$)	1. 107s	134. 997KB
SIBC($k = 4$)	49. 509ms	4. 500KB
SCCU($L = 100, m = 20, k = 4$)	80. 364s	9. 997KB

针对密文转换协议,对比本章的 SCT 和实现类似功能的 KeyProd[220],结果如表 8.4 所示。观察可知,服务器的计算开销随着数据大小 L 的增长而增长,本章方案比 KeyProd 运算速度快了 4 倍左右。此外,文献[220]只解决了多密钥加密数据的加法和乘法运算,而未提供密文比较、模式隐藏的功能,并不能直接应用于 k 均值聚类外包。

表 8.4　密文转换计算开销　　　　　　　单位:min

协议	$L = 2\ 000$	$L = 4\ 000$	$L = 6\ 000$	$L = 8\ 000$	$L = 10\ 000$
SCT	11. 6	23. 2	35. 3	46. 5	57. 9
KeyPord[220]	43. 9	87. 9	138. 9	175. 3	219. 4

接着,我们将 SSED、SMkSD 和 PPODC 方案中对应的协议[263]做对比。如图 8.3 所示,计算平方欧氏距离的时间随着数据集大小而线性增加,同时随数据维

度的增加而增加，显然 PPCOM 比 PPODC 的方法表现更好。记 w 表示明文消息的比特大小。图 8.4 展示了最小距离计算外包时间随数据集规模增加而线性增加，随着 w 越大，PPODC 外包的开销快速增长，而 PPCOM 则与明文的空间大小无关。这是因为 PPODC 需要将每个输入分解为加密的比特才能进行密文比较，相当于将 1 个密文的计算开销扩大了 w 倍。

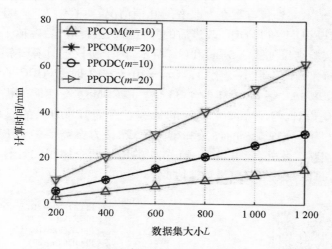

图 8.3　SSED 的外包计算时间与数据集大小 L 的关系

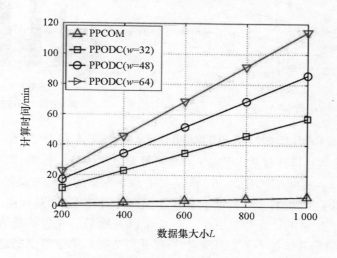

图 8.4　SMkSD 的外包计算时间与数据集大小 L 的关系

8.6.2.2 PPCOM 的性能测试

影响聚类外包的性能主要有三个因素:①簇的大小(k);②并行的 MCU 的数量(f);③外包数据集的规模(大小 L、维度 m)。下面通过仿真实验分析 PPCOM 在不同参数下的性能表现。

首先,评估聚类外包方案在 k 改变的开销情况,实验中 $L = 2\,000$、$f = 8$。为了公平测试,PPCOM 和 PPODC 改进后的并行协议进行对比,模拟了 8 台服务器并行场景。实验结果如图 8.5(a)和(b)所示,两个协议的计算开销都随着 k 增长,PPCOM 的计算代价更小。比如,当 $m = 10$、$k = 12$ 时,PPODC 的服务器计算时间是 381.798 min,是 PPCOM 的 4.33 倍。PPCOM 方案性能的提高不仅来自构建块的优化设计,还有 Spark 框架的加速。然而,PPCOM 的通信开销则比 PPODC 更高,为了实现安全的加法和密文比较,该方案需要多对 EW 和 AW 节点之间通信交互。此外,还可发现,随着 m 的增加两个协议的计算和通信开销都增加了,这是由数据集规模增加造成的。

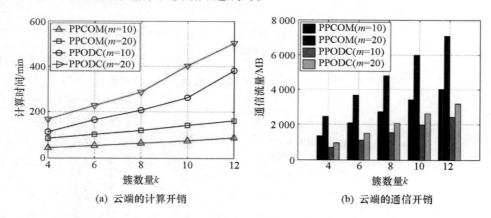

(a) 云端的计算开销   (b) 云端的通信开销

图 8.5 聚类外包的计算开销和通信开销与簇数量 k 的关系($L = 2\,000$,$f = 8$)

接着,评估并行计算节点数量 f 对聚类外包方案性能的影响,实验结果如图 8.6,实验中 $k = 4$、$m = 20$。图 8.6(a)说明了两个方案的计算时间都随 f 增加而下降,这说明了:①并行节点的增加确实能提高运算效率;②对相同数量的计算节点,PPCOM 带来的计算开销更小。图 8.6(b)展示了外包的通信开销情况,两个方案的通信开销都不随 f 而改变,虽然并行会降低单个节点的通信量,但是聚类外包总的通信量是固定的,所以总的通信开销不变。

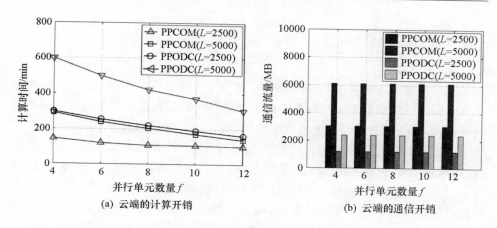

(a) 云端的计算开销　　　　　　　　　(b) 云端的通信开销

图 8.6　聚类外包的计算开销和通信开销与并行单元数量 f 的关系($k=4,m=20$)

最后,测试 L 对外包方案性能的影响,实验中设定 $k=4,m=10$ 。如图 8.7 (a)所示,两个协议的计算开销都随 L 近似线性增长,但 PPODC 协议增长的速率更快,服务器花费的计算时间也更多。图 8.7(b)展示了 PPCOM 的 Map 和 Reduce 的计算开销,观察发现两者的开销都随 L 增长而增长;由于 Map 需要处理的数据较多,其开销较 Reduce 大很多,通过增加并行计算单元的数量,两个过程的开销都有所下降,而 Map 的下降更加明显,达到了 40% 以上。

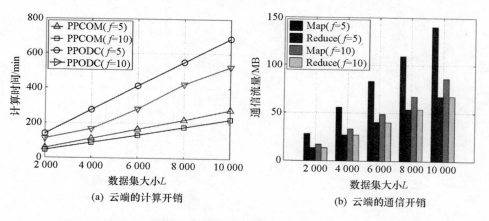

(a) 云端的计算开销　　　　　　　　　(b) 云端的通信开销

图 8.7　聚类外包的计算开销和通信开销与数据集大小 L 的关系($k=4,m=20$)

8.7　本章小结

　　本章提出了一种基于 Spark 框架的聚类外包隐私保护方案,允许云服务器在多密钥加密的数据集上进行 k 均值聚类分析。针对聚类分析中包含的基本运算外包,本章利用双解密加密机制的性质,设计了一套隐私保护构建块协议,实现了在加密数据上的密钥转换、加法、相等性测试、计算最小值、求平方欧氏距离、计算聚类簇心等功能。在此基础上,通过将隐私保护技术和 Spark 框架整合,提出了完整的外包协议。理论证明,在半诚信威胁模型下该协议不仅保护了外包数据集以及聚类结果的机密性,而且隐藏了访问模式。在真实数据集上的实验表明,本章所提出的外包方案 PPCOM 比现有的类似工作更加安全和高效。

　　PPCOM 的开销仍然相对较高,特别是通信开销较大,而过大的通信开销会导致过高的延迟,降低系统的整体性能。针对这个问题,一方面,可以通过减小 PKC-DD 加密密钥的大小来提升计算效率,但缺陷是同时降低了方案的安全性;另一方面,需要设计新的加密机制和协议,尽量减少服务器之间的交互。

第九章 可容错的计算安全技术

频繁模式挖掘是关联规则、相关分析、因果分析的基础,实际应用非常广泛,如购物篮分析、网页日志分析,DNA 序列分析等。然而,随着数据产生规模的不断增大,维护大规模计算和存储基础设施的成本也在不断上升,数据所有者倾向于将频繁模式挖掘任务外包给第三方机构,比如云服务商,他们为用户提供了弹性扩展的资源以及专业的数据挖掘服务。为防止计算外包时隐私信息泄露,学术界和产业界提出了许多保护数据机密性的方案,但是还没有一种方案能在保护用户隐私的同时,能够验证外包计算结果的完整性并纠正其中的错误。针对这个问题,本章在秘密共享机制的基础上提出了一种可容错的频繁模式挖掘计算安全技术,能以较高的概率检测出混合云环境下云服务器的错误,并利用系统的冗余性恢复正确结果。理论分析证明了该技术不仅保护了数据集的机密性,还可以抵抗基于项频率分析攻击,实验结果则表明了本章提出的方案有着较高的计算效率和容错性能。

9.1 引言

当前,数据挖掘外包服务作为一种新的计算范式[177],以交互的方式支持从数据导入和处理到模型训练和评估、导出,覆盖数据挖掘端到端业务,简化了用户对算法接口调用、可视化、参数调优等操作和管理。但是,基于云平台的数据挖掘外包也带来了严重的安全问题。其中一个是隐私泄露问题,不诚信的云服务商可能非法访问存储在云端的数据,进而获取用户的敏感信息;另一个是用户的数据和计算结果的完整性无法保证,这可能是由于软硬件故障、服务器被攻击等导致的。在本章中,以频繁模式挖掘外包为研究对象,通过设计高效的安全协议,解决在混合云环境下的数据机密性和完整性保护问题。

传统的数据挖掘隐私保护(Privacy-Preserving Data Mining,PPDM)主要采用基于随机扰乱技术或基于安全多方计算(SMC)技术解决频繁模式挖掘的隐私保护问题。然而,外包安全模型下的隐私保护与传统的技术有许多不同:①在外包模型下,数据集和挖掘结果的机密性都需要保护,而传统的 PPDM 只考虑数据的机密性;②在外包模型下,大部分的计算任务应该由云服务器完成,而不是像 SMC 一样由各用户自己执行计算;③挖掘外包返回的结果应当是精确的,而不是像基于随机扰乱技术的 PPDM 只能提供近似结果,而且这类方案的安全性通常较弱。

在频繁模式挖掘外包的隐私保护技术中,替换加密机制经常被用来隐藏项集的真实含义,但这种机制会暴露项的支持度,所以容易遭受基于项频率的分析攻击。Wong 等[177]针对替换加密的缺陷提出了一种 1 对 n 的替换方法,但该方法被证明仍是不安全的[181]。文献[178-179]则在替换加密的基础上提出了一种 k-支持度匿名的方法,要求在数据集植入伪造的项集或事务记录后,每个项集的支持度和其他 $k-1$ 个项集的支持度是一样的。然而,这两种方案都需要事先遍历数据集并做复杂计算,对资源有限的用户造成极大的开销。

另一种研究路线是利用同态加密(HE)机制保护频繁模式挖掘的隐私,比如文献[190]提出了基于全同态加密(FHE)机制的外包方案,但现有 FHE 技术方案的计算开销较大[112],严重影响了频繁模式外包的性能。文献[186]使用具有乘法同态性质的 ElGamal 加密机制加密数据项,在多云服务的环境下实现了不同安全级别的隐私保护。文献[193]在双服务器模型下利用了具有部分同态性质的 Paillier 和 BGN 的联合加密机制,根据不同的威胁模型设计了三种不同的外包协议。Li 等[180]提出了一种对称密钥的 HE 算法,以及与 k-支持度匿名替换方案[179]相结合的外包方案,但是其加密算法被文献[182]证明是不安全的,加密密钥容易被恢复。此外,不论是 HE 还是 FHE,这些加密机制都包含了大量的模幂运算,当模数较大时计算开销会显著增加。此外,很多方案[180,190,193]在执行频繁模式计算时都要求数据所有者保持在线,并且参与部分运算(如密文比较等),给用户造成了额外的开销,违背了数据挖掘外包的初衷。

针对频繁模式挖掘外包的完整性验证问题,现有研究工作主要采用构造假的频繁项集或非频繁项集的概率验证方法[208,269]。这种方法基于服务器无法区分真实的和伪造数据的假设,查询用户只需验证返回结果中是否包含构造的项集,就能以较高的概率判断是否有错误出现。另一种确定性的验证方法[210]需要数据所有者事先构造可验证的数据结构,云服务器返回证明结果正确性的密码学证据,该方法达到了 100% 的准确率,但同时计算开销也非常大。另外,现有的研究工作未考虑解决外包计算中容错的问题,即在识别出结果的错误后直接进行纠错,而不是简单地终止协议执行。

针对现有技术方案的不足,本章提出了一个可容错的频繁模式挖掘外包隐私保护(Outsourced Fault-tolerant & Privacy-preserving Frequent pattern Mining, OFPFM)方案。该方案由多个安全协议组成,允许计算外包的用户获得经检验正确的频繁模式,同时不泄露任何隐私给云服务商。根据国内外的研究现状, OFPFM 方案是目前第一个实现既能保护频繁模式外包的隐私,又能保证结果完整性的技术方案。本章的主要贡献具体体现在以下四个方面:

(1)首先,提出了一种在混合云环境下的外包系统模型,它根据不同 CSP 的信任关系将云划分为不同层次。基于该系统模型,定义了半诚信和非可信云的安全模型,其中非可靠的服务器不仅对用户的数据隐私感兴趣,还有可能返回错误的挖掘结果。本章方案的目标是在该安全模型下使云服务器以安全的方式执行频繁模式挖掘任务,并返回可验证的计算结果。

(2)其次,提出了一套混合云环境下的隐私保护构建块协议。数据所有者利用 Shamir 的秘密共享技术[270]将数据随机分片后上传至云端,云服务器则能够在外包的数据分片上执行加法、乘法、比较等运算操作。此外,我们利用了云服务器冗余性提出了一种高效的完整性验证和纠错方法,而且不需要用户提前构造伪造项或密码学的证据。

(3)再次,在隐私保护构建块的基础上,提出了可容错的频繁模式挖掘外包隐私保护(OFPFM)方案。该方案不仅通过 CSP 之间的交互就实现了 Apriori 算法的外包,而且不需要用户在线参与。理论证明了 OFPFM 在威胁模型下没有关于数据集的事务记录、项集支持度、频繁项集等隐私信息泄露,能够抵抗频率分析攻击以及合谋攻击。

(4)最后,在两个真实数据集上开展了实验测试,实验结果表明,OFPFM 方案相比现有的方案在计算性能上有明显提升,而且能够以较高的准确率检测出任意服务器出现的错误,并在可容错能力范围进行纠错。

表 9.1 给出了现有的频繁模式挖掘外包方案与本章方案的定性对比,比较了加密机制、安全模型、云模型、可验证性、可容错性、用户是否参与计算等方面。其中,安全模型有已知样本攻击(KSA)、已知明文攻击(KPA)、选择明文攻击(CPA),以及信息论安全(Information Theoretical Security, ITS)。从表 9.1 可以看出,与其他方案相比,OFPFM 方案达到了最高等级的安全保护级别;仅 OFPFM 方案和文献[186]的方案采用了多个服务器的混合云模型($n > 2$); OFPFM 是唯一的既能够验证外包计算结果又能容错的解决方案,而且不需要用户保持在线计算。

表 9.1　现有频繁模式挖掘外包解决方案与本章 OFPFM 的对比

外包方案	加密机制	安全模型	云模型	结果可验证	结果可容错	无须用户在线参与
文献[177]	1 对 n 替换[177]	KSA	单服务器	×	×	√
文献[178]	k – 支持度[178]	KSA	单服务器	×	×	√
文献[179]	k – 隐私[179]	KSA	单服务器	×	×	√
文献[180]	HE[180]	KPA	单服务器	×	×	×
文献[190]	FHE[114]	CPA	单服务器	×	×	×
文献[183]	谓词加密[183]	CPA	单服务器	√	×	×
文献[193]	Paillier[89] & BGN[108]	CPA	双服务器	×	×	×
文献[186]	ElGamal 加密[85]	CPA	n 服务器	×	×	√
OFPFM	秘密共享[270]	ITS	n 服务器	√	√	√

9.2　安全频繁模式挖掘问题描述

本节着重对系统模型、安全威胁模型进行形式化描述,并提出解决方案的设计目标。

9.2.1　系统模型

在系统模型中,主要包括两类实体:数据拥有者和混合云环境,混合云环境由两个不同信任级别的 CSP 组成,如图 9.1 所示。系统中各参与方详细介绍如下:

数据拥有者(DO):DO 一般缺少存储、计算能力、数据分析专业团队,期望通过将频繁模式挖掘任务外包给 CSP 以发现数据中感兴趣的关系并降低投入成本。多个 DO 将数据上传到云端,请求 CSP 在联合的数据集上执行频繁模式

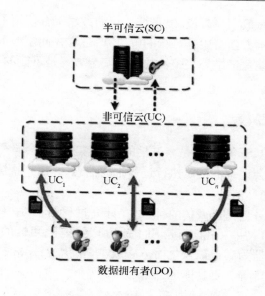

半可信云(SC)

非可信云(UC)

UC_1　　UC_2　…　UC_n

数据拥有者(DO)

图9.1　频繁模式挖掘外包的系统模型

挖掘算法。每个 DO 持有整个外包数据集的一部分,即垂直分割或水平分割的数据集。

半可信云(Semi-trusted CSP,SC):SC 由半诚信(semi-honest)[228]的服务器组成,可能是私有云或者信誉良好的商业公有云。SC 的服务能够保证外包计算的正确性和完整性,但租用价格较高。出于在实际中降低成本的考虑,用户只使用一台 SC 服务器。

非可信云(Untrusted CSP,UC):UC 由许多廉价的、非可信的服务器组成,它们对外提供了存储和数据挖掘的服务。在本章中,非可信的服务器是指它们不但会像半诚信敌手那样记录执行过程并推测用户的隐私信息,而且还会返回不正确的计算结果。与 SC 相比,租用 UC 则较为便宜,但这是以降低计算的完整性和可靠性为代价的。

在图 9.1 中,UC 有 n 台服务器,记为 $UC_1,\cdots,UC_n$,其中 $n>2$。UC 服务器存储所有的外包数据集、所有的中间计算结果和协议输出,它们和 SC 协作执行挖掘协议。SC 作为系统密钥的管理机构,为各参与方提供密钥分发和管理服务,并辅助 UC 完成构建块运算、代表 DO 验证外包结果的完整性等。

在实际应用中,这种具有信任层次的系统模型具有合理性,这是因为:①云服务的质量和价格密切相关,显然,用户投入的资金越多,就能享受到越高质量的云服务;②对于一般用户来说,以系统工程的方法综合使用不同的云服务以在安全性、效率和成本方面折中是可行的解决方案;③在此模型下设计出一种既能保护用户隐私、又能保证结果完整性的计算安全方案是可能的,这将在后面的小节中做具体阐述。

9.2.2 安全威胁模型

在威胁模型中,SC 服务器是半诚信的,也就是说,它会严格按照外包协议规定执行计算,但是会记录下协议执行过程中的消息,并用来推测关于数据集和最终挖掘结果中的隐私信息。

UC 的多数服务器是半诚信的,但是在计算过程中,其中一部分服务器可能会返回错误的计算结果。在实际应用中此情况会发生,可能的原因有:硬件或软件的缺陷;云服务器为利益最大化而节省成本,不执行计算或只执行部分计算;被黑客组织攻击;等等。更具体地,假设:

(1)至少有 $k+1$ 个 UC 服务器能够正确地执行计算任务,其中 $\left\lceil \dfrac{n}{2} \right\rceil \leqslant k \leqslant n$。

(2)有 t 个 UC 服务器在运行中会出现错误,包括数据块丢失、不正确或不完整的计算结果等,其中 $0 \leqslant t \leqslant n-k-1$。

(3)有 t 个 UC 服务器可能合谋产生伪造的数据或恢复数据所有者的数据内容。

(4)出错的服务器在 UC 中是均匀随机分布的,即从任意的 UC 服务器得到错误结果的概率是相同的,均为 t/n。

此外,假设 SC 和 UC 都有关于数据集中部分项集和其对应的支持度的背景知识,能够发动基于项频率分析攻击[177]。SC 和 UC 属于相互竞争的云服务商,由不同的商业模型驱动,假设它们之间不合谋。本章不考虑窃听攻击,在外包过程中,所有数据是通过安全通道传输的。

9.2.3 设计目标

针对上述的系统模型和安全威胁模型,频繁模式挖掘外包隐私保护的方案应当达到以下目标:

(1)机密性:在协议执行的过程中,关于外包数据库中的项集内容、项集的支持度、预先定义的支持度阈值、返回的频繁模式都不能泄露给 UC 或 SC。

(2)完整性验证:结果的完整性有两个方面的含义,即挖掘结果的正确性和完整性。所提出的方案应当能够验证 UC 返回的项集是否是真实的频繁项集，以及是否有频繁项集被遗漏。完整性验证的开销应当至少小于本地执行挖掘任务的开销，否则外包计算就没有意义。

（3）容错性：本章中容错的目的是保证数据挖掘外包服务的可用性。如果发现 UC 返回错误的结果，所提出的方案能够在其能力范围内纠正识别的错误，不会因为部分机器的故障而中断对用户的服务。

（4）高效性：频繁模式挖掘的主要计算任务应由 SC 和 UC 高效率地完成，并且在外包的过程中不需要 DO 保持在线参与。

9.3　预备知识

本节简要介绍频繁模式挖掘和关联规则挖掘的相关概念，以及频率分析攻击的形式化定义。

9.3.1　频繁模式挖掘和关联规则挖掘的概念

频繁模式挖掘是发现数据集中频繁出现的模式，其数据类型可以是项集、子序列或子结构。频繁模式挖掘的应用领域非常广泛，是关联规则挖掘的基础，经常用来发现大型事务数据集之间的关联或相关性。其中一个经典的案例是购物篮分析[271]，该过程通过发现顾客放入他们购物篮中商品之间的关系，分析顾客的购物习惯。

记集合 $I = \{i_1, i_2, \cdots, i_m\}$ 表示所有项的集合，数据集 D 由 z 个事务记录组成，其中每个事务 t_i 是 I 的一个子集，即 $D = \{t_1, t_2, \cdots, t_z\}$，对于 $i \in [1, z]$，$t_i \subseteq I$。给定一个项集 $A(A \subseteq I)$，事务 t_i 包含 A，当且仅当 $A \subseteq t_i$。A 的支持度就是数据集 D 中包含 A 事务的数目，记为 $Supp(A)$，A 在 D 中出现的频率记为 $Freq(A) = Supp(A)/|D|$。给定一个预先定义的最小支持度阈值 T_s，如果满足 $Supp(A) \geqslant T_s$，那么就称 A 是一个频繁项集。最小支持度阈值 T_s 是自行定义的参数，需要根据数据集的特征或领域专家的经验进行调整。在本章中，频繁模式挖掘就是发现 D 中所有的频繁项集。

关联规则挖掘旨在发现给定数据集中同时出现的频繁项集。给定一条关联规则 $A \Rightarrow B$，其中 $A \subseteq I, B \subseteq I, A \cap B = \varnothing$。记 $Conf(A \Rightarrow B)$ 为 $A \Rightarrow B$ 的置信度，其中 $Conf(A \Rightarrow B) = Supp(A \cup B)/Supp(A)$，表示在 A 出现的前提下，B 出现的概率。给定预先定义的最小支持度阈值 T_s 和最小置信度阈值 T_c，$A \Rightarrow B$ 是一条强关联

规则,当且仅当 $Supp(A \cup B) \geqslant T_s$,而且 $Conf(A \Rightarrow B) \geqslant T_c$。关联规则挖掘就是找出数据集中所有满足最小支持度和最小置信度的强规则。

9.3.2　基于项频率分析攻击

为了保护数据拥有者的隐私,并同时使得云服务器能够在数据集上执行频繁项集的挖掘任务,最简单的方法是采用替换加密机制将数据集中的项替换成其他的符号或数值,从而隐藏项的真实含义。但是,这种方法容易受到基于项频率分析攻击(Item-based Frequency Analysis Attack,IFAA),攻击者利用其背景知识能够猜测关联规则中的原始项集。如果攻击者已知某些项的确切的频率,他就能够重新标识这些项,特别是最频繁的项。例如,假设牛奶是超市零售数据库中最频繁的项,而 ω 又恰好是经过加密变换后的数据库中最频繁的符号,那么攻击者就能推断出 ω 代表了牛奶。下面给出基于项频率分析攻击的形式化定义。

定义 9.1　基于项频率分析攻击　记 I 表示事务数据库 T 中所有项的集合,I 经加密后为 $I' = \{E(X) \mid X \in I\}$。攻击者 $\mathscr{A}$ 已知数据库 T' 和部分项的频率 $\{Freq(\alpha) \mid \alpha \in L\}$,其中 $T' \subsetneqq T, L \subsetneqq I$。对于 $Y \in I'$,如果存在唯一的 $\beta \in L$,使得 $Freq(\beta) = Freq(Y) * (1 \pm \theta\%)$,则 $\mathscr{A}$ 以 $1/|\eta|$ 概率判断 Y 的明文项为 β,其中 $\eta = \{\varepsilon \in I' \mid Freq(\varepsilon) = Freq(Y)\}$。

从上述定义可知,如果 $Freq(Y)$ 在所有项中是唯一的,即 $|\eta| = 1$,那么 $\mathscr{A}$ 能够唯一地确定 Y 和 β 的映射关系。而 θ 则取决于 T' 和 T 各项频率分布的相似程度,相似程度越高,则 θ 越小。

9.4　可容错的计算安全方法

通过将频繁模式挖掘外包涉及的计算过程进行分解,可提炼出其中最基础的计算操作。为解决这些基础计算的隐私保护和完整性验证问题,本节提出了一套基于 Shamir 秘密共享的隐私保护构建块协议,并在此基础上设计了完整的外包方案 OFPFM。

9.4.1　基于 Shamir 秘密共享的隐私保护构建块

本小节首先展示了基于 Shamir 秘密共享机制的数据外包方案,接着提出了在外包的数据分片上执行加法、乘法、比较、完整性验证以及纠错的方法,它们共同构成了计算外包的隐私保护构建块。

9.4.1.1　安全数据外包协议

Shamir 的秘密共享机制[270]通过一个随机系数多项式将一个秘密值 s 分成 n 个分片,并把分片发送到对应的服务器上。在恢复秘密 s 时,需要至少 k 个分片才可重建 $k-1$ 阶的多项式。理论证明了 Shamir 秘密共享机制达到了信息论安全[270],即参与恢复 s 的分片数目少于 k 个是无法恢复出 s 的。我们利用该秘密共享机制设计了安全数据外包(Secure Data Outsourcing,SDO)协议,其中各算法介绍如下:

1. 密钥生成($KeyGen(\kappa) \rightarrow X$)

算法 $KeyGen(\cdot)$ 以安全参数 κ 作为输入,输出一个随机向量作为密钥 X,即 $X = \langle x_1, \cdots, x_n \rangle$。一般地,$x_i$ 可以从任何域产生,其中 $1 \leqslant i \leqslant n$。在本章中,假设 x_i 是有限域 $\mathbb{Z}_p$ 中的随机元素,其中 $x_i \neq 0$,并且 p 是大小为 κ 的素数。

2. 秘密分割($SD(m) \rightarrow S$)

算法 $SD(\cdot)$ 把密钥 X 和秘密消息 $m \in \mathbb{Z}_p$ 作为输入。数据持有者产生一个 $k-1$ 阶的一元多项式 $q(x)$,并满足 $q(x) = \sum_{i=1}^{k-1} a_i x^i + m$,其中系数是随机数:$a_i \in_R \mathbb{Z}_p, i \in [1, k-1], k \geqslant 1$。这里,使用"$r \in_R \mathbb{Z}_p$"表示从 $\mathbb{Z}_p$ 选择一个随机数 r。接着对于 $i = 1, \cdots, n$,计算 $s_i = q(x_i)$。$SD(m)$ 的输出是一个随机向量,即 $S = \langle s_1, \cdots, s_n \rangle$,其中 s_i 被发送给了 UC_i。

3. 秘密恢复($SR(S) \rightarrow m$)

算法 $SR(\cdot)$ 以数据分片向量 S 和密钥 X 作为输入,输出明文消息 m。因为随机多项式 $q'(x) = \sum_{i=0}^{k-1} a_i' x^i$ 有 k 个未知系数,其中 $a_i' \in_R \mathbb{Z}_p, i \in [0, k-1]$,所以,至少需要从 S 中选择 k 个分片才能决定多项式 $q'(x)$ 的各系数。给定任意 k 个分片对,比如 $(x_1, s_1), \cdots, (x_k, s_k)$,求解 m 可以通过拉格朗日插值法或解 k 个线性方程组得到 $a_0' = m$。

假设 m 是需要外包的数据,数据外包协议的执行过程如下:SC 首先运行

KeyGen(·)算法产生密钥 X，并发送给各个 DO。DO 运算 $S_m \leftarrow SD(m)$ 得到 n 个随机的数据分片，其中 $S_m = \langle s_m(1), \cdots, s_m(n) \rangle$；接着通过安全信道将 $s_m(i)$ 发送给 UC_i，其中 $1 \le i \le n$。由于 SC 和 UC 不合谋，UC 没有 X 无法解密分片得到 m，而 SC 不能窃听通信也无法获得 m。

9.4.1.2　安全加法协议

给定明文消息 m_1、m_2，记 $c_1 = \langle \alpha_1, \cdots, \alpha_n \rangle$ 表示 m_1 运行秘密共享算法 $SD(m_1)$ 得到的分片，$c_2 = \langle \beta_1, \cdots, \beta_n \rangle$ 表示 m_2 在运行 $SD(m_2)$ 的密文分片。假设 UC_i 持有 α_i 和 β_i，其中 $i = 1, \cdots, n$。安全加法（SA）协议的目标是计算 $m_1 + m_2$ 的密文分片，即 $SD(m_1 + m_2)$，同时任何关于 m_1、m_2 和 $m_1 + m_2$ 都不能泄露给云服务器。

1. SA 协议设计细节

记 $c_{add} = \langle \gamma_1, \cdots, \gamma_n \rangle$ 为输出的加法分片。对于 $i = 1, \cdots, n$，UC_i 只需在本地计算 $\gamma_i \leftarrow \alpha_i + \beta_i$ 就得到了 $m_1 + m_2$ 在该服务器的分片 γ_i。

2. SA 协议的正确性

假设 DO 加密 m_1、m_2 所使用的随机多项式分别为 $q_1(x) = \sum_{i=0}^{k-1} a_i x^i$ 和 $q_2(x) = \sum_{i=0}^{k-1} b_i x^i$，其中，对于 $1 \le i \le k-1$，a_i 和 b_i 是随机系数，$a_0 = m_1$，$b_i = m_2$。因为加密这两个数时都用了相同的密钥 X，所以可以推出 $\gamma_i = \sum_{j=1}^{k-1} w_j x_i^j + m_1 + m_2$，其中 $i \in [1, n]$，系数 $w_j = a_j + b_j$，$1 \le j \le k-1$。由于多项式只有 k 个未知系数，如下列方程组所示，因此只需要从中任意选择 k 个方程就可以解出 $m_1 + m_2$，其中 $w_j = a_j + b_j$，$1 \le j \le k-1$。

$$
\begin{cases}
\gamma_1 = w_{k-1} x_1^{k-1} + \cdots + w_1 x_1^1 + m_1 + m_2 \\
\gamma_2 = w_{k-1} x_2^{k-1} + \cdots + w_1 x_2^1 + m_1 + m_2 \\
\quad\quad\quad\quad\quad \vdots \\
\gamma_n = w_{k-1} x_n^{k-1} + \cdots + w_1 x_n^1 + m_1 + m_2
\end{cases}
\tag{9.1}
$$

综上所述，SA 协议是正确的，说明了 Shamir 秘密共享机制具有加法同态的性质。

9.4.1.3　安全乘法协议

假设 $UC_1, \cdots, UC_n$ 持有 m_1 和 m_2 在各自节点上的数据分片，安全乘法（SM）

协议的目标是计算 m_1 和 m_2 乘法后的数据分片,即 $SD(m_1 \times m_2)$。在该协议的执行过程中,关于 m_1、m_2、$m_1 \times m_2$ 的任何信息都不能泄露给 UC 或 SC 的服务器。c_1, c_2 的含义与 SA 协议中的一样,即 $c_1 = \langle \alpha_1, \cdots, \alpha_n \rangle, c_2 = \langle \beta_1, \cdots, \beta_n \rangle$。

1. SM 协议设计细节

SM 协议的详细步骤如算法 9.1 所示。

算法 9.1　$SM(c_1, c_2) \rightarrow SD(m_1 \times m_2)$

输入:UC 服务器已知 c_1 和 c_2 对应的数据分片,其中 $c_1 = SD(m_1)$,$c_2 = SD(m_2)$;SC 服务器已知密钥 X;

输入:UC 的服务器获得输出 $SD(m_1 \times m_2)$ 对应的数据分片;

1: UC
- (a) **for** $i = 1$ to n **do**
  - 随机选择一个服务器,记为 UC_λ,其中 $\lambda \in_R [1, n]$;
  - UC_λ 产生随机数 $r_1, r_2 \in_R \mathbb{Z}_p$, s.t. ,$r_1, r_2 \neq 0$,并将 r_1, r_2 发送至其他 UC 服务器;
  - 将 $\{\alpha_i', \beta_i'\}$ 发送给 SC;

2: SC:
- (a) 从 UC 接收 $\{\alpha_i', \beta_i'\}$,其中 $i = 1, \cdots, n$;
- (b) 重构 $m_1' \leftarrow SR(\alpha_1', \cdots, \alpha_n')$;
- (c) 重构 $m_2' \leftarrow SR(\beta_1', \cdots, \beta_n')$;
- (d) 计算 $\varepsilon \leftarrow m_1' \times m_2' \bmod p$;
- (e) 计算 $\langle \rho_1, \cdots, \rho_n \rangle \leftarrow SD(\varepsilon)$,并将 ρ_i 发送给 UC_i,其中 $i = 1, \cdots, n$;

3: UC:
- (a) **for** $i = 1$ to n **do**
  - UC_i 计算 $\eta_i \leftarrow \rho_i \times r_1^{-1} \times r_2^{-1} \bmod p$;
- (b) 输出 $SD(m_1 \times m_2) \leftarrow \langle \eta_1, \cdots, \eta_n \rangle$;

下面对 SA 协议的各步骤做说明:

步骤 1:UC 随机选择了一个服务器产生两个非零的随机数 $r_1, r_2 \in_R \mathbb{Z}_p$,接着将它们发送给其他的 UC 服务器。对于 $\forall i = 1, \cdots, n$,UC_i 通过乘法运算 $\alpha_i' \leftarrow \alpha_i \times r_1$ 将其持有的分片 α_i 进行盲化;类似地,计算 $\beta_i' \leftarrow \beta_i \times r_2$。然后,$\alpha_i', \beta_i'$ 被发送给了 SC 的服务器。

步骤 2:SC 从 UC 的各个服务器接收到 $\alpha_1', \cdots, \alpha_n'$ 和 $\beta_1', \cdots, \beta_n'$,SC 从这每组分片数据中随机选择 k 个用来恢复被盲化的消息,分别记为 m_1' 和 m_2'。接着,SC

通过 $\varepsilon \leftarrow m'_1 \times m'_2$ 计算它们的乘积。然后,SC 通过秘密共享算法 $\langle \rho_1, \cdots, \rho_n \rangle \leftarrow$ SD(ε) 将 ε 分割为 n 个分片。分片 ρ_i 被上传至 UC$_i$,其中 $1 \leqslant i \leqslant n$。

步骤 3:记 $c_{mul} = \langle \eta_1, \cdots, \eta_n \rangle$ 表示协议的输出。UC$_i$ 首先计算 r_1, r_2 在 $\mathbb{Z}_p$ 上的逆元,即 r_1^{-1} 和 r_2^{-1}。为了把分片 ρ_i 中的随机因子去除,UC$_i$ 执行模乘法操作 $\eta_i \leftarrow \rho_i \times r_1^{-1} \times r_2^{-1} \bmod p$,这一步骤的最终结果是 $m_1 \times m_2$ 在第 i 个 UC$_i$ 服务器的随机分片。

2. SM 协议的正确性

如果所有参与方都按照协议规定执行,SC 能够通过 $m'_1 \leftarrow SR(\alpha'_1, \cdots, \alpha'_n)$ 计算出 m'_1,同理可求出 m'_2。由于有等式 $\alpha'_i = r_1 \left(\sum_{j=1}^{k-1} a_j x_i^j + m_1 \right)$、$\beta'_i = r_2 \left(\sum_{j=1}^{k-1} b_j x_i^j + m_2 \right)$,容易验证 $m'_1 = m_1 \times r_1, m'_2 = m_2 \times r_2$。所以,容易验证 $\varepsilon \leftarrow m_1 \times m_2 \times r_1 \times r_2$。最后,UC$_i$ 再执行两次乘法运算即可获得最终期望输出 η_i。假设 DO 将所有的输出的随机分片从 UC 上下载下来,应当能够建立如下方程组:

$$\begin{cases} \eta_1 = \sum_{i=1}^{k-1} y_i x_1^i + m'_1 \times m'_2 \times r_1^{-1} \times r_2^{-1} \bmod p \\ \eta_2 = \sum_{i=1}^{k-1} y_i x_2^i + m'_1 \times m'_2 \times r_1^{-1} \times r_2^{-1} \bmod p \\ \qquad\qquad \vdots \\ \eta_n = \sum_{i=1}^{k-1} y_i x_n^i + m'_1 \times m'_2 \times r_1^{-1} \times r_2^{-1} \bmod p \end{cases} \qquad (9.2)$$

记 $\sum_{i=1}^{k-1} t_i x^i$ 为 SC 用于加密 $m'_1 \times m'_2$ 的多项式,其中对于 $1 \leqslant i \leqslant k-1$,$t_i \in_R \mathbb{Z}_p$。容易观察到系数 $y_i = t_i \times r_1^{-1} \times r_2^{-1} \bmod p$,常数项系数 y_0 的值是 $m_1 \times m_2$,这是因为随机因子 r_1, r_2 都通过它们的逆元被移除了,DO 任意选择 k 个方程就能解出 y_0。所以,SM 协议是正确的。

9.4.1.4 安全比较协议

假设 UC$_1, \cdots,$ UC$_n$ 持有 m_1 和 m_2 在各自节点上的数据分片,安全比较(Secure Comparison,SC)协议的目标是比较 m_1 和 m_2 之间的大小,即 $m_1 \leqslant m_2$ 或 $m_1 > m_2$。在协议的执行过程中,关于原始数据 m_1、m_2 以及它们的差值 $m_1 - m_2$、$m_2 - m_1$ 都不能泄露给云服务器。事务数据集中的项通常用整数表示,假设它们的取值范围是 $[-N, N]$,其中 $N > 0$,并且 $|N| < |p|/8$。$|N|$ 表示 N 有多少个比

特位。例如,选择 $|N| = 32$、$|p| = 512$ 已经足够表示大多数应用中的数据项了。

1. SC 协议设计细节

SC 协议的详细步骤如算法9.2所示。

算法 9.2　$\mathrm{SC}(c_1, c_2) \to \phi^*$

输入:UC 服务器已知 c_0、c_1 和 c_2 对应的数据分片,其中 $c_z = SD(1) = \langle \mu_1, \cdots, \mu_n \rangle$,$c_1 = SD(m_1)$,$c_2 = SD(m_2)$;SC 服务器已知密钥 X;

输入:UC 获得密文比较结果 ϕ^*;

1:UC:

　　(a) **for** $i = 1$ to n **do**

　　　　· 随机选择一个服务器,记为 UC_λ,其中 $\lambda \in_R [1, n]$;

　　　　· UC_λ 产生随机数 $r \in_R \mathbb{Z}_p$ 和 $s \in_R \{0,1\}$,s.t.,$|r| < |p|/4$,并将 r, s 发送给其他 UC_i,其中 $i \neq \lambda$;

　　　　· **if** $s == 1$ **then**

　　　　　　　– UC_i 计算 $\theta_i \leftarrow 2 \times (\alpha_i - \beta_i) \bmod p$;

　　　　· **else**

　　　　　　　– UC_i 计算 $\theta_i \leftarrow 2 \times (\beta_i - \alpha_i) \bmod p$;

　　　　· UC_i 计算 $d_i \leftarrow r \times (\theta_i + \mu_i)$,并将 d_i 发送给 SC;

2:SC:

　　(a) 重构 $\delta' \leftarrow SR(d_1, \cdots, d_n)$;

　　(b) **if** $|\delta'| > |p|/2$ **then**

　　　　· 计算 $\phi \leftarrow 1$;　// 初始化 $\phi \leftarrow 0$

　　(c) 将 ϕ 发送给 UC_i,其中 $i = 1, \cdots, n$;

3:UC:

　　(a) **for** $i = 1$ to n **do**

　　　　· **if** $s == 0$ **then**

　　　　　　　– UC_i 计算 $\phi^* \leftarrow 1 - \phi$;　// 初始化 $\phi^* \leftarrow \phi$

　　　　· 输出 ϕ^*;

下面对 SC 协议的各步骤做说明:

步骤 1:UC 随机选择一个服务器产生两个随机数 r 和 s,并满足条件 $r \in_R \mathbb{Z}_p \wedge r \neq 0$,$|r| < |p|/4$,$s \in_R \{0,1\}$。接着将 r, s 发送给所有的 UC 服务器。对于 $\forall i = 1, \cdots, n$,如果 $s = 1$,则 UC_i 利用秘密共享加法同态的性质计算输入差值: $\theta_i \leftarrow 2$

$\times(\alpha_i-\beta_i)$；反之，则计算 $\theta_i \leftarrow 2 \times (\beta_i - \alpha_i)$。假设 UC 服务器已知"1"在各节点的数据分片，即 $\langle \mu_1, \cdots, \mu_n \rangle \leftarrow SD(1)$，$UC_i$ 通过运算 $d_i \leftarrow r \times (\theta_i + \mu_i)$，随机化明文差值 θ_i。最后，把中间计算结果 $\langle d_1, \cdots, d_n \rangle$ 发送给 SC。

步骤 2：在接收到 $\langle d_1, \cdots, d_n \rangle$ 后，SC 服务器利用密钥 X 恢复出被盲化后的明文消息差值，即 $\delta' \leftarrow SR(d_1, \cdots, d_n)$。如果 $|\delta'| > |p|/2$，SC 认为该差值是负数，则输出 $\phi = 1$；反之，则输出 $\phi = 0$。最后，SC 将 ϕ 发送给服务器 UC_i，其中 $i = 1, \cdots, n$。

步骤 3：在接收到 ϕ 后，UC_i 就可以判断出 m_1 和 m_2 之间的大小关系。记 ϕ^* 为 $\min\{m_1, m_2\}$ 的标记。如果 $s = 1$，则有 $\phi^* \leftarrow \phi$；否则，有 $\phi^* \leftarrow 1 - \phi$。通过观察可知，$\phi^* = 0$ 则意味着 $m_1 > m_2$，而 $\phi^* = 1$ 则说明了 $m_1 \leqslant m_2$。

2. SC 协议的正确性

$SD(m_1)$ 和 $SD(m_2)$ 的数据分片与 9.4.1.2 节所假设的一样，分别为 $\alpha_i = \sum_{j=1}^{k-1} a_j x_i^j + m_1$，$\beta_i = \sum_{j=1}^{k-1} b_i x_i^j + m_2$，其中 $1 \leqslant i \leqslant n$。记 $SD(1)$ 的数据分片为 $\mu_i = \sum_{j=1}^{k-1} \nu_j x^j + 1$，其中 $\nu_j \in_R \mathbb{Z}_p$，$1 \leqslant j \leqslant k-1$。观察可知，UC 步骤 1 的输出 $d_i = \sum_{j=1}^{k-1} w_j x_i^j + \delta'$，其中 $w_j = r(2a_j - 2b_j + u_j)$，$1 \leqslant j \leqslant k-1$。SC 从 $d_1, \cdots, d_n$ 中任意选择 k 个值就可以重新恢复出 δ'。给定 $s = 1$，假设 δ 为真实的差值，即 $\delta = r^{-1}\delta'$，所以有 $\delta = 2(m_1 - m_2) + 1$。

根据明文消息的取值范围：$m_1, m_2 \in [-N, N]$，如果 $m_1 > m_2$，则有 $1 \leqslant \delta \leqslant 4N+1$；反之，可得 $-4N+1 \leqslant \delta \leqslant -1$。将 δ 乘以 r 盲化后，对于 $m_1 > m_2$，有 $r \leqslant \delta' \leqslant r(4N+1)$；对于 $m_1 \leqslant m_2$，则有 $r(-4N+1) \leqslant \delta' \leqslant -r$。然而，由于这些运算都是在模 p 上进行的，所以，$r(-4N+1) \leqslant \delta' \leqslant -r \Rightarrow p + r(-4N+1) \leqslant \delta' \leqslant p - r$。根据假设条件 $|r| < |p|/4$ 以及 $|N| < |p|/8$，容易验证：当 $m_1 > m_2$ 时，有 $|p|/8 < |\delta'| < 3/8 \cdot |p| < |p|/2$；当 $m_1 \leqslant m_2$ 时，有以下不等式 $|\delta'| > \log(p - 2^{3/8 \cdot |p|+1} + 2^{|p|/4}) > |p|/2$，$|\delta'| < \log(p - 2^{|p|/4}) < |p|$。可见，$|p|/2$ 可以作为判断密文大小关系的阈值，从而证明了 SC 协议的正确性。

此外，SC 协议中使用 $2(m_1 - m_2) + 1$ 而不是直接求 $m_1 - m_2$ 的原因是避免信息泄露。假设 $\delta = m_1 - m_2$ 且 $\delta' = r\delta$，SC 如果最终恢复出 $\delta' = 0$，就可以判定 $\delta = 0$，从而知道了 $m_1 = m_2$。因此，在 SC 协议执行过程中，SC 无法得到关于 m_1、m_2、$m_1 - m_2$ 或 $m_2 - m_1$ 的任何信息。

9.4.1.5　完整性验证和纠错协议

假设 $\tau_1,\cdots,\tau_n$ 是 UC 服务器获得的某个构建块协议的中间计算结果或者最终输出,完整性验证和纠错(Integrity Verification and Error Correction, IVEC)协议的目的是验证这些分片的完整性,即能否恢复出正确的明文,并对识别出的错误进行纠错。在协议的执行过程中,关于原始秘密消息的任何内容不能泄露给 UC 或 SC。

1. IVEC 协议设计细节

UC 服务器得到的结果有两种类型:一种是消息 m 通过秘密共享算法计算出的随机数据分片;另一种是以明文形式存在的标记。例如,在 SM 协议中, $\langle\alpha'_1,\cdots,\alpha'_n\rangle$、$\langle\beta'_1,\cdots,\beta'_n\rangle$ 和 $\langle\eta_1,\cdots,\eta_n\rangle$ 为数据分片,属于第一种类型;而 SC 协议中的最终输出 ϕ^* 为输入大小关系标识符,属于第二种类型。我们针对这两种类型的数据需采用不同的完整性验证策略。

针对数据分片,基本思路是在需要恢复原始数据时,检验结果的完整性并纠正错误。在本章的安全威胁模型中,假设有 t 个可能出错的服务器,因而所有的分片中正确的个数为 $n-t$。根据 Shamir 秘密共享机制,从 $n-t$ 个分片中选取任意 k 个就能够解出正确的结果,这种选取方法有 $\binom{n-t}{k}$ 种,解 $\binom{n-t}{k}$ 个不同的线性系统(k 个未知数的方程组)应当得出同样正确的结果,该结论可概括为定理 9.1。

定理 9.1　给定从 UC 服务器得到的分片中有 t 个是错误的,从 n 个分片中随机选择两个含 k 个元素的不同集合,构成恢复外包数据的线性方程组,如果这两个线性方程组的解相同,那么可以较大的概率判断这两个集合分片都是正确的。

证明: 这两个线性方程组构成了两个不同的线性系统,记为 $\boldsymbol{A}_i\bar{c}_i=s_i$,其中,$i\in\{1,2\}$。$\bar{c}_i$ 表示要解的多项式系数,s_i 为 k 个数据分片组成的向量,$\boldsymbol{A}_i$ 是由向量 $\boldsymbol{X}$ 构造的矩阵,即 $x_1^d,\cdots,x_n^d$,其中 $d\in[0,k-1]$。如果 $\bar{c}_1=\bar{c}_2$ 成立,容易得到 $s_2=\boldsymbol{A}_2\boldsymbol{A}_1^{-1}s_1$。但是,事先计算出 $\boldsymbol{A}_1$ 和 $\boldsymbol{A}_2$ 是不可能的,因为 $\boldsymbol{X}=\{x_1,\cdots,x_n\}$ 以及如何选择 s_1 对于 UC 都是未知的。不失一般性地,假设 s_1 包含 t_1 个错误分片,而 s_2 包含 t_2 个错误分片,其中 $t_1,t_2\geqslant 1$。在这种情况下,当 $\bar{c}_1=\bar{c}_2$ 时,重构集合中包含错误的概率等于从 $\mathbb{Z}_p$ 中发现 t_1+t_2 个错误的概率,即为 $1/p^{t_1+t_2}$;相反,如果 $\bar{c}_1=\bar{c}_2$,得到正确分片的概率就是 $1-1/p^{t_1+t_2}$。显然,只要素数 p 足够大,判

断正确的概率近似于100%。

记 KH(Key Holder)表示密钥 X 的持有者,可能是 DO 或者 SC。基于定理9.1,对数据分片的完整性验证方法是:KH 随机选择两组分片来解多项式系数,如果两个线性系统的解是相同的,则认为两个用于重构的集合都是正确的;反之,如果两个解不同,那么这两个集合中必定有一个集合包含错误分片。为了纠正出现的错误,KH 只需要重复执行上述过程,直到发现两个解相同的分片集合。只要系统有至少 $k+1$ 个 UC 服务器能正确地计算,即使部分服务器宕机或异常,这个方法仍可以恢复出正确的结果,其具体步骤如算法9.3的第 1 ~ 11 步所示。

上述方法可以用在验证 SA、SM 和 SC 协议的计算结果或中间过程的正确性。由于 SM 协议中 m_1'、m_2' 和 SC 协议中的 δ' 都是在 SC 服务器上通过 SR 恢复出来的,这部分的完整性验证就由 SC 服务器完成。对于 SA 和 SM 的输出结果,即 c_{add} 和 c_{mul},其分片应当下载下来并由 DO 完成验证。

针对第二种类型的数据,如果 UC 按照协议执行,那么每个服务器得到的结果必然是相同的。如果 DO 得到了不一样的结果,则说明某个服务器必定出现错误。基于这个事实,可采用投票选举的方法验证并纠错。如果有 t 个 UC 服务器合谋并伪造真实数据,然而由于超过半数的服务器是正常的,即 $t \leqslant n-k-1 \leqslant \dfrac{n}{2}-1$,通过投票给多数相同结果的方法,将多数正确服务器的输出作为最终正确的结果。这种方法可以验证 SC 协议的输出 ϕ^*,以及挖掘外包返回的频繁项集。IVEC 协议的详细过程如算法9.3的第 12 ~ 15 步所示。

算法9.3 IVEC($\boldsymbol{T}$)→ξ

输入:KH 已知 n 维向量 $\boldsymbol{T} = \langle \tau_1, \cdots, \tau_n \rangle$,以及密钥 $X = \{x_1, \cdots, x_n\}$;

输入:KH 获得经过验证正确的结果 ξ;

1: **if** $\langle \tau_1, \cdots, \tau_n \rangle = = SD(m)$ **then**

2:　　KH 从 $\boldsymbol{T}$ 中随机选择 k 个分片作为集合 Γ_1,并求出其多项式系数 $\bar{c}_1$;

3:　　**for** $i = 2$ to $\dbinom{n}{k}$ **do**

4:　　　　KH 从 $\boldsymbol{T}$ 中随机选择 k 个分片作为集合 Γ_i,并求多项式系数 $\bar{c}_i$, s.t., $\Gamma_i \neq \Gamma_j$,其中 $1 \leqslant j \leqslant i-1$;

5:　　　　**for** $j = 1$ to $i-1$ **do**

6:　　　　　　**if** $\bar{c}_i = = \bar{c}_j$ **then**

7：   KH 判定 Γ_i 和 Γ_j 中的数据分片都是正确的；

8：   **return** $\xi \leftarrow \bar{c}_i[0]$；

9：   **end if**

10：   **end for**

11：   **end for**

12： **else if** $\tau_1, \cdots, \tau_n \in \mathcal{M}$ **then**

13：   KH 将 $\tau_1, \cdots, \tau_n$ 分为 z 个组：记为 $\Lambda_1, \cdots, \Lambda_z$, s. t. , $\forall i, j \in [1, z], \Lambda_i \cap \Lambda_j = \varnothing$, 对于 $x \neq y$, $\tau_x, \tau_y \in \Lambda_i$, $\tau_x = \tau_y$；

14：   **return** ξ, s. t. , $\xi \in \Lambda_j$, 并且 $j = \arg \max\limits_{j \in [1, z]} \{ |\Lambda_1|, \cdots, |\Lambda_z| \}$；

15： **end if**

9.4.2 可容错的频繁模式挖掘计算安全方案

为解决频繁模式外包中的隐私保护和完整性验证等问题,在 9.4.1 节提出的隐私保护构建块的基础上,设计了可容错的频繁模式挖掘计算安全方案 OFPFM,本小节对设计框架和具体实现做详细描述。

9.4.2.1 方案概览

OFPFM 方案以 Shamir 的秘密共享技术[272]作为底层的加密机制,将隐私保护构建块作为实现在加密数据集上挖掘的子协议,通过对每个步骤的完整性监控,实现了外包计算结果的完整性验证。首先,用户数据集中的每个项都在数据计算安全机制下转变为数据分片,存储在各服务器节点上。为了防止项集被攻击者识别出来,外包数据库的行和列都做了随机变换。OFPFM 方案利用隐私保护构建块实现了经典的频繁项集挖掘算法 Apriori,UC 服务器可以在分片的数据上找出所有的频繁项集。具体地,这些隐私保护构建块子协议用在了候选项集的支持度计算、频繁项集的判断等过程中。与此同时,IVEC 协议也被用来检测结果中是否包含错误,并尝试纠错,返回经过验证的结果。值得注意的是,我们的验证方案不需要有数据集的先验知识,不用 DO 事先构造伪造的数据项或密码学证据,与现有的方案相比,OFPFM 方案在效率和灵活性上有了很大提高。

9.4.2.2 设计细节

OFPFM 方案可以分为三个阶段,即数据预处理阶段、挖掘外包阶段和结果提取阶段,下面做详细阐述。

1. 数据预处理阶段

在本章方案中,外包的数据集是多个 DO 的数据集合并而成的,数据集可以是垂直或者水平分割的。垂直分割意味着每个 DO 持有所有的事务记录,但每个记录条目只有一部分属性;水平分割意味着每个 DO 持有部分记录,但每个条目包含所有属性。这里以水平分割的数据集为例,假设有两个数据所有者,分别为 DO_1 和 DO_2。整个数据集有五个项,分别为 a,b,c,d,e。DO_1 拥有前两条记录,DO_2 拥有后面三条记录。它们原始的数据集如表 9.2(a)所示。数据预处理阶段包括三个步骤:

步骤1:DO 首先将 D_R 转换为事务集的二进制表示,记为 D_M。D_M 中的每一行是一个向量,用来标记某个项是否出现在该条记录中[190],"1"表示这个项存在于这条事务记录中,而"0"表示不存在。D_M 的每一列代表一个项,所以 D_M 有多少列也就是该数据集中有多少不同的项,二进制表示的例子如表 9.2(b)所示,第一行 $\langle 1,1,1,1,0 \rangle$ 表示项集 $\{a,b,c,d\}$ 存在于该记录中。

步骤2:所有 DO 将 D_M 的行和列做随机行变换和列变换,变换后的结果为 D_T。用 π_r 表示矩阵行的随机置换函数,用 π_c 表示列的随机置换函数。变换矩阵的示例如表 9.2(c)所示,π_r 如式(9.3)所示,π_c 如式(9.4)所示。

$$\pi_r = \begin{pmatrix} 1 & 2 & 3 & 4 & 5 \\ 2 & 1 & 5 & 4 & 3 \end{pmatrix} \tag{9.3}$$

$$\pi_c = \begin{pmatrix} 1 & 2 & 3 & 4 & 5 \\ 4 & 5 & 1 & 3 & 2 \end{pmatrix} \tag{9.4}$$

其中,π_r、π_c 的第一行表示最初的索引排序,第二行表示变换后的排序。注意,频繁模式外包过程中,云服务器以变换后的列序作为项集标识。因此,π_c 需要被 DO 存储下来,用来从最终结果中恢复出正确的项集。

步骤3:给定 κ 为安全参数,SC 运行 $KeyGen(\kappa)$ 来产生密钥 X,然后将 X 分发给所有的 DO。接着,DO 执行算法 $SD(\cdot)$ 将 D_T 中的每个元素拆分成 n 个分片。由于计算分片使用的多项式都是随机生成的,加密相同的项会产生完全不同的密文,这是和替换加密显著不同的地方,经数据计算安全协议得到的数据集如表 9.2(d)所示。我们用四元组 $\langle Tid, Item, Uid, Value \rangle$ 标识外包数据集中的一

个分片,其中,Tid 为事务记录 ID,Item 表示列序号,Uid 表示 UC 服务器的 ID,
Value 表示 1 或者 0 的分片向量。假设 D_R 的长度为 z,那么各值的范围如下:
$1 \leqslant \text{Tid} \leqslant z, 1 \leqslant \text{Item} \leqslant m, 1 \leqslant \text{Uid} \leqslant n, 1 \leqslant \text{Value} \leqslant p$。当 DO 把所有的数据分片都
计算完毕后,上传给对应的 UC 服务器。

表9.2　频繁模式外包的数据集启示和变换示例

(a) D_R

Tid	事务记录
1	$\{a, b, c, d\}$
2	$\{b, c, e\}$
3	$\{a, c, d, e\}$
4	$\{a, d\}$
5	$\{b, c, d, e\}$

(b) D_M

Tid/Item	1	2	3	4	5
1	1	1	1	1	0
2	0	1	1	0	1
3	1	0	1	1	1
4	1	0	0	1	0
5	0	1	1	1	1

(c) D_T

Tid	4	5	1	3	2
2	0	1	0	1	1
1	1	0	1	1	1
5	1	1	0	1	1
4	1	0	1	0	0
3	1	1	1	1	0

(d) D_T'

Tid/Item	4	5	1	3	2
2	SD(0)	SD(1)	SD(0)	SD(1)	SD(1)
1	SD(1)	SD(0)	SD(1)	SD(1)	SD(1)
5	SD(1)	SD(1)	SD(0)	SD(1)	SD(1)
4	SD(1)	SD(1)	SD(1)	SD(0)	SD(0)
3	SD(1)	SD(1)	SD(1)	SD(1)	SD(0)

2. 挖掘外包阶段

在这个阶段,云服务器采用二进制 Apriori 算法作为频繁项集挖掘核心算
法,它是 Apriori 算法专门针对二进制向量表示项集的变形[274],我们将二进制
Apriori 外包协议称为 OBA(Outsourced Binary Apriori)协议。假设 UC 服务器已
知数据集 D_T 在各自节点的数据分片,SC 已知密钥 X。协议的目标是挖掘出所
有的频繁项集,同时关于数据集、项集支持度、支持度阈值、频繁项集等隐私信息
不能泄露给 UC 或 SC,主要步骤如算法9.4所示。

算法9.4　$OBA(D_T',T_s')\rightarrow L$

输入：UC 已知外包数据集 D_T' 和加密的最小支持度阈值 T_s'，$T_s'\leftarrow SD(T_s)$；SC 已知密钥 X；

输入：UC 获得频繁项集 L；

1： 初始化 $1-$项集：$L_1\leftarrow\varnothing$；

2： 初始化 $1-$项集的候选集合：$C_1=\{1,\cdots,m\}$，其中，$m=|I|$；

3： **for each** $c\in C_1$ **do**

4：　　　　　　$c.supp'\leftarrow ComputeSupport(c,D')$；

5：　　　　　　**if** $true==IsFrequentItemset(c.supp',T_s')$ **then**

6：　　　　　　　　$L_1\leftarrow L_1\cup c$；

7：　　　　　　**end if**

8： **end for**

9： **for** $i=1$ **to** m **do**

10：　　　初始化 $i+1-$项集：$L_{i+1}\leftarrow\varnothing$；

11：　　　$C_{i+1}\leftarrow GenerateCandidateSet(L_i)$；

12：　　　**if** $C_{i+1}==\varnothing$ **then**

13：　　　　　**break**；

14：　　　**end if**

15：　　　**for each** $c\in C_{i+1}$ **do**

16：　　　　　$c.supp'\leftarrow ComputeSupport(c,D')$；

17：　　　　　**if** $true==IsFrequentItemset(c.supp',T_s')$ **then**

18：　　　　　　　$L_{i+1}\leftarrow L_{i+1}\cup c$；

19：　　　　　**end if**

20：　　　**end for**

21： **end for**

22： **return** $L\leftarrow\{L_1,\cdots,L_i\}$；

　　在算法9.4中，UC 控制了频繁模式挖掘的进程，并承担了大部分的计算负载，SC 辅助 UC 完成隐私保护构建块的计算，以及中间运算结果的完整性校验。

　　OBA 协议的主要流程如下：首先，UC 的 n 台服务器并行产生 $i-$项集的候选项集（"$i-$项集"表示长度为 i 的项集），可将外包数据集中的每个列的序号作为候选项集 C_1（第 2 步）。然后，UC 和 SC 通过调用 ComputeSupport 和 IsFrequentItemset 算法计算频繁 $1-$项集，记为 L_1（第 3 ~ 8 步）。接着，长度为 $i+1(i\geqslant 1)$ 的频繁项集以迭代的方式产生：UC 服务器根据 L_i 产生长度为 $i+1$ 的

候选项集集合 C_{i+1}，通过 GenerateCandidateSet 算法完成（第 11 步）；UC 和 SC 协作计算出 C_{i+1} 中每个项集的支持度对应的分片（第 16 步），并判断项集的支持度是否大于或等于阈值 T_s（第 17 步），将频繁的项集对应的列序号加入 L_{i+1} 中（第 18 步）；当产生的候选项集为空集时终止迭代。

OBA 协议调用了三个算法，分别为计算支持度的 ComputeSupport、判断是否为频繁项集的 IsFrequentItemset、产生候选项集的 GenerateCandidateSet，下面做具体介绍：

ComputeSupport：该算法以候选 l – 项集 c 和外包数据集 D'_T 作为输入，输出 c 的支持度的密文分片。由于使用了二进制向量表示的数据集，项集是通过列序号（Item）进行标识的。在计算该项集的支持时，首先需要判断某一条记录中该项集是否存在，接着计算出存在该项集的所有记录的总数。

假设要计算支持度的项集为 $c = \langle \text{Item}_1, \cdots, \text{Item}_l \rangle$，其中 $\text{Item}_i \in [1, m]$，$i \in [1, l]$。判断 c 是否在记录 Tid $= j$ 中（$1 \leqslant j \leqslant z$），只需要将数据集 D_T 中各项的二进制值相乘，即 $\Omega_j \leftarrow D_T(j, \text{Item}_1) \times \cdots \times D_T(j, \text{Item}_l)$。如果 $\Omega_j = 1$，则说明 c 在 Tid $= j$ 中所有项存在的二进制标识都为 1，即 c 存在于该事务记录中；如果 $\Omega_j = 0$，则说明 c 在 Tid $= j$ 中至少有一个二进制标识为 0，即 c 不存在于记录中。有了 Ω_j，求 c 的支持度只需将所有记录的 Ω 加在一起，即 $c.supp = \sum_{j=1}^{z} \Omega_j$，其中 $c.supp$ 表示 c 的支持度。在外包场景下，云服务器需要在密文分片上计算支持度。UC 和 SC 服务器根据 9.4.1 节提出的 SM 协议，执行 $l-1$ 次安全乘法运算，就能够得到 Ω_j 的密文分片；接着，UC 可以独立执行 SA 协议将 Ω_j 的分片加到一起，只需做 $z-1$ 次安全加法运算，就得到了支持度的密文分片，记为 $c.supp'$。

IsFrequentItemset：该算法将 $c.supp'$ 和支持度阈值的分片 T'_s 作为输入，输出 c 是否为频繁项集的判定结果，利用 SC 协议可以实现密文分片比较的功能。UC 和 SC 服务器联合执行 $SC(c.supp', T'_s)$，如果 SC 的输出是 0，则有 $c.supp \geqslant T_s$，意味着 c 是一个频繁项集，该算法输出 ture；反之，则有 $c.supp < T_s$，意味着 c 是非频繁项集，算法输出 false。

GenerateCandidateSet：该算法将长度为 l 的所有频繁项集 L_l 作为输入，其中 $l \geqslant 1$，它的输出是长度为 $l+1$ 的候选项集集合 C_{l+1}。该算法利用了频繁项集的先验原理，即如果一个项集是频繁的，则它的所有子集也一定是频繁的；相反，如果一个项集是非频繁的，则它所有的超集都是非频繁的。基于该原理可有效减少候选项集的数目。一个候选项集 $c \in C_{l+1}$ 是这样产生的：从 L_l 中选择一个项集 $\zeta \in L_l$，从项总集合 I（如 9.3 节所述）中选择一个长度为 1 的项 $\varepsilon \in I$，并且满

足 $\varepsilon \notin \zeta$,那么一个新的候选项集通过 $c \leftarrow \zeta \cup \varepsilon$ 可得。GenerateCandidateSet 操作是由 UC 服务器独立完成的,它必须要遍历 L_l 和 I 才能产生一个完备的候选项集集合。

另外,由于 IVEC 的验证机制已经被整合进每个隐私保护构建块协议中,即在 OBA 协议的执行过程中,IVEC 能够验证协议计算结果的完整性,即使识别出密文分片或挖掘结果中包含的错误,利用系统的容错性也能恢复出正确的数据。与现有验证方案的区别是,OBA 是在协议执行过程中进行验证,而其他方案是在外包任务完成后验证。然而,在频繁模式外包的过程中,只有 UC 和 SC 服务器参与计算,而 SC 服务器只能够验证 SM 和 SC 协议的完整性,对于 SA 的结果则无法验证。但是,考虑到系统中始终有 $k+1$ 个 UC 服务器能正常地工作而且出错位置是固定的,实际上没有必要对协议的每一步都检验,OBA 一般在执行完 SA 后会调用 SC,这个时候能够对之前累计的错误做整体纠错,不影响最终结果的完整性。值得注意的是,如果 $k+1$ 个正常 UC 服务器的条件不满足,那么 OBA 就不具备容错能力,但是依然可以验证外包结果的完整性,随机选择两个密文分片集合后解对应的方程组,如果得到的两个结果不相等,说明 UC 服务器出错。

3. 结果提取阶段

在这个阶段,UC 将挖掘出的所有频繁项集的集合 L 和项集对应的支持度密文分片发送给 DO。由于项集是用列序号表示的,而列序号被 π_c 扰乱了顺序,所以 DO 可通过 π_c^{-1} 恢复出正常项集的表示,然后通过查表得到真实的项集。因为每个 UC 服务器得到 L 应该是相同的,该结果的完整性可用投票选举方法验证。而支持度可通过 $SR(\cdot)$ 算法获得,利用 IVEC 协议能够检验其完整性,并恢复出正确的结果。

9.4.2.3 优化方法

本小节提出了针对 OBA 的三种优化方法,分别为支持度计算优化、完整性验证优化、算法执行优化。

1. 支持度计算优化

为计算长度为 $l+1$ 项集的支持度,ComputeSupport 函数过程需要执行 $z \times l$ 次 SM 协议。但是,由于 SM 是通过 SC 和 UC 服务器复杂的交互实现的,有较大的计算和通信开销,所以,支持度计算的优化目标就是尽量减少 SM 的调用次数。根据 GenerateCandidateSet 产生候选项集的方式,$l+1 -$ 候选项集 c' 是通过

长度为 l 的频繁子集 c，再加上一个项 $\varepsilon \in I$ 得到的，其中，$c' = c \cup \varepsilon$ 且 $\varepsilon \notin c$。所以，如果已知 c 的 Ω_i^l，只需计算 $\Omega_i^{l+1} \leftarrow \Omega_i^l \times D_T'(i, \text{Item}_\varepsilon)$，就能知道 c' 是否存在于 Tid $= i$ 的记录中。通过这种方法，ComputeSupport 计算 c' 的支持度，只需执行 z 次 SM。

2. 完整性验证优化

IVEC 在验证隐私保护构建块的中间计算结果的完整性时，是随机选择两个不相同的分片集合，然后建立方程解多项式的常数项，这可能需要尝试多轮才能得到两个解相同的集合。为降低不必要的尝试次数，在选择密文分片集合时，我们采用黏滞策略而不是每次都随机选择。具体方法如下：在第一次执行 IVEC 时，SC 服务器记录下正确分片的集合对应的服务器编号。在下一次做验证时，SC 则优先采用上一次判定正确的服务器返回的结果。该方法在一定程度上会提高通过初次验证的概率，从而减少解方程组的计算开销。主要原因是在多数场景下，出错的服务器由于各方面的原因很可能继续出错，而正确的服务器很可能会保持正确。但是，如果 IVEC 首次验证出错，则继续随机选择分片集合，直到得到两个正确的集合，在下一次验证时再重复上述策略。

3. 算法执行优化

在 SM 和 SC 协议中，UC 和 SC 服务器需要一轮交互才能完成协议的执行，这样就会导致 UC 服务器在执行完它的第一步后就进入闲置状态，直到 SC 返回其计算的结果，UC 再根据这个结果得到最终的输出，这时 SC 又进入了等待状态。为了充分利用服务器的计算资源，我们使用流水线（pipeline）技术进行优化。以 SM 协议为例，假设 UC 需要通过两两相乘的方式计算 $\prod_{i=1}^{k} m_i$，UC 首先以 $SD(m_1)$ 和 $SD(m_2)$ 作为输入并按照 SM 的第 1 步执行相应计算，将结果发送给 SC 后，UC 无须等待，以 $SD(m_3)$ 和 $SD(m_4)$ 作为输入再执行 SM 的第 1 步。以此类推，在 UC 和 SC 两端形成了作业队列，服务器的任务就是从队列中取走作业并执行相应计算，这样 CPU 资源不会因为暂时没有任务而闲置，从而提高了整个外包协议的运算效率。

9.5　安全性分析

本节首先分析所提出的隐私保护构建块的安全性，再在此基础上证明频繁模式挖掘外包方案 OFPFM 的安全性。

9.5.1　隐私保护构建块协议的安全性

在半诚信的威胁模型下,9.4.1 节提出的基于秘密共享机制的隐私保护构建块协议是安全的,如定理 9.2 所示。

定理 9.2　在 SDO、SA、SM、SC 协议执行的过程中,没有任何关于数据的输入、输出和中间过程的隐私信息泄露给半诚信的云服务器,当且仅当 Shamir 秘密共享机制[270]是语义安全的且盲化因子是随机选择的。

证明: 根据 9.2.2 节的威胁模型,有 t 个 UC 服务器可能合谋,而 t 满足 $t \leqslant n - k - 1 \leqslant n/2 - 1 < k$,说明最多有 $k-1$ 个服务器合谋猜测用户的秘密,Shamir 秘密共享机制在该条件下达到了信息论安全[273],显然满足 CPA 定义下的语义安全,秘密共享机制得到的密文分片对于多项式时间的攻击者是不可区分的。所以,基于秘密共享的 SDO 和 SA 协议不会泄露任何明文信息给 UC 服务器。

SM 协议是在 UC 和 SC 服务器的交互下完成的,因此需要证明没有隐私泄露给任何一方。由于 UC 没有密钥 X 并且最多 $k-1$ 个服务器合谋,不能建立 k 个独立的线性方程组,因此,UC 无法从输入 α_i、β_i,中间结果 α_i'、β_i'、ρ_i,输出 η_i 中获得关于 m_1、m_2 和 $m_1 \times m_2$ 的任何信息,其中 $1 \leqslant i \leqslant n$。SC 能够解出 m_1'、m_2',但由于它们分别被 r_1、r_2 随机化,而且 UC 和 SC 不合谋,SC 无法获得随机数的值,所以,SC 也无法获得关于 m_1、m_2 和 $m_1 \times m_2$ 的任何信息。

SC 协议也是通过 UC 和 SC 服务器的交互完成的。UC 利用加法同态性质在密文分片上计算 $\delta = 2(m_1 - m_2) + 1$ 或 $\delta = 2(m_2 - m_1) + 1$ 的密文,由于没有向量 X,UC 无法获得 m_1、m_2 和它们的差值 $m_1 - m_2$。SC 利用 X 可以解出盲化后的差值 $\delta' = r\delta$,并能判断其正负性,但 SC 不知道随机数 s, r 的值,所以,SC 同样没有得到输入明文的隐私信息。

IVEC 机制已经被融合到上述的隐私保护构建块中,SM 和 SC 协议执行的过程中,SC 服务器会参与密文分片的完整性验证,但由于 SC 所恢复出的消息都已经被 UC 产生的随机数盲化,因而没有信息泄露给 SC。

综上所述,本章提出的隐私保护构建块协议有效地保护了用户数据的隐私。

9.5.2　频繁模式挖掘外包方案的安全性

在定理 9.1 和定理 9.2 的基础上,分析频繁模式挖掘外包方案 OFPFM 的安全性,并得到定理 9.3。

定理 9.3　OFPFM 方案不仅保护了外包数据库、频繁项集、项集支持度的隐私信息,而且在基于项频率分析攻击下是安全的。此外,OFPFM 能够以较高概率检验外包计算结果的完整性,并在有错误的情况下恢复出正确结果。

证明: OFPFM 方案包括三个连续的阶段。在数据预处理和结果提取阶段,用户的数据集和频繁项集支持度以密文分片的形式存储在 UC 服务器上,由于底层的 Shamir 共享机制是信息论安全的,因此,数据记录和支持度不会泄露给 UC。频繁项集是用列序号表示的,但数据外包前所有列的序号被随机置换函数 π_c 扰乱,由于 UC 不知道列序号、项集的映射关系以及 π_c,所以频繁项集的隐私也得到了保护。

在挖掘外包阶段,OBA 算法循环调用三个算法,即 ComputeSupport、IsFrequentItemset、GenerateCandidateSet,前两个算法由 9.4.1 节提出的隐私保护构建块组成,第三个算法主要是集合运算。根据定理 9.2,所有算法的输入、输出以及中间结果都通过秘密共享或盲化技术得到保护。UC 唯一知道的信息是 SC 的输出 ϕ^*,它是用来判断目标项集是否为频繁项集的依据,UC 通过 ϕ^* 才能计算频繁项集并构造候选项集,如之前所述,项集是通过列序号表示的,UC 并不知道实际的项集内容。另外,各协议的输入和输出都是经过秘密共享机制保护的。

因此,挖掘外包阶段保护了数据库和中间结果的隐私。根据组合定理[228],三个阶段的串行组合是安全的。

在执行 ComputeSupport 时,支持度阈值是以密文分片形式存在的,每个项集的支持度是服务器在数据分片的基础上运算出来的。由于秘密共享机制是安全的,UC 无法获得任何一个项集的支持度以及支持度阈值,所以,即使 UC 有部分项集频率的背景知识,也无法和外包数据集关联起来。

基于定理 9.1,IVEC 协议能够有效验证外包计算的完整性。在出错服务器数量满足 $t \leqslant n - k - 1$ 时,IVEC 仍能恢复出正确结果,因此,在 IVEC 基础上构建的 OFPFM 方案具备结果的容错能力。

综上所述,OFPFM 方案达到了数据的隐私保护、结果的完整性验证、可容错的设计目标。

9.6 性能分析

本节从理论分析和实验仿真两个方面讨论 OFPFM 方案的性能,并和现有类似的方案做比较。

9.6.1 理论分析

记 Mul、Add 分别表示模乘法运算和模加法运算,记 $|p|$ 为模 p 的比特大小。DO 利用 Shamir 秘密共享机制计算一个消息分片的开销是 $n(k-1)\text{Mul} + n(k-1)\text{Add}$。OFPFM 方案采用拉格朗日插值法恢复秘密共享的消息,假设 DO 已知 $x_i^1 \bmod p, \cdots, x_i^{k-1} \bmod p$,其中 $i = 1, \cdots, n$。所以,DO 解密文分片的计算开销是 $k\text{Mul} + (k-1)\text{Add}$。DO 传送和下载 n 个密文分片的通信开销是 $n|p|$。SA 协议需要 UC 总共执行 $n\text{Add}$ 次运算,由于 SA 是 UC 独立完成的,所以通信开销为 0。SM 协议的总的计算开销为 $(nk + 3n + 2k + 1)\text{Mul} + (nk + 2k - n - 2)\text{Add}$,通信开销为 $3n|p|$。SM 协议的计算开销为 $(2n + k)\text{Mul} + (2n + k - 1)\text{Add}$,通信开销为 $n|p|$。若将 IVEC 机制整合到前面的几种构建块协议中,则至少增加一次 $SR(\cdot)$ 运算,通信开销不变。

在 OFPFM 方案的外包阶段,为了计算 l -项集的支持度,OBA 需要执行 z 次 SM 和 $z-1$ 次 SA。对于一个项集,SC 只需要执行一次。OFPFM 总的计算开销依赖于频繁项集的个数,而频繁项集与数据集的特征以及支持度阈值密切相关,因而候选项集在每次迭代中都是不确定的。为了便于比较,我们只考虑一次迭代中的计算开销,OBA 重复了 $|C_l|$ 轮的 ComputeSupport 和 IsFrequentItemset 的计算,其中 $|C_l|$ 表示长度为 l 的候选项集集合大小。OFPFM 中所有协议的计算和通信复杂度如表 9.3 所示。观察可知,UC 服务器数量 n 和用于恢复消息的分片数量 k 对外包方案的复杂度都有直接影响。

表 9.3　隐私保护构建块和频繁模式挖掘外包协议的计算和通信复杂度

协议	计算复杂度	通信复杂度
SA	$O(1)$	0
SM	$O(n \times k)$	$O(n)$
SC	$O(n)$	$O(n)$
IVEC	$O(k)$	$O(n)$
OBA	$O(|C_l| \times z \times n \times k)$	$O(|C_l| \times z \times n)$

9.6.2　实验分析

和本章方案较为相似的研究工作是 Yi 等[186] 提出的分布式云环境下的频繁项集外包方案 YRB(Yi-Rao-Bertino)。虽然,YRB 方案不具备完整性验证和容错的能力,但 YRB 和 OFPFM 仍有很多相似的地方,如:适用于 $n(n>2)$ 台服务器的工作场景;保护了项集、支持度、频繁模式的隐私;是语义安全的外包方案;能够抵抗服务器的合谋攻击。因此,实验主要将 OFPFM 与 YRB 进行对比,作为衡量 OFPFM 性能的参考。两个方案均是在Crypto++5.6.3 库[232] 的基础上用 C++实现的,实验室服务器的配置为 Intel Xeon E5-2620 @ 2.10 GHz CPU、12GB 内存,运行 CentOS 6.5 系统。

文献[186]提供了三个不同安全级别的外包方案,分别实现了项隐私的保护、事务隐私的保护和数据库隐私的保护,其安全性逐步递增。考虑到运行效率的因素,实验中只对比了最基础的 YRB 方案,即只保护了数据项的隐私。这是因为 YRB 的安全增强方案引入了伪造事务记录、密文比较等机制,计算开销要比基础方案要高好几个数量级。

实验采用了来自 FIMI(http://fimi. ua. ac. be/data/) 的两个真实数据集:Chess 数据集和 Mushroom 数据集。前一个集合包含了 3 196 条记录和 75 个数据项,后一个集合包含了 8 416 条记录和 119 个数据项。

影响频繁模式外包方案性能的主要有如下几种因素:①UC 服务器的数量(n);②Shamir 秘密共享多项式的次数(k);③模数的大小($|p|$);④最小支持度阈值的大小(T_s);⑤数据集大小(z);⑥UC 出错服务器的数量(t)。以下通过实验测试观察这些参数是如何影响外包方案性能的。

9.6.2.1　数据预处理阶段的性能测试

首先,测试数据拥有者加密不同大小的数据集的计算开销,实验结果如表 9.4 所示。该实验中,OFPFM 选择 $n=10$、$k=6$ 的秘密共享参数,YRB 选择 $n=10$。从实验数据可以看出,用户的加密时间随着数据规模(z)和模数($|p|$)的增加而增加。显然,z 的增加使加密的运算量增大,而 $|p|$ 的增加提高了模运算的计算复杂度。容易发现,OFPFM 方案的计算效率要比 YRB 方案高很多:当 $|p|=512$ 时,OFPFM 比 YRB 快 1.5 倍左右;而当 $|p|=1\ 024$ 时,OFPFM 比 YRB 快 5 倍左右。

YRB 方案采用的是分布式 ElGamal 加密算法[187],其安全性依赖于解离散

对数难题,如果为了提高速度而减小$|p|$,则会降低加密算法的安全性。为方便对比,在后续的实验中两个外包方案都选择$|p| = 1\,024$。

表 9.4　在不同数据集和模数下数据拥有者加密的计算开销　　　单位:s

方案	$z = 2 \times 10^3$	$z = 3 \times 10^3$	$z = 4 \times 10^3$	$z = 5 \times 10^3$
YRB($|p| = 512$)	16.235	23.841	31.682	39.952
OFPFM($|p| = 512$)	10.458	15.790	21.174	26.088
YRB($|p| = 1\,024$)	82.815	124.481	164.699	206.341
OFPFM($|p| = 1\,024$)	15.863	23.875	31.979	40.065

9.6.2.2　挖掘外包阶段的性能测试

为评估方案在挖掘外包阶段的性能,我们在 Chess 数据集上测试了云端的计算和通信开销与服务器数量(n)的关系,实验结果如图 9.2 所示。云端的计算开销包括了 UC 和 SC 总体的运算时间。图 9.2(a)说明了云端计算开销都随着 n 增加而增加,而 YRB 的计算开销比 OFPFM 明显高很多。由于 Shamir 秘密共享机制需要计算多项式 $q(x_1), \cdots, q(x_n)$,因此,n 的增加会增加 OFPFM 的开销。YRB 中采用的分布式 ElGamal 加密机制,在解密时需要将 n 个服务器的密文做乘积,其计算开销会随 n 而增加。

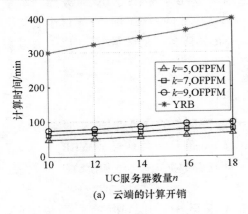

(a)　云端的计算开销

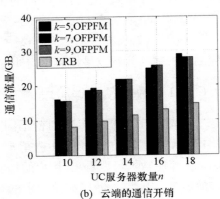

(b)　云端的通信开销

图 9.2　在 Chess 数据集上云端计算和通信开销与服务器数量 n 的关系($T_s = 3\,100$)

云端的通信开销为 UC 和 SC 服务器之间的通信流量。图 9.2(b)表明云端通信开销随 n 增加而增加,由于 Chess 数据集在二进制转换后大小变为原来的 2

倍,OFPFM 的通信量相比 YRB 有明显增加。此外,随着多项式次数(k)的增加,OFPFM 的计算开销也在增加,这是因为在秘密共享时需要计算更多的多项式系数,而恢复明文消息时需要解更多的方程组。

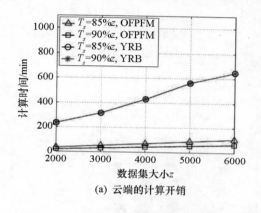

(a) 云端的计算开销

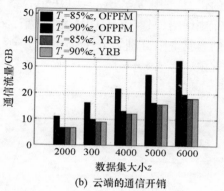

(b) 云端的通信开销

图 9.3　在 Mushroom 数据集上云端计算和通信开销与数据集大小 z 的关系($n=10,k=6$)

接着,评估外包方案的性能与数据集大小(z)的关系。实验时,从 Mushroom 数据集随机抽取一定数量的样本改变 z 的大小,测试在不同 z 和支持度阈值(T_s)下方案的性能表现。OFPFM 选择 $n=10$、$k=6$ 作为秘密共享的参数,实验结果如图 9.3 所示。图 9.3(a)表明云端的计算时间随着 z 增加而增加,这是因为数据集的规模越大需要计算的项集支持度就越多,增加了整体的运算量,而 YRB 方案的计算开销显著高于 OFPFM。图 9.3(b)则说明云端服务器的通信开销也随 z 增加而增加。

另一方面,从图 9.3(a)和(b)可以看出,随着 T_s 的增加,OFPFM 的计算时间和通信量都呈下降趋势,这是因为符合条件的频繁项集变少了,从而缩小了候选项集集合,减小了计算量。然而,T_s 对 YRB 的影响并不大。YRB 的思路是识别出相同项的密文,并替换为同一个项,在替换完整个数据集后再执行 Apriori 算法,因此,相同项识别才是 YRB 的主要开销。需要强调的是,实验中的 YRB 方案只保护了数据项的隐私,但项集支持度被云服务器获得,因而可能遭受频率分析攻击。

最后,对 OFPFM 方案的结果完整性验证和容错性能进行测试。实验时随机选择 t 个 UC 服务器,每当它们需要返回给 SC 或 DO 结果时,通过在数据上添加随机数来模拟服务器的错误。该实验选择 Chess 数据集为外包数据集,支持度阈值为 $T_s=3\,132$、$k=n/2$,结果如图 9.4 所示。从图 9.4(a)可以看出,当出错服务器的数量从 0 增加到 2 时,云端的计算时间有一个微小的增长,这个增长是由于引入了 IVEC 机制导致的。对于 $n=20$ 的场景,云端的计算时间在 $2 \leqslant t \leqslant 8$ 之间保持平稳,在 $t=10$ 时突然降到 0 的附近。这是因为 OFPFM 检测出了结果中的错误,参数 $n=20$、$k=10$ 决定容错上限是:$t_{max}=n-k-1=9$,t 超出上限导致无法纠错,只有终止 OBA 继续执行。$n=12$、$n=16$ 时的情况也是类似的,它们的容错上限分别为 $t_{max}=5$ 和 $t_{max}=7$。图 9.4(b)的通信开销也说明了类似的现象。

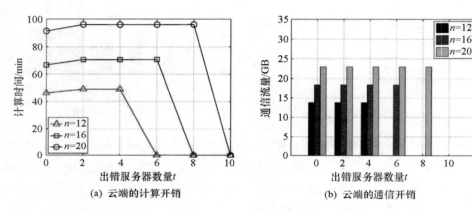

(a) 云端的计算开销　　　　　　(b) 云端的通信开销

图 9.4　在 Chess 数据集上云端计算和通信开销与出错服务器数量 t 的关系
$$(k=n/2, T_s=3\ 132)$$

从上面的实验结果可以得出:①OFPFM 的错误检测准确率达到了近似 100%。②当 t 在容错范围内时,本章方案仍能恢复正确结果,保证外包计算能继续执行;当 t 超出容错范围时,虽然无法恢复正确的结果,但可验证完整性。③增加 n 能够提升外包方案的容错能力。

此外,随着 n 的增加,方案的计算和通信开销也在增长,这和图 9.2 得到的结果是一致的。

9.7　本章小结

为同时解决频繁模式外包过程中隐私保护和完整性验证这两个安全问题,本章提出了一种可容错的频繁模式挖掘外包隐私保护方案。针对频繁模式的基本运算外包,本章在 Shamir 秘密共享机制的基础上设计了一套隐私保护构建块协议,不仅实现了数据计算安全、安全加法、安全乘法和安全比较等功能,而且能够验证上述计算结果的完整性,并在服务器出错的情况下仍能恢复出正确结果。在隐私保护构建块的基础上,设计了频繁模式挖掘的外包协议,该协议利用了混合云环境的信任层级模型,使得在服务器挖掘频繁项集的同时,保护了数据集和挖掘结果的隐私信息,并检测服务器是否出错。在真实数据集上的实验结果表明,本章方案的计算性能不仅比现有类似方案表现更优,而且具备了较高的错误检测准确率和一定的容错能力。

第十章　混合同态加密计算安全技术

当前,越来越多的用户愿意使用云服务商提供的数据挖掘服务。然而,在享受云计算带来的便捷灵活的付费模式和强大的计算能力的同时,用户的数据隐私存在潜在的泄露风险。在本章中,为了实现高效安全的数据挖掘外包服务,重点针对云计算环境下频繁项集挖掘外包技术开展研究。现有的计算安全技术应用不同的加密算法设计了支持不同隐私保护要求的解决方案,但是这些方法无法同时满足外包方案高安全性和高效性的现实要求,其中一些方案仍需要用户在线参与数据挖掘的计算过程,不符合用户使用云计算进行外包挖掘的初衷。本章提出了一种基于混合同态加密算法的频繁项集查询计算安全方案。该方案实现了对事务数据库和挖掘结果安全的有效保护,能够抵抗频率分析攻击,同时通过使用密文打包技术保证了计算过程的高效性。在外包计算过程中,用户在上传数据之后即可保持离线状态,无须参与任何额外的计算过程。本章还进行了详细的安全性分析,并通过实验来评估方案的性能。实验结果表明,该方案可以有效应用于大规模数据库。

10.1　引言

随着云计算的快速发展和普及,数据挖掘服务(Data Mining as a Service,DMaaS)以其节约成本和使用灵活的优势而受到用户的欢迎。有了 DMaaS,用户可以选择即用即付的模式将其数据和相关挖掘任务外包给云服务器。然而,对于来自医疗机构、政府组织和金融机构等领域的用户而言,他们的原始数据和挖掘结果都可能包含敏感信息。考虑到隐私泄露的风险,用户可能犹豫或者放弃使用云环境下的数据挖掘服务,从而增加自身开销,同时影响数据共享带来的挖掘准确性的提高。

在数据挖掘领域,频繁项集挖掘(Frequent Itemset Mining, FIM)是一种应用非常广泛的方法[274-276],其主要用途是在大型数据库中发现隐藏的频繁项集。具体而言,对于给定的事务数据库,频繁项集挖掘的目标是找到支持度大于给定阈值的项集。为了实现外包频繁项集挖掘过程中的隐私保护,研究人员提出了一些基于随机扰动的解决方案[31, 175 - 176, 277]。然而,这些方法安全性较低,并且影响了挖掘结果的准确性。为了解决这些问题,后续工作中[177 - 180],研究人员使用替换加密对数据进行加密,然后将密文数据上传至云服务器。然而,由于替换加密无法实现语义安全,所有这些方案都无法抵抗选择明文攻击,从而具有较弱的安全性。为了获得更好的安全性,Lai 等[183]提出了第一个支持语义安全的频繁项集挖掘计算安全方案。然而,该方案无法抵抗频率分析攻击,并且具有较高的计算开销。随后,研究人员使用同态加密算法设计了具有不同隐私级别的频繁项集挖掘外包方案[186, 191, 193 - 194]。然而,现有的频繁项集挖掘计算安全解决方案均无法同时满足高安全性、高效性和高适用性(无须用户在线)的应用要求。为了更好地与之前的研究工作[180, 183, 186, 191, 193 - 194]进行对比,表 10.1 列出了这些工作和本章提出的方案的一些重要性质,并对这些性质进行说明。

表 10.1　频繁项集挖掘计算安全方案对比

外包方案	数据库语义安全	挖掘隐私	抵抗频率分析攻击	离线用户	计算开销
文献[180]	×	×	√	×	低
文献[183]	√	×	×	√	高
文献[186]	×	√	√	√	高
文献[191]	√	√	√	×	低
文献[193]	√	√	√	√	高
文献[194]	√	√	√	√	高
本章方案	√	√	√	√	低

如表 10.1 所示,表中列出了频繁项集挖掘计算安全方案所需的五个重要性质。其中,第一个是数据库语义安全,它表示密文事务数据库是语义安全的,可以抵抗选择明文攻击,这对数据共享和挖掘外包的安全至关重要。第二个性质是挖掘隐私,其包括了外包挖掘过程中的频繁项集、项集的支持度和最小支持度阈值。第三个性质表明了频繁项集挖掘计算安全方案能够有效抵抗频率分析攻击。第四个性质是离线用户,表明云服务器执行外包挖掘的过程中无须用户在线参与计算过程,其是否满足表明了计算安全方案的适用性。最后一个性质是计算开销,它显示了挖掘过程的效率,高效的方案能够更好地应用于大型数据

库,从而更加适用于实际情况。

上述五个性质,旨在同时满足外包挖掘方案的高安全性和高效性,基于此,本章提出了一种频繁项集查询计算安全方案 PPFIQ(Privacy-Preserving Frequent Itemset Query)。这里,考虑多数据拥有者(DO)的应用场景,即他们拥有水平或垂直分割的事务数据库,在安全加密后将密文上传至云服务器进行数据共享,并将之后的频繁项集挖掘工作同时外包给云服务器。此外,基于云端密文事务数据库,一个查询用户(QU)希望检查其私有项集的支持度及其是否频繁。为了保护数据隐私,查询用户 QU 将查询项集进行加密,并将密文项集发送给云服务器进行频繁项集查询。在数据拥有者 DO 和查询用户 QU 上传密文数据之后,他们都可以保持离线状态,所有的计算过程都由云服务器高效执行并将结果返回给相应用户。在无须用户在线参与的情况下,本章方案首次实现了基于语义安全密文事务数据库的高效频繁项集查询工作,其主要的创新点在于:

(1)通过使用 YASHE 和 Paillier 两种同态加密算法,设计了事务数据库加密协议、项集加密协议、安全频繁项集挖掘协议和安全支持度解密协议,并基于这些协议构建了频繁项集查询计算安全方案 PPFIQ。

(2)通过使用密文打包技术 SIMD,我们在密文挖掘过程中实现了高效的并行计算,显著提高了外包频繁项集查询的效率,且所有挖掘过程由云服务器独立完成而无须用户在线参与。

(3)在半诚信安全模型下,进行了详细的安全性分析,证明了该方案能够有效保护数据库安全和挖掘结果隐私,同时能够抵抗频率分析攻击。

(4)在真实和仿真数据库上进行了详细的实验性能分析,实验结果表明,该方案能够高效地在大型加密数据库上进行频繁项集挖掘,具有较好的实用性。

10.2　安全频繁项集查询问题描述

本节着重对本章方案的系统模型、安全模型和设计目标进行描述和说明。

10.2.1　系统模型

本章方案的系统模型如图 10.1 所示,其支持在云端密文事务数据库上针对选定密文项集的频繁项集查询。在系统模型中,假设存在多个数据拥有者 DO_l $(1 \leqslant l \leqslant L)$、一个查询用户 QU、两个云服务器 CSP 和 Evaluator,假设云服务器 Evaluator 负责生成 YASHE 和 Paillier 加密算法的公私钥对 (pk_Y, sk_Y) 和 $(pk_P,$

sk_P）。然后，Evaluator 独自保存私钥 sk_Y 和 sk_P，并将公钥 pk_Y 和 pk_P 发送给数据拥有者、查询用户和云服务器 CSP 进行加密操作。这里，数据拥有者 DO_l 拥有水平或垂直分割的私有事务数据库 D_l，其使用 YASHE 加密算法得到相应的密文数据库 $[D_l]$，并将 $[D_l]$ 外包给云服务器 CSP 进行频繁项集挖掘。对于查询用户 QU，他拥有一个私有项集 x，并希望通过基于云端的聚合密文数据库 $[D]$ 来确定 x 是否频繁。为了保护隐私，查询用户 QU 使用 YASHE 加密算法将项集 x 加密为 $[x]$，并将其发送给云服务器 CSP。如图 10.1 所示，本章方案中，云服务器 CSP 拥有聚合密文数据库 $[D]$，并通过与云服务器 Evaluator 进行交互计算，实现频繁项集的外包挖掘工作。本章方案中，为了降低私钥泄露的风险，没有将私钥共享给数据拥有者和查询用户。因此，每个数据拥有者仍需要保存其明文事务数据库。考虑到这些事务数据可能具有很高的价值，并且本章方案的重点是实现频繁项集挖掘的计算安全，这样的假设是合理可行的。

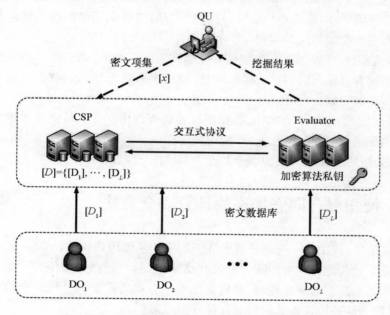

图 10.1　频繁项集查询计算安全方案的系统模型

10.2.2　安全模型

　　在本章方案中，数据拥有者 DO 和查询用户 QU 不完全信任云服务器 CSP 会保护他们的数据隐私，因此他们将自己私有的事务数据库、查询项集以及最小支持度阈值均进行加密后上传。这里,假设云服务器 CSP 和 Evaluator 都是半诚信的,这表明它们将严格按照所设计的协议进行外包频繁项集挖掘,但会在挖掘过程中尝试推测得到一些隐私信息。此外,假设云服务器 CSP 和 Evaluator 在执行外包数据挖掘过程中不能合谋,从而实现交互式的密文计算[141]。同时,这两个云服务器不能与数据拥有者 DO 和查询用户 QU 合谋以获取额外的信息,这符合用户的实际利益需求。在半诚信模型下,为了规范定义协议的安全性,我们采用了基于模拟攻击者视角的分析方法[238-239],其安全性描述参见定义 5.1。

10.2.3 设计目标

本章所提出的基于混合同态加密的频繁项集查询计算安全方案满足以下三个设计目标:

(1)正确性:如果用户和云服务器按照设计的协议进行数据加密、频繁项集挖掘和解密等操作,那么用户最终得到的解密后的查询项集的支持度与明文情况下频繁项集挖掘的结果相同。

(2)机密性:本章方案在半诚信安全模型下是安全的,即云服务器无法得到关于数据拥有者和查询用户的隐私信息,包括事务数据库、查询项集、最小支持度阈值和查询项集支持度。

(3)高效性:在本章方案中,数据拥有者和查询用户在上传密文数据库和密文查询项集之后无须保持在线,外包挖掘过程由云服务器执行,方案具有较低的计算开销,适用于使用大型的事务数据库的应用场景。

10.3 使用混合同态加密的计算安全方法

在本节中,提出了一种基于混合同态加密的频繁项集查询计算安全方案,该方案保证了外包挖掘过程的高安全性和高效性,具有较强的实用性。本节首先给出频繁项集挖掘的基本概念,然后提出本章方案所需要的基础安全协议构建块,最后使用这些协议构建我们的计算安全方案。

10.3.1 频繁项集挖掘

作为一种重要的数据挖掘方法,频繁项集挖掘(FIM)被用来在大型事务数据库中发现不同项目之间的隐藏关系[280]。具体而言,令 $Q = \{q_1, \cdots, q_m\}$ 为包含所有项目 q_j 的集合,令 $D = \{t_1, \cdots, t_n\}$ 为包括 n 个事务 t_i 的数据库,其中 $t_i \subseteq Q$。

那么,频繁项集挖掘的目标是找到所有支持度大于给定最小支持度阈值的项集 $x(x\subseteq Q)$。定义项集 x 的支持度为 S_x,它的值是事务数据库 D 中包含 x 的所有事务的个数。令 ms 表示最小支持度阈值,如果满足条件 $S_x\geqslant ms$,则项集 x 是频繁的。

在本章中,使用二进制向量来表示事务 t_i 和项集 x,即 $t_i=(t_{i1},\cdots,t_{im})$ 和 $x=(x_1,\cdots,x_m)$,其中 $t_{ij}=1(x_j=1)$ 表示事务 t_i(项集 x)包含第 j 个项目,而 $t_{ij}=0$($x_j=0$)表示不包含。表 10.2 给出了一个事务数据库的例子,其包含 5 个事务和 6 个不同的项目。假设项集 $x=\{q_3,q_5\}$(对应二进制向量为 $x=(0,0,1,0,1,0)$),则其项集长度为 $k=2$(项集 x 中的项目个数,即二进制向量中 1 的个数)。如表 10.2 所示,事务 t_1 和 t_5 包含项集 x,即其支持度 $S_x=2$。当事务和项集表示为二进制向量时,如果事务 t_i 包含项集 x,则可以得到 $t_i\circ x=k$,否则有 $t_i\circ x<k$($\circ$ 表示两个二进制向量的内积)。我们将使用这个性质来判断一个项集是否被给定事务所包含。

表 10.2　事务数据库($n=5$,$m=6$)

事务	项集表示	二进制向量表示
t_1	$\{q_1,q_2,q_3,q_5\}$	$(1,1,1,0,1,0)$
t_2	$\{q_2,q_5,q_6\}$	$(0,1,0,0,1,1)$
t_3	$\{q_3,q_4\}$	$(0,0,1,1,0,0)$
t_4	$\{q_1,q_3,q_6\}$	$(1,0,1,0,0,1)$
t_5	$\{q_3,q_4,q_5\}$	$(0,0,1,1,1,0)$

考虑到本章方案支持多数据拥有者的应用场景(见第 10.2.1 节),我们以表 10.2 中的数据库为例说明数据库水平和垂直分割的情况。数据库水平分割时,每个数据拥有者拥有部分事务的所有二进制向量元素;数据库垂直分割时,每个数据拥有者拥有全部事务的部分向量元素。以表 10.2 中的数据库为例,将其进行水平和垂直分割,其结果如图 10.2 所示。图中,数据库水平分割时,DO$_1$ 拥有事务 t_1 和 t_2,DO$_2$ 拥有事务 t_3 和 t_4,DO$_3$ 拥有事务 t_5;数据库垂直分割时,每个数据拥有者分别拥有五个事务的两个向量元素。

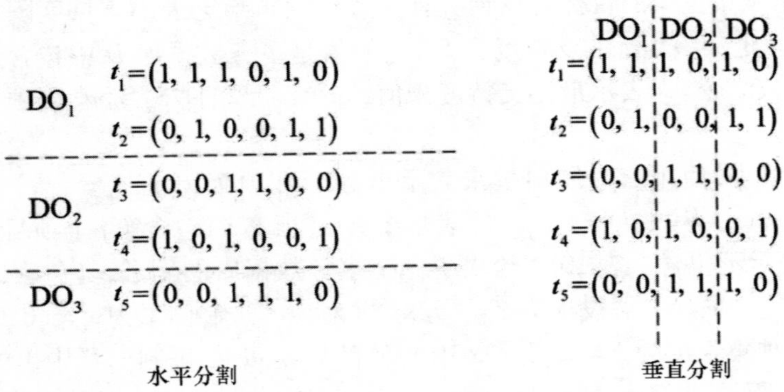

$$DO_1 \quad \begin{aligned} t_1 &= (1,\ 1,\ 1,\ 0,\ 1,\ 0) \\ t_2 &= (0,\ 1,\ 0,\ 0,\ 1,\ 1) \end{aligned}$$

$$DO_2 \quad \begin{aligned} t_3 &= (0,\ 0,\ 1,\ 1,\ 0,\ 0) \\ t_4 &= (1,\ 0,\ 1,\ 0,\ 0,\ 1) \end{aligned}$$

$$DO_3 \quad t_5 = (0,\ 0,\ 1,\ 1,\ 1,\ 0)$$

水平分割

$$\begin{aligned} &\qquad\quad DO_1\ |DO_2|\ DO_3 \\ t_1 &= (1,\ 1,\ 1,\ 0,\ 1,\ 0) \\ t_2 &= (0,\ 1,\ 0,\ 0,\ 1,\ 1) \\ t_3 &= (0,\ 0,\ 1,\ 1,\ 0,\ 0) \\ t_4 &= (1,\ 0,\ 1,\ 0,\ 0,\ 1) \\ t_5 &= (0,\ 0,\ 1,\ 1,\ 1,\ 0) \end{aligned}$$

垂直分割

图 10.2 数据库水平和垂直分割示例

10.3.2 方案基础安全协议构建块

在本节中,给出五个基础安全协议构建块,分别是事务数据库加密(TDE)协议、项集加密(IE)协议、安全比较(SC)协议、安全频繁项集挖掘(SFIM)协议和安全支持度解密(SSD)协议。在下一小节中,将使用这些安全协议作为子协议来构建本章提出的基于混合同态加密的频繁项集查询计算安全方案。为了更清楚地对方案进行描述和说明,表 10.3 给出了本章方案中所使用的符号及其定义。

表 10.3 方案符号定义

符号	定义
n	事务数据库中的事务个数
m	事务(项集)二进制向量维数
k	项集长度
M	YASHE 密码系统多项式模数的阶数
P	YASHE 密码系统明文模数
$\{\,\cdot\,\}_M$	一组 M 个明文(用于密文打包)
$\mathbb{Z}_P, \mathbb{Z}_N$	YASHE 和 Paillier 密码系统的明文空间
$E_Y(\,\cdot\,),\ D_Y(\,\cdot\,)$	YASHE 密码系统的加密/解密运算
$E_P(\,\cdot\,),\ D_P(\,\cdot\,)$	Paillier 密码系统的加密/解密运算
$[\,\cdot\,],\langle\,\cdot\,\rangle$	YASHE 和 Paillier 密码系统的密文

（续表）

符号	定义
$\oplus$, $\ominus$, $\otimes$	YASHE 密码系统的密文加法/减法/乘法
$+$, $-$, $\times$	YASHE 密码系统的明文 – 密文加法/减法/乘法
$\cdot$	Paillier 密码系统的密文乘法

10.3.2.1　事务数据库加密协议

在事务数据库加密（Transaction Database Encryption，TDE）协议中，数据拥有者 DO 使用其私有事务数据库 D 作为输入，使用 YASHE 全同态加密算法和 SIMD 密文打包技术，计算输出密文事务数据库 $[D']$。加密完成之后，DO 上传密文数据库 $[D']$ 至云服务器 CSP 进行频繁项集挖掘。这里，假设事务数据库 D 包含 n 个事务和 m 个不同的项目。算法 10.1 给出了事务数据库加密协议的具体内容。

算法 10.1　$\text{TDE}(D) \rightarrow \{[D'], [S^1], [S^0]\}$

执行方：数据拥有者 DO

1：　随机生成 f 个全零事务，并将其插入数据库 D 中

2：　随机排列所有事务得到新的数据库 $D' = \{t_1, \cdots, t_n, t_{n+1}, \cdots, t_{n+f}\}$

3：　计算向量 $S^1 = (s_1^1, \cdots, s_{n+f}^1)$ 和 $S^0 = (s_1^0, \cdots, s_{n+f}^0)$

4：　$z \leftarrow (n+f)/M$

5：　**for** $a = 1$ **to** z

6：　　　$i \leftarrow (a-1)M + 1$

7：　　　**for** $j = 1$ **to** m

8：　　　　　$Pack \leftarrow \{t_{ij}, t_{i+1,j}, \cdots, t_{i+M-1,j}\}_M$

9：　　　　　$[D'_{aj}] \leftarrow E_Y(Pack)$

10：　　　$Pack \leftarrow \{s_i^1, s_{i+1}^1, \cdots, s_{i+M-1}^1\}_M$

11：　　　$[S_a^1] \leftarrow E_Y(Pack)$

12：　　　$Pack \leftarrow \{s_i^0, s_{i+1}^0, \cdots, s_{i+M-1}^0\}_M$

13：　　　$[S_a^0] \leftarrow E_Y(Pack)$

14：$[D'] = \{[D'_{11}], \cdots, [D'_{1m}], \cdots, [D'_{z1}], \cdots, [D'_{zm}]\}$

15：$[S^1] = \{[S_1^1], \cdots, [S_z^1]\}$, $[S^0] = \{[S_1^0], \cdots, [S_z^0]\}$

16：将 $[D']$、$[S^1]$ 和 $[S^0]$ 发送给 CSP

如算法 10.1 所示,除密文事务数据库$[D']$之外,还生成了两个密文向量$[S^1]$和$[S^0]$,其作用是在之后的安全频繁项集挖掘(SFIM)协议中插入伪造事务和移除虚假支持度。在进行数据库加密之前,数据拥有者 DO 首先生成 f 个全零事务(即事务向量元素均为 0),然后将其插入原始数据库 D 中并对所有事务进行随机排列,从而得到新的事务数据库 D'。这里,这些全零事务向量的作用是在之后的挖掘过程中插入伪造事务,从而保护挖掘结果的隐私不被泄露(详见算法 10.4)。接下来,数据拥有者 DO 计算两个长度为 $n+f$ 的二进制向量S^1 和 S^0。在向量 S^1 中,对应插入的全零事务的位置的元素值 s_i^1 均设为 1,其他位置的元素值均设为 $0(1 \leqslant i \leqslant n+f)$。与 S^1 相反,在向量 S^0 中,对应插入全零事务的位置的元素值 s_i^0 均设为 0,其他位置的元素值均设为 $1(1 \leqslant i \leqslant n+f)$。

接下来,数据拥有者 DO 使用 YASHE 加密算法和 SIMD 密文打包技术对事务数据库 D' 以及两个向量 S^1 和 S^0 进行加密。首先,DO 计算打包后的密文事务数据块个数 $z = (n+f)/M$,其中 M 表示 YASHE 加密算法的多项式模数的阶数(如 $M = 4\,096$)。为了保证正确打包所有的明文数据,要求数据库 D' 中事务的个数(即 $n+f$)能够被 M 整除。然后,针对每个密文事务数据块($1 \leqslant a \leqslant z$)和事务向量中的每个元素($1 \leqslant j \leqslant m$),数据拥有者 DO 将 M 个事务的相同向量元素打包为 $\{t_{ij}, t_{i+1,j}, \cdots, t_{i+M-1,j}\}_M$,然后将其加密为 $[D'_{aj}]$。最终,密文事务数据库$[D']$包含了 $z \times m$ 个密文。类似地,DO 将向量 S^1 和 S^0 打包加密为 $[S^1]$ 和$[S^0]$,二者均包含 z 个密文。加密完成之后,数据拥有者 DO 将密文事务数据库$[D']$和两个密文向量$[S^1]$和$[S^0]$上传至云服务器 CSP 进行频繁项集挖掘。

在 TDE 协议中,由于密文事务数据块个数 z 和事务向量维数 m 通常较小,所以数据拥有者 DO 具有较低的计算开销。此外,由于将多个事务的相同向量元素打包到一个密文中,TDE 协议可以支持数据库水平或垂直分割的多数据拥有者的应用场景。

针对水平分割的数据库 D_l($1 \leqslant l \leqslant L$,每个数据拥有者拥有部分事务的所有二进制向量元素),DO_l 分别选取 f_l 的值和随机排列函数,然后执行 TDE 协议计算密文数据库$[D'_l]$以及密文向量$[S_l^1]$和$[S_l^0]$。在接收所有数据拥有者的密文数据之后,云服务器 CSP 即可使用聚合密文数据库$[D'] = \{[D'_l], \cdots, [D'_L]\}$以及相应的密文向量$\{[S_l^1], \cdots, [S_L^1]\}$和$\{[S_l^0], \cdots, [S_L^0]\}$进行外包挖掘工作。

针对垂直分割的数据库 D_l($1 \leqslant l \leqslant L$,每个数据拥有者拥有全部事务的 m_l 个向量元素),所有数据拥有者使用相同的 f 和随机排列函数(因此生成相同的向量 S^1 和 S^0),将算法 10.1 第 7 步中的 m 改为 m_l 并执行 TDE 协议进行数据加密。之后,云服务器 CSP 即可使用聚合密文数据库$[D'] = \{[D'_l], \cdots, [D'_L]\}$以及向量$[S^1]$和$[S^0]$进行频繁项集挖掘。

10.3.2.2　项集加密协议

在项集加密(Itemset Encryption,IE)协议中,查询用户 QU 使用其私有项集 x $=(x_1,\cdots,x_m)$ 作为输入,使用 YASHE 全同态加密算法和 SIMD 密文打包技术,计算输出密文项集$[x]$和密文项集长度$[k]$。这里,项集长度 k 表示项集 x 中包含的项目的个数,即二进制向量中 1 的个数。加密完成后,查询用户 QU 将密文 $[x]$和$[k]$发送给云服务器 CSP 进行频繁项集查询。算法 10.2 给出了项集加密协议的具体内容。

如算法 10.2 所示,查询用户 QU 将 M 个相同的项集向量元素 x_j 打包加密为$[x_j]$,将 M 个项集长度 k 打包加密为$[k]$,然后将密文$[x]$和$[k]$发送给云服务器 CSP。通过这种方式实现了针对 M 个明文事务向量元素的并行计算,从而显著降低了计算开销。

算法 10.2　$\text{IE}(x,\ k) \rightarrow \{[x],[k]\}$

执行方:查询用户 QU

1：　**for** $j = 1$ **to** m
2：　　$Pack \leftarrow \{x_j,\cdots,x_j\}_M$
3：　　$[x_j] \leftarrow E_Y(Pack)$
4：　$Pack \leftarrow \{k,\cdots,k\}_M$
5：　$[k] \leftarrow E_Y(Pack)$
6：　将$[x] = \{[x_1],\cdots,[x_m]\}$和$[k]$发送给 CSP

10.3.2.3　安全比较协议

在安全比较(SC)协议[193]中,云服务器 CSP 和 Evaluator 对输入的两个 Paillier 密文$\langle a \rangle$和$\langle b \rangle$进行安全比较,并输出比较结果 θ。如果 $\theta = 1$,则表示 $a \geq b$;否则输出 $\theta = 0$。算法 10.3 给出了安全比较协议的具体内容。

算法 10.3　$SC(\langle a \rangle, \langle b \rangle) \rightarrow \theta$, 其中 $a, b \leqslant 2^l$

执行方: 云服务器 *CSP* 和 *Evaluator*

1：CSP 执行：

2：$\langle \boldsymbol{x} \rangle \leftarrow \langle a \rangle \cdot \langle b \rangle^{-1} \bmod N^2$

3：$r \overset{R}{\leftarrow} \{1, \cdots, 2^l\}$, 其满足约束条件 $2^{l+1} < N/2$

4：$\langle z \rangle \leftarrow \langle \boldsymbol{x} \rangle^r \bmod N^2$, 将 $\langle z \rangle$ 发送给 Evaluator

5：Evaluator 执行：

6：$z \leftarrow D_P(\langle z \rangle)$

7：如果 $z < N/2$, 则 $\theta \leftarrow 1$, 否则 $\theta \leftarrow 0$

如算法 10.3 所示, 要求输入的 Paillier 密文 $\langle a \rangle$ 和 $\langle b \rangle$ 的相应明文值均小于等于 2^l。云服务器 CSP 首先计算 $\langle \boldsymbol{x} \rangle = \langle a \rangle \cdot \langle b \rangle^{-1} \bmod N^2$, 并选择随机数 $r \leqslant 2^l$, 使其满足约束条件 $2^{l+1} < N/2$(N 是 Paillier 密码系统中两个大素数的乘积)。接下来, CSP 计算 $\langle z \rangle = \langle \boldsymbol{x} \rangle^r \bmod N^2$, 并将 $\langle z \rangle$ 发送给云服务器 Evaluator。然后, Evaluator 解密 $\langle z \rangle$ 得到明文 z。如果 $z < N/2$, 则输出 $\theta = 1$, 表示 $a \geqslant b$; 否则输出 $\theta = 0$, 表示 $a < b$。这里简单描述安全比较协议的设计原理, 详细内容参见文献 [193]。如果 $a \geqslant b$, 则可以得到 $z = r(a-b)$, 由于 $2^{l+1} < N/2$, 显然有 $z < N/2$; 相反地, 由于 Paillier 密码系统的明文空间是 $\mathbb{Z}_N$, 如果 $a < b$, 则 $a - b < 0$, 对应明文上的模运算将导致 $z = N - r(b-a) \geqslant N/2$。

10.3.2.4　安全频繁项集挖掘协议

在安全频繁项集挖掘(Secure Frequent Itemset Mining, SFIM)协议中, 云服务器 CSP 和 Evaluator 基于数据拥有者 DO 的密文事务数据库 $[D']$ 对查询用户 QU 的密文查询项集 $[\boldsymbol{x}]$ 进行频繁项集挖掘。在协议的执行过程中, 云服务器首先计算密文项集 $[\boldsymbol{x}]$ 的 Paillier 密文支持度 $\langle S_x \rangle$, 然后将其与 Paillier 密文最小支持度阈值 $\langle ms \rangle$ 进行比较, 最后输出比较结果 θ($\theta = 1$ 表示项集 x 是频繁的, $\theta = 0$ 则表示不频繁)。算法 10.4 中给出了安全频繁项集挖掘协议的具体内容。

算法 10.4 $\text{SFIM}([D'],[S^0],[S^1],[x],[k],\langle ms \rangle) \to \{\theta,\langle S_x \rangle\}$

执行方:云服务器 CSP 和 Evaluator

1: CSP 执行:

2: **for** $a = 1$ **to** z

3: **for** $j = 1$ **to** m

4:   $\sigma^j_{ab} \xleftarrow{R} \{0,1\}, 1 \leqslant b \leqslant M, \sigma^j_a \leftarrow \{\sigma^j_{a1}, \cdots, \sigma^j_{aM}\}_M$

5:   $[\gamma^j_a] \leftarrow [S^1_a] \times \sigma^j_a, [D''_{aj}] \leftarrow [D'_{aj}] \oplus [\gamma^j_a], [p_j] \leftarrow [D''_{aj}] \otimes [x_j]$

6:   $[IP_a] \leftarrow \sum_{j=1}^{m} [p_j]$

7: $r_{ab} \xleftarrow{R} \mathbb{Z}^*_P, 1 \leqslant b \leqslant M, r_a \leftarrow \{r_{a1}, \cdots, r_{aM}\}_M, [w_a] \leftarrow ([IP_a] \ominus [k]) \times r_a$

8: 生成随机排列函数 π 对 $[w] = \{[w_1], \cdots, [w_z]\}$ 进行排列

9: 将排列后的密文 $[w]$ 发送给 Evaluator

10: Evaluator 执行:

11: **for** $a = 1$ **to** z

12: $\{w_{a1}, \cdots, w_{aM}\}_M \leftarrow D_Y([w_a])$

13: 如果 $w_{ab} = 0$,则 $u_{ab} \leftarrow 1$,否则 $u_{ab} \leftarrow 0$, $1 \leqslant b \leqslant M$

14: $Pack \leftarrow \{u_{a1}, \cdots, u_{aM}\}_M, [u_a] \leftarrow E_Y(Pack)$

15: 将密文 $[u] = \{[u_1], \cdots, [u_z]\}$ 发送给 CSP

16: CSP 执行:

17: 计算 π 的逆排列函数 $inv(\pi)$,使用其排列密文 $[u]$

18: **for** $a = 1$ **to** z

19: $[u'_a] \leftarrow [u_a] \otimes [S^0_a]$

20: $r_{ab} \xleftarrow{R} \mathbb{Z}_P, 1 \leqslant b \leqslant M, r_a \leftarrow \{r_{a1}, \cdots, r_{aM}\}_M$

21: $[u'_a] \leftarrow [u'_a] + r_a, \delta_a \leftarrow \sum_{b=1}^{M} r_{ab}$

22: $\{\beta_1, \cdots, \beta_M\}_M, \delta \leftarrow \sum_{a=1}^{z} \delta_a \bmod P, \langle \delta \rangle \leftarrow E_P(\delta)$

23: 将密文 $[\beta]$ 发送给 Evaluator

24: Evaluator 执行:

25: $\{\beta_1, \cdots, \beta_M\}_M \leftarrow D_Y([\beta]), \eta \leftarrow \sum_{b=1}^{M} \beta_b \bmod P$

26: $\langle \eta \rangle \leftarrow E_P(\eta)$,将密文 $\langle \eta \rangle$ 发送给 CSP

（续表）

27：CSP 和 Evaluator 执行 $\theta \leftarrow SC(\langle \eta \rangle, \langle \delta \rangle)$

28：如果 $\theta = 0$，则 CSP 计算 $\langle \eta \rangle \leftarrow \langle \eta \rangle \cdot \langle P \rangle \bmod N^2$

29：CSP 计算 $\langle S_x \rangle \leftarrow \langle \eta \rangle \cdot \langle \delta \rangle^{-1} \bmod N^2$

30：CSP 和 Evaluator 执行 $\theta \leftarrow SC(\langle S_x \rangle, \langle ms \rangle)$

31：将支持度比较结果 θ 发送给查询用户 QU

如算法 10.4 所示，安全频繁项集挖掘协议需要云服务器 CSP 和 Evaluator 进行复杂的交互计算，其执行过程可以分为四个部分。在第一部分（步骤 1～9）中，CSP 计算随机排列后的 YASHE 密文 $[w]$，其对应打包的明文为 0 或者随机数。这里，明文为 0 的个数表示密文查询项集 $[x]$ 加扰后的支持度。第二部分（步骤 10～15）中，Evaluator 解密密文 $[w]$，然后检查对应明文 w_{ab} 的值，并根据其设置 u_{ab} 的值。接下来，Evaluator 计算密文 $[u]$ 并将其发送给 CSP。第三部分（步骤 16～23）中，CSP 去除插入的伪造事务对支持度的影响，然后计算密文 $[\beta]$，其中包含了密文查询项集 $[x]$ 加扰后的部分支持度。在最后一部分（步骤 24～31）中，CSP 和 Evaluator 首先计算密文查询项集 $[x]$ 的 Paillier 密文支持度 $\langle S_x \rangle$，然后将其与 Paillier 密文最小支持度阈值 $\langle ms \rangle$ 进行比较，从而确定查询项集 x 是否频繁。

具体而言，在第一部分（步骤 1～9）中，CSP 首先随机生成伪造事务的向量元素（步骤 4），然后利用密文向量 $[S_a^1]$ 过滤掉真实事务的位置，而保留在 TDE 协议中插入的全零事务的位置（$[\gamma_a^j] = [S_a^1] \times \sigma_a^j$）。接下来，CSP 计算 $[D_{aj}''] = [D_{aj}'] \oplus [\gamma_a^j]$，从而将这些伪造事务插入密文数据库 $[D']$ 中。由于向量 S^1 中对应真实事务的位置的值均为 0，所以添加伪造事务时不会影响真实事务的值。此时，新的密文数据库 $[D''] = \{ [D_{11}''], \cdots, [D_{1m}''], \cdots, [D_{z1}''], \cdots, [D_{zm}''] \}$ 中添加了 f 个随机生成的伪造事务，其作用是对查询项集 x 的真实支持度进行扰动从而保护挖掘结果隐私。下一步，CSP 将密文 $[D_{aj}'']$ 与密文查询向量元素 $[x_j]$ 相乘得到密文乘积 $[p_j]$（$1 \leqslant j \leqslant m$），然后将这些密文乘积相加得到密文内积 $[IP_a]$（$1 \leqslant a \leqslant z$）。接下来，CSP 从 YASHE 密码系统的明文空间 $\mathbb{Z}_P$ 中随机生成一组 M 个正整数 $r_a = \{ r_{a1}, \cdots, r_{aM} \}_M$ 作为随机扰动，然后计算密文 $[w_a] = ([IP_a] \ominus [k]) \times r_a$（$1 \leqslant a \leqslant z$，$[k]$ 是密文查询项集长度）。这里，每个密文 $[w_a]$ 中包含的打包明文的值为 0 或者随机数，且其中为 0 的位置表示相应的事务包含查询项集 x。这是因为如果一个事务包含 x，则二者的向量内积的值为 k，即查询项集 x 的长度值。由于将 M 个明文打包在一个密文中，上述运算均实现了高效的并行计算而没有产生额外的开销。最后,CSP 生成随机排列函数 π,使用其对密文 $[w]=\{[w_1],\cdots,[w_z]\}$ 进行排列,然后将随机排列后的结果发送给云服务器 Evaluator。

在第二部分(步骤 10~15)中,Evaluator 首先解密每个密文 $[w_a]$ 得到打包的明文 $w_{ab}(1\leqslant a\leqslant z,1\leqslant b\leqslant M)$。接下来,如果 $w_{ab}=0$,则设置 $u_{ab}=1$,否则设置 $u_{ab}=0$。这里,$\sum_{a=1}^{z}\sum_{b=1}^{M}u_{ab}$ 的值即为加扰后的查询项集 x 的支持度。为了计算真实的支持度同时保护隐私,Evaluator 将 $u_{ab}(1\leqslant b\leqslant M)$ 打包加密为 $[u_a]$,并将密文 $[u]=\{[u_1],\cdots,[u_z]\}$ 发送给 CSP。

第三部分(步骤 16~23)中,CSP 首先计算 π 的逆排列函数 $inv(\pi)$,并使用其排列密文 $[u]$。然后,CSP 使用密文向量 $[S_a^0]$ 去除查询项集支持度中的扰动部分($[u_a']=[u_a]\otimes[S_a^0]$)。此时,密文 $[u_a']$ 中包含的明文值为 1 的个数即为查询项集 x 的真实支持度。为了保护隐私,CSP 随机生成噪声 $r_{ab}\in\mathbb{Z}_P$,将其加入密文 $[u_a']$ 中得到加扰密文 $[u_a'']$。接下来,CSP 计算密文,其包含了 M 个加扰的查询项集 x 的部分支持度。此外,CSP 计算整体扰动值 $\delta=\sum_{a=1}^{z}\delta_a \bmod P$($P$ 是 YASHE 密码系统的明文模数),并且使用 Paillier 加密算法将其加密为 $\langle\delta\rangle$。最后,CSP 将密文 $[\beta]$ 发送给 Evaluator。

在最后一部分(步骤 24~31)中,Evaluator 首先解密 $[\beta]$ 得到 $\{\beta_1,\cdots,\beta_M\}_M$,然后计算 $\eta=\sum_{b=1}^{M}\beta_b \bmod P$($\eta$ 即为加扰的查询项集 x 的真实支持度)。之后,Evaluator 使用 Paillier 算法加密 η 得到密文 $\langle\eta\rangle$,并将其发送给 CSP。接下来,CSP 和 Evaluator 执行安全比较(SC)协议[193]来判断密文 $\langle\eta\rangle$ 和 $\langle\delta\rangle$ 的大小关系,输出比较结果 θ。如果 $\theta=0$,则表明 $\eta<\delta$,此时,CSP 计算 $\langle\eta\rangle=\langle\eta\rangle\cdot\langle P\rangle \bmod N^2$。然后,CSP 计算 Paillier 加密的真实支持度 $\langle S_x\rangle=\langle\eta\rangle\cdot\langle\delta\rangle^{-1} \bmod N^2$。最后,CSP 和 Evaluator 执行 SC 协议对密文支持度 $\langle S_x\rangle$ 和密文最小支持度阈值 $\langle ms\rangle$ 进行比较,并将比较结果 θ 返回给查询用户 QU($\theta=1$ 表示查询项集 x 频繁,$\theta=0$ 则表示不频繁)。

这里,在计算加扰支持度 η 时(步骤 25)进行了取模操作(P 是 YASHE 密码系统的明文模数),为了获得正确的支持度 S_x,需要 $S_x<P$,从而保证 $S_x \bmod P=S_x$(选用较大的 P 以满足要求,例如 $P=114\ 689$)。而执行步骤 27~28 的原因是:令 $u_a'=\{u_{a1}',\cdots,u_{aM}'\}_M$,则有 $S_x=\sum_{a=1}^{z}\sum_{b=1}^{M}u_{ab}'$。此外,令 $r=\sum_{a=1}^{z}\sum_{b=1}^{M}r_{ab}$ 为所有扰

动值的和,则可以得到 $\eta = (S_x + r)\bmod P$ 和 $\delta = r\bmod P$。如果 $S_x\bmod P + r\bmod P < P$,得到 $\eta = S_x\bmod P + r\bmod P = S_x + \delta$,否则有 $\eta = (S_x\bmod P + r\bmod P) - P = S_x - P + \delta$。第一种情况时,有 $\eta - \delta = S_x > 0$,即 SC 协议输出结果 $\theta = 1$。第二种情况时,得到 $\eta - \delta = S_x - P < 0$,即 SC 协议输出结果 $\theta = 0$。因此,如果 $\theta = 0$,则表明 $\eta < \delta$,此时需要计算 $\eta + P = S_x + \delta$(即计算 $\langle\eta\rangle = \langle\eta\rangle\cdot\langle P\rangle = \langle\eta + P\rangle$)以保证得到正确的密文支持度 $\langle S_x\rangle$。

10.3.2.5　安全支持度解密协议

在安全支持度解密(Secure Support Decryption,SSD)协议中,云服务器和查询用户 QU 共同对 Paillier 密文支持度 $\langle S_x\rangle$ 进行安全解密,所得到的明文支持度 S_x 仅为查询用户 QU 所知,而不会泄露给云服务器。算法 10.5 给出了安全支持度解密协议的具体内容。

算法 10.5　$\text{SSD}(\langle S_x\rangle)\rightarrow S_x$

执行方:云服务器和查询用户 QU

1：CSP 执行:

2：$r\xleftarrow{R}\mathbb{Z}_N,\langle r\rangle\leftarrow E_P(r),\langle S_x'\rangle\leftarrow\langle S_x\rangle\cdot\langle r\rangle\bmod N^2$

3：将密文 $\langle S_x'\rangle$ 发送给 Evaluator,将扰动 r 发送给查询用户 QU

4：Evaluator 执行:

5：$S_x'\leftarrow D_P(\langle S_x'\rangle)$,将 S_x' 发送给查询用户 QU

6：查询用户 QU 计算 $S_x\leftarrow(S_x' - r)\bmod N$

如算法 10.5 所示,CSP 首先从 Paillier 密码系统的明文空间 $\mathbb{Z}_N$ 随机选取噪声 r,加密并作为加性扰动添加给 Paillier 密文支持度 $\langle S_x\rangle$。然后,CSP 将加扰密文 $\langle S_x'\rangle$ 和扰动 r 分别发送给 Evaluator 和查询用户 QU。接下来,Evaluator 解密 $\langle S_x'\rangle$ 并将得到的加扰明文支持度 S_x' 发送给查询用户 QU。最后,查询用户 QU 移除噪声值得到正确的查询项集支持度 S_x。

10.3.3　安全计算方案

在本节中,使用 10.3.2 节中给出的基础安全协议构建块作为子协议来构建本章方案 PPFIQ。该方案针对给定的密文查询项集,由云服务器在语义安全的密文事务数据库进行频繁项集挖掘,在不泄露隐私的情况下判断查询项集是否频繁并返回明文支持度。算法 10.6 给出了本章方案 PPFIQ 的具体内容。

算法 10.6　$\text{PPFIQ}(D,\boldsymbol{x},k,ms)\rightarrow\{\theta,S_x\}$

$1:\{[D'],[\boldsymbol{S}^1],[\boldsymbol{S}^0]\}\leftarrow\text{TDE}(D)$

$2:\langle ms\rangle\leftarrow E_p\langle ms\rangle$，发送 $\langle ms\rangle$ 给 CSP

$3:\{[\boldsymbol{x}],[k]\}\leftarrow\text{IE}(\boldsymbol{x},k)$

$4:\{\theta,\langle S_x\rangle\}\leftarrow\text{SFIM}([D'],[\boldsymbol{S}^0],[\boldsymbol{S}^1],[\boldsymbol{x}],[k],\langle ms\rangle)$

$5:S_x\leftarrow\text{SSD}(\langle S_x\rangle)$

如算法 10.6 所示，数据拥有者 DO 首先执行 TDE 协议，对其私有事务数据库 D 进行加密。除了密文事务数据库，TDE 协议同时输出两个密文向量 $[\boldsymbol{S}^1]$ 和 $[\boldsymbol{S}^0]$，其作用是在 SFIM 协议中插入伪造事务和去除支持度扰动。此外，DO 使用 Paillier 算法加密最小支持度阈值 ms 得到密文 $\langle ms\rangle$。然后，DO 将密文 $[D']$、$[\boldsymbol{S}^1]$、$[\boldsymbol{S}^0]$ 和 $\langle ms\rangle$ 上传至云服务器 CSP，并在之后保持离线状态。这里，本章提出的 PPFIQ 方案支持数据库水平或垂直分割的多数据拥有者的应用场景，具体设计参见第 10.3.2.1 节。接下来，查询用户 QU 执行 IE 协议加密查询项集 x 和项集长度 k，将密文项集 $[\boldsymbol{x}]$ 和长度 $[k]$ 发送给 CSP 进行频繁项集挖掘后保持离线状态。然后，云服务器 CSP 和 Evaluator 使用密文事务数据库 $[D']$ 和密文查询项集 $[\boldsymbol{x}]$ 以及其他密文作为输入，执行 SFIM 协议进行频繁项集挖掘。在该协议的执行过程中，云服务器首先计算 Paillier 密文支持度 $\langle S_x\rangle$，然后将其与密文最小支持度阈值 $\langle ms\rangle$ 进行比较，得到输出值 θ 并返回给查询用户 QU（$\theta=1$ 表示查询项集 x 频繁，$\theta=0$ 则不频繁）。最终，云服务器和查询用户 QU 执行 SSD 协议对密文 $\langle S_x\rangle$ 进行安全解密，得到查询项集 $\boldsymbol{x}$ 的明文支持度 S_x，并将结果返回给 QU。

10.4　安全性分析

在本节中，假设云服务器 CSP 和 Evaluator 作为潜在的攻击者，并使用基于模拟攻击者视角的方法[239]对本章方案的安全性进行证明。首先证明在半诚信模型下 10.3.2 节中所提出的方案基础安全协议构建块的安全性。然后，根据安全协议的组合定理[239]，在半诚信模型下证明本章方案 PPFIQ 的安全性。简言之，本章方案执行过程中，云服务器 CSP 仅能得到语义安全的密文信息，而云服务器 Evaluator 解密得到的明文信息均为加扰后的随机值，因此两个云服务器都无法获得任何的隐私信息。如 10.2.2 节所讨论的,假设 CSP 和 Evaluator 不能合谋,同时它们不能与数据拥有者 DO 或者查询用户 QU 合谋以获取额外的信息。接下来对本章方案 PPFIQ 进行具体的安全性分析。

10.4.1　方案基础构建块安全性分析

本节着重对 10.3.2 节中所提出的方案基础安全协议 TDE、IE、SC、SFIM 和 SSD 的安全性进行分析证明。

10.4.1.1　TDE/IE/SC 协议安全性分析

本章使用了语义安全的 YASHE 加密算法对事务数据库和查询项集进行加密处理,因此事务数据库加密(TDE)协议和项集加密(IE)协议的输出密文均是语义安全的。由于这些密文仅上传至云服务器 CSP,且其不能与云服务器 Evaluator 合谋进行解密,所以 CSP 无法获取任何关于事务数据库和查询项集的隐私信息。因此,TDE 协议和 IE 协议在半诚信安全模型下是安全的。对于安全比较(SC)协议[193],云服务器 CSP 仅能得到语义安全的 Paillier 密文,而云服务器 Evaluator 仅能解密得到随机加扰的明文,由于两个云服务器不能合谋,因此它们无法获取比较值的任何隐私信息[193]。

10.4.1.2　SFIM 协议安全性分析

定理 10.1　假设云服务器 CSP 和 Evaluator 是潜在的攻击者,由于本章方案满足以下两个条件:①YASHE 和 Paillier 加密算法是语义安全的,②两个云服务器不能合谋;因此可以证明安全频繁项集挖掘(SFIM)协议在半诚信模型下是安全的,即在协议的执行过程中,CSP 和 Evaluator 无法获得任何关于事务数据和挖掘结果的隐私信息。

证明:为了证明 SFIM 协议在半诚信模型下的安全性,需要证明该协议的模拟镜像和真实镜像是计算不可区分的。一般情况下,协议的真实镜像包含了所交互的信息和使用这些信息计算得到的结果。

根据算法 10.4 可以得到,云服务器 CSP 在执行 SFIM 协议时的真实镜像为 $\Pi_C(\text{SFIM}) = \{[u],\langle\eta\rangle\}$,其中 $[u]$ 和 $\langle\eta\rangle$ 分别是 YASHE 和 Paillier 密文。令 CSP 的模拟镜像为 $\Pi_C^S(\text{SFIM}) = \{[u]',\langle\eta\rangle'\}$,其中 $[u]'$ 和 $\langle\eta\rangle'$ 是从 YASHE 和 Paillier 密码系统的密文空间随机生成的密文。由于使用的加密算法 YASHE 和 Paillier 是语义安全的,所以密文 $[u]$ 和 $[u]'$,以及密文 $\langle\eta\rangle$ 和 $\langle\eta\rangle'$,均是计算不

可区分的。根据定义 5.1 可以得到,CSP 的真实镜像 $\Pi_C(SFIM)$ 与模拟镜像 $\Pi_C^S(SFIM)$ 是计算不可区分的。此外,由于 SC 协议也在半诚信模型下是安全的[193],根据组合定理[239],云服务器 CSP 在 SFIM 协议的执行过程中无法获取任何隐私信息。

对于云服务器 Evaluator,其真实镜像为 $\Pi_E(SFIM) = \{[w], w_{ab}, u_{ab}, [\beta], \beta_b, \eta\}$ $(1 \leqslant a \leqslant z, 1 \leqslant b \leqslant M)$。其中,$[w]$ 和 $[\beta]$ 为 YASHE 密文,w_{ab} 和 β_b 是解密得到的相应明文,u_{ab} 和 η 是分别使用 w_{ab} 和 β_b 计算得到的明文值。假设 Evaluator 的模拟镜像为 $\Pi_E^S(SFIM) = \{[w]', w'_{ab}, u'_{ab}, [\beta]', \beta'_b, \eta'\}$ $(1 \leqslant a \leqslant z, 1 \leqslant b \leqslant M)$,其中,密文 $[w]'$ 设置为 $[w]' = \{[p_1 \cdot q_1], \cdots, [p_z \cdot q_z]\}$。这里,对于 $1 \leqslant a \leqslant z$ 和 $1 \leqslant b \leqslant M$,有 $p_a = \{p_{a1}, \cdots, p_{aM}\}_M$ $(p_{ab} \xleftarrow{R} \{0,1\})$ 和 $q_a = \{q_{a1}, \cdots, q_{aM}\}_M$ $(q_{ab} \xleftarrow{R} \mathbb{Z}_P^*)$。定义 $p_a \cdot q_a = \{p_{a1}q_{a1}, \cdots, p_{aM}q_{aM}\}_M$ 为元素对应乘积,则 $[p_a \cdot q_a]$ 为包含了 M 个明文值 $p_{ab}q_{ab}(1 \leqslant b \leqslant M)$ 的 YASHE 密文。类似地,设置密文 $[\beta]' = [e]$,其中 $e = \{e_1, \cdots, e_M\}_M$ $(e_b \xleftarrow{R} \mathbb{Z}_P, 1 \leqslant b \leqslant M)$。对于其他模拟镜像中的值,$w'_{ab}$ 和 β'_b 分别是 $[w]'$ 和 $[\beta]'$ 解密后的相应明文,u'_{ab} 和 η' 是使用 w'_{ab} 和 β'_b 计算得到的明文值。

显然,由于 YASHE 算法的语义安全性,Evaluator 无法区分密文 $[w]'$ 和 $[w]$,以及密文 $[\beta]'$ 和 $[\beta]$。使用其私钥,Evaluator 可以对密文 $[w]'$ 和 $[\beta]'$ 进行解密并得到相应明文值 $w'_{ab} = p_{ab}q_{ab}$ 和 $\beta'_b = e_b$。然而,这些明文值都是扰动后的随机数,并且与真实镜像中的明文值 w_{ab} 和 β_b 具有相同的随机分布。对于明文 u'_{ab},由于 w'_{ab} 的随机性,可以得到 u'_{ab} 是随机分布的。对于明文 u_{ab},由于在协议执行过程中插入了随机的伪造事务,其分布也具有随机性。类似地,由于 β'_b 是随机选择的数值,明文 η' 是一个随机数,而由于加入了随机扰动,明文 η 也是一个随机数。因此,Evaluator 也不能区分 w'_{ab} 和 w_{ab}、β'_b 和 β_b、u'_{ab} 和 u_{ab},以及 η' 和 η。基于上述分析,根据定义 5.1 可以得到,Evaluator 的真实镜像 $\Pi_E(SFIM)$ 和模拟镜像 $\Pi_E^S(SFIM)$ 是计算不可区分的。此外,由于 SC 协议也是安全的[193],根据组合定理[239],Evaluator 无法在 SFIM 协议的执行过程中获取任何隐私信息。综上所述,本章提出的 SFIM 协议在半诚信模型下对于潜在攻击者云服务器 CSP 和 Evaluator 是安全的。

10.4.1.3　SSD 协议安全性分析

与 SFIM 协议相似,在执行 SSD 协议时,云服务器 CSP 仅能得到语义安全的密文,而云服务器 Evaluator 解密后仅能得到随机数值。因此,使用与 SFIM 协议相同的安全性分析方法,根据定义 5.1 可以证明本章所提出的 SSD 协议在半诚信模型下是安全的。

10.4.2 PPFIQ 方案安全性分析

如算法 10.6 所示,本章方案 PPFIQ 是由一系列安全子协议组合而成(除了第二步由数据拥有者 DO 执行)。前文已经证明了所有子协议的安全性,根据定义 5.1 和组合定理[239] 可以得到,本章方案 PPFIQ 在半诚信模型下对于潜在攻击者 CSP 和 Evaluator 是安全的。此外,由于云服务器无法获得查询项集的真实支持度,本章方案同时可以有效抵抗频率分析攻击。

10.5 性能分析

本节对本章所提出的 PPFIQ 方案的性能进行理论和实验分析,从而说明其具有较高的运算效率,能够适用于使用大型事务数据库的应用场景。

10.5.1 理论分析

首先,针对事务数据库加密(TDE)协议,如算法 10.1 所示,其计算量与数据库中事务的数目 $n+f$ 和二进制向量维数 m 基本成正比。由于使用了密文打包技术,$n+f$ 个事务被划分成 z 个密文事务数据块,从而显著降低了计算开销。通常情况下,z 和 m 均具有较小的数值,而 TDE 协议仅需执行一次即可上传密文数据库,所以对于数据拥有者 DO 而言,执行 TDE 协议具有较低的计算开销。此外,针对项集加密(IE)协议,如算法 10.2 所示,执行协议一共需要查询用户 QU 进行 $m+1$ 次 YASHE 加密运算,也具有很低的计算开销。针对安全频繁项集挖掘(SFIM)协议,如算法 10.4 所示,虽然协议的执行过程相对复杂,但其计算量与密文事务数据块个数 z 和二进制向量维数 m 基本成正比。而安全支持度解密(SSD)协议,如算法 10.5 所示,其仅需要进行一次 Paillier 加密运算、一次密文乘法和一次 Paillier 解密运算,其计算开销基本可以忽略不计。

10.5.2 实验分析

本小节通过实验分析来说明本章方案 PPFIQ 的性能。实验结果表明,本章方案具有较低的计算开销,从而适用于使用大型事务数据库的应用场景。实验环境为 Windows 10 操作系统,配置为 Intel Core i7 – 7700HQ 2.80 GHz CPU 和

16 GB RAM。实验中使用 SEAL 程序库[257]来运行 YASHE 加密算法的相关操作,其安全参数设置为128bit。此外,YASHE 密码系统的多项式模数的阶数设置为 $M = 4\ 096$,其明文模数设置为 $P = 114\ 689$,其分解比特计数(DBC)设置为16。对于 Paillier 加密算法,使用 Crypto++ 5.6.3 程序库来运行相关密文操作,其安全参数设置为 1 024bit。针对 TDE 协议,实验中插入的全零事务的个数初始设置为 $f = n/2$,并额外添加一些全零事务以满足 $M \mid (n + f)$。针对 SC 协议,设置参数 $l = 31$,$t = 480$ 以满足协议要求 $2^{t+l} < N/2$。为了更好地验证方案的性能,分别使用真实数据库[279]和仿真数据库对其性能进行详细的测试说明,其实验结果如下所示。

10.5.2.1　真实数据库实验结果分析

本小节使用了 Chess、Mushroom、Connect 和 Pumsb 四个真实数据库进行方案实验分析,并在表10.4中给出了数据库的相关参数和协议的计算开销(1000次测试的平均值)。

如表10.4所示,对于最小的数据库 Chess,数据拥有者 DO 执行 TDE 协议进行事务数据库加密仅需要 0.7s,查询用户 QU 仅需要 0.4s 执行项集加密协议IE,而云服务器需要 1.5s 运行 SFIM 协议进行频繁项集挖掘。对于另外两个较大的数据库 Mushroom 和 Connect,执行表中三个协议的运行时间随着数据库规模增大而增加,但仍保持了较低的计算开销。这里,TDE 和 SFIM 协议的计算开销与事务个数 n 和向量维数 m 均相关,而 IE 协议的运行时间仅受向量维数 m 的影响。针对最后一个数据库 Pumsb,其包含了更多的事务且具有很大的向量维数($m = 2\ 113$),从而造成了更大的计算开销。表10.4中,数据拥有者需要141.8s 来加密全部 49 046 个事务。考虑到 TDE 协议仅需要执行一次即可上传密文数据库,上述计算开销仍在合理的范围内。对于查询用户 QU,加密向量维数为 2 113 的查询项集只需要 7.8s,仍保持了较高的计算效率,能够适用于计算资源受限的用户。对于云服务器 CSP 和 Evaluator,在密文 Pumsb 数据库上执行SFIM 协议需要花费 326.6s,其计算开销随着数据库规模的增大而明显增加。然而,考虑到真实云服务器通常拥有超强的计算能力,上述频繁项集的挖掘开销仍相对较低。这里,由于 SSD 协议的计算开销基本可以忽略不计,表10.4中没有给出其运行时间。针对现有的频繁项集查询计算安全方案[193-194],其文献中给出的挖掘开销分别为 1 354min 和 2 930min(基于 Chess 数据库)[194],从而仅适用于较小的数据库,具有较低的实用性。

表 10.4　基于真实数据库的协议计算开销　　　　　　单位:s

数据库	事务个数(n)	向量维数(m)	TDE 协议	IE 协议	SFIM 协议
Chess	3 196	75	0.7	0.4	1.5
Mushroom	8 124	119	1.5	0.5	3.3
Connect	18 078	123	3.4	0.6	7.6
Pumsb	49 046	2 113	141.8	7.8	326.6

10.5.2.2　仿真数据库实验结果分析

为了更好地对本章方案 PPFIQ 的性能进行分析说明,本小节通过设置不同的事务个数 n 和向量维数 m,随机生成多个仿真数据库进行实验测试,并在图 10.3 ~ 图 10.5 给出了各个协议的计算开销(1 000 次测试的平均值)。

如图 10.3 所示,TDE 协议的计算开销随着事务个数 n 和向量维数 m 的增加而线性增长。在图 10.3(a)中,设置事务个数 n 的值为 20×10^3 到 100×10^3,并且选取三个不同的向量维数 m 来测试 TDE 协议的性能。当向量维数 m 较小($m = 100$)时,TDE 协议的运行时间增长地相对缓慢,在 $n = 20 \times 10^3$ 需要大约 3s,而在 $n = 100 \times 10^3$ 需要大约 14s。当向量维数 m 较大时,协议的计算开销随着事务个数 n 的增加而快速增长。当 $m = 200$ 时,加密 20×10^3 的数据库大约需要 7s,而加密 100×10^3 的数据库则需要大约 28s。当 $m = 300$ 时,TDE 协议的计算开销从 9s($n = 20 \times 10^3$)增加到 42s($n = 100 \times 10^3$)。在图 10.3(b)中,设置向量维数 m 的值为 200 到 1 000,并且选取三个不同的事务个数 n 来进行协议的性

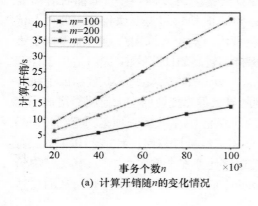
(a) 计算开销随n的变化情况

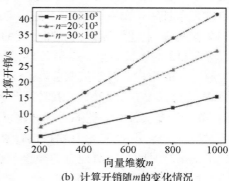
(b) 计算开销随m的变化情况

图 10.3　TDE 协议的计算开销

能测试。当数据库规模较小($n = 10 \times 10^3$)时,执行 TDE 协议具有很高的计算效率,其运行时间从 3s($m = 200$)增加至 15s($m = 1\,000$)。当事务个数 n 增大时,协议的计算开销也随之快速增长。当向量维数 m 从 200 增加至 1\,000 时,对于 $n = 20 \times 10^3$ 和 $n = 30 \times 10^3$,TDE 协议的运行时间分别从 6s 和 8s 增加到 30s 和 41s。综合以上分析,数据拥有者 DO 在执行 TDE 协议加密事务数据库时具有较低的计算开销。同时,考虑到 TDE 协议仅需要执行一次便可上传密文数据库,数据拥有者 DO 能够实现对大型数据库的高效加密。

如图 10.4 所示,IE 协议的计算开销随着向量维数 m 的增加而线性增长。当 m 从 200 增加到 1\,000 时,IE 协议运算时间从 0.8s 增长到 3.7s。对于计算资源可能受限的查询用户 QU 而言,使用 IE 协议进行查询项集加密具有很低的计算开销,从而满足了用户的实际需求。

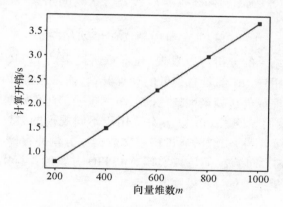

图 10.4　IE 协议的计算开销

如图 10.5 所示,SFIM 协议的计算开销随着事务个数 n 和向量维数 m 的增加而线性增长。在图 10.5(a)中,设置事务个数 n 从 20×10^3 增加到 100×10^3,并且选取不同的向量维数 m。当 m 较小($m = 100$)时,即使事务数据库具有较大的规模($n = 100 \times 10^3$),SFIM 协议仍然具有较高的执行效率(32s)。当 m 较大时,SFIM 协议的计算开销迅速增长,对于 $m = 200$ 和 $m = 300$,其运行时间分别从 14s 和 21s 增长至 64s 和 96s。在图 10.5(b)中,设置向量维数 m 从 200 增加到 1\,000,并且选取不同的事务个数 n。当 m 较小($m = 200$)时,SFIM 协议具有很高的运行效率,对于不同的事务个数 n(10×10^3、20×10^3、30×10^3),其计算开销均低于 20s(7s、14s、19s)。对于较大的向量维数($m = 1\,000$),对于不同的事务个数 n(10×10^3、20×10^3、30×10^3),SFIM 协议仍然保持了合理的计算开销(35s、

69s、95s）。实际应用场景中，云服务器通常拥有很强的计算能力，从而可以大大降低 SFIM 协议的运行时间，进一步保证本章方案在大型数据库上的适用性。

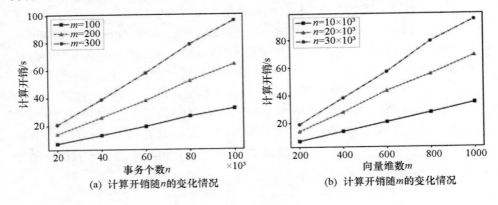

图 10.5　SFIM 协议的计算开销

　　通过对实验结果的分析可以发现，在本章所提出的 PPFIQ 方案中，数据拥有者 DO 和查询用户 QU 都具有很低的计算开销，而云服务器可以在密文事务数据库上高效地完成外包频繁项集挖掘工作。通过在真实数据库和仿真数据库上的性能测试，我们验证了 PPFIQ 方案适用于不同规模的数据库，保证了在不同应用场景下的实用性。此外，通过将密文数据库分割并存储在不同的云服务器，再分别执行 SFIM 协议，便可以实现对 PPFIQ 方案的并行操作，从而进一步提高外包频繁项集挖掘的计算效率。

10.6　本章小结

　　本章提出了一种基于混合同态加密的频繁项集查询计算安全方案 PPFIQ，通过使用 YASHE 和 Paillier 加密算法，以及 SIMD 密文打包技术，实现了基于云端密文数据库的安全高效的频繁项集挖掘工作。该方案有效保护了事务数据库和挖掘结果的隐私，其挖掘过程由云服务器高效执行而无须用户在线参与。本章详细证明了方案的安全性，并且通过理论和实验分析验证了方案的性能。实验结果表明，本章方案能够适用于大型事务数据库，具有较好的实用性。

第十一章 深度神经网络预测的 计算安全方法

当前,随着深度学习技术的广泛研究和快速发展,通过使用深度神经网络,我们可以实现针对图像、语音等数据的高准确性分类。为了满足普通用户的实际应用需求,大型科技公司使用其大规模的数据和计算资源对深度神经网络模型进行训练,并利用云服务将训练好的模型提供给用户使用。然而,在使用云计算环境下高准确性分类服务的同时,用户所上传的数据存在一定的隐私泄露风险。为了实现安全的深度神经网络分类外包方案,本章使用全同态加密算法对用户的待分类数据进行加密处理,从而较好地保护数据隐私。此外,针对密文数据分类,在较小规模的网络模型中使用了参数自适应学习的多项式激活函数,从而实现了较高的分类准确率和运算效率,实验结果表明本章方案具有较好的实用性。

11.1 引言

随着深度学习和云计算技术的迅速发展和普及,为了满足普通用户对高准确性分类服务的应用需求,大型科技公司利用其拥有的海量数据和强大计算资源对深度神经网络模型进行训练,并在云环境下提供给用户使用。通过这种方式,用户可以直接上传其待分类的数据,然后由云服务器完成相应的分类任务。然而,对于来自政府、金融、医疗等领域的用户而言,其原始数据和分类结果都可能包含隐私信息,从而无法直接使用云环境下的分类服务。

为了在保护用户数据隐私的前提下支持云环境下的高准确率分类服务,Gilad 等提出了名为 CryptoNets 的深度神经网络分类计算安全方案[144],其允许云端接收用户提供的密文数据并对其进行分类处理。在 CryptoNets 方案中,作者使用了 YASHE 全同态加密算法[145],从而同时支持密文上的加法和乘法运算。此外,YASHE 密码系统支持密文打包技术 SIMD[113],从而允许云服务器对多组数据进行并行处理而不产生额外的计算开销。通过这种方式,CryptoNets

方案极大地提高了基于神经网络的外包安全分类的运算效率,保证了方案的实用性。除了上述优势之外,YASHE 加密算法也具有一定的使用限制,其中最明显的性质是其仅支持有限次密文乘法运算,超过最大运算次数将导致解密错误。此外,在针对密文数据进行分类时,由于无法支持密文上的比较或指数等运算,因此不能使用神经网络中常用的非线性激活函数(例如 ReLU 和 Sigmoid 函数),而只能使用多项式激活函数作为替代(仅需要加法和乘法运算)。此时,整个神经网络的分类计算过程仅包括加法和乘法运算,而乘法运算的次数由多项式激活函数的阶数和激活层个数决定。当乘法运算次数较多时,上述方案需要使用较大的密码系统参数,从而产生较大的密文和较高的计算开销。在 CryptoNets 方案中,为了保证外包分类的运算效率,作者在神经网络中仅加入了两个激活层,并使用了阶数最低的平方激活函数。因此,CryptoNets 方案在密文 MNIST 数据集[237]上的分类准确率仅为 98.95%,与现有明文分类效果最好的方案[280]存在明显的差距(准确率为 99.79%)。

为了提高密文分类的准确率,Chabanne 等[146]在其深度神经网络分类计算安全方案中使用了批量标准化(Batch Normalization)技术[147]。他们首先使用传统的 ReLU 激活函数在明文 MNIST 数据集上进行神经网络训练,并得到了99.59% 的分类准确率。接下来,他们使用 ReLU 函数的二阶多项式近似作为密文分类时的激活函数,并得到了 99.30% 的分类准确率。显然,仅在分类阶段进行激活函数的替换会对分类结果准确率产生一定的影响。与上述方案不同,Hesamifard 等[148]在其提出的名为 CryptoDL 的深度神经网络分类计算安全方案中直接使用多项式激活函数进行模型训练。在 CryptoDL 方案中,作者首先对ReLU 函数的导函数进行多项式近似,然后对该近似函数进行积分得到三阶多项式激活函数,并在密文分类时得到了 99.52% 的准确率。与 CryptoNets 方案相比,虽然上述两个方案[146,148]在密文分类时提高了结果的准确率,但其均使用了较大规模的神经网络模型(显著增加了网络深度和宽度)。这里,网络深度的增加将导致更多的密文乘法运算,而网络宽度的增加意味着更多的网络参数个数和计算量,从而严重影响密文分类的运算效率。

除了上述研究之外,Bourse 等[149]提出了名为 FHE-DiNN 的神经网络分类计算安全方案。通过在密文计算过程中使用自举(Bootstrapping)电路的方法,FHE-DiNN 方案的计算开销与网络深度成正比。然而,该方案使用了很小的神经网络模型(仅包含 100 个隐藏神经元),并使用符号函数作为激活函数,从而在 MNIST 数据集上仅得到了 96.35% 的低分类准确率。虽然该方案对单个密文数据的分类开销仅为 1.64s,但其不支持密文打包技术 SIMD,从而无法适用于大规模密文数据分类的应用场景。其他研究工作[150-151]使用了多方安全计算（SMC）技术来保护外包神经网络分类中的数据隐私。然而，这些方案需要云服务器和用户之间进行交互计算，从而可能泄露一定的隐私信息。

本章在 CryptoNets 方案框架的基础上提出了新的多项式激活函数，并设计了较小规模的神经网络模型，从而提高了密文神经网络分类的准确率和运算效率。与现有方案[146,148]不同，没有采用对 ReLU 激活函数进行多项式近似的方法，而尝试探索多项式激活函数自身潜在的良好性能[281]。具体而言，通过研究文献[282]中提出的 PReLU（Parametric Rectified Linear Unit）激活函数，设计了新的参数多项式（Parametric Polynomial, PPoly）激活函数，实现了神经网络训练过程中多项式参数的自适应学习和更新。通过使用 PPoly 激活函数，使用较小规模的深度神经网络即可实现较高的密文分类准确率，同时满足分类外包方案对高准确率和高效性的应用要求。本章提出了三种规模较小的深度神经网络模型对密文数据进行分类，并在实验中测试验证了本章方案的良好性能。

11.2　安全深度神经网络预测问题描述

本节着重对本章方案的系统模型、安全模型和设计目标进行描述和说明。

11.2.1　系统模型

本章方案的系统模型如图 11.1 所示，其支持云服务器使用已训练的深度神经网络模型对用户上传的密文数据进行高准确率分类。如图所示，假设大型科技公司将其已训练的深度神经网络模型以明文形式存放在自己的云服务器中，从而为用户提供高准确率的分类服务。为了保护隐私，用户首先生成自己的公钥和私钥，然后使用全同态加密算法对其待分类数据进行加密处理，并将密文数据上传至云服务器进行分类。在接收数据之后，云服务器使用深度神经网络模型对密文数据进行分类，并将密文分类结果返回给用户。最后，用户使用自己的私钥解密得到相应的明文分类结果。在神经网络的训练和分类过程中，使用本章提出的 PPoly 激活函数，可实现多项式函数参数的自适应学习和更新，得到更好的密文分类准确率。此外，通过使用密文打包技术 SIMD，云服务器能够对多组待分类数据进行并行处理，均摊了计算开销，从而提高了运算效率。

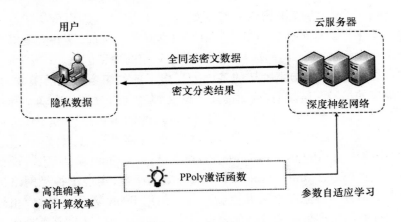

图 11.1　深度神经网络分类计算安全方案的系统模型

11.2.2　安全模型

在本章方案中,用户不完全信任云服务器会保护他们的数据隐私,因此将其待分类数据进行加密处理后上传。这里,假设云服务器是半诚信的,这表明它将严格地按照方案设计进行外包深度神经网络分类,但会在分类过程中尝试推测得到一些数据隐私信息。

11.2.3　设计目标

本章所提出的基于全同态加密的深度神经网络分类计算安全方案满足以下四个设计目标:

(1)正确性:如果用户和云服务器按照方案设计进行数据加密和深度神经网络分类,那么用户最终得到的解密后的分类结果与明文情况下使用相同模型进行分类的结果一致。

(2)机密性:本章方案在半诚信安全模型下是安全的,即云服务器无法得到用户待分类数据和分类结果的任何隐私信息。

(3)高效性:本章方案中,用户在上传密文数据之后即可保持离线状态,外包分类过程由云服务器执行,方案支持对多组数据的高效并行处理,以及使用较小规模的网络模型进行针对密文的高准确率分类。

(4)高准确率:本章方案中,通过使用参数自适应学习的多项式激活函数,显著提高密文分类结果的准确率,增加方案的实用性。

11.3 预备知识

11.3.1 全同态加密算法 YASHE

同态加密(HE)算法最早由 Rivest 等[104] 提出,旨在支持密文上的算术运算。现有的一些同态加密算法,例如 Paillier[89] 和 ElGamal[85],仅支持密文上的加法或乘法运算,从而被称为半同态加密算法(加法同态/乘法同态),存在一定的使用局限性。为了同时支持密文上的加法和乘法运算,Gentry[109] 于 2009 年提出了首个全同态加密算法(FHE)。此后,为了提高算法的运算性能,研究人员提出了许多效率更高的全同态加密算法[145],其中 YASHE(Yet Another Somewhat Homomorphic Encryption)[145] 加密算法在计算有限乘法深度的算术网络时具有很好的计算性能。该算法将明文信息从多项式环 $R_t^n = \mathbb{Z}_t[x]/(x^n + 1)$ 映射至密文信息所对应的多项式环 $R_q^n = \mathbb{Z}_q[x]/(x^n + 1)$,其选择随机多项式 f',$g \in R_q^n$,并定义私钥 $f = tf' + 1$,以及公钥 $h = tgf^{-1}$。对于明文 $m \in R_t^n$,YASHE 算法使用下式对其进行加密并得到密文 c。

$$c = \left[\lfloor q/t \rfloor m + e + hs\right]_q \tag{11.1}$$

式中,e 和 s 为空间 R_q^n 中的随机噪声多项式,其具有较小的多项式系数。这里,定义符号 $[a]_q$ 和 $[a]_t$ 分别表示多项式中的系数 a 模 q 和 t 得到的多项式计算结果,则 YASHE 算法使用式(11.2)对密文 c 进行解密并得到明文 m,其中 $\lfloor \rceil$ 表示将计算得到的多项式中的系数近似为最接近整数值。

$$m = \left[\lfloor t/q \cdot fc \rceil\right]_t \tag{11.2}$$

考虑到神经网络模型可以被视为一个结构确定的算术网络,CryptoNets 方案[144] 使用 YASHE 加密算法对网络的输入数据进行了加密,从而实现了针对密文数据的高准确率分类。与常见的神经网络模型不同,在针对密文数据分类时,需要使用多项式激活函数以满足密文算术运算的要求。对于 YASHE 加密算法,限制其性能的主要因素是计算过程中密文乘法的次数,即算术网络的乘法深度。当乘法深度较小时,YASHE 加密算法可以使用较小的系统参数,从而提高运算效率并且降低密文大小。在神经网络的计算过程中,乘法深度是由所使用的多项式激活函数的阶数和激活层的个数所决定。因此,设计合理的多项式激活函数对整个密文神经网络分类的性能具有重要影响。本节列举以下几个使用 YASHE 加密算法时需要注意的事项,其他相关的理论和实用信息可以参见文献

$[144-145,257]$。

1. 密文打包技术

作为提高密文神经网络分类运算性能的重要因素之一,YASHE 加密算法支持密文打包技术 SIMD[113]。令 N(例如 $N=8\,192$)为 YASHE 加密算法的多项式模数的阶数,则可以将 N 个明文打包在一个密文中,从而在密文计算时实现所有对应明文的并行计算且无须额外的计算开销。通过这种方式,可以同时对多组数据进行分类,从而均摊了计算开销,提高了密文分类的运算效率。

2. 大数计算方法

在使用 YASHE 加密算法进行密文深度神经网络分类时,另一个需要考虑的事项是如何对大数进行有效的计算。首先,为了执行密文神经网络分类,需要按照一定的比例将网络模型参数和输入数据转换为整数。然而,在转换之后,神经网络计算结果的大小呈指数级增长,从而导致 YASHE 加密算法中多项式系数的溢出而无法进行正确的解密运算[144]。为了解决上述问题,我们使用中国剩余定理(CRT)[144]进行大数计算。在本章方案中,选择多个较小的素数 p_1,$\cdots$,p_h 作为 YASHE 加密算法的明文模数,且要求每个素数 p_i 模 $2N$ 的计算结果等于 1。接下来,针对每个小素数 p_i,分别对网络输入数据进行加密,并执行相同的分类计算过程,其密文计算结果中相应的明文数值均小于 p_i。然后,对于所有 p_i,对其密文分类结果进行解密,并使用 CRT 对这些明文结果进行组合计算从而得到正确的大数结果(需保证其小于所有小素数的乘积 $\prod_{i=1}^{h} p_i$)。显然,使用这种方法,随着 CRT 中使用的小素数个数的增加,外包分类的计算开销将线性增长。

3. 明密文算术运算

在本章方案中,仅对用户的待分类数据进行了加密处理,而云服务器所有深度神经网络模型中的权重等参数均为明文。除了密文计算之外,YASHE 加密算法同时支持明文和密文之间的算术运算,并且具有较低的计算开销。因此,对于明文网络模型参数和密文输入数据,可使用这种明密文算术运算进行相应的加权与求和等计算操作。

11.3.2 卷积神经网络

卷积神经网络(Convolutional Neural Network,CNN)[283]作为一种常用的深度神经网络模型,在图像识别和自然语言处理等领域被广泛使用。在卷积神经网络中,每个神经元都具有可学习的网络参数,并将其与输入数据进行点积运算,然后经过一个非线性的激活层得到下一个网络层的输入数据。当使用多项式激活函数时,使用卷积神经网络的分类计算过程仅包含加法和乘法运算,同时具有确定的网络乘法深度,因此可以使用 YASHE 全同态加密算法实现对密文数据的神经网络分类。通常,一个卷积神经网络包含以下几种网络层。

1. 卷积层 (Convolutional Layer)

卷积层由一组卷积核组成,这些卷积核对局部输入数据进行卷积计算,从而从输入层提取特征。由于卷积计算的实质是网络权重参数和输入数据的点积运算,因此,通过使用全同态加密算法即可实现在密文上的相关计算。

2. 激活层 (Activation Layer)

在激活层中,需要使用非线性的激活函数对输入数据进行处理。常用的非线性激活函数,例如 ReLU 函数 $\max(0, x)$ 和 Sigmoid 函数 $1/(1 + e^{-x})$ 等,都使用了非算术运算,从而无法适用于密文深度神经网络分类的应用场景。本章中,使用了二阶多项式函数作为神经网络的激活函数,在支持密文计算的同时保证了较高的运算效率。

3. 池化层 (Pooling Layer)

池化层用于对输入数据进行子采样,从而减小网络中的数据量,通常使用最大池化方法(Max Pooling)或者平均池化方法(Average Pooling)。本章中,由于全同态加密算法无法支持密文上求解最大值的运算,因此在池化层中采用了平均池化方法。

4. 全连接层 (Fully Connected Layer)

在全连接层中,每个神经元同样计算网络权重参数和输入数据之间的点积,从而直接支持全同态加密后的相关密文计算。

5. Dropout 正则化层 (Dropout Regularization Layer)

在 Dropout 正则化层中,通过使用 Dropout 方法[284]在神经网络的训练阶段随机忽略一组运算单元以降低网络模型的过拟合。该层仅在网络的训练过程中使用,而不会用于神经网络的分类阶段。

6. 批量标准化层 (Batch Normalization Layer)

在神经网络训练阶段,批量标准化层[147]通过对每个输入通道的一小批数据进行标准化处理,从而加快神经网络的训练进程。在神经网络分类阶段,通过使用已训练的参数,该层只需要进行算术运算,便可以直接应用于全同态加密后的相关密文计算。

在现有文献中,卷积神经网络中常见的网络子结构是在一个卷积层之后添加一个激活层,即[Convolutional→Activation],而池化层通常添加在几个这样的子结构之后,从而形成新的网络子结构[[Convolutional→Activation]^n→Pooling]。针对密文神经网络分类问题,在现有方案 CryptoNets[147] 和 CryptoDL[148] 中,其作者在神经网络中连续添加几个卷积层而没有在其之后使用非线性激活层,其目的是为了降低网络乘法深度而提高运算效率。然而,连着使用仅包含线性计算单元的卷积层会导致神经网络的坍塌,从而影响分类结果的准确率。本章方案选择使用常用的卷积神经网络子结构,并在实验中验证仅使用少数这些子结构即可得到较高的分类准确率,从而保证了较好的运算效率。

11.4　使用全同态加密的计算安全方法

本节首先给出所设计的参数自适应学习的多项式激活函数的定义及其优化方法,然后对本章方案进行详细描述,并对其安全性进行分析。

11.4.1　参数自适应学习的多项式激活函数

本节提出一种新的参数多项式(PPoly)激活函数,其多项式参数在深度神经网络的训练过程中能够自适应学习和更新,从而具有更好的分类性能。为了尽量降低网络的乘法深度,本节选用阶数最低的二阶多项式作为激活函数,其定义如下:

$$p(x_i) = c_{i1}x_i + c_{i2}x_i^2 \qquad (11.3)$$

式中,$p(x_i)$ 表示深度神经网络的激活层中第 i 个通道上的多项式激活函数,x_i 为其输入数据,c_{i1} 和 c_{i2} 是可自适应学习的多项式参数。针对不同的通道,激活函数具有不同的多项式参数,且随网络的训练过程独立学习和更新,因此称其为通道独立(Channel-wise)的参数多项式激活函数。在现有的深度神经网络分类计算安全方案[144,146,148]中,其作者均使用了参数固定的多项式激活函数,即平方函数和 ReLU 函数的多项式近似,从而无法实现更好的多项式参数配置,在一定程度上影响了分类结果的准确率。

相比整个深度神经网络的参数规模,使用通道独立的参数多项式激活函数仅增加了少量的可学习的参数,其个数为所有激活层通道个数的两倍,从而不会影响神经网络的训练效率。这里还考虑了在同一激活层的不同通道上使用相同

的多项式参数的情况,并提出了如下的通道共享(Channel-shared)的参数多项式激活函数:

$$p(x) = c_1 x + c_2 x^2 \tag{11.4}$$

相比通道独立的情况,通道共享的参数多项式激活函数仅在每个激活层加入了两个可学习参数 c_1 和 c_2,从而引入了极小的训练计算开销。

在本章中,使用反向传播算法[285]对多项式激活函数中的参数以及其他网络模型参数进行训练和更新。对于通道独立的参数多项式激活函数,通过使用链式法则,可以对其参数 $c_{ij}(j \in \{1,2\})$ 进行优化,其梯度如下所示:

$$\frac{\partial \theta}{\partial c_{ij}} = \sum_{x_i} \frac{\partial \theta}{\partial p(x_i)} \frac{\partial p(x_i)}{\partial c_{ij}} \tag{11.5}$$

式中,θ 为目标函数,求和符号 $\sum_{x_i}$ 针对同一激活层通道中的所有输入数据 x_i,$\frac{\partial \theta}{\partial p(x_i)}$ 表示使用反向传播得到的梯度,而多项式激活函数的梯度表示为:

$$\frac{\partial p(x_i)}{\partial c_{i1}} = x_i, \frac{\partial p(x_i)}{\partial c_{i2}} = x_i^2 \tag{11.6}$$

对于通道共享的参数多项式激活函数,多项式参数 c_j 的梯度如下所示,其中求和符号 $\sum_i$ 针对同一激活层中的所有通道。

$$\frac{\partial \theta}{\partial c_j} = \sum_i \sum_{x_i} \frac{\partial \theta}{\partial p(x_i)} \frac{\partial p(x_i)}{\partial c_j} \tag{11.7}$$

具体而言,使用 Nesterov 动量算法[286]对多项式参数 c_{ij}(或 c_j)和其他网络模型参数进行更新。此外,还使用权重衰减(Weight Decay)的方法来降低网络模型训练时的过拟合。在多项式激活函数参数初始化时,我们在 $[-1.5,1.5]$ 范围内随机设置参数 c_{ij}(或 c_j)的初始值,以确保更好的参数自适应学习效果。

11.4.2　方案设计及安全性分析

本小节对本章所提出的基于全同态加密的深度神经网络分类计算安全方案进行详细阐述,并对方案的安全性进行分析说明。简言之,在本章方案中,大型科技公司首先进行深度神经网络的训练,并将训练好的网络模型存储在自己的云服务器上为用户提供分类服务,用户则加密上传待分类的数据,然后由云服务器使用神经网络模型对密文数据进行分类处理,并将密文分类结果返回给用户,由其进行解密操作。

具体而言,大型科技公司首先利用其大规模的数据和计算资源对深度神经网络模型进行训练。为了保证密文上算术运算的要求以及较高的分类准确率，神经网络模型中使用了本章提出的参数自适应学习的多项式激活函数。训练完成之后，公司将神经网络模型中的参数按照一定的比例转换为整数，并保证转换后网络模型的分类准确率不会与原模型有明显偏差。接着，公司将其测试数据也进行整数转换，并执行神经网络分类，估计分类结果的数值范围（该大数结果是 Softmax 函数的输入值，可作为分类结果使用）。然后，公司首先选择合适的 YASHE 加密算法的多项式模数的阶数 N（保证密文分类过程的正确性），并根据 N 和得到的数值范围选取一定数量的小素数 $p_1,\cdots,p_h$（需满足 $p_i \bmod 2N = 1$）作为 YASHE 加密算法的明文模数（确保大数分类结果小于 $\prod_{i=1}^{h} p_i$，以使用中国剩余定理进行正确的组合计算）。接下来，针对每个小素数 p_i，公司将全部整数网络模型参数进行模运算，从而得到 h 组独立的神经网络模型，并将其以明文形式存储在自己的云服务器上为用户提供分类服务。同时，公司将 YASHE 加密算法的相关参数，即 N 和 $p_i(1\leq i\leq h)$ 进行公布，以提供给用户使用。

接下来，用户首先根据所公布的 YASHE 加密算法的多项式模数的阶数 N 和明文模数 $p_1,\cdots,p_h$，生成 h 组 YASHE 公私钥对 (pk_i,sk_i)。然后，用户对其待分类数据进行整数转换，使用密文打包技术 SIMD 将多组整数明文数据进行打包（一个 YASHE 密文中最多包含 N 个明文），并使用不同的公钥 pk_i 分别对打包后的明文进行加密处理。最后，用户将多组密文数据上传至云服务器进行深度神经网络分类。

在接收到用户的密文数据之后，云服务器根据不同的 YASHE 明文模数 $p_1,\cdots,p_h$，分别使用相应的神经网络模型对给定的密文数据进行分类处理，并将多组密文分类结果返回给用户。这里，由于 YASHE 加密算法同时支持密文上以及明文和密文之间的加法和乘法运算，云服务器可以独立完成所有的密文分类任务。最后，根据不同的 YASHE 明文模数 $p_1,\cdots,p_h$，用户分别使用私钥 sk_i 进行解密得到相应的明文结果，并使用中国剩余定理对这些明文结果进行组合计算，从而得到正确的大数分类结果。

假设云服务器是潜在的攻击者，在密文神经网络分类的过程中，云服务器仅能得到用户的密文输入数据和密文计算结果，考虑到 YASHE 加密算法的语义安全性，在没有私钥 sk_i（仅为用户所知）的情况下，云服务器无法获得关于用户待分类数据和分类结果的任何隐私信息。因此，本章所提出的基于全同态加密的深度神经网络分类计算安全方案在半诚信安全模型下是安全的。

11.5 性能分析

为了保证外包分类的运算效率,本节设计了三个规模较小的卷积神经网络模型,并通过实验分析来验证本章所提出的参数自适应学习的多项式激活函数在深度神经网络中运用时的性能。实验中,使用 MNIST 数据集[237](包含 60 000 个训练数据和 10 000 个测试数据)进行神经网络的训练和测试,其运行环境为 Windows 10 操作系统,配置为 Intel Core i7 - 8700K 3.70 GHz CPU 和 64 GB RAM。实验内容主要由以下两个部分组成:①分别在深度神经网络模型中使用不同的激活函数(ReLU 函数、平方函数[144]、通道独立 PPoly 函数和通道共享 PPoly 函数)进行网络模型训练,并在训练完成之后测试比较不同模型的分类性能。②使用本章提出的三个卷积神经网络模型(均使用通道独立 PPoly 激活函数)对 YASHE 密文数据进行分类处理,并将密文分类准确率和计算开销与现有方案[144,146,148]中的结果进行比较。实验结果表明,本章所使用的卷积神经网络模型在使用参数自适应学习的多项式激活函数的情况下,能够得到更高的密文分类准确率和更好的外包分类效率。

如图 11.2 ~ 图 11.4 所示,实验中设计了三个包含不同网络深度的卷积神经网络模型。图中,神经网络的输入为 28 × 28 × 1 的图片数据,"Conv8"、"Conv16"和"Conv32"分别表示包含 8 个、16 个和 32 个通道的卷积层。这里,用"Conv-BN-Act"表示由一个卷积层(Conv)、一个批量标准化层(BN)和一个激活层(Act)组成的网络子结构。类似地,"AvePool-Drop"表示由一个平均池化层(AvePool)和一个 Dropout 正则化层(Drop)组成的网络子结构。在网络中使用了两个全连接层(FC),并在第二个全连接层之后添加"Softmax"分类层进行结果分类。模型训练时,没有在卷积层和平均池化层进行填充(Padding)处理,卷积层中卷积核的大小设置为 3 × 3,卷积运算的步长(Stride Length)设置为 1,池化层中卷积核的大小设置为 2 × 2,卷积运算的步长设置为 2。

图中,三个卷积神经网络的规模逐步增大,其中模型 A 中使用了一个包含 8 个通道的卷积层,模型 B 中使用了两个分别包含 16 个和 32 个通道的卷积层,而模型 C 使用了四个分别包含 16 个、16 个、32 个和 32 个通道的卷积层。相比现有方案[146,148]中的网络模型,本节所设计的三个卷积神经网络模型均具有较小的深度(较少的卷积层和激活层)和宽度(较少的通道个数),从而具有较小的算术网络乘法深度并明显降低了运算次数,进而提高了密文神经网络分类的运算效率。

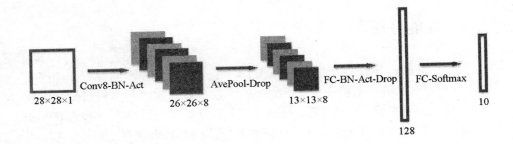

图 11.2　卷积神经网络模型 A（8 通道单卷积层）

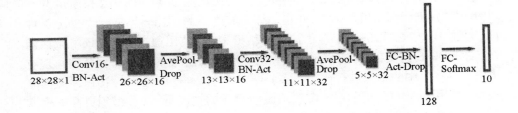

图 11.3　卷积神经网络模型 B（16 - 32 通道双卷积层）

图 11.4　卷积神经网络模型 C（16 - 16 - 32 - 32 通道四卷积层）

11.5.1　基于不同激活函数的分类性能分析

下面使用 Keras 程序库对上述三个卷积神经网络在使用不同激活函数时的模型进行训练。训练时,选择随机梯度下降(Stochastic Gradient Descent,SGD)的优化方法,并设置 Nesterov 动量值为 0.9。将初始学习率(Learning Rate)设置为 0.1,将每次参数更新后的衰减率(Learning Rate Decay)设置为 10^{-6}。此外,在经过每 20 次训练(Epoch)之后,将学习率下降为之前的一半。针对 Dropout 正则化方法,对于经过卷积层和全连接层之后的输出,将其参数分别设置为 30% 和

60%。对于其他训练参数,设置权重衰减率(Weight Decay)为 0.0005,设置 Minibatch 大小为 128,设置训练次数为 200,并且在训练过程中没有使用数据扩充(Data Augmentation)的方法。

　　针对所给出的三个卷积神经网络模型,使用 MNIST 数据集的测试数据所得到的分类测试结果如图 11.5 ~ 图 11.7 所示。图中,由于前期训练过程中的实验数据具有较大的波动性,因此仅给出了第 60 次训练之后的实验结果。

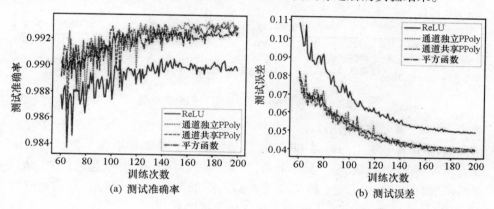

(a) 测试准确率　　　　　　　　　　　(b) 测试误差

图 11.5　卷积神经网络模型 A 的分类性能

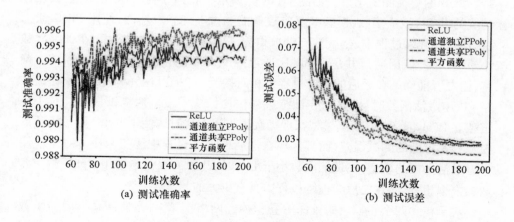

(a) 测试准确率　　　　　　　　　　　(b) 测试误差

图 11.6　卷积神经网络模型 B 的分类性能

　　如图 11.5 所示,对于仅包含一个 8 通道卷积层的浅层网络模型 A,使用 PPoly 激活函数和平方激活函数时能够得到比使用 ReLU 激活函数更好的分类

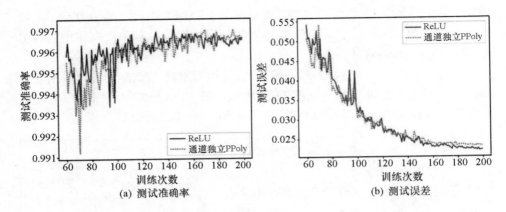

图 11.7　卷积神经网络模型 C 的分类性能

效果,表明了多项式激活函数在浅层神经网络中的良好性能。图中,相比平方激活函数,使用本章提出的两种 PPoly 激活函数的网络模型均取得了更高的测试准确率和更低的测试误差。具体而言,如图 11.5(a)所示,使用通道独立 PPoly 激活函数时,模型 A 实现了最高的测试准确率;如图 11.5(b)所示,使用通道共享 PPoly 激活函数时,模型 A 实现了最低的测试误差。

在图 11.6 中,给出了包含两个卷积层(分别是 16 通道和 32 通道)的神经网络模型 B 的分类测试结果。如图 11.6(a)所示,当激活函数为平方函数时,相比传统的 ReLU 激活函数,模型 B 具有较低的测试准确率。然而,使用 PPoly 激活函数时,在训练过程中,模型 B 能够取得更高的分类准确率。图中,在训练次数小于 160 时,使用通道共享 PPoly 比通道独立 PPoly 能够取得更高的测试准确率,而二者准确率在之后的训练过程中相对接近。在图 11.6(b)中,使用通道共享 PPoly 激活函数时,模型 B 在训练过程中均保持了最低的测试误差。对于通道独立 PPoly 激活函数,其模型在训练次数小于 160 时比使用 ReLU 激活函数的模型具有更低的测试误差,而其优势在之后的训练过程中逐步减小。对于使用平方激活函数的模型,在训练次数小于 140 时,其测试误差与使用 ReLU 激活函数的模型相近,而在之后的训练过程中具有更大的测试误差。

对于包含四个卷积层的较深的卷积神经网络模型 C,当使用平方激活函数和通道共享 PPoly 激活函数时,其模型参数在网络训练时无法收敛。因此,图 11.7 仅给出了使用 ReLU 和通道独立 PPoly 激活函数时模型的测试效果。在图 11.7(a)中,模型 C 在使用这两种激活函数时取得了相似的测试准确率。在图 11.7(b)中,在训练次数小于 150 时,使用 ReLU 和通道独立 PPoly 激活函数的模型具有相近的测试误差,而在之后的训练过程中前者具有较低的误差值。

为了更好地说明不同网络模型的分类性能,表 11.1 给出了各个模型在训练过程中得到的最高的测试准确率。对于卷积神经网络模型 A,使用表中的三个多项式激活函数时(大约 99.30%),其模型能够得到比使用 ReLU 激活函数(99.05%)时更好的分类准确率。其中,使用 PPoly 激活函数的模型(99.33% 和 99.31%)比使用平方激活函数(99.27%)时得到了略高的测试准确率。对于模型 B,相比使用 ReLU 激活函数的模型(99.56%),使用本章提出的 PPoly 激活函数的模型仍然保持了较高的分类准确率(99.64% 和 99.63%),而使用平方激活函数的模型则具有较低的准确率(99.46%)。对于模型 C,使用 ReLU 和通道独立 PPoly 激活函数进行分类时得到了相近的准确率,分别为 99.72% 和 99.70%,而其他两个多项式激活函数则无法在训练过程中保证模型参数的收敛。

表 11.1　三个模型在 MNIST 数据集上的测试准确率

激活函数	网络模型 A	网络模型 B	网络模型 C
ReLU	99.05%	99.56%	99.72%
通道独立 PPoly	99.33%	99.64%	99.70%
通道共享 PPoly	99.31%	99.63%	—
平方函数	99.27%	99.46%	—

11.5.2　基于不同神经网络模型的密文分类性能分析

本小节对密文数据进行深度神经网络分类实验,并详细分析了不同网络模型的密文分类性能。相比现有方案[146,148],通过在网络模型中使用本章提出的参数自适应学习的多项式激活函数 PPoly,使用规模较小的神经网络便取得了更高的分类准确率,降低了密文分类的计算开销。这里,参考现有的密文神经网络外包分类方案[144,146,148],并没有详细对比明文分类和密文分类的计算开销。通常情况下,使用 Keras 程序库对一张明文图片进行分类需要的执行时间小于 1ms,而为了保护云环境下的用户数据隐私,使用本章实验中的三个卷积神经网络模型对一张密文图片进行分类的计算开销大约为 0.7s、8s 和 50s。

实验时使用 SEAL 程序库[257]来执行 YASHE 密文神经网络分类过程中的相关运算,其安全参数设置为 128bit。在密文分类的过程中,为了减少运算开销,将一个卷积层(Conv)和一个批量标准化层(BN)组合成一个线性网络层(Conv-

BN)。类似地,将第一个全连接层(FC)和之后的批量标准化层(BN)也组合成一个线性网络层(FC-BN)。由于被组合的网络层仅包含线性运算,因此上述组合不会影响组合后神经网络的分类结果。实验中,待分类图片的像素值设置为0 到 255 之间的整数。对于已训练的网络模型,对其网络模型参数按照一定比例转换为整数(与原模型具有相同的分类准确率),其中 Conv-BN 线性网络层和多项式激活层的参数乘以10^3 后取整,FC-BN 线性网络层和第二个全连接层的参数乘以10^5 后取整。

在表 11.2 中,对 6 个不同的神经网络模型的密文分类性能进行了总结。这里,由于使用通道独立 PPoly 激活函数具有更好的分类性能(见表 11.1),因此在所提出的三个卷积神经网络模型中均使用该激活函数进行密文分类。为了对比分析,表 11.2 给出了现有方案[144,146,148]中的神经网络模型及其密文分类性能,其中 CryptoNets[144] 方案中的模型使用了平方激活函数,而另两个方案中均使用了参数固定的 ReLU 函数的多项式近似作为激活函数。

表 11.2 神经网络密文分类结果

网络模型	卷积结构	网络深度	N	单组开销(s)	素数个数	单图开销(s)	准确率
CryptoNets[144]	5 – 10	2	8 192	398	8	0. 39	98. 95%
模型 A	8	2	8 192	617	9	0. 68	99. 33%
模型 B	16 – 32	3	16 384	8 182	16	7. 99	99. 64%
模型 C	$16^2 – 32^2$	5	16 384	14 657	56	50. 09	99. 70%
文献[146]模型	$32^2 – 64^2 – 128^2$	6	16 384	202 099	100	1 233. 51	99. 30%
CryptoDL[148]	$32^2 – 64^2 – 128^2$	6	16 384	203 225	50	620. 19	99. 52%

考虑到神经网络训练时的调试复杂性和不确定性,实验中没有重新训练现有方案[144,146,148]中的三个网络模型,而直接给出了相应文献中提供的密文分类准确率。为了对上述三个模型进行密文分类的计算开销进行合理的估计,首先统计了模型中不同密文运算需要的次数,然后乘以相应运算的执行时间,并将结果相加得到密文分类计算开销的估计值(详细的估计值计算过程参见 11.5.3节)。为了验证估计方法的有效性,同时对本章提出的三个卷积神经网络模型的密文分类开销进行了估计。其中,模型 A 和模型 B 具有相近的估计值(575s和 8 015s,见表 11.5)和真实执行值(617 和 8 182s,见表 11.2),而模型 C 的真

实执行值(14 657s,见表11.2)小于其估计值(25 024s,见表11.5)。这里,在进行模型参数整数转换后,模型 C 中一些卷积层的参数数值为零,因此在密文分类时省去了一些明密文乘法运算,而将对应结果直接设置为零的密文,从而造成模型 C 的真实执行开销较其估计值偏低。综合以上分析,可以使用上述估计方法对神经网络模型的密文分类开销进行较为合理的估计。此外,对于现有方案[144,146,148]中的三个网络模型,本节根据其网络深度对使用中国剩余定理时所需要使用的小素数的个数进行了近似估计,从而计算针对单张密文图片的分类开销。

如表11.2所示,“卷积结构”表示神经网络模型中所使用的卷积层的结构,包括了卷积层的个数和每个卷积层中通道的个数。例如,对于模型 B,16 – 32 表示两个卷积层分别包含16个和32个通道;对于模型 C,$16^2 - 32^2$ 表示四个卷积层,其中前两个各包含16个通道,后两个各包含32个通道。这里,卷积层个数增加将同时引入更多的激活层,从而影响整个神经网络的乘法深度,而卷积层通道个数的增加则会显著增加网络中明密文乘法(即点积运算)的执行次数,从而影响密文分类的计算开销。表中的另一个参数是“网络深度”,表示了神经网络的乘法深度(即密文乘法的总次数),其数值由多项式激活层的个数和多项式函数的阶数决定。当网络深度较大时,为了保证密文分类结果的正确性,需要使用较大的 YASHE 多项式模数的阶数 N(表中第三个参数),从而增加密文的大小并降低密文运算的效率。如表中所示,当网络深度等于2时,使用较小的阶数 $N = 8\ 192$,而对于更深的神经网络模型,则使用较大的阶数 $N = 16\ 384$。

接下来对神经网络密文分类的计算开销进行分析说明。如11.3.1节所述,YASHE 加密算法支持 SIMD 密文打包技术,从而可以实现高效的并行计算。假设 YASHE 加密算法多项式模数的阶数 $N = 8\ 192$,则使用本章所提出的方案可以同时对打包后的8 192张明文图片进行密文分类,而不会产生额外的计算开销。这里,由于密文分类方案仅支持整数型明文数据,因此需要对已训练的神经网络参数和网络输入数据按照一定比例进行整数转换,从而保证转换后模型的分类结果与原模型输出相一致。然而,使用转换后的神经网络模型的输出结果随着网络深度的增加而指数级增大,导致 YASHE 加密算法多项式系数的溢出,进而无法进行正确解密[144]。为了解决上述问题,如11.3.1节所述,可选择多个小素数作为 YASHE 加密算法的明文模数,并针对每个素数执行相同的密文分类计算过程,最后使用中国剩余定理(CRT)将多组网络的分类结果进行组合,从而得到正确的大数分类结果。其中,为了保证 CRT 组合结果的正确性,需要保证组合后结果小于所有素数的乘积。因此,当神经网络深度增加时,由于输出结果的快速增大,需要使用更多的小素数并执行更多组相同的密文分类计算过程。

假设针对每个素数(YASHE 明文模数)的密文分类计算开销(表 11.2 中的参数"单组开销")为 Ts,且使用 CRT 进行正确组合计算所需要的素数个数为 n_p,则 YASHE 密文分类时所打包的 N 张明文图片的均摊计算开销(表 11.2 中的参数"单图开销")为

$$t = \frac{T \cdot n_p}{N} \tag{11.8}$$

实验中发现,使用不同的素数作为 YASHE 明文模数时的密文分类开销基本一致,因此假设其具有相同的运算时间,并在表 11.2 中给出相应的实验结果("单组开销")。

接下来讨论分析不同神经网络模型的密文分类准确率。首先,针对 CryptoNets[144] 方案中的网络模型和本章提出的卷积神经网络模型 A,它们都具有较浅的网络深度,从而可以使用较小的 YASHE 参数 $N=8\ 192$。如表 11.2 所示,使用模型 A(通道独立 PPoly 激活函数)进行密文分类时,其在 MNIST 测试数据集上得到了 99.33% 的分类准确率,而使用 CryptoNets 方案中的模型仅能得到 98.95% 的分类准确率。虽然模型 A 比 CryptoNets 方案中的模型需要更多的计算开销,但其分类效果得到了明显的提升,从而更加满足用户对分类结果高准确性的要求。此外,相比文献[146]方案中的复杂网络模型(单图开销估计值为 1 233.51s,分类准确率为 99.30%),本章所使用的模型 A 针对每张图片的分类开销仅为 0.68s,且具有更高的分类准确率。

对于本章提出的卷积神经网络模型 B,其使用了两个卷积层并具有更大的网络深度。实验时发现,使用 YASHE 参数 $N=8\ 192$ 已经不能满足密文正确解密的要求,因此将多项式模数的阶数 N 增加至 16 384(后四个网络模型均使用此数值)。此时,实验中 YASHE 密文的相关运算开销增大为 $N=8\ 192$ 时开销的 4 倍。此外,考虑到模型 B 具有更为复杂的网络结构,使用其进行密文分类时需要更多的密文运算以及更多组独立的分类过程(更多的素数以保证 CRT 组合计算的正确性)。因此,相比模型 A,虽然使用模型 B 进行密文分类时需要更多的计算开销(单图开销为 7.99s),但我们将密文分类的准确率提高至 99.64%,且其结果优于 CryptoDL[148] 方案中使用复杂网络模型得到的分类准确率(99.52%),仍展示了本章所提出的 PPoly 激活函数的良好性能。对于本章提出的卷积神经网络模型 C,其包含四个卷积层和深度为 5 的网络结构,从而具有更大的网络输出结果,并需要更多的素数(56 个)以保证 CRT 组合计算的正确

性。如表 11.2 所示,使用模型 C 进行密文分类时的单图开销为 50.09s,同时得到了更高的分类准确率(99.70%)。

最后对现有方案[146,148]中的两个复杂的神经网络模型的密文分类性能进行分析。如表格 11.2 所示,上述两个神经网络模型均使用了 6 个卷积层,且每个卷积层具有较多的通道个数,从而显著增加了分类时的运算次数。对于这两个模型,执行一次密文分类需要大约 2.18×10^7 次明密文乘法运算和 6.45×10^4 次密文乘法运算,而使用本章提出的模型 C 仅需要大约 2.59×10^6 次明密文乘法运算和 2.54×10^4 次密文乘法运算。根据 11.5.3 节所给出的模型运算量及相关密文运算时间,我们对上述两个复杂网络模型的计算开销进行了估计,其执行一次密文分类的运算时间("单组开销")大约为 2×10^5s。接下来,为了对打包后每张图片的均摊开销("单图开销")进行合理估计,首先需要对 CRT 组合计算时的素数个数进行大致估计。这里,文献[146]方案中的网络模型使用了 6 个多项式激活层(多项式阶数为 2),而 CryptoDL 方案[148]中的网络模型仅使用了 3 个多项式激活层(多项式阶数为 3),从而导致文献[146]方案中模型的输出结果远大于 CryptoDL 方案[148]中的值。因此,针对文献[146]方案中的神经网络模型,需要使用更多的素数作为 YASHE 加密算法的明文模数,并执行更多独立的密文分类过程。如表 11.2 所示,使用上述两个模型的"单图开销"分别为 1233.51s 和 620.19s,其效率远低于使用本章所提出的三个卷积神经网络进行密文分类时的结果。

11.5.3　神经网络模型密文分类计算开销估计

在本小节中,为了对表 11.2 中所对比的三个现有的密文神经网络分类外包方案[146,146,148]中模型的计算开销进行合理的估计,表 11.3 和表 11.4 分别给出了各个神经网络模型所需要执行的不同密文运算的次数和在 SEAL 程序库中运行时所需要的计算开销。

如表 11.3 所示,使用神经网络模型进行密文分类时主要需要执行五种密文运算,即密文平方、密文乘法、密文降维、明密文乘法和密文加法。这里,多项式函数激活层主要执行密文平方、密文乘法和密文加法运算,卷积层和全连接层主要执行明密文乘法和密文加法运算(即加权求和运算),而密文降维运算的主要作用是将密文乘法(平方)运算后的密文大小降低到初始值。

表 11.3   神经网络模型中相关密文运算的次数

网络模型	密文平方	密文乘法	密文降维	明密文乘法	密文加法
CryptoNets[144]	945	—	945	178 375	177 115
模型 A	5 536	—	5 536	234 080	222 638
模型 B	14 816	—	14 816	788 224	700 502
模型 C	25 408	—	25 408	2 592 704	2 292 150
文献[146]模型	64 512	—	64 512	21 826 048	19 365 110
CryptoDL[148]	32 256	32 256	64 512	21 890 560	19 422 348

表 11.4   密文运算的计算开销   单位:μs

N	密文平方	密文乘法	密文降维	明密文乘法	密文加法
8 192	9 798	13 755	2 621	2 125	44
16 384	40 317	57 055	17 073	8 932	178

根据 YASHE 密码算法多项式模数的阶数 N,表 11.4 列出了不同的密文运算在 SEAL 程序库中运行时所需要的计算开销(单线程)。如表 11.4 所示,相比密文乘法,密文平方运算需要更低的计算开销。因此,在二阶多项式激活函数中均使用密文平方运算,而密文乘法运算只需要在 CryptoDL[148] 方案的网络模型中使用(其使用了三阶多项式作为激活函数)。通过使用以上两个表格中的密文运算次数和实际计算开销,可对各个模型在进行密文分类时需要的计算开销进行大致的估计,表 11.5 给出了相应的估计结果。

表 11.5   神经网络模型密文分类计算开销估计值   单位:s

模型	CryptoNets[144]	模型 A	模型 B	模型 C	文献[146]模型	CryptoDL[148]
估计值	398	575	8 015	25 024	202 099	203 225

11.6   本章小结

本章提出了一种基于全同态加密的深度神经网络分类计算安全方案,较好地解决了用户使用密文神经网络外包分类时对高安全性、高效性和高准确率的应用需求。本章提出了一种参数自适应学习的多项式激活函数 PPoly,并在所设计的三个规模较小的卷积神经网络模型中使用该激活函数进行分类性能测试。实验结果表明,本章方案在保证较低计算开销的情况下实现了更高的密文分类准确率,从而具有较好的实用性。

第十二章　总结与展望

随着大数据和云计算技术的快速发展,将数据挖掘任务外包至具有强大存储和计算能力的云服务器为海量数据的高效处理提供了解决方案,同时显著降低了用户的运行维护成本。然而,由于云计算环境存在数据泄露等多种安全威胁,用户外包数据中的敏感信息存在隐私泄露的风险。因此,如何保证云计算环境下的大数据计算安全已成为云计算安全研究领域亟待解决的关键问题,并得到了学术界和工业界的重点关注。现有的大数据计算安全方案通常无法同时满足用户对高安全性和高效性的应用要求,并且在外包挖掘时可能需要用户在线参与计算过程,从而降低了方案的适用性。针对这些问题,本书在深入分析云计算环境下大数据计算安全问题的基础上,重点针对 k 近邻分类计算安全、k 均值聚类计算安全、频繁项集挖掘计算安全、深度神经网络分类计算安全这四个方面展开研究,构建了合理的系统模型和安全模型,设计了安全高效且无须用户在线的计算安全方案,提高了大数据计算安全的实用性。

随着云计算技术的不断发展和日益成熟,将数据和计算任务外包给具有强大资源和专业能力的云服务商逐渐成为一种趋势,其满足了用户和企业节约成本和聚焦核心业务的现实需求,同时也对大数据计算安全技术提出了更高的要求。为了进一步促进用户使用云计算技术,数据挖掘外包方案除了要保证数据和结果的安全性之外,还应考虑方案的高效性、可验证性以及数据挖掘算法的复杂性,从而更好地满足用户的应用需求。我们在本书研究成果的基础上,对未来需要进一步开展的研究方向进行讨论和展望:

1. 支持更多大数据处理框架的大数据计算安全技术

随着用户外包数据规模的不断增加,现有的大数据计算安全方案在处理大规模数据时仍存在效率较低的问题,从而无法满足数据实时高效处理的应用要求。当前,大数据技术的迅猛发展为海量数据的快速处理提供了有力支撑,现有的大数据处理框架在支持数据批处理(Hadoop 框架)、流处理(Storm 和 Samza 框架)和混合处理(Spark 和 Flink 框架)方面取得了较好的应用效果。为了进一步提升云端外包挖掘的运算效率,后续研究工作可以将现有计算安全方案与大数据处理框架相结合,针对不同的数据应用场景实现并行可扩展的分布式云处理,从而满足用户对外包方案高效性的实际需求。

2. 支持结果可验证的大数据计算安全技术

针对云计算环境下的数据挖掘外包问题,在保证数据和结果安全性的基础上,用户通常对挖掘结果的可验证性也存在一定的应用需求,从而确保云服务器返回的计算结果的正确性和完整性。为了检验计算结果的完整性,可验证计算技术通过设计用户和云服务器之间的验证协议,能够以较高的概率对结果的完整性进行检测。然而,可验证计算技术的构造方法较为复杂,具有较大的计算开销,从而无法满足外包计算对运算效率的要求。现有的数据挖掘外包结果验证方案一般使用植入伪造数据的方法,其具有较弱的安全性,同时可能降低挖掘结果精度,从而影响了方案的实用性。因此,后续研究工作应在现有计算安全方案的基础上考虑如何实现有效的挖掘结果验证,从而满足用户对外包计算结果正确性和完整性验证的应用要求。

3. 支持密文保序的同态加密机制

基于密文的运算和比较是数据挖掘外包中两个最核心的问题,现有的方案通常采用同态加密机制来解决密文上的运算问题,但其中大多数加密算法是概率随机的,使得在密文上执行比较操作十分困难。而保序加密机制具有反映明文原始顺序的性质,但不支持任何同态运算。目前的解决方案是基于双云模型设计安全多方计算协议,完成密文的运算和比较,然而这种协议的计算和通信开销都很大。因此,需要研究设计新的部分同态或全同态的加密机制,不仅使密文保持原来明文的大小关系,而且在执行同态运算后不改变这种相对关系。该技术无须多方交互,将显著提升数据挖掘外包的效率。

4. 抗合谋攻击的通用计算外包隐私保护和完整性验证框架

现有计算效率较高的隐私保护方案都是针对某一种特定数据挖掘算法而设计的,而实际中不同用户可能会选择不同的算法,针对每种数据挖掘算法都设计相应的外包方案灵活性较差,难以满足各种数据挖掘算法快速发展的需求。另外,现有的方案主要基于半诚信的安全模型设计,没有考虑到现实中存在服务器之间的合谋或恶意攻击等更高级的安全威胁。因此,针对合谋等恶意攻击模型,有必要研究通用的计算外包隐私保护和完整性验证框架,该框架将为数据挖掘外包提供更安全、高效、灵活的底层技术支撑。

5. 基于细粒度访问控制的数据挖掘外包隐私保护技术

访问控制是保证在云端的数据库和模型安全可控的重要机制,而现有的数据挖掘外包隐私保护方案都是基于查询用户是完全可信的假设,数据所有者不能实现对云端训练模型的访问控制。虽然通过数据挖掘算法建立的模型在服务器上是加密的,但对查询用户而言是完全开放的,查询用户可以向云服务器提交任何查询请求,进而获得关于该模型甚至原始数据的隐私信息。因此,为能够根据实际需求制定复杂精细的访问控制策略,以精准地控制不同查询用户对模型的访问权限,设计针对数据挖掘外包的细粒度访问控制机制是后续研究的重要工作。

6. 云环境下大规模深度学习外包安全协议设计

深度学习作为人工智能技术研究的重要方向,在计算机视觉、语音识别、自然语言处理以及其他领域中得到了广泛应用,各种开源深度学习框架正在迅速演化,如 TensorFlow、Caffe、Keras、CNTK 等。但由于训练模型复杂和训练集规模庞大,计算能力已成为深度学习发展的瓶颈之一。云计算平台提供了强大的计算能力,拥有庞大的 GPU 和 TPU 高速互联集群,将深度学习外包至云端是一种经济高效的解决方案,而由计算外包导致的隐私泄露问题必须首先得到解决。因此,为保护训练特征和模型的机密性,设计云环境下大规模深度学习外包安全协议将是下一步的重要研究方向。

参 考 文 献

[1] DENG C, LIU Y, XU L, et al. A MapReduce-based parallel K-means clustering for large-scale CIM data verification [J]. Concurrency and computation: practice and experience, 2016, 28 (11): 3096 – 3114.

[2] HE Y, TAN H, LUO W, et al. MR-DBSCAN: a scalable MapReduce-based DBSCAN algorithm for heavily skewed data [J]. Frontiers of computer science, 2014, 8 (1): 83 – 99.

[3] LI J, CHEN Q, LIU B. Classification and disease probability prediction via machine learning programming based on multi-GPU cluster MapReduce system [J]. The journal of supercomputing, 2017, 73 (5): 1782 – 1809.

[4] LU Y, CAO B, REGO C, et al. A Tabu Search based clustering algorithm and its parallel implementation on Spark [J]. Applied soft computing, 2018, 63: 97 – 109.

[5] ZHOU A, WANG H, Song P. Experiments on Light Vertex matching algorithm for multilevel partitioning of network topology [J]. Procedia engineering, 2012, 29: 2715 – 2720.

[6] PARSONS L, HAQUE E, LIU H. Subspace clustering for high dimensional data: a review [J]. ACM SIGKDD explorations newsletter, 2004, 6 (1): 90 – 105.

[7] AGRAWAL R, GEHRKE J, GUNOPULOS D, et al. Automatic subspace clustering of high dimensional data for data mining applications [J]. ACM SIGMOD record, 1998, 27(2): 94 – 105.

[8] WOO K G, LEE J H, KIM M H, et al. FINDIT: a fast and intelligent subspace clustering algorithm using dimension voting [J]. Information and software technology, 2004, 46 (4): 255 – 271.

[9] SIM K, GOPALKRISHNAN V, ZIMEK A, et al. A survey on enhanced subspace clustering [J]. Data mining and knowledge discovery, 2013, 26

(2): 332 – 397.

[10] DENG Z, CHOI K-S, JIANG Y, et al. A survey on soft subspace clustering [J]. Information sciences, 2016, 348: 84 – 106.

[11] CHENG Y, CHURCH G M. Biclustering of expression data. [C]// Proceedings of the Eighth International Conference on Intelligent Systems for Molecular Biology, 2000:93 – 103.

[12] AGRAWAL R, SRIKANT R, et al. Fast algorithms for mining association rules [C]// Proceedings of the 20th International Conference on Very Large Data Bases, 1994:487 – 499.

[13] HAN J, PEI J, YIN Y. Mining frequent patterns without candidate generation[J]// ACM SIGMOD record, 2000, 29(2): 1 – 12.

[14] ZAKI M J. Scalable algorithms for association mining [J]. IEEE transactions on knowledge and data engineering, 2000, 12 (3): 372 – 390.

[15] YANG J, YU K, GONG Y, et al. Linear spatial pyramid matching using sparse coding for image classification [C]// Proceedings of 2009 IEEE Conference on computer vision and pattern recognition, 2009: 1794 – 1801.

[16] BENGIO Y, DUCHARME R, VINCENT P, et al. A neural probabilistic language model [J]. Journal of machine learning research, 2003, 3 (2): 1137 – 1155.

[17] COLLOBERT R, WESTON J, BOTTOU L, et al. Natural language processing (almost) from scratch [J]. Journal of machine learning research, 2011, 12 (8): 2493 – 2537.

[18] MIKOLOV T, DEORAS A, KOMBRINK S, et al. Empirical evaluation and combination of advanced language modeling techniques [C]// Proceedings of the Annual Conference of the International Speech Communication Association, 2011:605 – 608.

[19] SCHWENK H, ROUSSEAU A, ATTIK M. Large, pruned or continuous space language models on a GPU for statistical machine translation [C]// Proceedings of the NAACL-HLT 2012 Workshop: Will We Ever Really Replace the N-gram Model? On the Future of Language Modeling for HLT. 2012: 11 – 19.

[20] VINCENT P, LAROCHELLE H, BENGIO Y, et al. Extracting and composing robust features with denoising autoencoders [C]// Proceedings of

the 25th International Conference on Machine Learning, 2008: 1096 – 1103.

[21] RIFAI S, VINCENT P, MULLER X, et al. Contractive auto-encoders: Explicit invariance during feature extraction [C]// Proceedings of the 28th International Conference on Machine Learning, 2011: 833 – 840.

[22] KRIZHEVSKY A, HINTON G E. Using very deep autoencoders for content-based image retrieval [C]// 19th European Symposium on Artificial Neural Networks, 2011: 489 – 494.

[23] HINTON G E. Training products of experts by minimizing contrastive divergence [J]. Neural computation, 2002, 14 (8): 1771 – 1800.

[24] GLOROT X, BENGIO Y. Understanding the difficulty of training deep feedforward neural networks [C]// Proceedings of the 13th International Conference on Artificial Intelligence and Statistics, 2010: 249 – 256.

[25] LAROCHELLE H, BENGIO Y. Classification using discriminative restricted Boltzmann machines [C]// Proceedings of the 25th International Conference on Machine Learning, 2008: 536 – 543.

[26] AGRAWAL D, AGGARWAL C C. On the design and quantification of privacy preserving data mining algorithms [C]// Proceedings of the twentieth ACM SIGMOD-SIGACT-SIGART Symposium on Principles of Database Systems, 2001: 247 – 255.

[27] AGRAWAL R, SRIKANT R. Privacy-preserving data mining [C]// Proceedings of the 2000 ACM SIGMOD International Conference on Management of Data, 2000: 439 – 450.

[28] ZHANG P, TONG Y, TANG S, et al. Privacy preserving naive bayes classification [C]// Proceedings of International Conference on Advanced Data Mining and Applications, 2005: 744 – 752.

[29] ZHU Y, LIU L. Optimal randomization for privacy preserving data mining [C]// Proceedings of the tenth ACM SIGKDD International Conference on Knowledge Discovery and Data Mining, 2004: 761 – 766.

[30] GAMBS S, KÉGL B, AÏMEUR E. Privacy-preserving boosting [J]. Data mining and knowledge discovery, 2007, 14 (1): 131 – 170.

[31] EVFIMIEVSKI A, SRIKANT R, AGRAWAL R, et al. Privacy preserving mining of association rules [J]. Information systems, 2004, 29 (4): 343 – 364.

[32] RIZVI S J, HARITSA J R. Maintaining data privacy in association rule mining [C]//Proceedings of the 28th International Conference on Very Large Data Bases, 2002: 682 – 693.

[33] AGRAWAL R, SRIKANT R, THOMAS D. Privacy preserving OLAP [C]// Proceedings of the 2005 ACM SIGMOD International Conference on Management of Data, 2005: 251 – 262.

[34] POLAT H, DU W. SVD-based collaborative filtering with privacy [C]// Proceedings of the 2005 ACM Symposium on Applied Computing, 2005: 791 – 795.

[35] OLIVEIRA S, ZA? ANE O R. Privacy preserving clustering by data transformation [C]//Embrace Informed Agribusiness-Article in Congress Annals , 2003.

[36] CHEN K, LIU L. Privacy preserving data classification with rotation perturbation [C]// Proceedings of the Fifth IEEE International Conference on Data Mining, 2005: 589 – 592.

[37] MUKHERJEE S, CHEN Z, GANGOPADHYAY A. A privacy-preserving technique for Euclidean distance-based mining algorithms using Fourier-related transforms [J]. The VLDB Journal, 2006, 15 (4): 293 – 315.

[38] LIU K, GIANNELLA C, KARGUPTA H. An attacker's view of distance preserving maps for privacy preserving data mining [C]// Proceedings of the 10th European Conference on Principles of Data Mining and Knowledge Discovery, 2006: 297 – 308.

[39] SAMARATI P. Protecting respondents identities in microdata release [J]. IEEE Transaction on knowledge and data engineering, 2001, 13 (6): 1010 – 1027.

[40] MEYERSON A, WILLIAMS R. On the complexity of optimal k-anonymity [C]// Proceedings of the twenty-third ACM SIGMOD-SIGACT-SIGART Symposium on Principles of Database Systems, 2004: 223 – 228.

[41] AGGARWAL C C, PHILIP S Y. A condensation approach to privacy preserving data mining [C]// Proceedings of the International Conference on Extending Database Technology, 2004: 183 – 199.

[42] AGGARWAL G, PANIGRAHY R, FEDER T, et al. Achieving anonymity via clustering [J]. ACM Transactions on algorithms (TALG), 2010, 6

(3): 1 –19.

[43] BAYARDO R J, AGRAWAL R. Data privacy through optimal k-anonymization [C]// Proceedings of the 21st International Conference on Data Engineering, 2005: 217 –228.

[44] DOMINGO-FERRER J, MATEO-SANZ J M. Practical data-oriented microaggregation for statistical disclosure control [J]. IEEE Transactions on knowledge and data engineering, 2002, 14 (1): 189 –201.

[45] FUNG B C, WANG K, YU P S. Top-down specialization for information and privacy preservation [C]// Proceedings of the 21st International Conference on Data Engineering, 2005: 205 –216.

[46] IYENGAR V S. Transforming data to satisfy privacy constraints [C]// Proceedings of the eighth ACM SIGKDD International Conference on Knowledge Discovery and Data Mining, 2002: 279 –288.

[47] LEFEVRE K, DEWITT D J, RAMAKRISHNAN R. Incognito: Efficient full-domain k-anonymity [C]//Proceedings of the 2005 ACM SIGMOD International Conference on Management of Data, 2005: 49 –60.

[48] WANG K, PHILIP S Y, CHAKRABORTY S. Bottom-up generalization: A data mining solution to privacy protection [C]//Proceedings of the Fourth IEEE International Conference on Data Mining, 2004: 249 –256.

[49] AGGARWAL G, FEDER T, KENTHAPADI K, et al. Anonymizing tables [C]//Proceedings of the International Conference on Database Theory, 2005: 246 –258.

[50] AGGARWAL G, FEDER T, KENTHAPADI K, et al. Approximation algorithms for k-anonymity [J]. Journal of Privacy Technology , 2005.

[51] PARK H, SHIM K. Approximate algorithms for k-anonymity [C]// Proceedings of the ACM SIGMOD international conference on Management of data, 2007: 67 –78.

[52] YAO C, WANG X S, JAJODIA S. Checking for k-anonymity violation by views [C]// Proceedings of the 31st International Conference on Very Large Data Bases, 2005: 910 –921.

[53] LAKSHMANAN L V, NG R T, RAMESH G. To do or not to do: the dilemma of disclosing anonymized data [C]//Proceedings of the 2005 ACM SIGMOD International Conference on Management of Data, 2005: 61 –72.

[54] MARTIN D J, KIFER D, MACHANAVAJJHALA A, et al. Worst-case background knowledge for privacy-preserving data publishing [C]// Proceedings of the IEEE 23rd International Conference on Data Engineering, 2007: 126 – 135.

[55] MACHANAVAJJHALA A, GEHRKE J, KIFER D, et al. l-diversity: Privacy beyond k-anonymity [C]// Proceedings of the 22nd International Conference on Data Engineering, 2006: 24 – 24.

[56] AGGARWAL C C. On k-anonymity and the curse of dimensionality [C]// Proceedings of the 31st International Conference on Very Large Data Bases, 2005: 901 – 909.

[57] XIAO X, TAO Y. Anatomy: Simple and effective privacy preservation [C]// Proceedings of the 32nd International Conference on Very Large Data Bases, 2006: 139 – 150.

[58] LI N, LI T, VENKATASUBRAMANIAN S. t-closeness: Privacy beyond k-anonymity and l-diversity [C]// Proceedings of the IEEE 23rd International Conference on Data Engineering, 2007: 106 – 115.

[59] PINKAS B. Cryptographic techniques for privacy-preserving data mining [J]. ACM SIGKDD explorations newsletter, 2002, 4 (2): 12 – 19.

[60] EVEN S, GOLDREICH O, LEMPEL A. A randomized protocol for signing contracts [J]. Communications of the ACM, 1985, 28 (6): 637 – 647.

[61] RABIN M O. How to exchange secrets with oblivious transfer [DB/OL]. IACR Cryptology ePrint Archive, 2005: 187 [2020 – 10 – 25]. https://www. iacr. org/museum/rabin-obt/obtrans-eprint187. pdf

[62] NAOR M, PINKAS B. Efficient oblivious transfer protocols [C]// Proceedings of the Twelfth Annual ACM-SIAM Symposium on Discrete Algorithms, 2001: 448 – 457.

[63] CHAUM D, CR? PEAU C, DAMGARD I. Multiparty unconditionally secure protocols [C]// Proceedings of the Twentieth Annual ACM Symposium on Theory of Computing, 1988: 11 – 19.

[64] YAO A C-C. How to generate and exchange secrets [C]//Proceedings of the 27th Annual Symposium on Foundations of Computer Science, 1986: 162 – 167.

[65] IOANNIDIS I, GRAMA A, ATALLAH M. A secure protocol for computing dot-products in clustered and distributed environments [C]//Proceedings of

the International Conference on Parallel Processing, 2002: 379 – 384.

[66] CLIFTON C, KANTARCIOGLU M, VAIDYA J, et al. Tools for privacy preserving distributed data mining [J]. ACM SIGKDD explorations newsletter, 2002, 4 (2): 28 – 34.

[67] LINDELL Y, PINKAS B. Privacy preserving data mining [C]//Proceedings of the Annual International Cryptology Conference, 2000: 36 – 54.

[68] KANTARCIOGLU M, VAIDYA J, CLIFTON C. Privacy preserving naive bayes classifier for horizontally partitioned data [C]//Proceedings of the IEEE ICDM Workshop on Privacy Preserving Data Mining, 2003: 3 – 9.

[69] VAIDYA J, KANTARCIOGLU M, CLIFTON C. Privacy-preserving naive bayes classification [J]. The VLDB Journal, 2008, 17 (4): 879 – 898.

[70] YU H, JIANG X, VAIDYA J. Privacy-preserving SVM using nonlinear kernels on horizontally partitioned data [C]// Proceedings of the 2006 ACM symposium on Applied computing, 2006: 603 – 610.

[71] SHANECK M, KIM Y, KUMAR V. Privacy preserving nearest neighbor search [M]//SHANECK M, KIM Y, KUMAR V. Machine learning in cyber trust. Springer, 2009: 247 – 276.

[72] QI Y, ATALLAH M J. Efficient privacy-preserving k-nearest neighbor search [C]//Proceedings of the IEEE International Conference on Distributed Computing Systems, 2008: 311 – 319.

[73] KANTARCIOGLU M, CLIFTON C. Privacy-preserving distributed mining of association rules on horizontally partitioned data [J]. IEEE transactions on knowledge and data engineering, 2004 (9): 1026 – 1037.

[74] TASSA T. Secure mining of association rules in horizontally distributed databases [J]. IEEE transactions on knowledge and data engineering, 2013, 26 (4): 970 – 983.

[75] INAN A, KAYA S V, SAYGIN Y, et al. Privacy preserving clustering on horizontally partitioned data [J]. Data and knowledge engineering, 2007, 63 (3): 646 – 666.

[76] JAGANNATHAN G, WRIGHT R N. Privacy-preserving distributed k-means clustering over arbitrarily partitioned data [C]//Proceedings of the eleventh ACM SIGKDD International Conference on Knowledge Discovery in Data Mining, 2005: 593 – 599.

[77] JAGANNATHAN G, PILLAIPAKKAMNATT K, WRIGHT R N. A new privacy-preserving distributed k-clustering algorithm [C]//Proceedings of the 2006 SIAM International Conference on Data Mining, 2006: 494 –498.

[78] POLAT H, DU W. Privacy-preserving top-n recommendation on horizontally partitioned data [C]//Proceedings of the 2005 IEEE/WIC/ACM International Conference on Web Intelligence, 2005: 725 –731.

[79] DU W, HAN Y S, CHEN S. Privacy-preserving multivariate statistical analysis: Linear regression and classification [C]//Proceedings of the 2004 SIAM International Conference on Data Mining, 2004: 222 –233.

[80] VAIDYA J, CLIFTON C. Privacy preserving association rule mining in vertically partitioned data [C]//Proceedings of the Eighth ACM SIGKDD International Conference on Knowledge Discovery and Data Mining, 2002: 639 –644.

[81] VAIDYA J, CLIFTON C. Privacy-preserving decision trees over vertically partitioned data [C]//Proceedings of the IFIP Annual Conference on Data and Applications Security and Privacy, 2005: 139 –152.

[82] VAIDYA J, CLIFTON C. Privacy preserving naive bayes classifier for vertically partitioned data [C]//Proceedings of the 2004 SIAM International Conference on Data Mining, 2004: 522 –526.

[83] VAIDYA J, CLIFTON C. Privacy-preserving k-means clustering over vertically partitioned data [C]//Proceedings of the Ninth ACM SIGKDD International Conference on Knowledge Discovery and Data Mining, 2003: 206 –215.

[84] DIFFIE W, HELLMAN M. New directions in cryptography [J]. IEEE transactions on information theory, 1976, 22 (6): 644 –654.

[85] ELGAMAL T. A public key cryptosystem and a signature scheme based on discrete logarithms [J]. IEEE transactions on information theory, 1985, 31 (4): 469 –472.

[86] BENALOH J. Dense probabilistic encryption [C]//Proceedings of the Workshop on Selected Areas of Cryptography, 1994: 120 –128.

[87] OKAMOTO T, UCHIYAMA S. A new public-key cryptosystem as secure as factoring [C]//Proceedings of the International Conference on the Theory and Applications of Cryptographic Techniques, 1998: 308 –318.

［88］ NACCACHE D, STERN J. A new public key cryptosystem based on higher residues ［C］//Proceedings of the ACM Conference on Computer and Communications Security, 1998：59 –66.

［89］ PAILLIER P. Public-key cryptosystems based on composite degree residuosity classes ［C］//Proceedings of the International Conference on the Theory and Applications of Cryptographic Techniques, 1999：223 –238.

［90］ BONEH D, GOH E-J, NISSIM K. Evaluating 2-DNF formulas on ciphertexts ［C］//Proceedings of the Theory of Cryptography Conference, 2005：325 –341.

［91］ 向广利, 陈莘萌, 马捷, 等. 实数范围上的同态加密机制[J]. 计算机工程与应用,2005,41(20)：12 –14.

［92］ 肖倩, 罗守山, 陈萍, 等. 半诚实模型下安全多方排序问题的研究[J]. 电子学报,2008, 36 (4)：709 –714.

［93］ 邱梅, 罗守山, 刘文, 等. 利用 RSA 密码体制解决安全多方多数据排序问题[J]. 电子学报,2009, 37 (5)：1119 –1123.

［94］ 张鹏, 喻建平, 刘宏伟. 同态签名方案及其在电子投票中的应用[J]. 深圳大学学报理工版,2011, 28 (6)：489 –494.

［95］ 李美云, 李剑, 黄超. 基于同态加密的可信云存储平台[J]. 信息网络安全,2012(9)：41 –46.

［96］ 彭长根, 田有亮, 张豹. 基于同态加密体制的通用可传递签名方案[J]. 通信学报,2013, 34 (11)：18 –25.

［97］ 杨玉龙, 彭长根, 周洲. 基于同态加密的防止 SQL 注入攻击解决方案[J]. 信息网络安全,2014 (1)：30 –33.

［98］ BLAZE M, BLEUMER G, STRAUSS M. Divertible protocols and atomic proxy cryptography ［C］//Proceedings of the International Conference on the Theory and Applications of Cryptographic Techniques, 1998：127 –144.

［99］ LIU J, WANG H, XIAN M, et al. Reliable and confidential cloud storage with efficient data forwarding functionality ［J］. Iet communications, 2016, 10 (6)：661 –668.

［100］ YOUN T Y, PARK Y H, KIM C H, et al. An efficient public key cryptosystem with a privacy enhanced double decryption mechanism ［C］//Proceedings of the 12th International Conference on Selected Areas in Cryptography, 2005：144 –158.

［101］ BRESSON E, CATALANO D, POINTCHEVAL D. A simple public-key cryptosystem with a double trapdoor decryption mechanism and its applications [C]//Proceedings of the 9th International Conference on the Theory and Application of Cryptology and Information Security, 2003: 37 – 54.

[102] KILTZ E, MALONELEE J. A general construction of IND-CCA2 secure public key encryption [C]//Proceedings of the International Conference of Cryptography and Coding, 2003: 152 – 166.

[103] GALINDO D, HERRANZ J. On the security of public key cryptosystems with a double decryption mechanism [J]. Information processing letters, 2008, 108 (5): 279 – 283.

[104] RIVEST R L, ADLEMAN L, DERTOUZOS M L. On data banks and privacy homomorphisms [J]. Foundations of secure computation, 1978 (1): 169 – 179.

[105] RIVEST R L. A method for obtaining digital signatures and public-key cryptosystems [J]. Communications of the ACM, 1978, 26 (2): 96 – 99.

[106] GOLDWASSER S, MICALI S. Probabilistic encryption [J]. Journal of computer and system sciences, 1984, 28 (2): 270 – 299.

[107] OKAMOTO T, UCHIYAMA S. A new public-key cryptosystem as secure as factoring[C]//Proceedings of the ? International Conference on the Theory and Application of Cryptographic Techniques, 1998: 308 – 318.

[108] BONEH D, GOH E-J, NISSIM K. Evaluating 2-DNF formulas on ciphertexts[C]//Proceedings of the ? International Conference on the Second International Conference on Theory of Cryptography, 2005: 325 – 341.

[109] GENTRY C. Fully homomorphic encryption using ideal lattices [C]// Proceedings of the 41st Annual ACM Symposium on Theory of Computing, 2009: 169 – 178.

[110] SMART N P, VERCAUTEREN F. Fully homomorphic encryption with relatively small key and ciphertext sizes [C]//Proceedings of the ? International Conference on Practice and Theory in Public Key Cryptography, 2010: 420 – 443.

[111] STEHLÉ D, STEINFELD R. Faster fully homomorphic encryption [C]// Proceedings of the 9th International Conference on the Theory and Application of Cryptology and Information Security, 2011: 377 – 394.

[112] GENTRY C, HALEVI S. Implementing Gentry's fully-homomorphic encryption scheme [C]//Proceedings of the Annual? International Conference on the Theory and Application of Cryptographic Techniques, 2011: 129 – 148.

[113] SMART N P, VERCAUTEREN F. Fully homomorphic SIMD operations [J]. Designs, codes and cryptography, 2014, 71 (1): 57 – 81.

[114] DIJK M V, GENTRY C, HALEVI S, et al. Fully homomorphic encryption over the integers [C]//Proceedings of the Annual International Conference on the Theory and Application of Cryptographic Techniques, 2010: 24 – 43.

[115] CORON J, MANDAL A, NACCACHE D, et al. Fully homomorphic encryption over the integers with shorter public keys [C]//Proceedings of the Conference on Advances in Cryptology, 2011: 487 – 504.

[116] CORON J, NACCACHE D, TIBOUCHI M. Public key compression and modulus switching for fully homomorphic encryption over the integers [C]// Proceedings of the 31st Annual International Conference on the Theory and Application of Cryptographic Techniques, 2012: 446 – 464.

[117] CHEON J H, CORON J S, KIM J, et al. Batch fully homomorphic encryption over the integers [C]//Proceedings of the Annual International Conference on the Theory and Application of Cryptographic Techniques, 2013: 315 – 335.

[118] BRAKERSKI Z, VAIKUNTANATHAN V. Efficient fully homomorphic encryption from (Standard) LWE [C]//Proceedings of the 52nd Annual Symposium on Foundations of Computer Science, 2011: 97 – 106.

[119] BRAKERSKI Z, GENTRY C, VAIKUNTANATHAN V. (Leveled) Fully homomorphic encryption without bootstrapping [C]//Proceedings of the 3rd Innovations in Theoretical Computer Science Conference, 2012: 309 – 325.

[120] GENTRY C, HALEVI S, SMART N P. Fully homomorphic encryption with polylog overhead [C]//Proceedings of the 31st Annual International Conference on the Theory and Application of Cryptographic Techniques, 2012: 465 – 482.

[121] GENTRY C, HALEVI S, SMART N P. Homomorphic evaluation of the AES circuit [C]//Proceedings of the 32nd Annual Cryptology Conference, 2012: 850 – 867.

[122] HALEVI S, SHOUP V. Bootstrapping for HElib [C]// Proceedings of the Annual International Conference on the Theory and Applications of Cryptographic Techniques, 2015: 641 –670.

[123] WONG W K, CHEUNG D W-L, KAO B, et al. Secure kNN computation on encrypted databases [C]//Proceedings of the 2009 ACM SIGMOD International Conference on Management of Data, 2009: 139 –152.

[124] DELFS H, KNEBL H. Introduction to cryptography: Principles and applications [M]. 3rd ed. Springer, 2015.

[125] CAO N, WANG C, LI M, et al. Privacy-preserving multi-keyword ranked search over encrypted cloud data [C]// Proceedings of the 30th IEEE International Conference on Computer Communications, Joint Conference of the IEEE Computer and Communications Societies, 2011: 829 –837.

[126] SUN W, WANG B, CAO N, et al. Privacy-preserving multi-keyword text search in the cloud supporting similarity-based ranking [C]//Proceedings of the 8th ACM SIGSAC Symposium on Information, Computer and Communications Security, 2013: 71 –82.

[127] CAO N, YANG Z, WANG C, et al. Privacy-preserving query over encrypted graph-structured data in cloud computing [C]// Proceedings of the 31st International Conference on Distributed Computing Systems, 2011: 393 –402.

[128] YIU M L, ASSENT I, JENSEN C S, et al. Outsourced similarity search on metric data assets [J]. IEEE transactions on knowledge and data engineering, 2012, 24 (2): 338 –352.

[129] YAO B, LI F, XIAO X. Secure nearest neighbor revisited [C]// Proceedings of the IEEE 29th International Conference on Data Engineering, 2013: 733 –744.

[130] XU H, GUO S, CHEN K. Building confidential and efficient query services in the cloud with rasp data perturbation [J]. IEEE transactions on knowledge and data engineering, 2014, 26 (2): 322 –335.

[131] BOLDYREVA A, CHENETTE N, LEE Y, et al. Order-preserving symmetric encryption [C]//Proceedings of the Annual International Conference on the Theory and Applications of Cryptographic Techniques, 2009: 224 –241.

[132] BOLDYREVA A, CHENETTE N, O'NEILL A. Order-preserving encryption revisited: Improved security analysis and alternative solutions [C]// Proceedings of the Annual Cryptology Conference, 2011: 578 –595.

[133] CHOI S, GHINITA G, LIM H-S, et al. Secure kNN query processing in untrusted cloud environments [J]. IEEE transactions on knowledge and data engineering, 2014, 26 (11): 2818 –2831.

[134] POPA R A, LI F H, ZELDOVICH N. An ideal-security protocol for order-preserving encoding [C]//Proceedings of the IEEE Symposium on Security and Privacy , 2013: 463 –477.

[135] AURENHAMMER F. Voronoi diagrams —a survey of a fundamental geometric data structure [J]. ACM computing surveys, 1991, 23 (3): 345 –405.

[136] FORTUNE S. Voronoi diagrams and delaunay triangulations [M]// FORTUNE S. Computing in euclidean geometry. World Scientific, 1995: 225 –265.

[137] ZHU Y, XU R, TAKAGI T. Secure k-NN computation on encrypted cloud data without sharing key with query users [C]//Proceedings of the 2013 International Workshop on Security in Cloud Computing, 2013: 55 –60.

[138] ZHU Y, XU R, TAKAGI T. Secure k-NN query on encrypted cloud database without keysharing [J]. International journal of electronic security and digital forensics, 2013, 5 (3 –4): 201 –217.

[139] ZHU Y, HUANG Z, TAKAGI T. Secure and controllable k-nn query over encrypted cloud data with key confidentiality [J]. Journal of parallel and distributed computing, 2016, 89: 1 –12.

[140] ZHOU L, ZHU Y, CASTIGLIONE A. Efficient k-NN query over encrypted data in cloud with limited key-disclosure and offline data owner [J]. Computers & Security, 2017, 69: 84 –96.

[141] ELMEHDWI Y, SAMANTHULA B K, JIANG W. Secure k-nearest neighbor query over encrypted data in outsourced environments [C]// Proceedings of the IEEE 30th International Conference on Data Engineering, 2014: 664 –675.

[142] SAMANTHULA B K, ELMEHDWI Y, JIANG W. K-nearest neighbor classification over semantically secure encrypted relational data [J]. IEEE transactions on knowledge and data engineering, 2015, 27 (5): 1261 –1273.

[143] RONG H, WANG H-M, LIU J, et al. Privacy-preserving k-nearest neighbor computation in multiple cloud environments [J]. IEEE access, 2016, 4: 9589 – 9603.

[144] GILAD-BACHRACH R, DOWLIN N, LAINE K, et al. CryptoNets: Applying neural networks to encrypted data with high throughput and accuracy [C]// Proceedings of the International Conference on Machine Learning, 2016: 201 – 210.

[145] BOS J W, LAUTER K, LOFTUS J, et al. Improved security for a ring-based fully homomorphic encryption scheme [C]//Proceedings of the IMA International Conference on Cryptography and Coding, 2013: 45 – 64.

[146] CHABANNE H, DE WARGNY A, MILGRAM J, et al. Privacy-preserving classification on deep neural network [DB/OL]. IACR Cryptology ePrint Archive, 2017: 35 [2020 – 10 – 25]. https://eprint. iacr. org/2017/035. pdf

[147] IOFFE S, SZEGEDY C. Batch normalization: accelerating deep network training by reducing internal covariate shift [C]//Proceedings of the 32nd International Conference on International Conference on Machine Learning, 2015: 448 – 456.

[148] HESAMIFARD E, TAKABI H, GHASEMI M. CryptoDL: Deep neural networks over encrypted data [DB/OL]. arXiv preprint arXiv, 2017: 1711. 05189[2020 – 10 – 25]. https://arxiv. org/pdf/1711. 05189. pdf

[149] BOURSE F, MINELLI M, MINIHOLD M, et al. Fast homomorphic evaluation of deep discretized neural networks [C]//Proceedings of the Annual International Cryptology Conference, 2018: 483 – 512.

[150] BARNI M, ORLANDI C, PIVA A. A privacy-preserving protocol for neural-network-based computation [C]//Proceedings of the 8th Workshop on Multimedia and Security, 2006: 146 – 151.

[151] ORLANDI C, PIVA A, BARNI M. Oblivious neural network computing via homomorphic encryption [J]. EURASIP journal on information security, 2007 (1).

[152] PIVA A, ORLANDI C, CAINI M, et al. Enhancing privacy in remote data classification [C]//Proceedings of the IFIP International Information Security Conference, 2008: 33 – 46.

[153] LIU J, JUUTI M, LU Y, et al. Oblivious neural network predictions via MiniONN transformations [C]//Proceedings of the 2017 ACM SIGSAC Conference on Computer and Communications Security, 2017: 619 −631.

[154] ROUHANI B D, RIAZI M S, KOUSHANFAR F. Deepsecure: Scalable provably-secure deep learning [C]//Proceedings of the 55th Annual Design Automation Conference, 2018: 2.

[155] RIAZI M S, WEINERT C, TKACHENKO O, et al. Chameleon: A hybrid secure computation framework for machine learning applications [C]// Proceedings of the 2018 on Asia Conference on Computer and Communications Security, 2018: 707 −721.

[156] GOLDREICH O, MICALI S, WIGDERSON A. How to play any mental game [C]//Proceedings of the Nineteenth Annual ACM Symposium on Theory of Computing, 1987: 218 −229.

[157] BAHMANI R, BARBOSA M, BRASSER F, et al. Secure multiparty computation from SGX [C]//Proceedings of the International Conference on Financial Cryptography and Data Security, 2017: 477 −497.

[158] SHOKRI R, SHMATIKOV V. Privacy-preserving deep learning [C]// Proceedings of the 22nd ACM SIGSAC Conference on Computer and Communications Security, 2015: 1310 −1321.

[159] DWORK C. Differential privacy [M]//SARKAR S, LIU Z, MCGREW D, et al. Encyclopedia of cryptography and security. Springer, 2011: 338 −340.

[160] PHONG L T, AONO Y, HAYASHI T, et al. Privacy-preserving deep learning via additively homomorphic encryption [J]. IEEE Transactions on information forensics and security, 2018, 13 (5): 1333 −1345.

[161] MOHASSEL P, ZHANG Y. SecureML: A system for scalable privacy-preserving machine learning [C]//Proceedings of the IEEE Symposium on Security and Privacy , 2017: 19 −38.

[162] JHA S, KRUGER L, MCDANIEL P. Privacy preserving clustering [C]// Proceedings of the European Symposium on Research in Computer Security, 2005: 397 −417.

[163] BUNN P, OSTROVSKY R. Secure two-party k-means clustering [C]// Proceedings of the 14th ACM Conference on Computer and Communications

Security. 2007: 486 – 497.

[164] HUANG Y, LU Q, XIONG Y. Collaborative outsourced data mining for secure cloud computing [J]. Journal of networks, 2014, 9 (10): 2655 – 2664.

[165] LIN K-P. Privacy-preserving kernel k-means clustering outsourcing with random transformation [J]. Knowledge and information systems, 2016, 49 (3): 885 – 908.

[166] LIU D, BERTINO E, YI X. Privacy of outsourced k-means clustering [C]// Proceedings of the 9th ACM Symposium on Information, Computer and Communications Security, 2014: 123 – 134.

[167] ALMUTAIRI N, COENEN F, DURES K. K-Means clustering using homomorphic encryption and an updatable distance matrix: Secure third party data clustering with limited data owner interaction [C]//Proceedings of the International Conference on Big Data Analytics and Knowledge Discovery, 2017: 274 – 285.

[168] WANG Y. Notes on two fully homomorphic encryption schemes without bootstrapping [DB/OL]. Cryptology ePrint Archive, 2015, Report 2015/519[2020 – 10 – 25]. https://eprint. iacr. org/2015/519. pdf.

[169] RAO F-Y, SAMANTHULA B K, BERTINO E, et al. Privacy-preserving and outsourced multi-user k-means clustering [C]//Proceedings of the IEEE Conference on Collaboration and Internet Computing, 2015: 80 – 89.

[170] RONG H, WANG H, LIU J, et al. Privacy-preserving k-means clustering under multiowner setting in distributed cloud environments [J]. Security and communication networks, 2017.

[171] YOUN T-Y, Park Y-H, Kim C H, et al. An efficient public key cryptosystem with a privacy enhanced double decryption mechanism [C]// Proceedings of the International Workshop on Selected Areas in Cryptography, 2005: 144 – 158.

[172] YUAN J, TIAN Y. Practical privacy-preserving MapReduce based k-means clustering over large-scale dataset [J]. IEEE Transactions on cloud computing, 2017.

[173] DEAN J, GHEMAWAT S. MapReduce: Simplified data processing on large clusters [J]. Communications of the ACM, 2008, 51 (1): 10 – 10.

[174] JIANG Z L, GUO N, JIN Y, et al. Efficient two-party privacy preserving

collaborative k-means clustering protocol supporting both storage and computation outsourcing [C]//Proceedings of the International Conference on Algorithms and Architectures for Parallel, 2018: 447 –460.

[175] LIN J-L, LIU J Y-C. Privacy preserving itemset mining through fake transactions [C]//Proceedings of the 2007 ACM Symposium on Applied Computing, 2007: 375 –379.

[176] MOHAISEN A, JHO N-S, HONG D, et al. Privacy preserving association rule mining revisited: Privacy enhancement and resources efficiency [J]. IEICE transactions on information and systems, 2010, 93 (2): 315 –325.

[177] WONG W K, CHEUNG D W, HUNG E, et al. Security in outsourcing of association rule mining [C]//Proceedings of the 33rd International Conference on Very Large Data Bases, 2007: 111 –122.

[178] TAI C-H, YU P S, CHEN M-S. k-Support anonymity based on pseudo taxonomy for outsourcing of frequent itemset mining [C]//Proceedings of the 16th ACM SIGKDD International Conference on Knowledge Discovery and Data Mining, 2010: 473 –482.

[179] GIANNOTTI F, LAKSHMANAN L V, MONREALE A, et al. Privacy-preserving mining of association rules from outsourced transaction databases [J]. IEEE Systems Journal, 2013, 7 (3): 385 –395.

[180] LI L, LU R, CHOO K-K R, et al. Privacy-preserving outsourced association rule mining on vertically partitioned databases [J]. IEEE transactions on information forensics and security, 2016, 11 (8): 1847 –1861.

[181] MOLLOY I, LI N, LI T. On the (in) security and (im) practicality of outsourcing precise association rule mining [C]//Proceedings of the Ninth IEEE International Conference on Data Mining, 2009: 872 –877.

[182] WANG B, ZHAN Y, ZHANG Z. Cryptanalysis of a symmetric fully homomorphic encryption scheme [J]. IEEE transactions on information forensics and security, 2018, 13 (6): 1460 –1467.

[183] LAI J, LI Y, DENG R H, et al. Towards semantically secure outsourcing of association rule mining on categorical data [J]. Information sciences, 2014, 267: 267 –286.

[184] LEWKO A, OKAMOTO T, SAHAI A, et al. Fully secure functional encryption: Attribute-based encryption and (hierarchical) inner product

encryption [C]//Proceedings of the Annual International Conference on the Theory and Applications of Cryptographic Techniques, 2010: 62 – 91.

[185] WATERS B. Dual system encryption: Realizing fully secure IBE and HIBE under simple assumptions [C]//Proceedings of the Annual International Cryptology Conference, 2009: 619 – 636.

[186] YI X, RAO F-Y, BERTINO E, et al. Privacy-preserving association rule mining in cloud computing [C]//Proceedings of the 10th ACM Symposium on Information, Computer and Communications Security, 2015: 439 – 450.

[187] GENNARO R, JARECKI S, KRAWCZYK H, et al. Secure distributed key generation for discrete-log based cryptosystems [J]. Journal of cryptology, 2007, 20 (1): 51 – 83.

[188] JAKOBSSON M, JUELS A. Mix and match: Secure function evaluation via ciphertexts[C]//Proceedings of the International Conference on the Theory and Application of Cryptology and Information Security, 2000: 162 – 177.

[189] VAN DIJK M, GENTRY C, HALEVI S, et al. Fully homomorphic encryption over the integers [C]//Proceedings of the Annual International Conference on the Theory and Applications of Cryptographic Techniques, 2010: 24 – 43.

[190] LIU J, LI J, XU S, et al. Secure outsourced frequent pattern mining by fully homomorphicencryption [C]//Proceedings of the International Conference on Big Data Analytics and Knowledge Discovery, 2015:70 – 81.

[191] IMABAYASHI H, ISHIMAKI Y, UMAYABARA A, et al. Secure frequent pattern mining by fully homomorphic encryption with ciphertext packing [M]// IMABAYASHI H, ISHIMAKI Y, UMAYABARA A, et al. Data privacy management and security assurance. Springer, 2016: 181 – 195.

[192] BRAKERSKI Z, GENTRY C, VAIKUNTANATHAN V. (Leveled) fully homomorphic encryption without bootstrapping [J]. ACM transactions on computation theory, 2014, 6 (3): 13.

[193] QIU S, WANG B, LI M, et al. Toward practical privacy-preserving frequent itemset mining on encrypted cloud data [J]. IEEE transactions on cloud computing, 2017.

[194] LIU L, SU J, CHEN R, et al. Privacy-preserving mining of association rule on outsourced cloud data from multiple parties [C]//Proceedings of the

Australasian Conference on Information Security and Privacy, 2018: 431 –451.

[195] BRESSON E, CATALANO D, POINTCHEVAL D. A simple public-key cryptosystem with a double trapdoor decryption mechanism and its applications [C]// Proceedings of the International Conference on the Theory and Application of Cryptology and Information Security, 2003: 37 – 54.

[196] SAILER R, ZHANG X, JAEGER T, et al. Design and implementation of a TCG-based integritymeasurement architecture [C]//Proceedings of the 13th USENIX Security Symposium, 2004: 16 – 16.

[197] RAN C, RIVA B, ROTHBLUM G N. Practical delegation of computation using multiple servers [C]//Proceedings of the ACM Conference on Computer and Communications Security, 2011: 445 –454.

[198] GOLDWASSER S, KALAI Y T, ROTHBLUM G N. Delegating Computation: Interactive Proofs for Muggles [C]//Proceedings of the 40th Annual ACM Symposium on Theory of Computing, 2008: 113 – 122.

[199] CORMODE G, MITZENMACHER M, THALER J. Practical verified computation with streaminginteractive proofs [C]//Proceedings of the 3rd Innovations in Theoretical Computer Science Conference, 2012: 90 – 112.

[200] THALER J, ROBERTS M, MITZENMACHER M, et al. Verifiable computation with massively parallel interactive proofs [C]//Proceedings of the USENIX Conference on Hot Topics in Cloud Computing, 2012: 22.

[201] VU V, SETTY S, BLUMBERG A J, et al. A hybrid architecture for interactive verifiable computation [C]//Proceedings of the Symposium on Security & Privacy, 2013: 223 –237.

[202] ISHAI Y, KUSHILEVITZ E, OSTROVSKY R. Efficient arguments without short PCPs [C]// Proceedings of the IEEE Conference on Computational Complexity, 2007: 278 –291.

[203] SETTY S, MCPHERSON R, BLUMBERG A J, et al. Making argument systems for outsourced computation practical (sometimes) [C]// Proceedings of the 2012 Network and Distributed System Security Symposium, 2012.

[204] SETTY S, VU V, PANPALIA N, et al. Taking proof-based verified computation a few steps closer to practicality [C]//Proceedings of the USENIX Conference on Security Symposium, 2012: 12.

[205] SETTY S, BRAUN B, VU V, et al. Resolving the conflict between generality and plausibility in verified computation [C]//Proceedings of the ACM European Conference on Computer Systems, 2013: 71－84.

[206] PARNO B, GENTRY C, HOWELL J, et al. Pinocchio: Nearly practical verifiable computation [C]//Proceedings of the IEEE Symposium on Security & Privacy, 2013: 238－252.

[207] BRAUN B, FELDMAN A J, REN Z. Verifying computations with state [C]//Proceedings of the 24th ACM Symposium on Operating Systems Principles, 2013: 341－357.

[208] WONG W K, CHEUNG D W, HUNG E, et al. An audit environment for outsourcing of frequent itemset mining [C]//Proceedings of the VLDB Endowment, 2009: 1162－1173.

[209] DONG B, LIU R, WANG H. Result integrity verification of outsourced frequent itemset mining [C]//Proceedings of the IFIP Annual Conference on Data and Applications Security and Privacy, 2013: 258－265.

[210] DONG B, LIU R, WANG W H. Integrity verification of outsourced frequent itemset mining with deterministic guarantee[C]//Proceedings of the IEEE 13th International Conference on Data Mining , 2013: 1025－1030.

[211] MERKLE R C. Protocols for public key cryptography [C]//Proceedings of the IEEE Symposium on Security & Privacy, 1980: 72－79.

[212] LIU R, WANG H, MORDOHAI P, et al. Integrity verification of k-means clustering outsourced to infrastructure as a service (IaaS) providers [C]//Proceedings of the the 2013 SIAM International Conference on Data Mining, 2013: 632－640.

[213] LIU R, WANG H, MONREALE A, et al. AUDIO: An integrity auditing framework of outlier-mining-as-a-service systems [C]//Proceedings of the European Conference on Machine Learning & Knowledge Discovery in Databases, 2012: 1－18.

[214] VAIDYA J, YAKUT I, BASU A. Efficient integrity verification for outsourced collaborative filtering [C]//Proceedings of the IEEE International Conference on Data Mining, 2014: 560－569.

[215] REN K, WANG C, WANG Q. Security Challenges for the Public Cloud [J]. IEEE internet computing. 2012, 16 (1): 69－73.

[216] EUBANK S, GUCLU H, KUMAR V S, et al. Modelling disease outbreaks in realistic urban social networks [J]. Nature, 2004, 429 (6988): 180.

[217] ELMEHDWI Y, SAMANTHULA B K, JIANG W. Secure k-nearest neighbor query over encrypted data in outsourced environments [C]// Proceedings of the IEEE International Conference on Data Engineering, 2013: 664 –675.

[218] KAMARA S, MOHASSEL P, RAYKOVA M. Outsourcing Multi-Party Computation [DB/OL]. IACR Cryptology ePrint Archive, 2011: 272 [2020-10-25]. https://eprint. iacr. org/2011/272. pdf

[219] HU H, XU J, REN C, et al. Processing private queries over untrusted data cloud through privacy homomorphism [C]//Proceedings of the IEEE International Conference on Data Engineering, 2011: 601 –612.

[220] PETER A, TEWS E, KATZENBEISSER S. Efficiently Outsourcing Multiparty Computation Under Multiple Keys [J]. IEEE transactions on information forensics and security, 2013, 8 (12): 2046 –2058.

[221] LIU X, QIN B, DENG R H, et al. A Privacy-preserving outsourced functional computation framework across large-scale multiple encrypted domains [J]. IEEE transactions on computers, 2016, 65 (12): 3567 –3579.

[222] LIU X, DENG R H, CHOO K K R, et al. An efficient privacy-preserving outsourced calculation toolkit with multiple keys [J]. IEEE transactions on information forensics and security, 2016, 11 (11): 2401 –2414.

[223] WANG B, LI M, CHOW S S M, et al. Computing encrypted cloud data efficiently under multiple keys [C]//Proceedings of the IEEE Conference on Communications and Network Security, 2013: 504 –513.

[224] CHOW S S M, LEE J H, SUBRAMANIAN L. Two-party computation model for privacy-preserving queries over distributed databases [C]// Proceedings of the Network and Distributed System Security Symposium, 2009.

[225] VAN DIJK M, JUELS A. On the impossibility of cryptography alone for privacy-preserving cloud computing [C]//Proceedings of the USENIX Conference on Hot Topics in Security, 2010: 1 –8.

[226] JUNG T, MAO X F, LI X Y, et al. Privacy-preserving data aggregation without secure channel: Multivariate polynomial evaluation [C]//

Proceedings of the IEEE International Conference on Computer Communications, 2013: 2634 – 2642.

[227] JUNG T, LI X Y, WAN M. Collusion-tolerable privacy-preserving sum and product calculation without secure channel [J]. IEEE transactions on dependable and secure computing, 2015, 12 (1): 45 – 57.

[228] GOLDREICH O. The foundations of cryptography: Volume 2, basic techniques [M]. Cambridge University Press, 2004.

[229] POLLARD J M. Monte Carlo methods for index computation (mod p) [J]. Mathematics of computation, 1978, 32 (143): 918 – 924.

[230] CURTMOLA R, GARAY J, KAMARA S, et al. Searchable symmetric encryption: Improved definitions and efficient constructions [J]. Journal of computer security, 2011, 19 (5): 895 – 934.

[231] ZHAO C, ZHAO S, ZHAO M, et al. Secure multi-party computation: Theory, practice and applications [J]. Information Sciences, 2019, 476: 357-372.

[232] Crypto ++ Library. Free C ++ Class Library of Cryptographic Schemes [EB/OL]. [2020 – 08 – 25] https: //www. cryptopp. com/.

[233] BARKER E, BARKER W, BURR W, et al. NIST special publication 800 – 57 [J]. NIST special publication, 2007, 800(57): 1 – 142.

[234] XIA Z, WANG X, SUN X, et al. A secure and dynamic multi-keyword ranked search scheme over encrypted cloud data [J]. IEEE transactions on parallel and distributed systems, 2016, 27 (2): 340 – 352.

[235] SU M-Y, CHANG K-C, WEI H-F, et al. Feature weighting and selection for a real-time network intrusion detection system based on GA with KNN [C]//Proceedings of the International Conference on Intelligence and Security Informatics, 2008: 195 – 204.

[236] WANG B, LIAO Q, ZHANG C. Weight based KNN recommender system [C]//Proceedings of the 5th International Conference on Intelligent Human-Machine Systems and Cybernetics, 2013: 449 – 452.

[237] LECUN Y, CORTES C, BURGES C J. The MNIST database of handwritten digits [DB/OL]. [2020 – 08 – 25]. http://yann. lecun. com/exdb/mnist.

[238] GOLDREICH O. General cryptographic protocols [J]. The foundations of

cryptography, 2004, 2: 599 – 764.

[239] GOLDREICH O. Encryption schemes [J]. The foundations of cryptography, 2004, 2: 373 – 470

[240] SONG D, SHI E, FISCHER I, et al. Cloud data protection for the masses [J]. IEEE computer, 2012, 45 (1): 39 – 45.

[241] RISTENPART T, TROMER E, SHACHAM H, et al. Hey, you, get off of my cloud: exploring information leakage in third-party compute clouds [C]// Proceedings of the 2009 ACM Conference on Computer and Communications Security, 2009: 199 – 212.

[242] LIU R, WANG H, YUAN C. Result integrity verification of outsourced Bayeisan network structure learning [C]// Proceedings of the the 2014 SIAM International Conference on Data Mining, 2014: 713 – 721.

[243] DELFS H, KNEBL H. Introduction to cryptography: Principles and applications [M]. Springer, 2002.

[244] WILLIAMS P, SION R, CARBUNAR B. Building castles out of mud: practical access pattern privacy and correctness on untrusted storage [C]// Proceedings of the 15th ACM Conference on Computer and Communications Security, 2008: 139 – 148.

[245] KANTARCIOGLU M, CLIFTON C. Privately computing a distribted k-nn classifer [C]//Proceedings of the European Conference on Principles of Data Mining and Knowledge Discovery, 2004: 279 – 290.

[246] Google Cloud Computing [EB/OL]. [2020 – 10 – 20]. https://cloud.google.com/.

[247] Amazon EC2 [EB/OL]. [2020 – 10 – 20]. https://aws.amazon.com/ec2/.

[248] Amazon Compute Service Level Agreement [EB/OL]. [2020 – 10 – 20]. https://aws.amazon.com/ec2/sla/.

[249] UCI Machine Learning Repository – Wine Quality Data Set [EB/OL]. [2020 – 10 – 20]. https://archive.ics.uci.edu/ml/datasets/Wine + Quality.

[250] OpenSSL [EB/OL]. [2020 – 11 – 15]. https://www.openssl.org/.

[251] SHENG G, WEN T, GUO Q, et al. Verifying correctness of inner product of vectors in cloud computing [C]//Proceedings of the 2013 International

Workshop on Security in Cloud Computing, 2013: 61 –68.

[252] UCI Machine Learning Repository-Wine Data Set [EB/OL]. [2020 –10 –20]. https://archive. ics. uci. edu/ml/datasets/wine

[253] DHANACHANDRA N, MANGLEM K, CHANU Y J. Image segmentation using K-means clustering algorithm and subtractive clustering algorithm [J]. Procedia computer science, 2015, 54: 764 –771.

[254] YOUNUS Z S, MOHAMAD D, SABA T, et al. Content-based image retrieval using PSO and k-means clustering algorithm [J]. Arabian journal of geosciences, 2015, 8 (8): 6211 –6224.

[255] WU W, LIU J, RONG H, et al. Efficient k-nearest neighbor classification over semantically secure hybrid encrypted cloud database [J]. IEEE access, 2018, 6: 41771 –41784.

[256] LLOYD S. Least squares quantization in PCM [J]. IEEE transactions on information theory, 1982, 28 (2): 129 –137.

[257] CHEN H, LAINE K, PLAYER R. Simple encrypted arithmetic library v2. 3. 0 [EB/OL]. [2020 –11 –15] https://www. microsoft. com/en-us/ research/wp-content/uploads/2017/12/sealmanual. pdf.

[258] NAEEM M, ASGHAR S. KEGG Metabolic Reaction Network Data Set [EB/OL]. [2020 –10 –25]. https://archive. ics. uci. edu/ml/datasets/ KEGG + Metabolic + Reaction + Network + %28Undirected%29.

[259] HAJJAT M, SUN X, SUNG Y W E, et al. Cloudward bound: planning for beneficial migration of enterprise applications to the cloud [C]// Proceedings of the 7th International Conference on Autonomic Computing, 2010: 243 –254.

[260] SONG D, SHI E, FISCHER I, et al. Cloud Data Protection for the Masses [J]. The computer journal, 2012, 45 (1): 39 –45.

[261] ANNAS G J. HIPAA regulations—a new era of medical-record privacy? [J]. New England journal of medicine, 2003, 348 (15): 1486.

[262] LIN K P. Privacy-Preserving Kernel k-Means Outsourcing with Randomized Kernels [C]//Proceedings of the IEEE International Conference on Data Mining Workshops, 2013: 860 –866.

[263] RAO F Y, SAMANTHULA B K, BERTINO E, et al. Privacy-preserving and outsourced multi-user k-means clustering [C]//Proceedings of the

IEEE Conference on Collaboration and Internet Computing, 2016: 183 – 194.

[264] SAMARATI P, VIMERCATI S D C D, FORESTI S. Managing and accessing data in the cloud: Privacy risks and approaches [C]// Proceedings of the International Conference on Risks and Security of Internet and Systems, 2012: 1 – 9.

[265] REYES-ORTIZ J L, ONETO L, ANGUITA D. Big data analytics in the cloud: Spark on hadoop vs MPI/OpenMP on beowulf [J]. Procedia computer science, 2015, 53 (1): 121 – 130.

[266] MENG X, BRADLEY J, YAVUZ B, et al. MLlib: machine learning in apache spark [J]. Journal of machine learning research, 2015, 17 (1): 1235 – 1241.

[267] HAN J, KAMBER M, PEI J. Data mining: Concepts and techniques third edition [M]. Morgan Kaufmann, 2011.

[268] PERALTA R. Report on Integer Factorization [R/OL]. [2020 – 10 – 25]. https://www. cryptrec. go. jp/exreport/cryptrec-ex-1025 – 2001. pdf.

[269] DONG B, LIU R, WANG H. Trust-but-verify: Verifying result correctness of outsourced frequent itemset mining in data-mining-as-a-service paradigm [J]. IEEE transactions on services computing, 2016, 9 (1): 18 – 32.

[270] SHAMIR A. How to share a secret [J]. Communications of the ACM, 1979, 22 (11): 612 – 613.

[271] BRIJS T, SWINNEN G, VANHOOF K, et al. Using association rules for product assortment decisions: a case study [C]//Proceedings of the ACM SIGKDD International Conference on Knowledge Discovery and Data Mining, 1999: 254 – 260.

[272] SHENOY P, HARITSA J R, SUDARSHAN S, et al. Turbo-charging vertical mining of large databases [J]. ACM SIGMOD record, 2000, 29 (2): 22 – 33.

[273] DAUTRICH J L, RAVISHANKAR C V. Security Limitations of Using Secret Sharing for Data Outsourcing [C]//Proceedings of the IFIP Annual Conference on Data and Applications Security and Privacy, 2012: 145 – 160.

[274] BRIN S, MOTWANI R, ULLMAN J D, et al. Dynamic itemset counting and implication rules for market basket data [J]. ACM SIGMOD record, 1997, 26 (2): 255 – 264.

[275] BROSSETTE S E, SPRAGUE A P, HARDIN J M, et al. Association rules and data mining in hospital infection control and public health surveillance [J]. Journal of the American medical informatics association, 1998, 5 (4): 373 – 381.

[276] CREIGHTON C, HANASH S. Mining gene expression databases for association rules [J]. Bioinformatics, 2003, 19 (1): 79 – 86.

[277] SAYGIN Y, VERYKIOS V S, ELMAGARMID A K. Privacy preserving association rule mining [C]//Proceedings of the International Workshop on Research Issues in Data Engineering: Engineering E-Commerce/EBusiness Systems, 2002: 151.

[278] AGRAWAL R, IMIELINSKI T, SWAMI A. Mining association rules between sets of items in large databases [C]//Proceedings of the 1993 ACM SIGMOD International Conference on Management of Data, 1993: 207 – 216.

[279] Frequent Itemset Mining Dataset Repository [EB/OL]. [2020 – 10 – 25]. http://fimi. ua. ac. be/data/.

[280] WAN L, ZEILER M, ZHANG S, et al. Regularization of neural networks using dropconnect [C]//Proceedings of the International Conference on Machine Learning, 2013: 1058 – 1066.

[281] LIVNI R, SHALEV-SHWARTZ S, SHAMIR O. On the computational efficiency of training neural networks [C]//Proceedings of the 27th International Conference on Neural Information Processing Systems (Volume 1), 2014: 855 – 863.

[282] HE K, ZHANG X, REN S, et al. Delving deep into rectifiers: Surpassing human-level performance on imagenet classification [C]//Proceedings of the IEEE International Conference on Computer Vision. 2015: 1026 – 1034.

[283] KRIZHEVSKY A, SUTSKEVER I, HINTON G E. Imagenet classification with deep convolutional neural networks [C]//Proceedings of The 25th International Conference on Neural Information Processing Systems (Volume 1), 2012: 1097 – 1105.

[284] SRIVASTAVA N, HINTON G, KRIZHEVSKY A, et al. Dropout: a simple way to prevent neural networks from overfitting [J]. The journal of machine learning research, 2014, 15 (1): 1929 – 1958.

[285] LECUN Y, BOSER B, DENKER J S, et al. Backpropagation applied to

handwritten zip code recognition [J]. Neural computation, 1989, 1 (4):
541 –551.

[286] SUTSKEVER I, MARTENS J, DAHL G, et al. On the importance of
initialization and momentum in deep learning [C]//Proceedings of the
International Conference on Machine Learning, 2013: 1139 –1147.